Fluide Mediale

Fluid Media Studies

―
Herausgegeben von
Kathrin Dreckmann und Verena Meis

Band 1

Fluide Mediale

Medialität, Materialität und Medienästhetik des Fluiden

Herausgegeben von
Kathrin Dreckmann und Verena Meis

düsseldorf university press

ISBN 978-3-11-077956-1
e-ISBN (PDF) 978-3-11-078002-4
e-ISBN (EPUB) 978-3-11-078019-2
ISSN 2751-9244
e-ISSN 2751-9252

Library of Congress Control Number: 2022944679

Bibliografische Information der Deutschen Nationalbibliothek
Die Deutsche Nationalbibliothek verzeichnet diese Publikation in der Deutschen Nationalbibliografie; detaillierte bibliografische Daten sind im Internet über http://dnb.dnb.de abrufbar.

© 2023 Walter de Gruyter GmbH, Berlin/Boston
d|u|p düsseldorf university press ist ein Imprint der Walter de Gruyter GmbH

Einbandabbildung: Silvia Sunderer, Kommunkation & Design, Berlin
Satz und Lektorat: Marius Kluth und Sarah Rüß
Druck und Bindung: CPI books GmbH, Leck

dup.degruyter.com

Inhalt

Kathrin Dreckmann und Verena Meis
Einleitung —— 1

Teil I: Konsistenzen

Natascha Adamowsky
Vom Fluss der Bilder, dem Eis der Begriffe —— 9

Stefan Rieger
Waterface —— 29

Naomie Gramlich
Klebrige Medienökologie —— 51

Jan Wagner
Die Form des Wassers —— 73

Teil II: Metaphern

Jörn Etzold
Nomaden des Wassers —— 79

Matthias Bickenbach
Feste Gründe, weiche Untergründe —— 101

Inge Hinterwaldner
Direkt aus der Röhre —— 119

Verena Meis
Von Mode, Fleisch und Heilsversprechen —— 147

Julia Schade
Ozeanisch denken —— 155

Teil III: Biologie

Jamileh Javidpour
Wie aus einer „amerikanischen Schönheit" ein Albtraum wurde —— 171

Sabine Holst
Fast nur aus Wasser —— 177

Stefan Curth
Alles ist eins —— 191

Teil IV: Digitale Fluidität

Kathrin Dreckmann
Dehumanize your bitch —— 211

Bastian Schramm
Mediale Tieftauchgänge —— 233

Dennis Niewerth
Die Flüssigkeit des Unflüssigen —— 255

Christian Schulz und Ann-Kathrin Allekotte
Fluide Medialität oder mediale Fluidität? —— 269

Autor*innenverzeichnis —— 295

Index —— 299

Kathrin Dreckmann und Verena Meis
Einleitung

Der vorliegende Band, der zugleich den Startpunkt der Publikationsreihe *Fluid Media Studies* bedeutet, setzt bei einer spannungsgeladenen Grundkonstellation an: dem Fluiden als empirisches und übergängiges Phänomen zwischen naturwissenschaftlichem Objektfeld und medienkulturwissenschaftlicher Theoriebildung. Die Integration von natur- und kulturwissenschaftlichem Nachdenken über das Fluide führt dabei zu kategorialen Verunsicherungen und Uneindeutigkeiten und zugleich zu konstruktiven Erweiterungen und innovativen Perspektiven. Denkerinnen wie Donna Haraway oder Karen Barad ebneten bereits den Weg für solch transdisziplinäre und transmediale Denkvorstöße.

Ob in Bezug auf Körper, Material, Bewegung, Text oder Zustand – das Fluide als genuin physikalischer Begriff für Gase und Flüssigkeiten taucht in kulturwissenschaftlichen Kontexten vorwiegend als ein mediales Phänomen auf. Der vorliegende Band geht den interdisziplinären Transformationen des Fluiden nach. Gefragt wird dabei insbesondere nach der Medialität, Materialität und Medienästhetik des Fluiden, um ferner das planetarische Potential des Fluiden als epistemisches Paradigma zu ermitteln.

Die Denkfigur des Fluiden führt eo ipso zu kategorialen Verwischungen. Diese lassen sich etwa in den Grenzbereichen des Organischen/Anorganischen, der ozeanischen Grenzdiskurse als Machtgefüge, von Mensch-Tier-Pflanze-Technik-Kollaborationen, medialer Ordnungen und auch ästhetischer Figurationen fassen. Auf diese Weise lassen sich beteiligte kulturtechnische Operationen in den Fokus rücken. Darüber hinaus macht sich der vorliegende Band zur Aufgabe, dem Fluiden ‚an sich' in all seinen medial-ästhetischen Nuancen nachzuspüren: sprachlich wie körperlich, räumlich wie medientechnisch, klanglich wie materialiter, um so das Fluide epistemologisch – auch über medienökologische Debatten hinaus – fruchtbar zu machen.

Aus dem Lateinischen von *fluidus* (= fließend, flüssig) abgeleitet, stammt der Begriff der Fluidität ursprünglich aus der Biologie und Pflanzenkunde: Die Fluidität von Membranen z.B. beschreibt „das viskose Verhalten der Membran"[1], Fluidität ist das Maß für das „Fließvermögen"[2] von Flüssigkeiten und Gasen. Mit dem Begriff des Fluiden sind immer auch Denkdimensionen hergestellt, die genuin ökologisch ausgerichtet sind: fließende Übergänge, verschwimmende Körper, sich auflösende

---

[1] Friedrich W. Stöcker, Gerhard Dietrich (Hg.): *Fachlexikon ABC Biologie: Ein alphabetisches Nachschlagwerk*. Frankfurt a. M. 1986, S. 281.
[2] Doris Freudig, Katharina Arnheim (Hg.): *Lexikon der Biologie: In fünfzehn Bänden, sechster Band*. Heidelberg 2001, S. 19.

Substanzen, verflüssigte Sprache. Figur und Grund als ein intraagierendes Ensemble zu betrachten, erscheint dem Fluiden aufgrund seiner Ambivalenz und Übergänglichkeit inhärent. Damit bietet es sowohl Anknüpfungspunkte als auch Reflexionsmöglichkeiten für den gegenwärtigen medienökologischen Diskurs in der Medienkulturwissenschaft.³

Zudem erweist sich das Fluide in Denkdiskursen von Macht, Geschlecht und Wissen als fruchtbar. Es lassen sich Verweise auf das Fluide im Feld der Subjekt- und Geschlechtertheorie der *Cultural Studies* finden, die sich vor allem an der zeitgenössischen und einflussreichen Psychoanalyse Jacques Lacans und am Konzept dekonstruktivistischen Denkens Jacques Derrridas reiben: in Luce Irigarays Schrift zur sexuellen Differenz, in der Irigaray von einem „gedanklichen Ideal der vollkommenen Fluidität eines nicht geborenen, der eigenen Geburt nicht verpflichtenden Körpers und dem genetischen Determinismus"⁴ spricht, auf der Suche nach dem richtigen „Maß der Liebe"⁵ zwischen beiden genannten Polen. Schließt man Irigarays Theorie mit Judith Butlers „Grenzen sexueller Autonomie"⁶ kurz, kommt man nicht umhin, auch über neue Kulturbegriffe wie den globaler Kulturen zu diskutieren, die sich durch ihre Fluidität auszeichnen: In *Fluide Subjekte: Anpassung und Widerspenstigkeit in der Medienkunst* schreibt Yvonne Volkart über „dominante Subjektentwürfe des Informationszeitalters"⁷, die von Fantasien der Auflösung und „Immaterialisierung"⁸, von Transformation und „Levitation des Männlichen"⁹ getragen seien. So habe sich eine neue Form von Weiblichkeit konstituiert, die mit sich bringt, dass Weiblichkeit nicht mehr zwangsläufig in weiblicher Gestalt auftaucht, sondern auch als etwas strukturell Wirksames, als etwas Räumliches, Fließendes. So sei Weiblichkeit Code oder Text, der eine Zukunft programmiert, die vernetzt und komplex, informationell und fluide ist.¹⁰ Abzulesen dabei ist, dass neue Denkprogramme jenseits binärer Codes, Dominanzstrukturen, klassischen Wissensepistemologien und Begriffen offeriert werden, die sich vornehmlich aus dem Potential der Figur des Fluiden speisen.

Das Fluide besitzt gesamt gesehen das Potential, die Permeabilität, die variierenden Dimensionen der Übergänglichkeit, den fließenden oder auch stockenden

---

3 Vgl. Monika Dommann, Vinzenz Hediger, Florian Hoof: Medienökonomien. In: *Zeitschrift für Medienwissenschaft*. Jg. 10, Nr. 1/Heft 18 Medienökonomien (2018), S. 10–17. DOI: https://doi.org/10.25969/mediarep/2336.
4 Luce Irigaray: *Ethik der sexuellen Differenz*. Frankfurt a. M. 1991, S. 28.
5 Irigaray: *Ethik der sexuellen Differenz*, S. 28.
6 Judith Butler: *Die Macht der Geschlechternormen und die Grenzen des Menschlichen*. Frankfurt a. M. 2009, S. 35.
7 Yvonne Volkart: *Fluide Subjekte: Anpassung und Widerspenstigkeit in der Medienkunst*. Bielefeld 2006, S. 252.
8 Volkart: *Fluide Subjekte*, S. 233.
9 Volkart: *Fluide Subjekte*, S. 157.
10 Vgl. Volkart: *Fluide Subjekte*, S. 141–142, S. 165–166.

Übergang, zuallererst zu konstituieren und die räumliche, mediale und ästhetische Beschaffenheit der ineinandergreifenden Sektoren und die Dynamik der ‚contactzone' zu charakterisieren. Lösen sich dialektische Denkmuster, binäre Oppositionen zugunsten von ambivalenten, ephemeren, instabilen und wandelbaren Prozessen und Bewegungen auf, so setzen genau dort die fluiden Mediale an und machen elementarische Transfers (von gasförmig zu flüssig) oder auch ozeanische Grenzräume im Kontext der *Ocean Governance* denk- und beschreibbar.

Unter den Termini *Konsistenzen*, *Metaphern*, *Biologie* und *Digitale Fluidität* subsumiert, versammelt der vorliegende Band folgende Kontexte, Dimensionen, Sektoren fluider Mediale:

In ihrem Beitrag „Vom Fluss der Bilder, dem Eis der Begriffe. Überlegungen zu einer submarinen Umgebungsästhetik" geht Natascha Adamowsky dem Sehen unter Wasser auf den Grund, das sich dramatisch vom Sehen an Land unterscheidet. Die Beziehungen von Mensch und Meer basieren, so Natascha Adamowsky, grundlegend auf technisch-medialen Ermöglichungsformen, die das Meer als epistemologischen Raum zuallererst hervorbringen. Drei Beispiele – die gemalten Unterwasserlandschaften von Eugen Freiherr von Ransonnet-Villez und die Unterwasserfotografien von Louis Marie Auguste Boutan sowie von Francis Ward – zeigen in paradigmatischer Weise, dass Meereswelten nicht von den Medien ihrer Aisthetisierung zu trennen sind.

Stefan Rieger spürt in seinem Beitrag „Waterface. Fluide Schnittstellen und ihre Einsatzorte" der Semantik des Fließenden, Flüssigen und Fluiden nach. Gekoppelt an Vorstellungen eines widerstandsfreien Gelingens und einer Effizienz, die wie von selbst läuft, intuitiv zugänglich ist und keiner aufwendigen Instruktion bedarf, wird das Fluide, so Stefan Rieger, für den reibungslosen Austausch zwischen technischen und nicht-technischen Agenten verantwortlich gemacht. Entsprechende Interfacegestaltungen seien demnach spielerisch, offen für multimodale Anwendungen und Teil unkonventioneller Datenaufarbeitungen.

In ihren „Fragmentarischen Kolonialgeschichten" über Kautschuk zeichnet Naomie Gramlich eine *klebrige Medienökologie*, mit der sie das materiell-medienökologische Ungedachte an der Schnittstelle zu Rassismus, Kolonialität und Kolonialismus an den Rändern kolonialer Archive hervorholt. In der Figur des Klebrigen statt des Flüssigen zu denken, schafft Gegennarrative zur medienwissenschaftlichen Erzählung der Mobilität und Immaterialität. Dabei erprobt Naomie Gramlich eine Verbindung von post- und dekolonialen mit medienökologischen Ansätzen.

Auf die ersten drei *Konsistenzen* des Fluiden folgt ein künstlerischer Exkurs, der sich einer Arbeit des Medienkünstlers Jan Wagner widmet: „DIE FORM DES WASSERS. Gaia-Trilogie – Teil 1" setzt sich mit technologischen Berührungspunkten und ihrer formatierenden Wirkung auf den Nutzer auseinander. Sie steckt im Gebrauch der digitalen Geräte, in den Datensammlungen und Profilen, der Wahrscheinlichkeit unserer Verhaltensweisen und den möglichen Identitäten und Beziehungen zu den kleinen und großen Anderen. Sie verschalten uns mit der Welt und erzeugen eine seltsame körperlose Nähe.

Das Kapitel *Metaphern* versammelt unterschiedlichste metaphorische Verhandlungen des Fluiden: Jörn Etzold widmet sich den *Nomaden des Wassers* in Patricio Guzmáns filmischer Trilogie der Heimat, bestehend aus: Nostalgia de la luz (Nostalgie des Lichts, 2010), El botón de nácar (Der Perlmuttknopf, 2015) und La cordillera de los sueños (Die Kordilleren der Träume, 2019). Mit Blick auf die Landschaften Chiles, der Atacamawüste, dem Archipel Patagonien und den Anden, legt Jörn Etzold im Spannungsfeld Mensch, Natur, Kapital die kosmischen Infrastrukturen der filmischen Trilogie frei, die von Wasser durchzogen sind.

Matthias Bickenbach geht in seinem Beitrag „Feste Gründe, weiche Untergründe" der Dekonstruktion des Wissens durch das Fluide bei Jack London, Edgar Allan Poe und Johann Wolfgang von Goethe auf den Grund. Anhand traditioneller literarischer Topoi wie Schiffbruch und Sturm zeigt er Verhaltenslehren des Surfens auf, in der die gefährliche Situation umgewertet wird: Das Feste, so Matthias Bickenbach, stellt keine Option mehr dar, das Fluide fördert vielmehr risikohaftes Verhalten und setzt dabei Produktivkräfte frei.

Direkt aus der Tube zu malen, ist seit den Industriefarben des 19. Jahrhunderts als gängige Praxis bekannt. „Direkt aus der Röhre" zu malen, und dabei auf chemische Selbstorganisation zu setzen, ist hingegen erst in jüngster Zeit professionell betrieben worden. In ihrem Beitrag zeigt Inge Hinterwaldner auf, dass aus einer aktiveren Farb-Formkonzeption ein neues Malereikonzept entsteht: dynamisch und multi-agential. Phasenverschiebungen zwischen gasförmig, flüssig, gallertartig und fest setzen neuartige kollaborative und performative Ausdrucksweisen frei, die als theoretisch-ästhetisches Bindeglied für Kunst und Wissenschaft gleichermaßen fruchtbar gemacht werden können.

Das Fluide als Metapher begreift auch Verena Meis, wenn sie sich auf die Spur fiktiver Quallen begibt, die intermedial in unterschiedlichen Gattungen eigene Narrative freilegen. Von Margaret Atwood über Björk bis Bonn Park – auf der Grundlage von Text, Serie und Musikvideo untersucht sie Quallen als Wissensfiguren intermedialer und interspezifischer Figurationen zwischen Gegenwart und Zukunft, die aufzeigen, wie fruchtbar und unumgänglich interdisziplinäre und -spezifische Kollaborationen sind.

Fluide zu denken, lässt sich insbesondere mit Blick auf metaphorisches Sprechen über den Ozean verhandeln. Julia Schade fragt in ihrem Beitrag *Ozeanisch denken* ganz direkt: Wie lässt sich mit dem Ozean denken statt über ihn? Ozeanisch zu denken bedeutet dabei, die Liquidität, Fluidität und entgrenzende Tiefe des Ozeans nicht als Motiv und Metapher, sondern als theoretische Herausforderung für gewohnte westliche Denkmuster zu begreifen. Mit Blick auf John Akomfrahs Videoinstallation Vertigo Sea werden historische und gegenwärtige koloniale Gewaltgefüge befragt und westlich-zivilisatorische Fortschrittsnarrative diskutiert.

Die biologischen Dimensionen des Fluiden werden im Kapitel *Biologie* mit einem für einen wissenschaftlichen Sammelband bisher unüblichen und gerade deshalb überaus spannenden Beitrag der Meeresbiologin Jamileh Javidpour eröffnet, die ihre eigene Geschichte als Quallenforscherin in den Fokus rückt und anstelle von Forschungsergebnissen den Weg skizziert, wie sie dazu kam, ein Tier zu erforschen, das zu den zehn invasivsten Arten in Europa zählt: „Wie aus einer ‚amerikanischen Schönheit' ein Albtraum wurde".

In „Fast nur aus Wasser" führt uns die Meeresbiologin Sabine Holst anhand fotografischer Abbildungen die beeindruckenden Eigenschaften und Vermehrungsstrategien einer unterschätzten Spezies vor Augen: der Quallen. Ihre Perspektive lässt dabei insbesondere die ästhetische Dimension mikroskopischer Aufnahmen aufscheinen.

Anhand zahlreicher undenkbarer Beispiele zeigt Stefan Curth in seinem Beitrag „Alles ist eins. Von grenzenlosen Organismen und guten Gründen für den Artenschutz", welche vielfältigen, organismenübergreifenden Verflechtungen in der Natur existieren und wie Stoffe und Organismen sich im fließenden Übergang zueinander befinden. Ob parasitisch oder symbiotisch: Der durchweg präsente stoffliche Austausch lässt die Grenzen zwischen einzelnen Individuen kaum noch ausmachen und bedarf gegenwärtig größter Aufmerksamkeit.

Das Kapitel zur *Digitalen Fluidität* eröffnet Kathrin Dreckmann mit Blick auf das Musikvideo, das sich aus unterschiedlichen Formen, Gattungen und Medien zusammensetzt und grundsätzlich durch Hybridität gekennzeichnet ist. Zwischen Medienkunst, Werbeclip und Film werden neuerdings in aktuellen Musikvideoproduktionen Mega-Metadiskurse zwischen *Posthuman Studies* und Mythologie-Exegese aufgerufen, die Verflüssigungen feststehender Entitäten provozieren und damit Grundmuster bestimmter Erkenntnistheorien mit Blick auf eine post-postfeministische Theorie neu denken lassen.

In seinem Beitrag „Mediale Tieftauchgänge" fokussiert Bastian Schramm das Werk der tschechischen Künstlerin Klara Hobza und insbesondere ihr auf mehrere Dekaden, seit 2009, angelegtes Projekt *Diving Through Europe*, in dem Hobza das Medium *YouTube* auf spezifische Art und Weise produktiv macht: Bastian Schramm zeigt auf, dass dabei nicht nur das Konzept künstlerischer Subjektivität und die im System Kunst selbstverständlich vorausgesetzten Subjektivierungsprozesse destabilisiert, sondern auch Formen künstlerischer Produktivität allgemein vom souverän schaffenden Subjekt abgekoppelt, für eine performative Rezeption geöffnet und dabei gleichsam verflüssigt werden.

Dennis Niewerth kontrastiert in „Die Flüssigkeit des Unflüssigen" die Metaphorik des Fluiden mit den Realien der digitalen Flüssigkeitssimulation (u.a. in den Ingenieurwissenschaften, der Filmindustrie, in Computerspielen) und identifiziert Fluidität nicht etwa als eine vorgefundene Wesensart von Computertechnik, sondern als eine kulturelle Programmatik, die ihr unter großem Aufwand und mit enormer Findigkeit immer wieder aufs Neue eingeschrieben wird.

Ebenfalls mit Fluidität im digitalen Raum setzen sich Christian Schulz und Ann-Kathrin Allekotte auseinander. Der Feed als Startseite beim Öffnen von sozialmedialen Applikationen oder Anwendungen wird als das konstante nicht-konstante Interface, über das User*innen innerhalb sozialer Medienplattformen agieren und sich informieren, begriffen. Argumentiert wird auf der Basis des Verhältnisses von medial (oft unbewusst) erfahrener Fluidität in der alltäglichen Nutzungspraxis und fluider Medialität auf (infra-)struktureller Ebene, die ein Zusammenspiel technischer, algorithmischer und auf das Verhalten der User*innen beruhende Bedingungen von den sozialen Medienplattformen gleichermaßen anleitet und provoziert. Der Beitrag *Fluide Medialität oder mediale Fluidität?* knüpft dabei im Kontext des Internets an populäre Fließmetaphern an.

Dank

Unser ausdrücklicher Dank verweist in zwei Richtungen: das Gelingen unserer Tagung im Jahre 2020 und das Auf-den-Weg-Bringen der vorliegenden Publikation, die trotz Widrigkeiten nun doch als eigenes Werk erscheinen kann und darüber hinaus gar den Start einer Publikationsreihe *Fluid Media Studies* bedeutet. Wir danken ganz herzlich dem *Aquazoo Löbbecke Museum Düsseldorf* und der *Gesellschaft von Freunden und Förderern der Heinrich-Heine-Universität Düsseldorf e.V.*, die unsere Tagung unterstützt und gefördert haben.

Ein großes Dankeschön geht an Marius Kluth für seine wertvolle Arbeit am ersten Band der Reihe *Fluid Media Studies,* insbesondere den Satz, Antonia Lauterborn für die Unterstützung und Sarah Rüß für die bibliographische Recherche.

Christoph Roolf danken wir ganz herzlich für das hervorragende Lektorat aller Beiträge. Silvia Sunderer gilt unser Dank für das Design.

6. Juli 2022
Die Herausgeberinnen

Literaturverzeichnis

Barad, Karen: Nature's Queer Performativity*. In: *vinder, Køn & Forskning,* 1/2 (2012).
Butler, Judith: *Die Macht der Geschlechternormen und die Grenzen des Menschlichen.* Frankfurt a. M. 2009.
Freudig, Doris/Arnheim, Katharina: *Lexikon der Biologie: In fünfzehn Bänden, sechster Band.* Heidelberg 2001.
Gesellschaft für Medienwissenschaft (Hg.): *Zeitschrift für Medienwissenschaft.* Heft 18: Medienökonomien, Jg. 10 (2018), Nr. 1. DOI: https://doi.org/10.25969/mediarep/2336.
Haraway, Donna J.: *Tentacular Thinking: Anthropocene, Capitalocene, Chthulucene, Staying with the Trouble: Making Kin in the Chthulucene.* Durham 2016.
Irigaray, Luce: *Ethik der sexuellen Differenz.* Frankfurt a. M. 1991.
Köhler, Günter: An der „Wiege der Ökologie" im Thüringischen – Ernst Haeckel und Ludwig Möller. In: *Veröffentlichungen des Naturkundemuseums Erfurt (VERNATE).* 38/2019. Online verfügbar: https://www.zobodat.at/pdf/Veroeff-Natmus-Erfurt_38_0029-0052.pdf.
Stöcker, Friedrich W./Dietrich, Gerhard: *Fachlexikon ABC Biologie: Ein alphabetisches Nachschlagwerk.* Frankfurt a. M. 1986.
Volkart, Yvonne: *Fluide Subjekte: Anpassung und Widerspenstigkeit in der Medienkunst.* Bielefeld 2006.

Teil I: **Konsistenzen**

Natascha Adamowsky
Vom Fluss der Bilder, dem Eis der Begriffe
Überlegungen zu einer submarinen Umgebungsästhetik

Zusammenfassung: Die Welt der Meere fasziniert uns, vielleicht und vor allem, weil wir sie nicht fassen können. Der Lebensraum des Meeres ist insbesondere für das menschliche Auge, das bevorzugte Erkenntnisorgan abendländischer Wissenschaft, nicht gemacht. Sehen unter Wasser unterscheidet sich dramatisch vom Sehen an Land, die Gesetze der Optik differieren stark, je nachdem ob das *medium diaphanum* flüssig oder luftig ist. Die Beziehungen von Mensch und Meer basieren daher grundlegend auf technisch-medialen Ermöglichungsformen, die das Meer als epistemologischen Raum allererst hervorbringen. Diskutiert wird dies an drei Beispielen: den gemalten Unterwasserlandschaften von Eugen Freiherr von Ransonnet-Villez sowie den Unterwasserfotografien von Louis Marie Auguste Boutan und Francis Ward. Alle drei Beispiele zeigen in paradigmatischer Weise, dass Meereswelten nicht von den Medien ihrer Aisthetisierung zu trennen sind. Vor diesem Hintergrund verstehen sich die folgenden Ausführungen als eine erste Skizze einer submarinen Umgebungsästhetik.

Schlüsselwörter: Mediale Umweltlichkeit, wissenschaftliches Tauchen, Meeresforschung, submarine Ästhetik, Wissensästhetik, Unterwasserfotografie, Unterwasseroptik, das Meer als epistemologischer Raum/als optisch-sensorisches Medium; Tierstudien, Francis Ward, Eugen von Ransonnet-Villez, Louis Boutan

> Das Meer ist ein Bereich außergewöhnlicher Sinnlichkeit [...], doch größtenteils außerhalb des uns eigenen Sinnenbereichs [...] Wir riechen unter Wasser nichts (obwohl das Meer voller Gerüche ist), schmecken nur das metallische Schwirren komprimierter Luft, sehen kaum etwas und sind auf ein Gehör beschränkt, das keine Richtungen zu unterscheiden vermag; wir sind, alles in allem, behindert. [...]
>
> Das ist der Kampf, oder zumindest mein Kampf, bei der Arbeit unter Wasser: Wie kann ich die jenseitigen Wunder unter der Oberfläche verstehen und dann in die fremde Welt da oben übertragen?[1]

Die Welt der Meere fasziniert uns, vielleicht und vor allem, weil wir sie nicht fassen können. Das Merkwürdige und Unbegreifliche dieser Unterwasserwelt ist ein grundlegendes Problem meereskundlicher Forschung. Der Lebensraum des Meeres ist für die menschliche Physis ein unwirtlicher Ort und insbesondere für das menschliche

---

[1] Julia Whitty: *Riff – Begegnungen mit verborgenen Welten zwischen Land und Meer*. Hamburg 2009, S. 13–14, 39.

Auge, das bevorzugte Erkenntnisorgan abendländischer Wissenschaft, nicht gemacht. Sehen unter Wasser unterscheidet sich dramatisch vom Sehen an Land, die Gesetze der Optik differieren stark, je nachdem ob das *medium diaphanum* flüssig oder luftig ist. Die Beziehungen von Mensch und Meer basieren daher grundlegend auf technisch-medialen Ermöglichungsformen, die das Meer als epistemologischen Raum allererst hervorbringen und dabei die naturphilosophische Einsicht belegen, dass Wissenschaft nur das abbilden kann, worin sie immer schon eingegriffen und was sie für ihre Zwecke zugerichtet hat.[2] Vor diesem Hintergrund, dessen Zusammenhänge ich ausführlich andernorts dargestellt habe,[3] sind die folgenden Ausführungen als Skizze einer submarinen Umgebungsästhetik zu verstehen.[4]

Meereswelten sind nicht von den Medien ihrer Aisthetisierung zu trennen. Sie bieten damit ein paradigmatisches Anschauungsfeld für den bekannten Befund, dass Medien das zu Vermittelnde „jeweils unter Bedingungen stellen, die sie selbst schaffen und sind".[5] Was zum modernen Theoriebestand zählt, ist in der Sache allerdings auch den Pionieren der frühen Meeresforschung aufgefallen. Es begann zunächst mit der Erkenntnis, dass marine Objekte nicht verlustlos die Grenze des Meeresspiegels passieren können, wie ein Blick zurück ins frühe 19. Jahrhundert veranschaulicht.

Am Ufer des Roten Meeres, in den frühen 1820er Jahren, hätten wir einem der ersten Meeresforscher, Christian Gottfried Ehrenberg (1795–1876), begegnen können. Wir hätten gesehen, wie sein verzückter Blick auf der „kaleidoskopartige[n] Zauberwelt"[6] lag, die sich im flachen Küstenwasser vor seinen Augen erstreckte. Es muss dann ein Ruck durch ihn gegangen sein. „Tausendfach angeregt und brennend vor Wißbegierde"[7] watete Ehrenberg entschlossen in das Wasser hinein, allerdings nur, um sogleich eine böse Überraschung zu erleben:

---

2 Vgl. Hans-Jörg Rheinberger: Objekt und Repräsentation. In: Bettina Heintz, Jörg Huber (Hg.): *Mit dem Auge denken. Strategien der Sichtbarmachung in wissenschaftlichen und virtuellen Welten*. Zürich 2001, S. 55–61; Hans-Jörg Rheinberger: Sichtbar machen – Visualisierung in den Naturwissenschaften. In: Klaus Sachs-Hombach (Hg.): *Bildtheorien. Anthropologische und kulturelle Grundlagen des Visualistic Turn*. Frankfurt 2009, S. 127–145.
3 Vgl. Natascha Adamowsky: Knowledges. In: Margaret Cohen (Hg.): *A Cultural History of the Sea*, 6 Bände, Bd. 5: *In the Age of Empire*. London 2021, S. 27–56; dies.: *Ozeanische Wunder. Entdeckung und Eroberung des Meeres in der Moderne*. Paderborn 2017; dies.: *The Mysterious Science of the Sea, 1775–1943*. London 2015.
4 Für die Darstellung submariner Räume in den Künsten vgl. u.a. Margaret Cohen, Killian Quigley (Hg.): *The Aesthetics of the Undersea*. London 2020.
5 Lorenz Engell, Joseph Vogl: Vorwort. In: dies. et al. (Hg.): *Kursbuch Medienkultur. Die maßgeblichen Theorien von Brecht bis Baudrillard*. Stuttgart 1999, S. 8–11, hier: S. 10.
6 Christian Gottfried Ehrenberg: *Über die Natur und Bildung der Coralleninseln und Corallenbänke im rothen Meere*. Berlin 1834, S. 382–383
7 Ehrenberg: *Natur und Bildung der Coralleninseln*, S. 382–383.

> [M]it seinem Auftreten auf den Corallenboden verschwindet allmälig um ihn her all die schöne Farbenpracht, welche diesen Boden so eben schmückte. Der strauchartige, blendend rosenrothe Gegenstand, welcher die Aufmerksamkeit und Phantasie des Reisenden so eben am lebhaftesten erregte, wird als ein brauner unscheinbarer Körper in die Höhe gebracht und es findet sich, dass das kurz vorher für das Auge so liebliche, weiche, bunte Gebilde ein harter, rauer, mit braunem dünnen Schleim überzogener Kalktuff ist.[8]

Ehrenberg glaubte zunächst, sich geirrt zu haben, und wiederholte seine Bemühungen, doch

> mit gleichem Erfolge, bis [er] sich überzeugt, dass hier eine Verwandlung statt finde, die der Reisende je nach seiner Geistesbildung für Wunder und Zauberei oder für merkwürdige, eines mühevollen und sorgfältigen Nachforschens werthe Naturerscheinung hält.[9]

Naturforscher wie Ehrenberg standen vor einem Dilemma. Was unter der Wasseroberfläche seidig, weich und farbenprächtig erschien, verwandelte sich beim ersten Lufthauch oft in spröde, leblose Objekthaftigkeit. Tauchtechniken standen für wissenschaftliche Zwecke noch kaum zur Verfügung und wurden erst in der zweiten Jahrhunderthälfte, und dann auch nur verhalten, genutzt. Gleichwohl nahm das Sujet „Betrachtungen der Unterwasserwelt" schon in der Reise- und Expeditionsliteratur des 18. Jahrhunderts seinen Anfang.[10] Meist handelte es sich um Beschreibungen aus einem Boot heraus, die die darunter vorbeiziehende Meereslandschaft als märchenhaftes Feenreich schilderten. Eine der berühmtesten Schilderungen einer Unterwasserwelt ging allerdings einen entscheidenden Schritt weiter und sprang mit dem naturkundlich interessierten Leser mitten hinein in die Fluten:

> Wir tauchen nieder in den flüssigen Krystall des indischen Meeres und es eröffnet sich uns der wunderbarste Zauber aus der Märchenwelt unserer Kinderträume. [...]. Das Colorit ist unübertrefflich; lebhaftes Grün wechselt mit Braun oder Gelb, mit reichen Purpurschatten vom blassen Rothbraun bis zum tiefsten Blau vermischt. Hellrothe, gelbe und pfirsichfarbene Nulliporen überkleiden die abgestorbenen Massen [...] den klaren Sand des Bodens bedecken in tausend abenteuerlichen Gestalten und Farbspielen die Seeigel und Seesterne [...] – als riesengroße Cactusblüthen in den brennendsten Farben strahlend, breiten die Seeanemonen auf den Felsenabsätzen ihre Kränze von Fühlern aus oder schmücken bescheidner, bunten Ranunkeln gleich, ein flacheres Beet.[11]

Dieser virtuelle Tauchgang des berühmten Botanikers und späteren Mitbegründers der Mikrobiologie, Matthias Jacob Schleiden (1804–1881), war zur damaligen Zeit – der Text erschien 1848 – eine Sensation. Submarine Perspektiven waren bis dato nur spärlich verbreitet, und die vorhandenen Ansichten zeigten vorzugsweise Helm-

---

8 Ehrenberg: *Natur und Bildung der Coralleninseln*, S. 382–383.
9 Ehrenberg: *Natur und Bildung der Coralleninseln*, S. 382–383.
10 Für eine ausführliche Darstellung, Natascha Adamowsky: *Ozeanische Wunder*, S. 100 ff.
11 Matthias Jacob Schleiden: *Die Pflanze und ihr Leben*. Leipzig 1858, S. 172 ff.

taucher bei der Arbeit, jedoch keine unterseeischen Landschaften. Unklar ist, ob Schleidens Text von einem tatsächlichen Tauchgang inspiriert wurde, etwa im Zuge einer Reise nach Kalkutta in den 1830er Jahren. Seine Verankerung im Reich der Phantasie ist allerdings offenkundig, und zwar nicht, weil Menschen niemals unbewehrt so launig lange unter Wasser umherschweifen könnten. Die Fiktionalität von Schleidens Darstellung ergibt sich vielmehr aus der geschilderten submarinen Sinnlichkeit, für die entscheidend ist, dass sie dem unbewehrten Auge niemals in so gestochener Schärfe, glänzend, schimmernd und von brennend-leuchtender Farbigkeit erscheinen kann.[12] Schleidens Beschreibung mag aus heutiger Sicht realistisch erscheinen, doch genau dieser Eindruck ist mitnichten ‚natürlich', sondern das Ergebnis einer langen Entwicklungsgeschichte fotografischer Techniken, an deren Ästhetik wir uns durch Unterwasserfilm und -fotografie in Jahrzehnten gewöhnt haben. Diese sind mehrheitlich darauf ausgerichtet, die Auswirkungen des Lichts zu kompensieren, wenn es durch das Medium Wasser gesehen wird, welches 800 Mal dichter ist als Luft und die Dinge um 33 Prozent größer erscheinen lässt. Sehen wir hingegen ohne künstliche Beleuchtung oder Korrekturlinsen durch Wasser, nehmen wir einen allgegenwärtigen Schleier und eine pastellene Färbung wahr. Dies liegt daran, dass Wassermoleküle, aber auch winzige im Wasser schwebende Partikel das Licht bremsen, absorbieren und streuen. Kurzum: Die Eigenschaften der Unterwasseroptik sind zwar rein physikalisch, widersprechen aber auf spektakuläre Weise der Realität der irdischen Wahrnehmung.

Die Welten dies- und jenseits des Meeresspiegels, so lässt sich festhalten, sind aisthetisch inkompatible Universen. Man atmet dort unten ganz anders; der Gleichgewichtssinn gerät in Bewegung. Eingehüllt in ein Element, das sich so sehr von der Luft unterscheidet, verändern sich Fähigkeiten und Phantasien; unverrückbar erscheinende Kategorien irdischen Daseins verschieben, wandeln sich oder sind gar nicht mehr anwendbar. Dennoch ist das Wahrnehmen unter Wasser, in einem fluiden Medium, nur wenige Male thematisiert worden; die folgenden drei Fallbeispiele bestätigen die Ausnahme. An ihnen lässt sich exemplarisch nachvollziehen, wie unterschiedlich das Zusammentreffen von Sinnesphysiologie, submarinen Materialitäten und deren spezifische Auswirkungen auf den untergetauchten Körper verhandelt werden kann. Dabei treten die Konturen einer submarinen Ästhetik hervor – und das Projekt, deren Geschichte zu schreiben –, und zwar im Sinne einer Umgebungsästhetik, einer Ästhetik der Atmosphäre, der Umweltlichkeit, vielleicht auch einer medienökologischen Ästhetik. *Ein* zentrales Anliegen dabei wäre, das generative Potential unterseeischer Umwelten für neue Empfindungen und Wahrnehmungen, für neue Untersuchungsmethoden und Erkenntnismodelle, für neue Imaginationen und Entwürfe der Phantasie aufzuzeigen.

---

12 Zum Thema der Unterwasseroptik vgl. auch Margaret Cohen: Underwater Optics as Symbolic Form. In: *French Politics, Culture & Society*, 32/3 (2014), S. 1–23.

1 Submarine Ästhetik I: Eugen Freiherr von Ransonnet-Villez

Im Jahre 1862 bereiste der österreichische Ministerialoffizial Eugen Freiherr von Ransonnet-Villez (1838–1926), ein Liebhaber der Naturwissenschaften wie der Malerei, Palästina, Oberägypten und Arabien, wo er die Unterwasserwelt des Roten Meeres zu erforschen begann.[13] Schon am ersten Tag zeigte sich ihm die submarine Flora und Fauna als „wunderbares Gefüge" im glasklaren Wasser unter seinem Boot, der er nicht widerstehen konnte. Anders jedoch als Ehrenberg watete er nicht ins flache Wasser hinein, um Korallenstöcke herauszurupfen, sondern gab den Verlockungen der Tiefe auf seine Weise nach. Er sprang in die Fluten:

> Wie eigenthümlich sieht sich's an da unten im Meere! Allerdings kann man die Formen in der Tiefe nicht mehr genau unterscheiden, allein wie schimmert da Alles in schöner und fremdartiger Beleuchtung! Braun, violett, orange, in gelbem und blauem Lichte, leuchtet's dem Taucher entgegen und über all diese fremdartigen Gegenstände gleitet in Regenbogenfarben der Schein der kleinen Wellen hinüber.[14]

Was heute als Bagatelle erscheinen mag, war 1860 eine Sensation. Seit mehr als 2.000 Jahren waren Menschen getaucht, um unter Wasser zu arbeiten oder zu kämpfen, doch kaum einer war je auf die Idee gekommen, schwimmen zu gehen, um die Meereswelt zu erkunden. Zwar war der französische Naturforscher Henri Milne-Edwards bereits 1844 zusammen mit seinem Kollegen Armand de Quatrefages vor der sizilianischen Küste getaucht,[15] und einige Wissenschaftler der Zoologischen Station begannen 1879 im Golf von Neapel, unter Wasser Studien zu Algenvegetation und Lichteinfall durchzuführen.[16] Sie alle jedoch blieben Ausnahmen, so dass man vor dem Hintergrund der enormen Popularität meeresbiologischer und ozeanographischer Forschung in jener Zeit tatsächlich eine gewisse ‚Wasserscheu' mariner Biologen und Zoologen, Physiologen und Ökologen konstatieren könnte.

Die exzeptionelle Bedeutung von Ransonnet-Villez' Tauchgang ergibt sich jedoch nicht allein aus der Tatsache, *dass* er tauchte, sondern *wie*. Anders als Milne-

---

[13] Andreas Hantschk, Stephanie Kruspel: Mit Skizzenblock und Taucherglocke. Ein Wiener Maler unter Wasser. In: *Divemaster* No. 1 (2000), S. 57–60. Vgl. im Folgenden auch Adamowsky: *Ozeanische Wunder*, Kapitel 6.
[14] Baron Eugen von Ransonnet-Villez: *Reise von Kairo nach Tor zu den Korallenbänken des Rothen Meeres*. Wien 1863, S. 18.
[15] Jacques Forest: Henri Milne Edwards. In: *Journal of Crustaccean Biology* 16/1 (1996); Trevor Norton: *Stars Beneath the Sea. The Extraordinary Lives of the Pioneers of Diving*. London 1999, S. 27–42.
[16] Irmgard Müller: *Die Geschichte der Zoologischen Station in Neapel von der Gründung durch Anton Dohrn (1872) bis zum Ersten Weltkrieg und ihre Bedeutung für die Entwicklung der modernen Biologischen Wissenschaften*. Düsseldorf 1976, S. 143–146.

Edwards oder die Forscher der Zoologischen Station in Neapel hat Ransonnet-Villez nicht nur das Gesehene, sondern auch die Wahrnehmungsbedingungen seiner „Ausflüge unter dem Meere" reflektiert.[17] „Wie eigenthümlich sieht sich's an da unten im Meere!", hatte er über seine ersten Beobachtungen beim Freitauchen im Roten Meer geschrieben und die anders gelagerte Akustik, die veränderten Lichtverhältnisse sowie die radikal reduzierte Tiefenschärfe thematisiert. Als er zwei Jahre später an die Ufer Ceylons (Sri Lanka) zurückkehrte, hatte er eine speziell konstruierte Tauchvorrichtung im Gepäck, die er nach dem Vorbild von Franz Kesslers (1580–1650) Wasserharnisch (1616) selbst entworfen hatte.

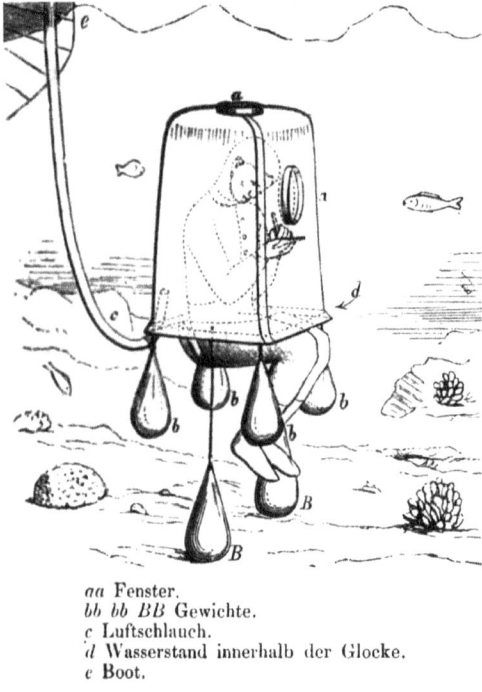

aa Fenster.
bb bb BB Gewichte.
c Luftschlauch.
d Wasserstand innerhalb der Glocke.
e Boot.

Abb. 1: Die Taucherglocke von Ransonnet-Villez, abgebildet in seinem Ceylon-Reisebericht.

> Die nach meiner Angabe gebaute Glocke war drei Fuss hoch, unten zwei und einen halben Fuss breit, vierseitig, mit abgerundeten Ecken, und wog, obgleich aus starkem Eisenblech gebaut, nicht viel über achtzig Pfund. An der vordern Fläche derselben und an der Decke befanden sich Fenster aus beinahe zolldickem Glase, von sieben bis acht Zoll im Durchmesser. Je vier Handhaben unten und oben dienten zum bequemen Anfassen des Apparates und zum Befestigen der Ge-

---

[17] Baron Eugen von Ransonnet-Villez: *Ceylon. Skizzen seiner Bewohner, seines Thier- und Pflanzenlebens und Untersuchungen des Meeresgrundes nahe der Küste.* Braunschweig 1868, S. 13.

wichte. An der Mündung der Glocke war endlich eine bewegliche eiserne Spange querüber zum Sitzen angebracht. Ausser der Belastung von sechshundert bis siebenhundert Pfund, welche an den Ecken vertheilt war, hingen an starken Leinen zu beiden Seiten Gewichte von je fünfzig Pfund herab, welche, auf dem Grunde des Meeres ruhend, gewissermassen als Anker dienen sollten.[18]

Am 25. November 1864 war es soweit:

> Ein kräftiger Kopfsprung vom Rande des schweren Bootes brachte mich in die Tiefe. Im Nu befand ich mich unter meiner Taucherglocke; vorsichtig schlüpfte ich in das Innere [, ...] öffnete [...] die eisernen Fensterdeckel, welche zum Schutze des Glases angebracht waren, und blickte nicht ohne jene gewisse Erregung in das weite Wasserreich, das nun, zum ersten Male, meinen ungehinderten Blicken erschlossen, vor mir lag. [...]
> Vor Allem fremd waren mir die Lichterscheinungen da unten im Meer, und ich wendete ihnen daher eine besondere Aufmerksamkeit zu. Blaugrün ist nämlich der Grundton der unterseeischen Landschaft und besonders aller hellen Gegenstände, während dunkle, z.B. schwärzliche Felsen oder Korallen, und die entfernteren Schatten, in ein einförmiges Röthlichbraun gehüllt erscheinen, welches zu der Farbe des Wassers in complementärem Verhältnis steht. Grünlichgelbe, blaue, besonders aber weisse und grüne Gegenstände bleiben noch in grosser Ferne sichtbar, während roth- und orangegefärbte sehr bald im allgemeinen Fernton verschwinden. [...] Begierig lange ich nach der Koralle, ohne sie jedoch zu erreichen, so wie ein Kind nach Gegenständen ausser seinem Bereiche greift, denn im Wasser erscheint Alles so trügerisch nahe und zugleich kleiner, dass man den Maßstab für Entfernungen und Grössen völlig verliert. Bald kommt man zu der Einsicht, dass man in der Meerestiefe nicht nur gehen, sondern auch sehen und hören lernen muss.[19]

In seiner Glocke sitzend gelang es Ransonnet-Villez, die Welt unter Wasser längere Zeit ungestört zu beobachten und in Skizzen vor Ort festzuhalten. Auf der Grundlage der Zeichnungen entstanden später vier Unterwasserlithographien, die er mit seinem Reisebericht veröffentlichte, sowie ein großes Ölgemälde, das lange zusammen mit einigen seiner mitgebrachten Tierpräparate im Naturhistorischen Museum in Wien ausgestellt war. Auf ihnen besticht nicht nur die besondere Farbigkeit, deren verfremdeten Unterwassereindruck Ransonnet-Villez so intensiv studiert hatte, sondern vor allem die eigentümliche Atmosphäre.

Er wolle, schrieb Ransonnet-Villez im Vorwort seines Ceylon-Berichts, seine Leser, „dem Taucher gleich, einen Blick auf wirklichen Meeresgrund werfen lassen";[20] in der Tat, so der österreichische Tauchpionier Hans Hass, treffe Ransonnet-Villez die besondere Stimmung des Unterwasserseins, und zwar auf eine Weise, wie man sie in der modernen Fotografie nicht wiederfinden könne.[21]

---

18 Ransonnet-Villez: *Ceylon. Skizzen seiner Bewohner*, S. 13.
19 Ransonnet-Villez: *Ceylon. Skizzen seiner Bewohner*, S. 14–17.
20 Ransonnet-Villez: *Ceylon. Skizzen seiner Bewohner*, S. 11.
21 Vgl. Hantsch, Kruspel: *Mit Skizzenblock und Taucherglocke*, S. 59.

Abb. 2: Unterseeische Felsen mit grünen Korallen, Baron Eugen von Ransonnet-Villez, Ceylon. Skizzen seiner Bewohner, seines Thier- und Pflanzenlebens und Untersuchungen des Meeresgrundes nahe der Küste, Braunschweig 1868, Pl. VII.

Zweifellos: Ransonnet-Villez' Bilder haben keine abbildende, sondern eine vermittelnde Intention. Seine Betrachter sollen, „dem Taucher gleich", den Meeresgrund erblicken, und damit nicht nur, *was*, sondern vor allem auch, *wie* es sich ihm unter Wasser darbot: eine „andere Art des Sehens", hatte Ransonnet-Villez geschrieben, die man neu lernen müsse. Seine ästhetische Umsetzung war einfach wie genial: Er entwarf eine Ästhetik der submarinen Unschärfe, die den aisthetischen Widerstand des Wassers gegen seine Durchdringung durch den szientistisch-beobachtenden Blick inszenierte.

Verschwommene Linien oder miteinander verschmelzende Bildgründe sind zweifellos nicht Ransonnet-Villez' Erfindung. Das ästhetische Potential der Unschärfe, so Wolfgang Ullrich, wurde bereits ab der Jahrhundertwende in der Landschaftsmalerei genutzt, am prominentesten vielleicht bei William Turner (1775–1851), der sich vorzugsweise extremen Situationen aussetzte, für die möglichst keine Sehgewohnheiten existierten.[22] Letzteres trifft auch auf Ransonnet-Villez' Unterwasseransichten zu,

---

22 Wolfgang Ullrich: *Die Geschichte der Unschärfe*. Berlin 2009, S. 86–87.

deren bildliche Wiedergabe sich jedoch insofern von allen künstlerischen Landschaftsansichten unterscheidet, als sie von dem Anspruch wissenschaftlicher Genauigkeit resp. Erkenntnis getragen sind. In seinem Blechkokon hatte Ransonnet-Villez seine Umgebung auf das Genaueste studiert, mit dem scharfen Blick des Taxonomen, und sich für die Unschärfe bewusst entschieden als Weg, die unterseeischen Bedingungen von Sichtbarkeit als solche ästhetisch sichtbar zu machen.[23] Meines Wissens nach ist Ransonnet-Villez damit der erste, der für seine Visualisierung des submarinen Raumes eine distinkte Atmosphäre epistemologischer Unsicherheit schuf.

Erstaunlicherweise lösten Ransonnet-Villez' Bilder kein großes Echo im damaligen Europa aus. Trotz kleiner Auflage wurden seine beiden Reiseberichte zwar rezipiert, doch sollte es Jahrzehnte dauern, bis auch andere „verrückt" genug waren, medial ausgerüstet unter die Wasseroberfläche zu ziehen. Es kann als ein weiteres Argument für eine weitgehend ‚wasserscheue' Meeresbiologie gelten, dass dabei auch erst sehr spät die Fotografie zum Einsatz kam. Deren Anfänge reichen zwar zurück bis zu den Experimenten von William Thompson an der südenglischen Weymouth Bay 1856,[24] doch die ersten brauchbaren Bilder stammen von dem französischen Meeresbiologen Louis Marie Auguste Boutan (1859–1934).

2 Submarine Ästhetik II: Louis Marie Auguste Boutan

Es war im September 1886: Boutan arbeitete in der Forschungsstation von Banyuls-sur-Mer als Assistent des Biologen Henri de Lacaz-Duthiers (1821–1901), als dieser ihm vorschlug, die Weichtiere, die ihn so interessierten, mit Hilfe des institutseigenen Skaphanders unter Wasser zu studieren.[25] Boutan lernte das Tauchen und war begeistert. Allerdings bedauerte er zutiefst, dass ihm unter Wasser keine geeigneten Aufzeichnungsmittel zur Verfügung standen, weshalb er daran ging, eine geeignete Kamera zu konstruieren. Das Ergebnis war eine 9 x 12 cm große Plattenkamera, die von einem wasserdichten Gehäuse aus Messing und Kautschuk geschützt wurde. Zwei Hebel waren für die Bedienung des Auslösers und des Plattenmagazins vorgesehen, ein elastischer Ballon sollte den Druck zwischen dem Innern des Gehäuses und dem umgebenden Wasser ausgleichen. Im Frühling 1893 begannen die ersten Tauchgänge, und es entstanden sogleich eine Reihe vorzüglicher Aufnahmen. Be-

---

23 Für diesen bildtheoretischen Zusammenhang vgl. Martina Heßler, Dieter Mersch: Einleitung. Bildlogik oder Was heißt visuelles Denken?. In: dies. (Hg.): *Logik des Bildlichen. Zur Kritik der ikonischen Vernunft*. Bielefeld 2009, S. 8–62, hier insb. Kapitel 3, Ästhetisches Handeln.
24 Nick Baker: William Thompson – The World's First Underwater Photographer. In: *Historical Diving Times* No. 19 (1997), S. 8–16.
25 Vgl. Steven Weinberg, Philippe Louis Joseph Dogué, John Neuschwander: *Unterwasserfotografie. Hundert Jahre Geschichte, Technik, Faszination*. Schaffhausen 1993; Norton: *Stars*, S. 161–176.

reits am 31. Juli konnte Lacaz-Duthiers Boutans Bericht *Sur la photographie sous-marine* vor der *Académie des Sciences* präsentieren und löst damit einen Welterfolg in unzähligen Zeitschriften und Journalen aus.[26] Das Bild des Meeresforschers im Tauchanzug, der beim strahlenden Licht einer Magnesiumlaterne die Wunder der Unterwasserwelt auf die Platten seiner Kamera bannt, ging ein in das Bildrepertoire der wissenschaftlich-technischen Erfolgskultur des *Fin de Siècle*.

Boutan aber war nicht zufrieden. Das künstliche Licht veranstaltete unter Wasser ein blitzeschleuderndes Gewitter, welches nicht nur die Tiere aufscheuchte, sondern auch wenig zur Verbesserung der Bildqualität beitrug. Zudem waren auf den Fotografien überhaupt keine Tiefe und nur verschwommene Konturen zu erkennen, was zwar einen malerischen Eindruck erzeugte, aber eben nicht den Wahrnehmungsbedingungen unter Wasser entsprach.

Boutan war sich zweifellos der divergierenden Eigenschaften der Medien Wasser und Luft bewusst.[27] Er sah, wie das Licht die Farben veränderte, wie die Dinge größer und oft seimiger erschienen und wie die Wellen Tausende von Salzkristallen, Mikroorganismen, Sandkörnern und Schmutzpartikeln unaufhörlich umherwirbelten. Im Meer war alles stets im Fluss; Taucher, Tiere, Pflanzen schwebten, schwankten, schaukelten unaufhörlich vor sich hin. Dennoch war Boutan der Ansicht, dass es einen weiteren Versuch wert wäre, an den technischen Bedingungen seiner Kameraausrüstung zu feilen. Im Herbst 1895 begann er eine neue Versuchsreihe, die nach drei Jahren und einigen Misserfolgen einige bemerkenswerte Aufnahmen hervorbrachte. Erneut erregte Boutans Bericht vor der Pariser Akademie der Wissenschaften weltweites Aufsehen.

Trotz der großen öffentlichen Resonanz auf seine Fotografien fand Boutans Unterwasserfotografie jahrzehntelang keine nennenswerten Nachfolger. Er selbst gab die Fotografie um 1900 auf, hinterließ aber ein erstes Kompendium, *La Photographie sous-marine*, in dem er den damaligen Stand der technischen Möglichkeiten zusammenfasste.[28] Ein Grund für die mangelnde Resonanz mag gewesen sein, dass man die Meeresflora und -fauna zur damaligen Zeit wesentlich komfortabler und farbenprächtiger in Aquarien studieren konnte, während sie auf Boutans Fotografien allenfalls zu erahnen ist. Dessen ungeachtet geht von seinen Bildern bis heute eine besondere Rätselhaftigkeit aus. Sie strahlen etwas Anrührendes aus, vielleicht weil sie die unüberwindliche Unberührbarkeit submariner Lebenswelten belegen – und gleichzeitig Boutans chevalereske Weigerung, sich dem zu fügen. Das schemenhafte Spiel von Licht und Schatten, die diffuse Nebelhaftigkeit, sie erscheinen wie ein poetischer Einspruch gegen die menschliche Meeresuntauglichkeit, wie ein inszeniertes „Und dennoch!", „Ich war hier!", am Meeresgrund, allen Widrigkeiten zum Trotz.

---

[26] *Comptes Rendus Hebdomadaires de l'Academie des Sciences*, 117, S. 286–289.
[27] Louis Boutan: Submarine Photography. In: *The Century Magazine*. Mai 1898, S. 42–49, hier: S. 43, S. 47–48.
[28] Louis Boutan: *La Photographie sous-marine et les progrès de la photographie*. Paris 1987 (1900).

Abb. 3: Portrait Instantané d'un Plongeur, 1898, Louis Boutan auf einer Momentaufnahme von Joseph David, in: Boutan, La Photographie, Planche XI.

Abb. 4: Photographie sous-marine, 1898, Louis Boutan auf einer Momentaufnahme von Joseph David, © Les Documents Cinématographique, Paris.

Besonders deutlich wird dies auf jenen Aufnahmen, die Boutan unter Wasser zeigen und dabei den Forscher als Taucher in seiner absoluten Untauglichkeit für das Unterwasserleben vorführen. Wir sehen ihn entweder als einen mit der Schwerelosigkeit kämpfenden Apnoetaucher, dem, geblendet von einer Magnesiumblitzwolke, in Kürze die Luft auszugehen droht.

Oder aber er zeigt sich uns in einem schweren Taucheranzug, scheinbar gemütlich am dunklen Grund des Meeres sitzend, umwölkt von Luftblasen, ein kleines Schildchen in der Hand mit einer spiegelverkehrten Nachricht.

Abb. 5: Portrait Instantané d'un Scaphandrier, 1898, in: Boutan, La Photographie, Planche X.

In beiden Fällen sehen wir weniger das Leben im Meer als die Unwahrscheinlichkeit menschlicher Anwesenheit. Die Fotografien wirken wie ein Beleg *avant la lettre*, wie eine epistemologische Flaschenpost, für die ein Jahrhundert später formulierte Einsicht, dass Tauchbemühungen, so die Tiefseebiologin Cindy van Dover, letztlich und unausweichlich ein „unnatural act"[29] seien. Gleich wie sich die moderne Technik auch verbessern möge, das Prinzip des Tauchganges bleibe stets gleich: „a ball

---

[29] Cindy van Dover: *Deep-Ocean Journeys: Discovering New Life at the Bottom of the Sea*. Redwood City 1996, S. 16.

of culture submerged in the domain of nature".[30] Somit könnte man Boutans frühe Unterwasserfotografie auch im Sinne einer noch zu erfindenden Meeresphilosophie deuten: Der Lebensraum des Meeres ist unserem sinnlich-rationalen Erkenntnisvermögen nur als ein Zuviel oder Zuwenig zugänglich; in all unseren Bemühungen, den submarinen Spiegel zu durchdringen, begegnen wir vor allem uns selbst.

3 Submarine Ästhetik III: Francis Ward

Unterwasserphänomene durchkreuzen die normativen Grenzen zwischen epistemologischen, methodologischen und disziplinären Bereichen. Zwar können die Beziehungen zwischen Mensch und Meer je nach Ort, Kultur und Zeit stark variieren, aber im Grunde ist die Unterwasserwelt nicht anthropisch. Dass dies zu einer Quelle der Kreativität werden kann, belegt die Arbeit des englischen Hobby-Ichthyologen, passionierten Anglers und begeisterten Boutan-Lesers Francis Ward (1870–1933). Wie seine ‚Vorgänger' beschäftigten auch Ward die aisthetischen Qualitäten des Wassers, doch seine Arbeit ging mit einem bemerkenswerten Perspektivwechsel einher: Ward wollte wissen, wie das Leben unter Wasser einem Fisch erschien.
Wie viele Amateurfischkundler seiner Zeit war Ward begeisterter Aquarianer. Im Laufe der Zeit jedoch reifte in ihm die Überzeugung, „that fish should be watched and photographed while swimming free in natural environments, and illuminated as in nature".[31] Zu diesem Zweck legte Ward auf seinem Grundstück bei Ipswich einen großen Weiher an und baute an dessen Ufer eine unterirdische Beobachtungskammer, in der er durch ein Fenster unbemerkt die Teichbewohner beobachten und fotografieren konnte.[32]

In seinem 1911 veröffentlichten Buch *Marvels of Fish Life. As Revealed by the Camera*, das reich illustriert in mehreren Auflagen erschien, thematisiert er die Fischperspektive – „fish as seen by fish" – als eine Frage des Lichteinfalls und der Tarnung. Dazu kontrastiert er Aufnahmen, die mit künstlicher, seitlicher Beleuchtung vor einem Aquarium gemacht wurden, mit Fotografien, die bei Tageslicht im Teich entstanden. Während erstere das Geschehen gestochen scharf wiedergeben, zeigen letztere die faszinierende Unbestimmtheit der Unterwassersicht und ermöglichen durch ihre milchige Atmosphäre die Mitwahrnehmung des Wassermediums.

---

30 Stefan Helmreich: An Anthropologist Underwater: Immersive Soundscapes, Submarine Cyborgs, and Transductive Ethnography. In: *American Ethnologist* 34/4 (2007), S. 621–641.
31 Francis Ward: *Marvels of Fish Life*, 2nd edition. London 1912, S. xi.
32 Ward fotografierte in Seen und Flüssen, nicht im Meer. Er wird dennoch hier aufgeführt, weil dieser Tatbestand für die Argumentation nicht relevant ist.

Abb. 6: Francis Ward, *Marvels of Fish Life*, London 1911, „Observation Pond Empty", S. X.

Abb. 7: „Pike following up a Roach", Ward, *Marvels of Fish Life,* gegenüber S. 8.

Abb. 8: „Gudgeon* as photographed in a tank", Ward, *Marvels of Fish Life*, gegenüber S. 22 (*Gründling).

Auch die Geheimnisse der Tarnung erweisen sich in erster Linie als Lichteffekte. Ward beschreibt detailliert die Reflektion und Absorption des Lichtes durch die Schuppenfärbung des Fisches, wodurch dieser optisch mit dem Hintergrund zu verschmelzen und nahezu unsichtbar zu werden scheint. Das Verständnis dieser Camouflage-Effekte lieferte ihm die theoretische Grundlage, die Lebensgewohnheiten der Fische und deren Verhalten auf der Jagd wie auf der Flucht genauer zu beobachten und die Hintergründe zu verstehen.

Ward ging davon aus, dass das Verhalten der Fische wesentlich von den spezifischen Sichtverhältnissen unter Wasser bestimmt sei. Er konzentrierte sich auf Bewegungen und Körperhaltungen sowie Veränderungen von Farben und Mustern auf der Haut der Tiere. Waren bislang Bilder von Unterwasserlandschaften vor allem im Stil eines Stilllebens angelegt, traf man auf Wards Fotografien nun eher auf den Bildtypus des *film stills*, das heißt auf Momentaufnahmen aus dem Leben eines Fisches, die das ganze Drama an „intentions and emotions"[33] in einer archetypischen Situation verdichteten. Statt zeitloser Idylle herrschte nun Spannung, die Protagonisten waren *in action*, verärgert, erregt, wachsam, enttäuscht, zweifelnd, wie Ward ihren Körperausdruck deutete. Jenseits der begründeten Vermutung, dass es sich hierbei eher um anthropomorphisierende Wunschvorstellungen als um tat-

---

33 Ward: *Marvels*, S. xi.

sächliche Gefühlszustände von Fischen handeln könnte, hatte Ward eine sensationelle neue Wissenschaft erfunden, die seinen Lesern den überraschenden Eindruck einer persönlichen Begegnung vermittelte. Denn Wards Fotografien suggerierten eine partizipative Betrachterposition und erzeugten mit ihren diffusen Lichtverhältnissen den Eindruck einer unmittelbar gegebenen Sichtbarkeit. Die verfließenden Konturen vermittelten ein Gefühl der Präsenz, wie es klar modulierten, gegenstandsbestimmten Welten nie möglich ist. Paradigmatisch verdichtet findet sich diese Anmutung in dem berühmten ovalen ‚Porträt' eines Hechtes, welcher aus nebligen Tiefen auftaucht und uns direkt in die Augen zu schauen scheint.

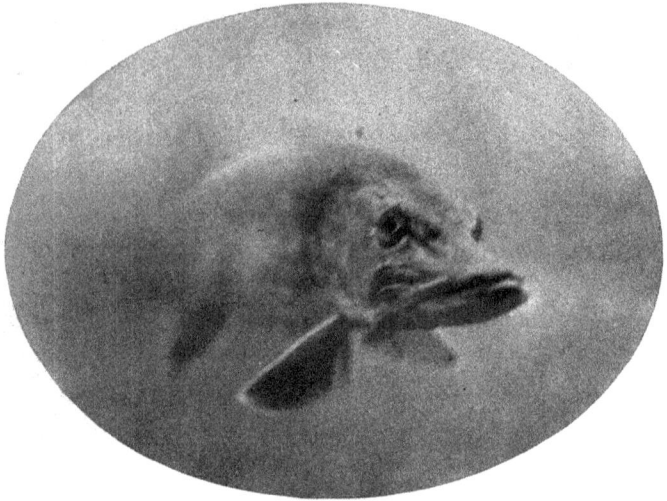

Abb. 9: „Gudgeon* as seen in natural environments", Ward, *Marvels of Fish Life,* gegenüber S. 22 (*Gründling).

In diesem eingefrorenen besonderen Augenblick schwingt das Staunen über den ungewöhnlichen Anblick ebenso mit wie über das Novum des Angeblicktwerdens und die Diskrepanz zwischen der ephemeren Unwirklichkeit des Fisches und der surrealen Klarheit seines Blicks. Es geht einher mit der aufkeimenden epistemologischen Ahnung, dass mit dem Eintauchen des Beobachterauges in einen menschenfreien Naturzusammenhang die bislang erkenntnisleitende Opposition zwischen observierendem Subjekt und observiertem Objekt ins Wanken geraten muss. Die Unbestimmtheit der Situation, wer studiert wen, zieht eine „methodische Unschärfe"[34] nach sich, dem die fotografische Unschärfe des Hechtes, seine sich in der Tiefe des Bildraums auflösenden

---

34 Elke Bippus: Skizzen und Gekritzel. Relationen zwischen Denken und Handeln in Kunst und Wissenschaft. In: Heßler, Mersch (Hg.): *Logik des Bildlichen,* S. 76–93, hier: S. 76.

Konturen, selbstredend nicht intentional, wohl aber ästhetisch kongenial entspricht. So wird das Einzigartige dieser fiktiven Begegnung in dieser Momentaufnahme ebenso greifbar wie die faktische und unaufhebbare Andersheit von menschlicher und ichthyologischer Aisthesis.

4 Schluss

Neue Technologien und mediale Praktiken ermöglichen neue Wahrnehmungsweisen, die die Vorstellungskraft verändern und künstlerische Ausdrucksformen inspirieren. Anhand von drei Beispielen wurde gezeigt, wie sich unterseeische Imaginationen der westlichen Moderne mit unterseeischen Realitäten kreuzen und damit auf sehr verschiedene Weise das generative Potential submariner Umwelten aufzeigen. Heute steht mittlerweile ein großer Fuhr- und Medienpark bereit, um den Erfassungsbereich immer weiter auszudehnen, und so viel wir dabei auch lernen mögen, so bestätigt doch jede neue Unterwasserimpression zunächst und vor allem ihre mediale Vermitteltheit. Dass dies Betrachtern nicht gleich ins Auge springt, liegt daran, dass populärkulturelle wie wissenschaftliche Darstellungen des Lebens im Meer heute stark vereinheitlicht sind. Die Bilder von Ransonnet-Villez, Boutan und Ward hingegen – Rotes Meer in den 1860er Jahren, französisches Mittelmeer in den 1890er Jahren, englische Gewässer in den 1920er Jahren – sind Beispiele dafür, dass die Unzugänglichkeit und Andersartigkeit von Unterwasserumgebungen die Kontingenz und Künstlichkeit ihrer Darstellung noch verstärken.

In einer zu entwickelnden submarinen Umgebungsästhetik müssen verschiedene Aspekte zusammenkommen: die physiologische Realität des Beobachters, die physikalisch-materielle Beschaffenheit der submarinen Umgebung, die Spezifik des wissenschaftstechnischen Zugangs sowie die Kontingenz der jeweiligen aisthetischen wie ästhetischen Kultur. Jenseits einer „Evidenz des Augenscheins" schwingen in den Visualisierungen von Schwerelosigkeit, von diffusen Formen und uneindeutiger Farbigkeit, von unsicheren Proportionen und undeutlichen Perspektiven ästhetische Erfahrungen mit, in denen die Konturen eines nicht-begrifflichen Denkens aufscheinen. Es sind Spuren eines Forschungsprozesses, in dem ästhetisches und wissenschaftliches Handeln nicht den an Land etablierten Routinen folgen, Spuren von Eindrücken, Erinnerungen und Figuren, wie Manlio Brusatin über den Grenzbereich der Farbe schrieb, als „Fluß von Bildern, bevor sie ins Eis der Begriffe eingehen und verschwinden".[35] So zeigen diese Bilder etwas, das wissenschaftliche Bilder eigentlich nicht zeigen können: Atmosphären epistemologischer Unsicherheit, die unbestimmten Weiten eines erfahrbaren, aber nicht feststellbaren Universums.

---

[35] Manlio Brusatin: *Geschichte der Farben*. Berlin 2003, S. 28 [ital. 1983].

Literaturverzeichnis

Adamowsky, Natascha: Knowledges. In: Margaret Cohen (Hg.): *A Cultural History of the Sea*, 6 Bde., Bd. 5: *In the Age of Empire*. London 2021, S. 27–56.

Adamowsky, Natascha: *Ozeanische Wunder. Entdeckung und Eroberung des Meeres in der Moderne*. Paderborn 2017.

Adamowsky, Natasha: *The Mysterious Science of the Sea 1775–1943. History and Philosophy of Technoscience*. London 2015.

Baker, Nick: William Thompson – The World's First Underwater Photographer. In: *Historical Diving Times*. Brierly Hills 1997, S. 8–16.

Boutan, Louis: *Submarine Photography*. The Century Magazine. May 1898.

Boutan, Louis: *La Photographie sous-marine et les progrès de la photographie*. Paris 1987.

Bippus, Elke: Skizzen und Gekritzel. Relationen zwischen Denken und Handeln in Kunst und Wissenschaft. In: Martina Heßler/Dieter Mersch (Hg.): *Logik des Bildlichen*. Bielefeldt 2009.

Brusatin, Manlio: *Geschichte der Farben*. Berlin 2003 [ital. 1983].

Cohen, Killian Quigley: *The Aesthetics of the Undersea*. London 2020.

Cohen, Margaret: Underwater Optics as Symbolic Form. In: *French Politics, Culture & Society*. 2014, S. 1–23.

Comptes Rendus Hebdomadaires de l'Academie des Sciences, S. 117.

Engell, Lorenz/Vogl, Joseph: Vorwort. In: *Kursbuch Medienkultur. Die maßgeblichen Theorien von Brecht bis Baudrillard*. Stuttgart 1999.

Ehrenberg, Christian Gottfried: *Über die Natur und Bildung der Coralleninseln und Corallenbänke im rothen Meere*. Berlin 1834.

Forest, J.: Henri Milne Edwards. In: *Journal of Crustaccean Biology*. Oxford 1996, S. 208–213.

Hantschk, Andreas/Kruspel, Stephanie: Mit Skizzenblock und Taucherglocke: Ein Wiener Maler unter Wasser. In: *Divemaster No. 1*. 2000, S. 57–60.

Helmreich, Stefan: *An Anthropologist Underwater: Immersive Soundscapes, Submarine Cyborgs, and Transductive Ethnography*. Cambridge, MA 2007.

Heßler, Martina/Mersch, Dieter: Einleitung: Bildlogik oder Was heißt visuelles Denken? In: dies. (Hg.): *Logik des Bildlichen. Zur Kritik der ikonischen Vernunft*. Bielefeldt 2009.

Müller, Irmgard: *Die Geschichte der Zoologischen Station in Neapel von der Gründung durch Anton Dohrn (1872) bis zum Ersten Weltkrieg und ihre Bedeutung für die Entwicklung der modernen Biologischen Wissenschaften*. Düsseldorf 1976.

Norton, Trevor: *Stars Beneath the Sea. The Extraordinary Lives of the Pioneers of Diving*. London 1999.

Rheinberger, Hans-Jörg: Objekt und Repräsentation. In: Bettina Heintz/Jörg Huber (Hg.): *Mit dem Auge denken. Strategien der Sichtbarmachung in wissenschaftlichen und virtuellen Welten*. Zürich 2001.

Rheinberger, Hans-Jörg: Sichtbar machen– Visualisierung in den Naturwissenschaften. In: Klaus Sachs-Hombach (Hg.): *Bildtheorien. Anthropologische und kulturelle Grundlagen des Visualistic Turn*. Frankfurt 2009.

Schleiden, Matthias Jacob: *Die Pflanze und ihr Leben*. Leipzig 1858.

Ullrich, Wolfgang: *Die Geschichte der Unschärfe*. Berlin 2009.

van Dover, Cindy: *Deep-Ocean Journeys. Discovering New Life at the Bottom of the Sea*. Redwood City 1996.

von Ransonnet-Villez, Baron Eugen: *Reise von Kairo nach Tor zu den Korallenbänken des Rothen Meeres*. Wien 1863.

von Ransonnet-Villez, Baron Eugen: *Ceylon. Skizzen seiner Bewohner, seines Thier- und Pflanzenlebens und Untersuchungen des Meeresgrundes nahe der Küste*. Braunschweig 1868.

Ward, Francis: *Marvels of Fish Life*. London 1912.
Weinberg, Steven/Dogué, Philippe Louis Joseph/Neuschwander, John: *Unterwasserfotografie. Hundert Jahre Geschichte, Technik, Faszination*. Schaffhausen 1993.
Whitty, Julia: *Riff. Begegnungen mit verborgenen Welten zwischen Land und Meer*. Hamburg 2009.

Abbildungsverzeichnis

Abb. 1: Von Ransonnet-Villez, Baron Eugen: Die Taucherglocke, Ceylon. Skizzen seiner Bewohner, seines Thier- und Pflanzenlebens und Untersuchungen des Meeresgrundes nahe der Küste, Braunschweig 1868, S. 13.

Abb. 2: Von Ransonnet-Villez, Baron Eugen: Unterseeische Felsen mit grünen Korallen, Ceylon. Skizzen seiner Bewohner, seines Thier- und Pflanzenlebens und Untersuchungen des Meeresgrundes nahe der Küste, Braunschweig 1868, Pl. VII.

Abb. 3: Boutan, Louis: *La Photographie,* Planche XI., Portrait Instantané d'un Plongeur, 1898, Louis Boutan auf einer Momentaufnahme von Joseph David, in: Louis Boutan, La Photographie sous-marine et les progrès de la photographie, Paris 1987 [1900], Planche XI.

Abb. 4: Photographie sous-marine, 1898, Louis Boutan auf einer Momentaufnahme von Joseph David, © Les Documents Cinématographique, Paris

Abb. 5: Boutan, Louis: *La Photographie,* Portrait Instantané d'un Scaphandrier, 1898, in: Planche X.

Abb. 6: Ward, Francis: *Marvels of Fish Life*, London 1911, „Observation Pond Empty", S. x.

Abb. 7: Ward, Franics: *Marvels of Fish Life*, „Pike following up a Roach", gegenüber S. 8.

Abb. 8: Ward, Francis: *Marvels of Fish Life*: „Gudgeon as photographed in a tank", gegenüber S. 22.

Abb. 9: Ward, Francis: *Marvels of Fish Life*: „Gudgeon as seen in natural environments", gegenüber S. 22.

Stefan Rieger
Waterface

Fluide Schnittstellen und ihre Einsatzorte

Zusammenfassung: Der Beitrag spürt der Semantik des Fließenden, Flüssigen und Fluiden nach. Diese ist gekoppelt an Vorstellungen eines widerstandsfreien Gelingens und einer Effizienz, die wie von selbst läuft, intuitiv zugänglich ist und keiner aufwendigen Instruktion bedarf. Dieses Ideal findet seine konkrete Umsetzung bei der Gestaltung von Interfaces, vor allem dort, wo diese im Zeichen einer Naturalisierung stehen. Das Fluide soll den reibungslosen Austausch zwischen technischen und nicht-technischen Agenten garantieren. Entsprechende Interfacegestaltungen sind oft spielerisch, offen für multimodale Anwendungen und gelegentlich Teil unkonventioneller Datenaufarbeitungen, wie sie im Konzept *Data Visualization* begründet liegen. Fluidität erschöpft sich dabei nicht in der Kasuistik der Phänomene: Vielmehr steht sie im engen Zusammenhang mit den Reflexionslagen und den Theoriebildungen ambienter Medien.

Schlüsselwörter: Playful Interface, Immersion, Fluid Surface, Tacit Knowledge, Natural Interface, Ambient Computing, Ephemeralität

> Measuring water behavior is complex, but with a correct approach it can give us enough data to create virtual reality applications that literally submerge the user into the virtual world.[1]
>
> Human Computer Interface (HCI) has changed throughout the years, and evolved to integrate reference objects and other handy tools to improve interaction. It is now possible to develop tangible interfaces, where all kinds of objects are used: strings, clay models and virtual pens as well natural elements such as water, sand and air.[2]

1 Alles fließt

Fließen und Verstehen sind komplementäre Operationen, die in verschiedenen Milieus stattfinden. Das eine spielt im Wasser, also dort, wo Verhältnisse herrschen, die lange Zeit als ein natürliches Medium beschrieben wurden – ähnlich wie im Fall jenes Äthers, der eine Zeit lang als zwischengeschaltetes Medium die Ordnung der

---

[1] Marissa Díaz Pier, Isaac Rudomín Goldberg: Using Water as Interface Media in VR Applications. In: *CLIHC'05. Proceedings of the 2005 Latin American Conference on Human-Computer Interaction* (2005), S. 162–169, hier: S. 168.
[2] Díaz Pier, Rudomín Goldberg: *Using Water as Interface Media in VR Applications*, S. 162–169, hier: S. 162.

Fernübertragung sollte garantieren können.³ Das andere ist im Milieu von Denkoperationen angesiedelt, also in jenen *black boxes* beheimatet, die durch ihre kategoriale Uneinsehbarkeit ausgewiesen sind und entsprechende Kapriolen für alternative Zugangsweisen zu schlagen wussten.⁴ Vor allem dort, wo das Verstehen wie von selbst gehen und sich etwas wie von selbst verstehen soll, scheinen beide Operationen regelrecht zu verschmelzen. Geläufigkeiten eines nicht weiter auszuführenden Einvernehmens und die Dynamik des Fließens arbeiten dabei Hand in Hand – um es selbst mit der Geläufigkeit eines kurrenten Anthropomorphismus zu formulieren. Dabei ist es vor allem die Intuition, die zwischen beiden steht und zwischen beiden vermittelt. Sie gelangt zum Einsatz, wenn Phänomene nicht weiter expliziert zu werden brauchen, wenn eine Effizienz des Naheliegenden ins Spiel kommt, also dessen, was niedrigschwellig und ohne großen Aufwand erreicht werden kann. Das eröffnet ein Reich nachgerade investitionsfreier Zugänge und bringt ausgewiesene Agenten einer entsprechenden Natürlichkeit in Position.⁵ Immer wieder ist es der Körper von nicht nur menschlichen Agenten, der dabei ins Zentrum entsprechender Natürlichkeitsoffensiven gerät. Dessen *tacit knowledge* wird zum Fluchtpunkt neuer Implizitheiten und Evidenzen, neuer Operationen und Besetzungen, vorrangig um den Anschluss unterschiedlicher Seins- und Lebensformen an Computer zu gewährleisten. In Redeweisen eines verkörperten Denkens (*embodied cognition*) werden Theorien dieser gleichermaßen unausgewiesenen wie unausweisbaren Wissensform in die Gegenwart übernommen – damit erreicht eine Semantik der Latenz die Welt des Computers und seiner vielfältigen Praxeologien.⁶

Diese Allianz von Fluidität und Verstehen hat einen Hof an Bedeutungen, Redeweisen und Bildgebungen etabliert. Das Fluide wird dabei zu einer theorierelevanten Figur, die Hybridität, Grenzauflösung und Beweglichkeit befördert.⁷ Zugleich beschreibt sie eine Dynamik, die in der Rede von Waren-, Verkehrs-, Nachrichten- und Informationsflüssen ihre Entsprechung findet. Dieses semantische Spektrum prägt die Vorstellungen und Selbstverständigungen darüber, was es heißt, wenn die Dinge laufen und fließen, wenn etwas flutscht, wenn etwas ohne größere Wider-

---

3 Albert Kümmel-Schnur, Jens Schröter (Hg.): *Äther. Ein Medium der Moderne*. Bielefeld 2007.
4 Diese unvermittelte Unbeobachtbarkeit psychischer Systeme steht im Mittelpunkt der Systemtheorie. Vgl. dazu etwa Peter Fuchs: *Das Unbewußte in Psychoanalyse und Systemtheorie. Die Herrschaft der Verlautbarung und die Erreichbarkeit des Bewußtseins*. Frankfurt a. M. 1998.
5 Das begründet die Karriere von Kindern und Tieren als natürliche Verkörperungen von Natürlichkeit. Vgl. dazu Stefan Rieger: *Reduktion und Teilhabe. Kollaborationen in Mixed Societies*. Berlin erscheint im Sommer 2022.
6 Titelgebend wurden die Arbeiten des Chemikers und Philosophen Michael Polanyi aus dem Jahr 1966. Vgl. Michael Polanyi: *Implizites Wissen*. Frankfurt a. M. 2016. Zur *Embodied Cognition* vgl. stellvertretend Joerg Fingerhut, Rebekka Hufendiek, Markus Wild: Einleitung. In: dies. (Hg.): *Philosophie der Verkörperung. Grundlagentexte zu einer aktuellen Debatte*. Berlin 2013, S. 9–104.
7 Lucia Santaella: The Fluid Coevolution of Humans and Technologies. In: *Technoetic Arts. A Journal of Speculative Research* 13/1+2 (2015), S. 137–151.

stände und in Einlösung eines Ideals von Effizienz unbemüht, instruktionsfrei und in lässiger Unbeschwertheit daherkommt. Neben solchen Aspekten der kulturellen Bedeutungsproduktion kennt diese Formulierung auch konkrete Anlässe, etwa dann, wenn Menschen mit Maschinen praktisch in Berührung kommen, wenn also die Metaphorik den Status des Uneigentlichen preisgibt. Im Zuge der vielfältigen Naturalisierungsgesten, die den Interfaces in ihrer nicht sehr langen, aber dafür sehr akronymreichen Geschichte zuteilwurden, ging das Intuitive mit dem Flüssigen eine Allianz ein.[8] Häufig waren diese Bündnisse so angelegt, dass man das eine sagte und das andere zugleich mitmeinte. Es gibt aber auch Formen des Zusammenschlusses, die eine entsprechende Engführung direkt vornehmen. Eine solche Engführung spielt auf dem Feld der Produktion, genauer der autonomen Produktion und führt auf den Schauplatz einer neuen Industrie. Der Grad der Autonomie im Zusammenspiel der unterschiedlichen Aktanten ist unverzichtbar gekoppelt an die Allianz von Intuition und Flüssigkeit:

> With recent efforts in industrial digitalization, commonly referred to as ‚industry 4.0', the core aim is to realize the factory of the future. These factories are envisioned to be agile and flexible using complex autonomous manufacturing technologies combined with the human skills of reasoning. As the manufacturing technology becomes more and more autonomous the need for intuitive and fluid human-machine interaction becomes necessary.[9]

Die Fabrik der Zukunft ist der Flexibilität verschrieben und in der Semantik des Flüssigen beschreibbar. Damit steht es in der Tradition eines Vorhabens, das schon für die Geschichte der klassischen Moderne maßgeblich war. In Fließbändern und taylorisierten Formen der Betriebsführung, in der Geschichte der Prozesstechnik und der Datenverarbeitung sollte dort der Bezug zum Flüssigen ein Ideal von effizienten Abläufen garantieren.[10] Das Fluide überbrückt damit unterschiedliche Stationen der Technikentwicklung. Die Bezugnahme auf das Fließen taugt für die Beschreibung der klassischen Moderne wie auch für die Industrie 4.0. Vergleichbares gilt für die Intuition. Statt für den zuletzt genannten Fall auf Ebenen und hierarchische Zuständigkeiten zu setzen, statt Autonomien in ein skalierbares System zu überführen und Expertisen gegeneinander auszuspielen, soll das Fluide eine neue

---

[8] Zu diesen Stationen (GUI, TUI, NUI u.a.) vgl. Daniel Wigdor, Dennis Wixon: *Brave NUI World. Designing Natural User Interfaces for Touch and Gesture*. Amsterdam u.a. 2011. Sowie Florian Hadler, Daniel Irrgang: Instant Sensemaking, Immersion and Invisibility. Notes on the Genealogy of Interface Paradigms. In: *Punctum* 1/1 (2015), S. 7–25.
[9] Eythor R. Eiriksson, David B. Pedersen, Jeppe Revall Frisvad u.a.: Augmented Reality Interfaces for Additive Manufacturing. In: *SCIA* 12 (2017), S. 515–525, hier: S. 515.
[10] Vgl. zur Rolle des Fluiden in entsprechenden Kontexten Susanne Jany: *Prozessarchitekturen. Medien der Betriebsorganisation (1880–1936)*. Konstanz 2019.

Effizienz ermöglichen.[11] Diese bemüht die Schnittstelle von Intuition, Flexibilität und Elastizität.[12] Wenn Menschen und Roboter zusammenarbeiten, dann erfolgen die wechselseitigen Handreichungen und damit der Workflow im Zeichen des Flüssigen (*A human-inspired controller for fluid human-robot handovers*).[13] Fluide sollen aber nicht nur die Handreichungen und damit die Wertschöpfungsketten, sondern auch die Kommunikations- und Interaktionsformen zwischen technischen und nicht-technischen Agenten sein: Konversation und Verkehr stehen in seinem Zeichen, das im ersten Fall Gewandtheit, im zweiten Reibungslosigkeit garantiert.[14]

2 Data-Fountain

Was für die Ordnung alter Fabriken maßgeblich war und für die Entwicklung künftiger Produktionsstätten richtungsweisend wird, erobert zunehmend auch andere Lebensbereiche – etwa in Form privater Kommunikationsszenarien. Nachgerade naheliegend wird daher der Einsatz dort, wo das Flüssige seinen angestammten Platz hat – beim Umgang mit Wasser. Anlässe dafür und das heißt für nicht-metaphorische Verwendungen gibt es genug, einer ist etwa das scheinbar unverbindliche (und von Produktionszwängen freigestellte) Plantschen im Freien, das gleich zu einer ganzen Reihe entsprechender Vorrichtungen und Überlegungen in Sachen neuer multimodaler Interfaces führt. Unter Titeln, die den Wasserstrahl (*water jet*) als technischen Ermöglichungsgrund bemühen, werden einfache Kommunikationsvorrichtungen in Szene gesetzt und als neues Interaktionstool für Multi-Media-Anwendungen empfohlen.[15]

---

11 Zu den damit verbundenen Übergängigkeiten sowie zu einer Skalierung von Handlungsträgerschaften vgl. etwa Virginia S. Y. Kwan, Susan T. Fiske: Missing Link in Social Cognition. The Continuum From Nonhuman Agents to Dehumanized Humans. In: *Social Cognition. The Journal of the International Social Cognition Network* 26/2 (2008), S. 125–128.
12 Zur Elastizität vgl. Daniel Moldovan, Georgiana Copil, Schahram Dustdar: Elastic Systems. Towards Cyber-Physical Ecosystems of People, Processes, and Things. In: *Computer Standards & Interfaces* 57 (2018), S. 76–82.
13 Jose R. Medina, Felix Duvallet, Murali Karnam u.a.: A Human-Inspired Controller for Fluid Human-Robot Handovers. In: *IEEE-RAS Proceedings of the 16th International Conference on Humanoid Robots (Humanoids)* (2016), S. 324–331.
14 Für die Flüssigkeit der Konversation vgl. Stefan Kopp, Herwin van Welbergen, Ramin Yaghoubzadeh u.a.: An Architecture for Fluid Real-Time Conversational Agents. Integrating Incremental Output Generation and Input Processing. In: *Journal on Multimodal User Interfaces* 8/1 (2014), S. 97–108. Für den Verkehr vgl. Debargha Dey, Brent Temmink, Daan Sonnemans u.a.: FlowMotion. Exploring the Intuitiveness of Fluid Motion Based Communication in eHMI Design for Vehicle-Pedestrian Communication. In: *AutomotiveUI (adjunct)* 13 (2021), S. 128–131.
15 Steve Mann, Michael Georgas, Ryan E. Janzen: Water Jets as Pixels. Water Fountains as Both Sensors and Displays. In: *ISM'06. Proceedings of the Eighth IEEE International Symposium on Multimedia*

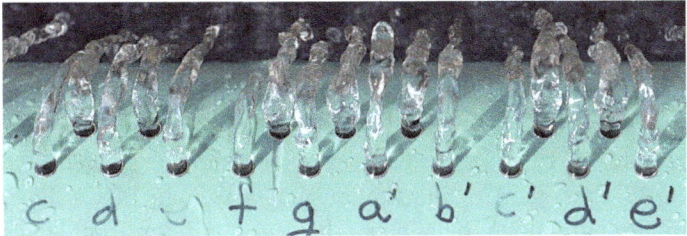

Abb. 1: Hydraulophone nach Mann, Steve/Sharifi, Ahmedullah/Verbeeten, Russell (2006), „The Hydraulophone: Instrumentation for Tactile Feedback from Water Fountain Fluid Streams as a New Multimedia Interface", ICME 2006, S. 409–412, hier: S. 409.

Die Vorrichtung, für die mit Steve Mann einer der maßgeblichen Protagonisten des *wearable computing* und damit verbunden einer bestimmten Lesart von Foucaults Konzept der Überwachung, die er als Unterwachung (*sousveillance*) fasst, in Erscheinung tritt, ist in der Selbstbeschreibung geeignet, dem Multimedia-Geschäft mit dem Wasser neue Möglichkeiten abzuringen:[16]

> We propose a hydraulic user interface consisting of an array of spray jets and the appropriate fluid sensing and fluid flow control systems for each jet, so that the device functions as a fluid-based tactile user interface. Our array of fluid streams work like the keys on a keyboard, but where each fluid stream can also provide tactile feedback by dynamically modulating the pressure of the fluid spray, so that the keyboard is actually bi-directional (i.e. is both an input and an output device).[17]

Was als sommerliche Spaßvariante einer geläufigen Computertastatur dienen kann, lässt sich auch für andere Zwecke einsetzen – etwa für die Produktion von Musik. Als eine konkrete Umsetzung verweisen die Autoren auf eine Vorrichtung, die unter der Bezeichnung *Hydraulophone* spielerisch das Hervorbringen von Tönen steuert. Einer einfachen Kinderflöte nicht unähnlich verändert das Zuhalten von Löchern den Wasserstrom und mündet in eine Manipulation von Tönen – ein Vorgang, der für den spielerischen Umgang mit Musik besonders prädestiniert scheint.[18] „This gives rise to a fun new way of playing music by successively blocking water jets in

---

(2006), S. 766–772. Vgl. ferner Reona Nagafuchi, Yasushi Matoba, Itiro Siio: Water-Jet Printer. Sprinkler with Watering-Position Control. In: *Ubicomp/ISWC'15 Adjunct Proceedings* 17/27 (2015), S. 321–324.
16 Vgl. dazu Michael Andreas, Dawid Kasprowicz, Stefan Rieger (Hg.): *Unterwachen und Schlafen. Anthropophile Medien nach dem Interface*. Lüneburg 2018 (darin v.a. die gemeinsame Einleitung, S. 7–31).
17 Mann, Georgas, Janzen: *Water Jets as Pixels*, S. 766–772, hier: S. 766.
18 Und auch dem Einsatz solcher Vorrichtungen unter Wasser steht nichts im Wege. Vgl. zur entsprechenden Eignung Steve Mann, Ryan Janzen: Fluid Samplers. Sampling Music Keyboards Having Fluidly Continuous Action and Sound, Without Being Electrophones. In: *Proceedings of the 15th ACM international conference on Multimedia* (2007), S. 912–921.

a fountain, or while frolicking in a pool, or splash pad. Additionally, the hydraulophone can be used as a teaching tool to help children learn music by playing in the water."[19] Ist für das System *Simon* die Codierung beschränkt auf eine kleine Zahl von Interventionsmöglichkeiten (ein Bild zeigt eine Vorrichtung mit der Beschriftung von A bis G und A bis E), so ist im Fall einer Piano-Variante die Rede von immerhin stattlichen 88 oder gar 128 Interventionsmöglichkeiten. Den Kalauer zwischen Spaß und Springbrunnen bemühend, heißt es mit unverhohlenem Selbstbewusstsein: „we gave birth to a smart, fun, and entertaining water instrument, the 128-note FUNtain, in the form of a very sensual user-interface."[20] Wie wenig die Rede vom Springbrunnen sich auf derartige Aktivitäten beschränkt, zeigen Einsätze, die mit dem Wasser das Ambiente der Natur in die naturfernen Szenarien holen. Ein Beispiel für derartige Vorrichtungen wäre das Projekt *AquaScape* des japanischen Umweltforschers und Aktivisten Hill Hiroki Kobayashi. Andere Verwendungen greifen auf Springbrunnen im Zuge einer *Data Visualization* zurück – nicht um Menschen mit musikalischen Ambitionen ein neues multimediales Interface zur Verfügung zu stellen und aus welchen Gründen auch immer plantschen zu lassen, sondern um etwas anzuzeigen und in geteilter Form ansichtig werden zu lassen – und auf diese Weise Defizite in uninformierten Lebenswelten zu kompensieren.[21] So meldet sich im Umfeld einer Initiative unter dem Titel *DataFountain* ein missmutiger Zeitungsleser zu Wort, der mit der konventionellen Informationspolitik der ihn umgebenden Alltagswelt seine liebe Not hat: „In the morning paper, I can read the weather report as well as the stock quotes. But when I look out of my window I only get a weather update and no stock exchange info. Could someone please fix this bug in my environmental system? Thanks."[22] Wie sehr diesem unzufriedenen Zeitungsleser geholfen werden konnte, zeigen Strategien, die, lässt man die Kasuistik der jeweiligen Umsetzung einmal außen vor, in Konzepten wie der *ambient information* entsprechend bedacht werden. Deren Bemühungen sind inzwischen so vielfältig, dass es bereits Vorschläge zu ihrer taxonomischen Erfassung gibt – so im Fall des Textes „The aesthetic awareness display: a new design

---

19 Mann, Georgas, Janzen: *Water Jets as Pixels*, S. 766–772, hier: S. 766.
20 Steve Mann, Ahmedullah Sharifi, Russell Verbeeten: The Hydraulophone. Instrumentation for Tactile Feedback from Water Fountain Fluid Streams as a New Multimedia Interface. In: *ICME '06. Proceedings of the 2006 IEEE International Conference on Multimedia and Expo* (2006), S. 409–412, hier: S. 412.
21 Berry Eggen, Koert van Mensvoort: Making Sense of What Is Going on ‚Around'. Designing Environmental Awareness Information Displays. In: Panos Markopoulos, Boris de Ruyter, Wendy Mackay (Hg.): *Awareness Systems. Advances in Theory, Methodology, and Design*. London 2009, S. 99–124, hier: S. 114.
22 Koert van Mensvoort: Data-Fountain. In: *https://www.koert.com/work/datafountain/* (letzter Zugriff: 20. April 2019).

pattern for ambient information systems".²³ Was dem Ambiente-Werden zugrunde liegt, ist eine gezielte Veralltäglichung von Informationsvermittlungsinstanzen. Es herrscht eine Übergängigkeit von Alltagsdingen und eigens für den Anzeigenbetrieb geschaffenen Vorrichtungen. Dinge des Alltages werden zu Informationsvermittlern – und das auf eine Weise, die sich nicht nur auf Aspekte der Visualisierung beschränkt („Casual Information Visualization: Depictions of Data in Everyday Life").²⁴ Im Zuge einer *Data Physicalization*, also einer regelrechten, weil unmetaphorischen Verkörperung von Information, nehmen die vormaligen Daten Gestalt an und werden Teil einer Umwelt – mit eigenen Affordanzen und entsprechenden Praxeologien.²⁵ Dass das Wasser und all das, was man mit ihm machen kann, auch in den Fokus einer Sorge um ambiente Informationsvermittlung geraten, ist nicht weiter verwunderlich – Vorrichtungen wie Brunnen sind eben selbstverständlicher Teil urbaner Umwelten.²⁶ Springbrunnen können daher wie alles, was codierbar ist, zur Informationsvermittlung herangezogen werden: Um die Bewegungen von Börsenkursen oder die Schwankungen von Währungen anzuzeigen²⁷ – aber eben auch, um sehr private, ja nachgerade intime Formen der Kommunikation zu ermöglichen.

So ist im Umfeld der *Data-Fountain* über folgende Springbrunnenvariante zu lesen:

> In the park next to my home is a fountain. I can see it from my window. Day in day out it sprays its water in the same boring fashion, no information in there. I connected this fountain to the cell phone of my secret lover.

---

23 Ben Shelton, Keith Nesbitt: The Aesthetic Awareness Display. A New Design Pattern for Ambient Information Systems. In: *ACSW 16. Proceedings of the Australasian Computer Science Week Multiconference* (2016), Art.-Nr. 50, S. 1–10.
24 Vgl. Zachary Pousman, John T. Stasko, Michael Mateas: Casual Information Visualization. Depictions of Data in Everyday Life. In: *IEEE Transactions on Visualization and Computer Graphics* 13/6 (2007), S. 1145–1152. Zur Darstellung von Körperdaten als Wasser vgl. Lee Jones, Paula Gardner, Nick Puckett: Your Body of Water. A Display that Visualizes Aesthetic Heart Rate Data from a 3D Camera. In: *TEI '18. Proceedings of the Twelfth International Conference on Tangible, Embedded, and Embodied Interaction* (2018), S. 286–291.
25 Vgl. dazu stellvertretend Yvonne Jansen, Pierre Dragicevic, Petra Isenberg u.a.: Opportunities and Challenges for Data Physicalization. In: *CHI '15. Proceedings of the ACM Conference on Human Factors in Computing Systems* (2015), S. 3227–3236.
26 Sie erschöpfen sich zudem nicht in der Semantik der Datenquelle, der Datensenke oder dem Datenfluss. Vgl. zu einer unmetaphorischen Verwendung des Brunnens im Rahmen einer eigenen *Data City* Allen Xie, Jeffrey C. F. Ho, Stephen J. Wang: Data City. Leveraging Data Embodiment Towards Building the Sense of Data Ownership. In: Anthony Brooks, Eva Irene Brooks, Duckworth Jonathan (Hg.): *Interactivity and Game Creation. 9th EAI International Conference, ArtsIT 2020, Proceedings*. Cham 2021, S. 365–378.
27 Eggen, Mensvoort: *Making Sense of What Is Going on ‚Around'*. S. 99–124, hier: S. 115. Börsenschwankungen sind auch Gegenstand von olfaktorischen Displays. Vgl. dazu Stephen Brewster, David K. McGookin, Christopher A. Miller: Olfoto. Designing a Smell-Based Interaction. In: *CHI '06. Proceedings of the SIGCHI Conference on Human Factors in Computing Systems* (2006), S. 653–662.

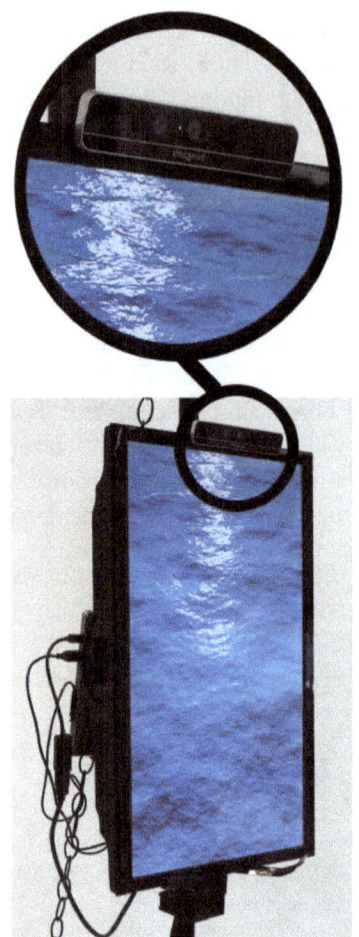

Abb. 2: Liquide Körperdatendarstellungen nach Jones, Lee/Gardner, Paula/Puckett, Nick (2018), „Your Body of Water: A Display that Visualizes Aesthetic Heart Rate Data from a 3D Camera", *TEI'18*, S. 286–291, hier: S. 288.

Abb. 3: Datenphysikalisierungen nach Eggen, Berry/Mensvoort, Koert van (2009), „Making Sense of What Is Going on ‚Around': Designing Environmental Awareness Information Displays", in: Panos Markopoulos/Boris de Ruyter/Wendy Mackay (Hg.), *Awareness Systems. Advances in Theory, Methodology, and Design*, London, S. 99–124, hier: S. 115.

> The fountain now sprays high when she's in neighborhood and low when she's far away. It sprays wild when she is receiving many phone calls. Not spraying at all when her phone is off. People in the neighborhood think it's just a randomly programmed fountain, but they are not into ambient information like I am.[28]

Während das Wasser hier die Sprache der Liebe befördert und zu deren Medium (und damit einer gewissen emotionalen Aufwallung) wird, benutzen andere Installationen es zu einer Geste naturalisierender Beruhigung. Der Anschluss an natürliche Wasserquellen soll beruhigend wirken und entsprechende Natürlichkeitsdefizite kompensieren helfen – vor allem in den Arbeiten des japanischen Forschers und Umweltaktivisten Hill Hiroki Kobayashi sind solche Bezüge immer wieder umgesetzt.[29] Aber im Zuge ambienter Informationspolitik finden sich auch Vorschläge wie der folgende:

> One example of an Ambient Information System that was installed into the ambientROOM is Water Ripples. Water Ripples reflected shadows of water on the roof of the ambientROOM. The ripples of the water were controlled by a hamster, if the hamster ran in its wheel the water ripples on the roof would vibrate and therefore visualise the activities of the nearby animal.[30]

Im Umfeld des Flüssigen ist ein Setzen auf eine eigene Formensprache, aber auch eine Annäherung an andere Materialien mit vergleichbaren Eigenschaften zu beobachten.[31] An diese geknüpft sind andere Formen der Zeitlichkeit: Der Anspruch lautet nicht, zu überdauern, sondern dem Vergehen und der Vergänglichkeit Rechnung zu tragen. Fluide und ephemere Interfaces wollen dem kulturellen Sonderstatus Ausdruck verleihen, der so flüchtig ist wie der Umgang mit einer Seifenblase, die zum Platzen gebracht wird. Das begründet eine kleine Konjunktur der Seifenblase, deren Kurzlebigkeit dem Status eines Feuerwerkes gleichgesetzt und die zum Ausgangspunkt unterschiedlicher Konstellationen wird.[32]

---

28 Van Mensvoort: *Data-Fountain*.
29 Vgl. dazu Hill Hiroki Kobayashi: Human-Computer-Biosphere Interaction. Toward a Sustainable Society. In: Anton Nijholt (Hg.): *More Playful User Interfaces. Interfaces that Invite Social and Physical Interaction*. Singapore 2015, S. 97–119. Zum Projekt *AquaScape* vgl. seine Homepage: Hill Hiroki Kobayashi: AquaScape. In: http://hhkobayashi.com (letzter Zugriff: 20. April 2019).
30 Dazu noch einmal Shelton, Nesbitt: The aesthetic awareness display, Art.-Nr. 50, S. 1–10, hier: S. 2. Zur Verschränkung von Ambiente und Geruch Yasuaki Kakehi, Motoshi Chikamori, Kyoko Kunoh: Hanahana. An Interactive Image System Using Odor Sensors. In: *SIGGRAPH Posters* (2007), S. 41.
31 Zu Varianten des Fluiden vgl. Akira Wakita, Akito Nakano, Nobuhiro Kobayashi: Programmable Blobs. A Rheologic Interface for Organic Shape Design. In: *TEI'11. Proceedings of the fifth international conference on Tangible, embedded, and embodied interaction* (2011), S. 273–276; und Ayaka Ishii, Itiro Siio: BubBowl. Display Vessel Using Electrolysis Bubbles in Drinkable Beverages. In: *UIST '19. Proceedings of the 32nd Annual ACM Symposium on User Interface Software and Technology* (2019), S. 619–623. Zu Analogien mit dem Sand Annina Klappert: *Sand als metaphorisches Modell für Virtualität*. Berlin/Boston 2020.
32 Vgl. dazu Yasuhiro Okuno, Hiroyuki Kakuta, Tomohiko Takayama u.a.: Jellyfish Party. Blowing Soap Bubbles in Mixed Reality Space. In: *ISMAR '03. Proceedings of the Second IEEE and ACM Inter-*

Abb. 4: Jellyfish Party nach Okuno, Yasuhiro/Kakuta, Hiroyuki/Takayama, Tomohiko u.a. (2003), „Jellyfish Party: Blowing Soap Bubbles in Mixed Reality Space", *ISMAR '03*.

Was bei all den scheinbar belanglosen Verwendungen fluider Medien auffällt, ist eine besondere Nähe zu Reflexionslagen und den Theoriebildungen ambienter Medien – um von praktischen und disziplinär ausgewiesenen Forschungsinitiativen wie der *Fluid Interface Group* am MIT gar nicht erst zu reden.[33] Das zeigt sich zum einen in ausgestellten Referenzen an entsprechende Theoretiker – wie im Fall von Hiroshi Ishii, der mit seinen Arbeiten an *Tangible User Interfaces* maßgeblich an der Etablierung eines neuen Interface-Paradigmas beteiligt war.

---

national Symposium on Mixed and Augmented Reality (2003), S. 358–359; sowie Tanja Döring, Axel Sylvester, Albrecht Schmidt: Ephemeral User Interfaces. Valuing the Aesthetics of Interface Components That Do Not Last. In: *Interactions* 20/4 (2013), S. 32–37.

33 Vgl. dazu die Homepage: MIT Media Lab/Fluid Interfaces: Designing Systems for Cognitive Support. In: https://www.media.mit.edu/groups/fluid-interfaces/overview/ (letzter Zugriff: 20. April 2019). Gesteigert werden diese Durchdringungen durch alltagstaugliche Applikationen wie dem *Reality Editor*, einer Vorrichtung, die am MIT (Fluid Interfaces am MIT) mit dem Ziel der Programmierung smarter Interfaces entwickelt wurde.

Waterface — 39

Abb. 5: Fluide Interfaces nach Döring, Tanja/Sylvester, Axel/Schmidt, Albrecht (2013), „Ephemeral User Interfaces: Valuing the Aesthetics of Interface Components That Do Not Last", *Interactions*, 20/4, S. 32–37, hier: S. 33.

Ein Text mit dem Titel „Bottles: A Transparent Interface as a Tribute To Mark Weiser" von 2004 wird zur Hommage an Mark Weiser und schützt diesen zugleich vor kurrenten und allzu beliebigen Fehlinterpretationen seines Konzepts des *ubiquitous computing*.[34] Wie sehr Weisers Ausführungen über ambiente Medien und deren Beschreibung als allgegenwärtig, pervasiv, unsichtbar und ruhig in den Beschreibungsmöglichkeiten angekommen sind, zeigt die Selbstverständlichkeit, mit der so einfache Sätze wie der folgende zur Anschrift gelangen können: „The fountain will function as a calm display."[35] Eingelöst ist damit eine Unscheinbarkeit, die im Zuge der *calm technology* zu einem Topos der Medientheorie hat werden können.

3 „browsing during bathing": Vom Datenverkehr in Nasszellen

Doch es hat mit solchen spielerisch anmutenden Verwendungen im Outdoor-Bereich nicht sein Bewenden. Vielmehr findet auch das häusliche Badezimmer Berücksichtigung – eingelassen und gerahmt wird dieses von einer Aufmerksamkeit, die in Einlösung jenes Primats der Ubiquität mit entsprechenden Arbeiten etwa von Mark Weiser und solchen von Ivan E. Sutherland auch das Interesse der Medientheorie gefunden hat. Belange der Körperreinigung und solche des Datenflusses finden sich dabei auf eigentümliche Weisen verschränkt – und sie bewohnen die Wohnräume, genauer noch deren Nasszellen.[36] Was den Machern einer entsprechenden Oberfläche unter dem Titel *Fluid surface: interactive water surface display for viewing information in a bathroom* als Vorlage dient, ist eine spezifische Situation in einem häuslichen Umfeld, das in jeder Hinsicht und in jeder Situation den Anschluss an die Information soll gewährleisten können. Die Nasszelle wird im Zuge dessen zur Herausforderung für das Datenverarbeitungsdesign. Oder anders gesagt: Weil bei den mobilen Endgeräten in ihrer konventionellen Bauart das Wasser nur bedingt taugt, müssen Brausen und *browsing* einander angeglichen und auf Kompatibilität umgestellt werden.

---

34 Hiroshi Ishii: Bottles. A Transparent Interface as a Tribute To Mark Weiser. In: *IEICE Transactions on Information and Systems* 87/6 (2004), S. 1299–1311.

35 Eggen, van Mensvoort: *Making Sense of What Is Going on ‚Around'*. S. 99–124, hier: 114. Den Aggregatswechsel von Wasser bemühend, findet gar eine Verschränkung von *calm* und *cool* statt. Vgl. dazu Antti Virolainen, Arto Puikkonen, Tuula Kärkkäinen u.a.: Cool Interaction with Calm Technologies. Experimenting with Ice as a Multitouch Surface. In: *ACM International Conference on Interactive Tabletops and Surfaces (ITS '10)* (2010), S. 15–18.

36 Zu den Konsequenzen ambienter Information für das Wohnambiente vgl. Mark Weiser: The Computer for the 21th Century. In: *Scientific American* 265/3 (1991), S. 94–104. Sowie Ivan E. Sutherland: The Ultimate Display. In: *Proceedings of IFIP (International Federation for Information Processing) Congress* (1965), S. 506–508. Sowie Stefan Rieger: Virtuelles Wohnen. In: Dawid Kasprowicz, ders. (Hg): *Handbuch Virtualität*. Heidelberg/Berlin 2020, S. 167–190.

Abb. 6: Flüssige Oberflächen nach Takahashi, Yoichi/Matoba, Yasushi/Koike, Hideki (2012), „Fluid Surface: Interactive Water Surface Display for Viewing Information in a Bathroom", *Proceedings of the 2012 ACM International conference on Interactive tabletops and surfaces*, S. 311–314, hier: S. 311.

> Information is becoming accessible everywhere in everyday life due of the spread of smart phones and portable personal computers; however are very few methods in accessing contents in a bathing environment. Sometimes smart phones can be carried into a bathroom but it is unnatural to be holding a device during bathing, so a suitable technique for information browsing in a bathing environment is required.[37]

Um dem abzuhelfen, müssen die Oberflächen selbst flüssig werden, wie es im folgenden Ansatz zur Lösung dieser datentechnischen Schieflage erwogen wird.

> We propose an interactive water surface display system, which uses image-recognition techniques. By using water, the system can perform an intuitive interaction peculiar to water such as poking a finger up from under the water surface, stroking the water surface and scooping up water.[38]

Zur besonderen Herausforderung werden dabei Interfaces, die dem Flüssigen Rechnung tragen (auf einer inhaltlichen Seite), und in einem weiteren Schritt solche, die in performativer Einlösung sich selbst einem Gestaltwandel unterziehen und verflüssigen. Beide Schritte sind vollzogen in einer Vorrichtung, die unter dem Titel

---

37 Yoichi Takahashi, Yasushi Matoba, Hideki Koike: Fluid Surface. Interactive Water Surface Display for Viewing Information in a Bathroom. In: *Proceedings of the 2012 ACM international conference on Interactive tabletops and surfaces* (2012), S. 311–314, hier: S. 311.

38 Takahashi, Matoba, Koike: *Fluid surface*, S. 311–314, hier: S. 311. Zu solchen alternativen Umgangsformen, die den Eigenheiten des Wassers geschuldet sind, vgl. auch Yu Matsuura, Naoya Koizumi: Scoopirit. A Method of Scooping Mid-Air Images on Water Surface. In: *ISS '18. Proceedings of the 2018 ACM International Conference on Interactive Surfaces and Spaces* (2018), S. 227–235.

AquaTop Display. A True ‚immersive' Water Display System geläufige Vorstellungen über Schnittstellen außer Kraft setzt – um dann in einem weiteren Schritt zu einer Geste der Selbstreferentialität anzuheben, in der Sprache und Technik, Bildgebung und die Phantasmatik einer historischen Semantik zusammenfließen:

> Throughout the history of display panel technologies, including the dated CRT and now widely adopted LCD, displays have always been a solid, fixed surface. Whilst it is possible to touch these screens, physically immersing ones body into or diving into the screen similar to that of holography in cinema is not capable.[39]

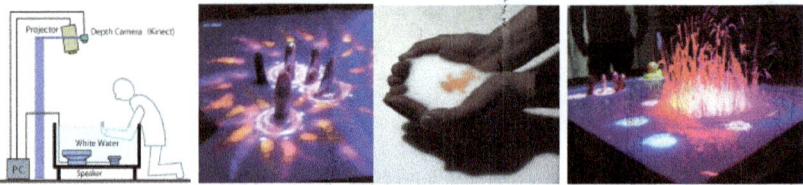

Figure 1: *(Left) AquaTop Display prototype hardware setup. (Center) Linking physical with virtual, various gestures unique to water interaction. (Right) Launched and illuminated water drops, and force feedback with vibrating water using speakers.*

Abb. 7: AquaTop Display nach Matoba, Yasushi/Takahashi, Yoichi/Tokui, Taro u.a. (2013), „AquaTop Display: A True immersive Water Display System", Vortrag, SIGGRAPH '13. Art.-Nr. 4.

Die Lage ist dabei vielleicht komplexer, als es die technische Umsetzung nahelegt – jedenfalls sprechen die sprachlichen Operationen bereits im Titel eine deutliche Sprache. Sie markieren einen uneigentlichen Wortgebrauch und setzen diesen in Szene – durch die Qualifizierung des Adjektivs *immersive* durch einfache Anführungszeichen und durch die Hinzufügung einer das uneigentlich verwendete Adjektiv wieder ins Eigentliche zurückholenden Qualifizierung als *true*. Der Titel hebt sich in dieser Geste einer die Uneigentlichkeit markierenden Eigentlichkeit selbst auf. Das Wasser, das im Zuge historisch varianter Immersionsszenarien und damit entlang unterschiedlicher Kulturtechniken (etwa der Bücherflut der Goethezeit) die bedrohliche Seite beschreiben sollte, wird für die Lösung von Flexibilitätsdefiziten benutzt. Als Manko herkömmlicher Displays erweist sich etwas durchaus Selbstverständliches, die Tatsache, dass diese in der Regel über feste Oberflächen verfügen und mit dieser Eigenart zugleich einer anderen Metapher zu entsprechen vermögen – jener vom Fenster in andere Welten:[40]

---

39 Yasushi Matoba, Yoichi Takahashi, Taro Tokui, u.a.: AquaTop Display. A True ‚Immersive' Water Display System. In: *Proceedings of ACM SIGGRAPH '13. Special Interest Group on Computer Graphics and Interactive Techniques Conference* (2013), Art.-Nr. 4, 1 Seite.

40 Zu dieser literarisch inspirierten Metaphorik vgl. Frieder Nake: The Display as a Looking-Glass. Zu Ivan E. Sutherlands früher Vision der grafischen Datenverarbeitung. In: Hans Dieter Hellige (Hg.): *Geschichten der Informatik. Visionen, Paradigmen, Leitmotive.* Berlin u.a. 2004, S. 339–365.

The AquaTop Display is system that uses the projection of images onto cloudy water. This system allows the users limbs to freely move through, under and over the projection surface. As the projection medium is fluid, we propose new interaction methods specific to this medium by using a Kinect Depth Sensor. Scooping up water, protruding fingers out from underneath the water surface are capable with this system. These type of interactions are not normally possible with current impenetrable rigid surfaces. Using mapped projection, AquaTop Display also augments one's limbs on the water surface, providing a environment for an ‚immersible' experience, allowing the users to become one with the screen.[41]

Dass man in dieses Medium eintauchen kann, eingezogen werden kann und Ähnliches – all das betrifft die phantasmatische Seite, nicht oder weniger die technische Seite.[42] Auf die Möglichkeit, auf andere Materialien auszuweichen und die Flüssigkeit zu ‚simulieren', verweisen die Autoren selbst – um folgerichtig an den Sand zu geraten und damit in den Fahrwassern der *tangible user interfaces* zu schwimmen.[43] Besondere Aufmerksamkeit verwenden die Autoren auf die Übertragbarkeit der zugehörigen Geste – vom Land auf das Geschehen im Wasser. Eine kleine Graphik soll die Übertragungen veranschaulichen, soll deutlich machen, in welchem Verhältnis das Wischen auf einer festen Oberfläche zu Bewegungen im Wasser und mit dem Wasser stehen – so entsprechen die Operationen *Swipe* sowie *Touch and move* dem *Stroking water* sowie dem *Scooping up water*.[44]

---

41 Matoba, Takahashi, Tokui, u.a.: *AquaTop Display*, Art.-Nr. 4, S. 1, hier: S. 1.
42 Dabei spielen auch Aspekte wie die Temperierung des Wassers eine Rolle. Vgl. dazu Mark R. Mine, Dustin Barnar, Bei Yang u.a.: Thermal Interactive Media. In: *SIGGRAPH '11. Special Interest Group on Computer Graphics and Interactive Techniques Conference* (2011), Art.-Nr. 18, 1 Seite.
43 Vgl. dazu Stefan Rieger: *Die Enden des Körpers. Versuch einer negativen Prothetik*. Wiesbaden 2018. Die Autoren verweisen auf Anordnungen, die Fluiditäten nachstellen – etwa als eine Art Nebel-Projektion. Vgl. dazu Asuka Yagi, Masataka Imura, Yoshihiro Kuroda u.a.: 360-Degree Fog Projection Interactive Display. In: *SIGGRAPH '11. Special Interest Group on Computer Graphics and Interactive Techniques Conference* (2011), Art.-Nr. 19, 1 Seite. Zum Verhältnis von Wasser und Sand vgl. auch Keishiro Uragaki, Yasushi Matoba, Soichiro Toyohara u.a.: Sand to Water. Manipulation of Liquidness Perception with Fluidized Sand and Spatial Augmented Reality. In: *ISS '18. Proceedings of the 2018 ACM International Conference on Interactive Surfaces and Spaces* (2018), S. 243–252. Zum Sand als Metapher für das Virtuelle vgl. noch einmal Klappert: *Sand als metaphorisches Modell für Virtualität*.
44 Takahashi, Matoba, Koike: *Fluid surface*, S. 311–314. Zu Umgangsweisen mit Wasser vgl. auch Munehiko Sato, Ivan Poupyrev, Chris Harrison: Touché. Enhancing Touch Interaction on Humans, Screens, Liquids, and Everyday Objects. In: *CHI '12. Proceedings of the SIGCHI Conference on Human Factors in Computing Systems* (2012), S. 483–392.

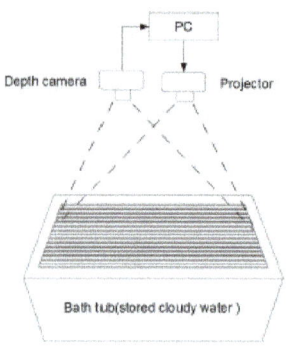

Figure2. System configuration   Figure3. Usage scenario

Abb. 8: Aufbau einer flüssigen Oberfläche nach Takahashi, Yoichi/Matoba, Yasushi/Koike, Hideki (2012), „Fluid Surface: Interactive Water Surface Display for Viewing Information in a Bathroom", Proceedings of the 2012 ACM international conference on Interactive tabletops and surfaces, S. 311–314, hier: S. 312.

	PC	Touch pad	Our system
Pointing	Click	Touch	Finger poking
Scroll	Move a mouse wheel	Swipe	Stroking water
Drag	Click and move	Touch and move	Scooping up water

Abb. 9: Vergleich unterschiedlicher Umgangsformen nach Takahashi, Yoichi/Matoba, Yasushi/Koike, Hideki (2012), „Fluid Surface: Interactive Water Surface Display for Viewing Information in a Bathroom", Proceedings of the 2012 ACM international conference on Interactive tabletops and surfaces, S. 311–314, hier: S. 313.

Abb. 10: Virtuelle Wasserwelt nach Choi, Yoon-Seok/Jung, Soonchul/Choi, Jin Sung u.a. (2014), „Immersive Real-Acting Virtual Aquarium with Motion Tracking Sensors", *International Journal of Distributed Sensor Networks,* Article ID 857189.

Abb. 11: Fluides Körperszenario nach Boyd-Wilson, Lucy/Rose, Bobby (2018), „Body in Flow Virtual Reality Experience", CHI EA ‚18 Extended Abstracts of the 2018 CHI Conference on Human Factors in Computing Systems, Montreal QC, Canada — April 21–26, 2018.

4 Flexibles Ende

Es wäre ein einfaches, den Spuren des Fluiden in den technischen Realisierungen nachzuspüren, sind diese doch schier allgegenwärtig. Das Flüssige setzt auf andere Sinne und auf andere Qualitäten – wie im Fall des Thermischen, das in einer Vorrichtung mit dem Titel *Thermal Interactive Medium* Verwendung findet.[45] Nicht zuletzt die *Virtual Reality* wird zu einem bevorzugten Operationsfeld, und dem Fluiden stehen unterschiedliche Verwendungen ins Haus. So soll es die Ordnung der Bewegungen sicherstellen und dafür sorgen, dass in den Interaktionen keine Reibungen und Friktionen den störungsfreien Betrieb unterbrechen.[46] Und natürlich wird die Darstellung komplexer Fluiditäten selbst zu einer besonderen Herausforderung der Darstellung – dort etwa, wo wasserreiche Umwelten im Rahmen virtueller Ozeanarien oder Aquarien implementiert werden.[47]

---

[45] Mine, Barnar, Yang u.a.: *Thermal Interactive Media*, Art.-Nr. 18, 1 Seite.
[46] Jose Barreiros, Houston Claure, Bryan Peele u.a. (2019): Fluidic Elastomer Actuators for Haptic Interactions in Virtual Reality. In: *IEEE Robotics and Automation Letters* 4/2 (2019), S. 277–284.
[47] Vgl. dazu Torsten Fröhlich: The Virtual Oceanarium. In: *Communications of the ACM* 43/7 (2000), S. 94–101. Vgl. ferner Soonchul Jung, Yoon-Seok Choi, Jin-Sung Choi: Immersive Virtual Aquarium with Real-Walking Navigation. In: *VRCAI '13. Proceedings of the 12th ACM SIGGRAPH International Conference on Virtual-Reality Continuum and Its Applications in Industry* (2013), S. 291–294. Sowie Yoon-Seok Choi, Soonchul Jung, Jin Sung Choi u.a.: Immersive Real-Acting Virtual Aquarium with Motion Tracking Sensors. In: *International Journal of Distributed Sensor Networks* 10/5 (2014), S. 1–7. Vgl. ferner Roberto Lopez-Gulliver, Shunsuke Yoshida, Mao Makino u.a.: gCubik+i Virtual 3D Aquarium. Interfacing a Graspable 3d Display with a Tabletop Display. In: *Journal of the National Institute of Information and Communications Technology* 57/1–2 (2010), S. 59–72.

Auch hier muss neben der Stimmigkeit des Flüssigen die Interaktion mit den Fischen sichergestellt werden – etwa durch ein entsprechendes Signalement und ein Repertoire an Gesten.[48] Und doch gibt es in der Flut entsprechender Aufmerksamkeiten und Vorschläge noch eine andere Bewegung, die das Fluide auf sonderbar stimmige Weise in Szene setzt. Die Interfaces, die so lange dem Diktat der Starrheit verpflichtet schienen, fangen nun selbst an, ihre Starrheit preiszugeben, ihre Gestalt zu wandeln und sich regelrecht zu verflüssigen.[49] Unter Verwendung entsprechender Materialien werden Anwendungen möglich, die der fluiden Eigenart der künstlichen Gegenstände Rechnung tragen.[50] Und natürlich setzen die Strategen der Verflüssigung das natürliche Medium Wasser gebührend in Szene: Ob als *HydroMorph: Shape Changing Water Membrane for Display and Interaction*, ob als *Controllable Water Particle Display* oder als Interface in *Virtual Reality*-Applikationen.[51] Immer wieder und in immer wieder unterschiedlichen Konstellationen werden flüssige Bildschirme, die sich so sehr von der Tradition der klassischen Flüssigbildschirme unterscheiden, in Szene gesetzt.[52]

Besonders eindringlich sind Verwendungen, mit denen die elastischen Displays mit dem Anspruch auftreten, die das überbordende Quellen irgendwelcher Daten-

---

48 Choi, Jung, Choi u.a.: Immersive Real-Acting Virtual Aquarium with Motion Tracking Sensors, S. 291–294.
49 Isabel P. S. Qamar, Rainer Groh, David Holman u.a.: HCI meets Material Science. A Literature Review of Morphing Materials for the Design of Shape-Changing Interfaces. In: *CHI '18. Proceedings of the 2018 CHI Conference on Human Factors in Computing Systems* (2018), Art.-Nr. 374, S. 1–23. Vgl. ferner Mathias Müller, Thomas Gründer, Rainer Groh: Data Exploration with Physical Metaphors using Elastic Displays. In: *xCoAx 2015. Proceedings of the Third Conference on Computation, Communication, Aesthetics and X* (2015), S. 111–124.
50 David Lindlbauer, Jens Emil Grønbæk, Morten Birk u.a.: Combining Shape-Changing Interfaces and Spatial Augmented Reality Enables Extended Object Appearance. In: *CHI '16. Proceedings of the 2016 CHI Conference on Human Factors in Computing Systems* (2016), S. 791–802.
51 Ken Nakagaki, Pasquale Totaro, Jim Peraino u.a.: HydroMorph. Shape Changing Water Membrane for Display and Interaction. In: *TEI '16. Proceedings of the TEI '16. Tenth International Conference on Tangible, Embedded, and Embodied Interaction* (2016), S. 512–517. Sowie Shin'ichiro Eitoku, Kotaro Hashimoto, Tomohiro Tanikawa: Controllable Water Particle Display. In: *ACE '06. Proceedings of the 2006 ACM SIGCHI international conference on Advances in computer entertainment technology* (2006), S. 36. Sowie Díaz Pier, Rudomín Goldberg: *Using water as interface media in VR applications*, S. 162–169.
52 Cameron Steer, Simon Robinson, Jennifer Pearson u.a.: A Liquid Tangible Display for Mobile Colour Mixing. In: *MobileHCI '18. Proceedings of the 20th International Conference on Human-Computer Interaction with Mobile Devices and Services* (2018) Art.-Nr. 8, S. 1–7. In einer Doppelung der Bezüge sollen eigens für den Verkehr entwickelte *fluid interfaces* zur Anwendung gelangen. Vgl. dazu Paolo Pretto, Peter Mörtl, Norah Neuhuber: Fluid Interface Concept for Automated Driving. In: Heidi Krömker (Hg.): *HCI in Mobility, Transport, and Automotive Systems. Automated Driving and In-Vehicle Experience Design. Second International Conference, MobiTAS 2020. Held as Part of the 22nd HCI International Conference, HCII 2020, Copenhagen, Denmark, July 19–24, 2020. Proceedings, Part I*. Cham 2020, S. 114–130.

senken, also etwa die *Big Data*-Datenflut, in den Griff zu bekommen. Unter Titeln wie dem der *Immersive Analytics* und mit Verfahren, die große Datenmengen auf elastischen Displays darstellen, scheint die Rede von der fluiden Mediale dort angekommen, wo sie immer schon zu Hause war – bei jenen Reden vom Fluten der Daten, von den Chancen und Mühen des Umgangs mit ihnen, des sich in ihnen Verlierens oder des sie Beherrschens.[53] Und wieder sind es Praxeologien des Flüssigen, körperliche Umgangsweisen, die über alle Metaphoriken, Bildgebungen und kulturelle Semantiken den Umgang prägen. Die Medien der Datenverarbeitung standen immer schon im Zeichen von Fluidität.

Literaturverzeichnis

Andreas, Michael/Kasprowicz, Dawid/Rieger, Stefan (Hg.): *Unterwachen und Schlafen. Anthropophile Medien nach dem Interface*. Lüneburg 2018.

Barreiros, Jose/Claure, Houston/Peele, Bryan u.a. (2019): Fluidic Elastomer Actuators for Haptic Interactions in Virtual Reality. In: *IEEE Robotics and Automation Letters* 4/2 (2019), S. 277–284.

Boyd-Wilson, Lucy/Rosw, Bobby: Body in Flow Virtual Reality Experience. In: *CHI EA'18. Extended Abstracts of the 2018 CHI Conference on Human Factors in Computing Systems*, Montreal QC, Canada, April 21–26, 2018.

Brewster, Stephen/McGookin, David K./Miller, Christopher A.: Olfoto. Designing a Smell-Based Interaction. In: *CHI '06. Proceedings of the SIGCHI Conference on Human Factors in Computing Systems* (2006), S. 653–662.

Choi, Yoon-Seok/Jung, Soonchul/Choi, Jin Sung u.a.: Immersive Real-Acting Virtual Aquarium with Motion Tracking Sensors. In: *International Journal of Distributed Sensor Networks* 10/5 (2014), S. 1–7.

Dey, Debargha/Temmink, Brent/Sonnemans, Daan u.a.: FlowMotion. Exploring the Intuitiveness of Fluid Motion Based Communication in eHMI Design for Vehicle-Pedestrian Communication. In: *AutomotiveUI (adjunct)* 13 (2021), S. 128–131.

Díaz Pier, Marissa/Rudomín Goldberg, Isaac: Using Water As Interface Media in VR Applications. In: *CLIHC'05. Proceedings of the 2005 Latin American Conference on Human-Computer Interaction* (2005), S. 162–169.

Döring, Tanja/Sylvester, Axel/Schmidt, Albrecht: Ephemeral User Interfaces. Valuing the Aesthetics of Interface Components That Do Not Last. In: *Interactions* 20/4 (2013), S. 32–37.

Eggen, Berry/van Mensvoort, Koert: Making Sense of What Is Going on ‚Around'. Designing Environmental Awareness Information Displays. In: Panos Markopoulos/Boris de Ruyter/Wendy Mackay (Hg.): *Awareness Systems. Advances in Theory, Methodology, and Design*. London 2009, S. 99–124.

Eiriksson, Eythor R./Pedersen, David B./Revall Frisvad, Jeppe u.a.: Augmented Reality Interfaces for Additive Manufacturing. In: *SCIA* 12 (2017), S. 515–525.

---

[53] Dietrich Kammer, Mandy Keck, Mathias Müller u.a.: Exploring Big Data Landscapes with Elastic Displays. In: Manuel Burghardt, Raphael Wimmer, Christian Wolff u.a. (Hg.): *Mensch und Computer*. Regensburg 2017, S. 381–387.

Eitoku, Shin'ichiro/Hashimoto, Kotaro/Tanikawa, Tomohiro: Controllable Water Particle Display. In: *ACE '06. Proceedings of the 2006 ACM SIGCHI international conference on Advances in computer entertainment technology* (2006), S. 36.

Fingerhut, Joerg/Hufendiek, Rebekka/Wild, Markus: Einleitung. In: dies. (Hg.): *Philosophie der Verkörperung. Grundlagentexte zu einer aktuellen Debatte*. Berlin 2013, S. 9–104.

Fröhlich, Torsten: The Virtual Oceanarium. In: *Communications of the ACM* 43/7 (2000), S. 94–101.

Fuchs, Peter: *Das Unbewußte in Psychoanalyse und Systemtheorie. Die Herrschaft der Verlautbarung und die Erreichbarkeit des Bewußtseins*. Frankfurt a. M. 1998.

Hadler, Florian/Irrgang, Daniel: Instant Sensemaking, Immersion and Invisibility. Notes on the Genealogy of Interface Paradigms. In: *Punctum* 1/1 (2015), S. 7–25.

Ishii, Hiroshi: Bottles. A Transparent Interface as a Tribute To Mark Weiser. In: *IEICE Transactions on Information and Systems* 87/6 (2004), S. 1299–1311.

Ishii, Ayaka/Siio, Itiro: BubBowl. Display Vessel Using Electrolysis Bubbles in Drinkable Beverages. In: *UIST '19. Proceedings of the 32nd Annual ACM Symposium on User Interface Software and Technology* (2019), S. 619–623.

Jansen, Yvonne/Dragicevic, Pierre/Isenberg, Petra u.a.: Opportunities and Challenges for Data Physicalization. In: *CHI '15. Proceedings of the ACM Conference on Human Factors in Computing Systems* (2015), S. 3227–3236.

Jany, Susanne: *Prozessarchitekturen. Medien der Betriebsorganisation (1880–1936)*. Konstanz 2019.

Jones, Lee/Gardner, Paula/Puckett, Nick: Your Body of Water. A Display that Visualizes Aesthetic Heart Rate Data from a 3D Camera. In: *TEI '18. Proceedings of the Twelfth International Conference on Tangible, Embedded, and Embodied Interaction* (2018), S. 286–291.

Jung, Soonchul/Choi, Yoon-Seok/Choi, Jin-Sung: Immersive Virtual Aquarium with Real-Walking Navigation. In: *VRCAI '13. Proceedings of the 12th ACM SIGGRAPH International Conference on Virtual-Reality Continuum and Its Applications in Industry* (2013), S. 291–294.

Kakehi, Yasuaki/Chikamori, Motoshi/Kunoh, Kyoko: Hanahana. An Interactive Image System Using Odor Sensors. In: *SIGGRAPH Posters* (2007), S. 41.

Kammer, Dietrich/Keck, Mandy/Müller, Mathias u.a.: Exploring Big Data Landscapes with Elastic Displays. In: Manuel Burghardt/Raphael Wimmer/Christian Wolff u.a. (Hg.): *Mensch und Computer*. Regensburg 2017, S. 381–387.

Klappert, Annina: *Sand als metaphorisches Modell für Virtualität*. Berlin/Boston 2020.

Kobayashi, Hill Hiroki: Human–Computer–Biosphere Interaction. Toward a Sustainable Society. In: Anton Nijholt (Hg.): *More Playful User Interfaces. Interfaces that Invite Social and Physical Interaction*. Singapore 2015, S. 97–119.

Kopp, Stefan/van Welbergen, Herwin/Yaghoubzadeh, Ramin u.a.: An Architecture for Fluid Real-Time Conversational Agents. Integrating Incremental Output Generation and Input Processing. In: *Journal on Multimodal User Interfaces* 8/1 (2014), S. 97–108.

Kümmel-Schnur, Albert/Schröter, Jens (Hg.): *Äther. Ein Medium der Moderne*. Bielefeld 2007.

Kwan, Virginia S. Y./Fiske, Susan T.: Missing Link in Social Cognition. The Continuum From Nonhuman Agents to Dehumanized Humans. In: *Social Cognition. The Journal of the International Social Cognition Network* 26/2 (2008), S. 125–128.

Lindlbauer, David/Grønbæk, Jens Emil/Birk, Morten u.a.: Combining Shape-Changing Interfaces and Spatial Augmented Reality Enables Extended Object Appearance. In: *CHI '16. Proceedings of the 2016 CHI Conference on Human Factors in Computing Systems* (2016), S. 791–802.

Lopez-Gulliver, Roberto/Yoshida, Shunsuke/Makino, Mao u.a.: gCubik+i Virtual 3D Aquarium. Interfacing a Graspable 3d Display with a Tabletop Display. In: *Journal of the National Institute of Information and Communications Technology* 57/1–2 (2010), S. 59–72.

Mann, Steve/Sharifi, Ahmedullah/Verbeeten, Russell: The Hydraulophone. Instrumentation for Tactile Feedback from Water Fountain Fluid Streams as a New Multimedia Interface. In: *ICME '06. Proceedings of the 2006 IEEE International Conference on Multimedia and Expo* (2006), S. 409–412.

Mann, Steve/Georgas, Michael/Janzen, Ryan E.: Water Jets as Pixels. Water Fountains as Both Sensors and Displays. In: *ISM'06. Proceedings of the Eighth IEEE International Symposium on Multimedia* (2006), S. 766–772.

Mann, Steve/Janzen, Ryan: Fluid Samplers. Sampling music keyboards having fluidly continuous action and sound, without being electrophones. In: *Proceedings of the 15th ACM international conference on Multimedia* (2007), S. 912–921.

Matoba, Yasushi/Takahashi, Yoichi/Tokui, Taro u.a.: AquaTop Display. A True ‚immersive' Water Display System. In: *Proceedings of ACM SIGGRAPH '13. Special Interest Group on Computer Graphics and Interactive Techniques Conference* (2013), Art.-Nr. 4, 1 Seite.

Matsuura, Yu/Koizumi, Naoya: Scoopirit. A Method of Scooping Mid-Air Images on Water Surface. In: *ISS '18. Proceedings of the 2018 ACM International Conference on Interactive Surfaces and Spaces* (2018), S. 227–235.

Medina, Jose R./Duvallet, Felix/Karnam, Murali u.a.: A Human-Inspired Controller for Fluid Human-Robot Handovers. In: *IEEE-RAS Proceedings of the 16th International Conference on Humanoid Robots (Humanoids)* (2016), S. 324–331.

Mine, Mark R./Barnar, Dustin/Yang, Bei u.a.: Thermal Interactive Media. In: *SIGGRAPH '11. Special Interest Group on Computer Graphics and Interactive Techniques Conference* (2011), Art.-Nr. 18, 1 Seite.

MIT Media Lab/Fluid Interfaces: Designing Systems for Cognitive Support. In: https://www.media.mit.edu/groups/fluid-interfaces/overview/ (letzter Zugriff: 20. April 2019).

Moldovan, Daniel/Copil, Georgiana/Dustdar, Schahram: Elastic Systems. Towards Cyber-Physical Ecosystems of People, Processes, and Things. In: *Computer Standards & Interfaces* 57 (2018), S. 76–82.

Müller, Mathias/Gründer, Thomas/Groh, Rainer: Data Exploration with Physical Metaphors Using Elastic Displays. In: *xCoAx 2015. Proceedings of the Third Conference on Computation, Communication, Aesthetics and X* (2015), S. 111–124.

Nagafuchi, Reona/Matoba, Yasushi/Siio, Itiro: Water-Jet Printer. Sprinkler with Watering-Position Control. In: *Ubicomp/ISWC'15 Adjunct Proceedings* 17/27 (2015), S. 321–324.

Nakagaki, Ken/Totaro, Pasquale/Peraino, Jim u.a.: HydroMorph. Shape Changing Water Membrane for Display and Interaction. In: *TEI '16. Proceedings of the TEI '16. Tenth International Conference on Tangible, Embedded, and Embodied Interaction* (2016), S. 512–517.

Nake, Frieder: The Display as a Looking-Glass. Zu Ivan E. Sutherlands früher Vision der grafischen Datenverarbeitung. In: Hans Dieter Hellige (Hg.): *Geschichten der Informatik. Visionen, Paradigmen, Leitmotive*. Berlin u.a. 2004, S. 339–365.

Okuno, Yasuhiro/Kakuta, Hiroyuki/Takayama, Tomohiko u.a.: Jellyfish Party. Blowing Soap Bubbles in Mixed Reality Space. In: *ISMAR '03. Proceedings of the Second IEEE and ACM International Symposium on Mixed and Augmented Reality* (2003), S. 358–359.

Polanyi, Michael: *Implizites Wissen*. Frankfurt a. M. 2016.

Pousman, Zachary/Stasko, John T./Mateas, Michael: Casual Information Visualization. Depictions of Data in Everyday Life. In: *IEEE Transactions on Visualization and Computer Graphics* 13/6 (2007), S. 1145–1152.

Pretto, Paolo/Mörtl, Peter/Neuhuber, Norah: Fluid Interface Concept for Automated Driving. In: Heidi Krömker (Hg.): *HCI in Mobility, Transport, and Automotive Systems. Automated Driving and In-Vehicle Experience Design*. Second International Conference, MobiTAS 2020. Held as

Part of the 22nd HCI International Conference, HCII 2020, Copenhagen, Denmark, July 19–24, 2020. Proceedings, Part I. Cham 2020, S. 114–130.

Qamar, Isabel P. S./Groh, Rainer/Holman, David u.a.: HCI meets Material Science. A Literature Review of Morphing Materials for the Design of Shape-Changing Interfaces. In: *CHI '18. Proceedings of the 2018 CHI Conference on Human Factors in Computing Systems* (2018), Art.-Nr. 374, S. 1–23.

Rieger, Stefan: *Die Enden des Körpers. Versuch einer negativen Prothetik.* Wiesbaden 2018.

Rieger, Stefan: Virtuelles Wohnen. In: Dawid Kasprowicz/ders. (Hg): *Handbuch Virtualität.* Heidelberg/Berlin 2020, S. 167–190.

Rieger, Stefan: *Reduktion und Teilhabe. Kollaborationen in Mixed Societies.* Berlin 2022.

Santaella, Lucia: The fluid coevolution of humans and technologies. In: *Technoetic Arts. A Journal of Speculative Research* 13/1+2 (2015), S. 137–151.

Sato, Munehiko/Poupyrev, Ivan/Harrison, Chris: Touché. Enhancing Touch Interaction on Humans, Screens, Liquids, and Everyday Objects. In: *CHI '12. Proceedings of the SIGCHI Conference on Human Factors in Computing Systems* (2012), S. 483–392.

Shelton, Ben/Nesbitt, Keith: The Aesthetic Awareness Display. A New Design Pattern for Ambient Information Systems. In: *ACSW 16. Proceedings of the Australasian Computer Science Week Multiconference* (2016), Art.-Nr. 50, S. 1–10.

Steer, Cameron/Robinson, Simon/Pearson, Jennifer u.a.: A Liquid Tangible Display for Mobile Colour Mixing. In: *MobileHCI '18. Proceedings of the 20th International Conference on Human-Computer Interaction with Mobile Devices and Services* (2018) Art.-Nr. 8, S. 1–7.

Sutherland, Ivan E.: The Ultimate Display. In: *Proceedings of IFIP (International Federation for Information Processing) Congress* (1965), S. 506–508.

Takahashi, Yoichi/Matoba, Yasushi/Koike, Hideki: Fluid Surface. Interactive Water Surface Display for Viewing Information in a Bathroom. In: *Proceedings of the 2012 ACM international conference on Interactive tabletops and surfaces* (2012), S. 311–314.

Uragaki, Keishiro/Matoba, Yasushi/Toyohara, Soichiro u.a.: Sand to Water. Manipulation of Liquidness Perception with Fluidized Sand and Spatial Augmented Reality. In: *ISS '18. Proceedings of the 2018 ACM International Conference on Interactive Surfaces and Spaces* (2018), S. 243–252.

van Mensvoort, Koert: Data-Fountain. In: https://www.koert.com/work/datafountain/ (letzter Zugriff: 20. April 2019).

Virolainen, Antti/Puikkonen, Arto/Kärkkäinen, Tuula u.a.: Cool Interaction with Calm Technologies. Experimenting with Ice as a Multitouch Surface. In: *ACM International Conference on Interactive Tabletops and Surfaces (ITS '10)* 5/1 (2010) S. 15–18.

Wakita, Akira/Nakano, Akito/Kobayashi, Nobuhiro: Programmable Blobs. A Rheologic Interface for Organic Shape Design. In: *TEI'11. Proceedings of the fifth international conference on Tangible, embedded, and embodied interaction* (2011), S. 273–276.

Weiser, Mark: The Computer for the 21th Century. In: *Scientific American* 265/3 (1991), S. 94–104.

Wigdor, Daniel/Wixon, Dennis: *Brave NUI World. Designing Natural User Interfaces for Touch and Gesture.* Amsterdam u.a. 2011.

Xie, Allen/Ho, Jeffrey C. F./Wang, Stephen J.: Data City. Leveraging Data Embodiment Towards Building the Sense of Data Ownership. In: Anthony Brooks/Eva Irene Brooks/Duckworth Jonathan (Hg.): *Interactivity and Game Creation. 9th EAI International Conference, ArtsIT 2020, Proceedings.* Cham 2021, S. 365–378.

Yagi, Asuka/Imura, Masataka/Kuroda, Yoshihiro u.a.: 360-Degree Fog Projection Interactive Display. In: *SIGGRAPH '11. Special Interest Group on Computer Graphics and Interactive Techniques Conference* (2011), Art.-Nr. 19, 1 Seite.

Naomie Gramlich
Klebrige Medienökologie

Fragmentarische Kolonialgeschichten über Kautschuk

Zusammenfassung: Der Beitrag widmet sich aus einer materiell-semiotischen und postkolonialen Perspektive der Materialität von Kautschuk und Guttapercha anhand von drei Fragmenten aus Chemie- und Industriearchiven. Bevor Gummi als Kabel und Reifen zum Medium westlicher Infrastrukturen der Mobilität und Beschleunigung werden konnte, musste erst dessen chemische Eigenschaft der Klebrigkeit überwunden werden, die hier in den historischen Kontext von kolonialem Machtanspruch und antikolonialem Widerstand gestellt wird. Die klebrige Medienökologie des Kautschuks zu fokussieren, holt das materiell-medienökologische Ungedachte an der Schnittstelle zu Rassismus, Kolonialität und Kolonialismus an den Rändern kolonialer Archive hervor. In der Figur des Klebrigen statt des Flüssigen zu denken, bietet Gegennarrative zur medienwissenschaftlichen Erzählung der Mobilität und Immaterialität und erprobt eine Verbindung von post- und dekolonialen mit medienökologischen Ansätzen.

Schlüsselwörter: Medienökologie, Kautschuk, Gummi, Medientechnologien des 20. Jahrhunderts, Kolonialismus, Mediennaturen, Ökolonialität, Klebrigkeit, Fluidität, Plastizität

Heute ist pflanzenbasiertes Gummi weitgehend durch synthetische Materialien wie Plastik ersetzt. Anfang des 19. Jahrhunderts jedoch war Gummi zentral für die Herstellung von Medientechnologien. Besonders in Form von Kabeln und Reifen stellt Gummi die oft vergessene materielle Grundlage globaler Vernetzung und Mobilität dar. Das Material wird aus Kautschuk- und Guttaperchapflanzen gewonnen, die in tropischen Regionen wachsen, und steht für den Beginn der heutigen ressourcen- und frontierbasierten Wirtschaft.[1] Gemeint ist damit ein System der Wohlstandssicherung im Globalen Norden mittels (neo)kolonialer Ausbeutung von Land und indigener, Schwarzer und anderer Bevölkerung of Color. Die Geschichte des Gummis ist folglich nicht erzählbar ohne die imperialen Gewaltexzesse in Brasilien, Kamerun, Kongo und Indonesien. Der Fokus dieses Artikels liegt auf der spezifischen Materialität des Gummis, die neben der Geschichte des kolonialen Machtanspruchs auch mit der von antikolonialem Widerstand verbunden ist. Bevor Gummi zum Rohstoff westlicher Infrastrukturen werden konnte, musste erst dessen chemische Eigenschaft der

---

[1] Vgl. Edward B. Barbier: *Scarcity and Frontiers. How Economies Have Developed Through Natural Resource Exploitation.* Cambridge/New York 2010, S. 5.

Klebrigkeit überwunden werden. Vor dem Hintergrund der Machttechnologie kolonialer Archive ist eine postkoloniale Erzählweise zwangsläufig fragmentarisch,[2] weswegen ich die Klebrigkeit des Gummis in Fragmenten und Anekdoten in Chemie- und Industriearchiven nachzeichne. Kautschuk als klebriges Medium zu verstehen, holt das materiell-medienökologische Ungedachte an der Schnittstelle zu Kolonialität und Kolonialismus hervor. Klebrige Medienökologien von Kautschuk bieten Gegennarrative zur medienwissenschaftlichen Erzählung der Mobilität und Immaterialität und erproben eine Verbindung von post- und dekolonialen mit medienökologischen Ansätzen. An einer Stelle im Text wird rassistische Sprache reproduziert.

1 Die Ökolonalität der Verflüssigungsmetapher

Als Beschreibungsmodell für die hochbeschleunigte und vernetzte Moderne und später Postmoderne haben die Denkfiguren der Ströme, Verflüssigung und Zirkulation in den Sozial- und Kulturwissenschaften der letzten dreißig Jahre Konjunktur. Das einschlägig gewordene zeitdiagnostische Konzept der „Liquid Modernity", das Zygmunt Bauman im Jahr 2000 vorschlug, markiert exemplarisch die Zeit nach der Auflösung des bürgerlichen Wertesystem, des Marx'schen Überbaus und der zunehmenden Intensivierung von Medialisierung und Technisierung im 19. Jahrhundert.[3] „Flows", das betont auch Manuel Castells, meint nicht nur die technische Organisation sozialer Räume, sondern ist auch Ausdruck von Prozessen, die das wirtschaftliche, politische und symbolische Leben dominieren. Als Synekdoche der Moderne, als ihr zentraler Bestandteil und ihre Stellvertreterin, ist die Denkfigur des Fließens zum zentralen Selbstbeschreibungskriterium von Modernität im Globalen Norden avanciert.[4]

In den letzten Jahren haben vermehrt Autor*innen der materiellen Medienökologie und Mediengeologie auf die Problematik der medien- und kulturwissenschaftlichen Verdrängung von energetischen, mineralogischen und metallischen Prozessen in der Produktion, der Nutzung und dem Abbau von Rohstoffen für Medientechnologien hingewiesen. Diese Ansätze grenzen sich ab von einem bisher gängigen medienökologischen Verständnis von Medien als Umgebungen und untersuchen vielmehr die materielle Ökologie, Geologie und Ökonomie von Medieninfrastrukturen. Für eine Geschichte der Medien kann gelten, dass sich diese erst mit einzelnen Materialien wie Kupfer, Zellulose, Shellac oder Kolloide ausprägte.[5] Medienökologie und

---

2 Vgl. Saidiya Hartman: *Lose Your Mother. A Journey Along the Atlantic Slave Route*. New York 2007, S. 231.
3 Vgl. Zygmunt Bauman: *Flüchtige Moderne* [2000]. Frankfurt a. M. 2016.
4 Vgl. Manuel Castells: *The Rise of the Network Society. Information Age* [1996]. Cambridge 2010.
5 Vgl. z.B. hier Gabriele Gramelsberger: Es schleimt, es lebt, es denkt – eine Rheologie des Medialen. In: *Zeitschrift für Medien- und Kulturforschung* 7/2 (2016), S. 155–67.

Mediengeologie durch die Perspektive von Mediennaturen zu deuten, wie Jussi Parikka es im Anschluss an Donna Haraway genannt hat,[6] bedeutet jedoch auch eine methodische Wende. Statt einzelne Materialien einer linearen Medien- und Technikgeschichte zu analysieren, stehen Medienökologie und Mediengeologie für eine Perspektive auf die Materialität von Medientechnologien, in der materiell-semiotische Verbindungen zwischen Extraktionsorten *und* Diskursen untersucht werden. Von Mediennaturen zu sprechen, meint eine methodische Abkehr von der cartesianischen Trennung und hierarchischen Bewertung von Natur/Körper/Ökologie vs. Technik/Kultur/Geist. Unterwandert werden soll damit die Annahme eines Rohstoffnaturalismus und der damit verbundenen Vorstellungen einer ahistorischen und kulturlosen Vorgängigkeit und Technizität von „Rohstoffen". Mediennaturen sind, kurz gesagt, nicht nur ein Konzept, sondern eine Denkweise, weil es die Annahme einer sich selbst hervorbringenden, vor jeder Relation existierenden Einheit unterläuft und stattdessen von einer sich beeinflussenden Doppelbewegung von gesellschaftlich-menschlichen Realitäten und materiell-nichtmenschlichen Realitäten ausgeht.[7] Jennifer Gabrys macht dies deutlich, wenn sie die Landschaft des Silicon Valley als „virtuelle Geografie"[8] digitaler Medienkulturen benennt. In dieser haben sich über die letzten Jahrzehnte eine toxische und auf Umweltrassismus basierende Geologie gebildet, die bis heute auf menschliche und nicht-menschliche Gefüge nachwirkt.

Um an dieser Stelle auf die Denkfiguren der Ströme, Verflüssigung und Zirkulation zurückzukommen: Mit Bezug auf die destruktiven Medienökologien stellt Nadia Bozak über Baumans Konzept der Verflüssigung treffend fest:

> Obviously, there is tension here, a conflict if not a confusion between permanence and transience, wherein our cultural legacy will not be the ‚liquidity' of the image, but the solidity of its infrastructure. While Bauman argues for a modernity bent on the ephemeral, he does not consider the intransigence of waste and the systems it has produced.[9]

Mit Blick auf destruktiven Medienökologien, die mit dem boomenden Weltmarkt für mineralische und metallische Stoffe seit der Digitalisierung ab den 2010er Jahren drastisch zugenommen haben, kann in der Metapher der Verflüssigung dessen rhetorische Verschleierung erkannt werden. Der Zusammenhang von medienwissen-

---

6 Vgl. auch Jussi Parikka: Green Media Times. Friedrich Kittler and Ecological Media History. In: *Mediengeschichte nach Friedrich Kittler Serie. Archiv für Mediengeschichte* 13 (2013), S. 69–78, hier: S. 76.
7 Vgl. Donna J. Haraway: *The Companion Species Manifesto: Dogs, People, and Significant Otherness*. Chicago 2003, S. 99.
8 Jennifer Gabrys: *Digital Rubbish. A Natural History of Electronics*. Ann Arbor 2011, S. 39; vgl. auch David N. Pellow, Lisa Sun-Hee Park: *The Silicon Valley of Dreams. Environmental Injustice, Immigrant Workers, and the High-Tech Global Economy*. New York u.a. 2002.
9 Nadia Bozak: *The Cinematic Footprint. Lights, Camera, Natural Resources*. New Brunswick 2012, S. 22.

schaftlichen Diskursen und Extraktion, Müll und Verbrauch scheint für die Medienökologie darüber bestimmt zu sein, was sagbar und was insbesondere unsagbar gemacht wird.

Dies gilt besonders, wenn Extraktion, Produktion und Müll von Medientechnologien in ihrem konstitutiven Zusammenhang von Geopolitik und anhaltender Kolonialität verstanden werden. Nicht Modernität und Kapitalismus sind die alleinigen Kräfte der destruktiven Seite der gesellschaftlichen und technologischen Auflösungsprozesse, wie Bauman behauptet, vielmehr sind Verteilung, Dichte und Intensität dieser Gewalt nur über eine Einbettung in den geschichtlichen Kontext des Kolonialismus zu fassen, der bis heute in komplexer Weise wirkt. Die von Autor*innen der Dekolonialität und des intersektionalen Feminismus erhobene Forderung, Anthropozän und Klimawandel auf ihre kolonialrassistischen Implikationen hin zu verstehen,[10] bedeutet auch für die Mediengeologie und Medienökologie, sich mit der Tragweite von Kolonialismus und Kolonialität auseinanderzusetzen.[11] Für heutige Medienkulturen in ihrem ubiquitären Ausmaß kann das heißen, dass deren verbilligte Versorgung mit Mineralien, Metallen und Energierohstoffen sowie der Umgang mit dem „digitalen Müll" (Gabrys) erst aus einer bestimmten Verteilung von Beziehungen zu Land, Eigentumsrecht, Macht und Arbeit resultiert, die während der mehr als 400-jährigen Geschichte der Kolonisierung von 85 Prozent der Erde durch Europa etabliert wurde.

Die geopolitische Verteilung wird wiederum durch ein bestimmtes Denksystem aufrechtgehalten. Der Soziologe Aníbal Quijano hat die epistemische Struktur des Kolonialismus „Kolonialität" genannt, die seit der Gründung und Entwicklung westlicher Zivilisation in der Renaissance Geltung beansprucht. Kolonialität durchzieht sämtliche Bereiche, die als modern gelten, von der Perzeption, der Vorstellungskraft, den materiellen oder intersubjektiven Erfahrungen bis hin zu den Produktionsweisen.[12] Obwohl sich die westliche Moderne erst durch die koloniale Herrschaft über indigene Menschen, deren Land und ökologischen Beziehungen sowie durch die Erfindung von *race*, Fortschritt und Natur herausgebildet hat, wird koloniale Gewalt in seiner physischen und epistemischen Form aus dem Verständnis und den Praktiken von Modernität bis heute ausgelagert.

In Erweiterung des Konzepts von Kolonialität habe ich den Begriff der Ökolonialität vorgeschlagen, um die materiellen und epistemischen Ebenen zu adressieren, in denen die kolonialrassistische Neuorganisation von ökologischen Beziehungen zwi-

---

10 Vgl. Françoise Vergès: Racial Capitalocene. In: Gaye Theres Johnson, Alex Lubin (Hg.): *Futures of Black Radicalism*. London/New York 2017, S. 72–83; Marisol de la Cadena: Uncommoning Nature. Stories from the Anthropo-not-Seen. In: Penny Harvey, Christian Krohn-Hansen, Knut G. Nustad (Hg.): *Anthropos and the Material*. Durham/London 2019, S. 35–59.
11 Vgl. Sean Cubitt: Decolonizing Ecomedia. In: *Cultural Politics. An International Journal* 10/3 (2014), S. 275–86, hier: S. 278.
12 Vgl. Aníbal Quijano: *Kolonialität der Macht, Eurozentrismus und Lateinamerika*. Wien/Berlin 2019.

schen Menschen, Land, Mineralien etc. operationalisiert werden.[13] Medientechnologien, deren Rohstoffe vorwiegend aus dem Globalen Süden kommen, dort verbaut und „entsorgt" werden, konstituieren sich entlang der Logik von Ökolonialität. Unter Ökolonialität verstehe ich folglich nicht nur Materialität, Praktiken und Infrastrukturen der Rohstoffproduktion, sondern auch die Naturalisierung kolonialrassistischer Ökologien von Medieninfrastrukturen. Damit meine ich, dass die in kolonialen Zusammenhängen entstandene geologische Materialität von Medientechnologien durch ein infrastrukturelles Netz der Allverfügbarkeit primär für eine *weiße*, suprematistische Kultur als unsichtbar hervorgebracht wird. Dies formuliert sich in der Rhetorik der Verflüssigung. Kurz gesagt, meint Ökolonialität neben den extraktivistischen Praktiken auch eine Epistemologie, die diese Praktiken naturalisiert. Die Denkfiguren der Verflüssigung verstehe ich als diskursive Naturalisierung von kolonialer Materialität und damit als Zeichen von Ökolonialität. Von Ökolonialität zu sprechen, heißt sich auch von Erklärungsversuchen abzugrenzen, die die Materialvergessenheit des Globalen Nordens als eine „Sonderbarkeit der Moderne"[14], als „unconscious' of technical media culture"[15] oder gar als Folge einer „imaginatively sterile"[16] Eigenheit bestimmter Rohstoffe epistemisch herunterspielt.

Deswegen wechsele ich hier die Perspektive von theoretischer Makrobeschreibung des Flüssigen zur materiellen Mikroebene, die sich im Fall des Gummis als äußerst klebrig zeigt. Gummi dient mir wortwörtlich als Material, an dem ich die medienökologischen Umschlags- und Kippmomente skizziere, wie Marie-Luise Angerer das „Aus-, Über- und Ineinanderlaufen von Natur und Technik"[17] bezeichnet hat. Als Bereich zwischen fester Ordnung und dem glatten Strom des Fließens, wie Nancy Tuana und Michel Serres das Klebrige und Viskose nennen, wird es „traditionell den Frauen überlassen und von den Philosophen nur wenig beachtet"[18]. Nach dem Klebrigen zu fragen, heißt nicht primär einer dynamischen Materialität zu folgen, wie es Ansätze des Neuen Materialismus unternehmen,[19] sondern eine hege-

---

13 Vgl. Naomie Gramlich: Mediengeologisches Sorgen. Mit Otobong Nkanga gegen Ökolonialität. In: *Zeitschrift für Medienwissenschaft* 13/24 (2021), S. 65–76; Naomie Gramlich: Undenkbare Ökolonialität. In: *Zeitschrift für Kulturwissenschaft*, 2022.
14 Bruno Latour: *Das terrestrische Manifest*. Frankfurt a. M. 2018, S. 24.
15 Jussi Parikka: *What is Media Archeology? Introduction*. Cambridge 2012, S. 5.
16 Amitav Ghosh: Petrofiction. The Oil Encounter and the Novel. In: *The New Republic*, 02. März 1991, S. 29–34.
17 Marie-Luise Angerer: *Affektökologie. Intensive Milieus und zufällige Begegnungen*. Lüneburg 2017, S. 17.
18 Vgl. Michel Serres: Atlas. [1994]. Berlin 2005, S. 42–43; Nancy Tuana: Viscous. Porosity. Witnessing Katerina. In: Stacy Alaimo (Hg.): *Material Feminisms*. Bloomington 2008, S. 188–213, hier: S. 193.
19 Vgl. hierfür feministisch-neu-materialistische und anthropologische Ansätze wie von Jane Bennett: *Vibrant Matter. A Political Ecology of Things*. London 2010; Tim Ingold: Eine Ökologie der Materialien. In: Susanne Witzgall (Hg.): *Macht des Materials. Politik der Materialität*. Zürich 2014, S. 65–73.

moniale Epistemologie des Undenkbaren dieser Materialität zu fokussieren, um Machtdynamiken in den Blick zu nehmen. Der nachfolgende Text ist der Materialität des Gummis und dessen kolonialer Unsichtbarmachung gewidmet. Die drei Fragmente, um die es gehen wird, verstehe ich als Gegenerzählungen zur ökolonialen Erzählweise der Verflüssigung.

1.1 Fragment 1: Indigenes Wissen vs. die Plastizität der kolonialen Moderne

Der Wechsel von der „schweren" zur „flüchtigen" Moderne wird von einem Wechsel des Materials begleitet, durch welches sich die Beziehung zwischen Ökologie und Technologie neu organisiert.[20] Zusätzlich zu Eisenerzen, Kohle, Granit, Stahl, Beton und Bronze für Brücken, Schiffe, Dampfmaschinen, Eisenbahnen und die fordistische Fabrik – geschätzt für ihre Stabilität und Dauerhaftigkeit[21] – ruht die flüchtige Moderne vorwiegend auf plastischen Materialien. Denn was die Verflüssigung des Globalen Nordens Mitte des 19. Jahrhunderts wortwörtlich in Bewegung setzte, sind Kautschuk, Balata- und Guttaperchalatex[22]: Kautschuk bringt dem Automobilsektor den massentauglichen Reifen und dem Luftverkehr den Fesselballon. Guttapercha löst das Problem der Isolierung von Aluminiumkabel für Telegraphie und Seekabel und stellt damit das Medium des Geflechts interkontinentaler Produktions- und Handelsbeziehungen bereit.[23] Als Kolloid, Polymer und Riesenmolekül stellt Kautschuk eine wissenschaftliche wie industrielle Zäsur dar und steht am Anfang des erdölbasierten Kunststoffzeitalters. Für den Globalen Norden gehört Kautschuk Ende des 19. Jahrhunderts zu einem der aufregendsten neuen Materialien seit der Entdeckung schmelzbarer Metalle.[24] Insbesondere wegen seiner Plastizität gilt Kautschuk als unvergleichbar mit den Harzen und Wachsen der in Europa bekannten Flora. Das Material lässt sich beinahe beliebig bearbeiten: Es kann gegossen, gepresst, zerschnitten, vernäht, aufgeschäumt oder geschnitzt werden. Kultur- und

---

20 Vgl. Bernadette Bensaude-Vincent: Reconfiguring Nature Through Synthesis. From Plastics to Biomimetics. In: dies (Hg.): *The Artificial and The Natural. An Evolving Polarity*. Cambridge, MA 2007, S. 393–412, S. 17–18.
21 Vgl. Bauman: *Flüchtige Moderne*, S. 136–143; Dietmar Rübel: Plastizität, Fließende Formen und flexible Materialien in der Plastik um 1900. In: Thomas Strässle (Hg.): *Poetiken der Materie. Stoffe und ihre Qualitäten in Literatur, Kunst und Philosophie*. Freiburg 2005, S. 289–301, S. 9.
22 Diese drei Materialien fasse ich hier aufgrund ihrer Ähnlichkeit im Hinblick auf Produktion, Materialeigenschaften und koloniale Bedeutung zusammen. Es gibt ca. 2.000 verschiedene latexproduzierende Bäume.
23 Vgl. Regine Buschauer: *Mobile Räume. Medien- und diskursgeschichtliche Studien zur Tele-Kommunikation*. Bielefeld 2010; Birgit Schneider: *Linien, Fäden, Kabel, Netze. Im Geflecht der Medienökologien*. Unveröffentlichter Artikel 2016.
24 Vgl. Philip Ball: *Made to Measure. New Materials for the 21st Century*. Princeton 1997, S. 10–16.

Architekturtheoretiker gleichermaßen wie Chemiker überschlagen sich förmlich vor Begeisterung: So listet beispielsweise Gottfried Semper die „merkwürdigen Eigenschaften" des Kautschuks auf: „Elasticität, Tenacität [Reißfestigkeit], Dehnbarkeit, Undurchdringlichkeit für Wasser und für Gasarten, Leichtigkeit, Geschmeidigkeit, Erhärtungsfähigkeit, Glätte u.s.w."[25] Ähnlich wie die Elektrizität als Medium unsichtbarer Strahlen um 1900 eine Vielzahl an für die Medienmoderne typische Imaginationen auslöst,[26] stehen die Plastizität, Flexibilität und Allverfügbarkeit, die mit dem Gummi aufkommen, für den neuen Typ Mensch im frühkapitalistischen Gefüge der westlichen Moderne: Dieser soll flexibel, anpassbar und dynamisch werden.[27]

In diesem Selbstbild westlicher Moderne wird allerdings eine zentrale Verbindung unsagbar gemacht: nämlich das Plastizität, Flexibilität und Allverfügbarkeit in konstitutiver Beziehung zu indigenem Wissen der Kautschukproduktion afrikanischer und südamerikanischer Bevölkerungsgruppen stehen. Schon Lewis Mumford weist in *Technik und Zivilisation* (1936) darauf hin, dass sowohl die Verwendung des Gummibaumsaftes als auch die Herstellung von plastischen Materialien auf synthetischer Basis in der „moderne[n] Welt" nicht möglich „[o]hne diese indigene Ausbeutung der wilden Gummipflanze".[28] Da die modernen Infrastrukturen der Mobilität und der Übermittlung aus Kautschuk und Guttapercha gebaut sind, würde, so Mumford, „ohne Gummi [...] klarerweise jeglicher Kraftwagentransport zum Stillstand kommen".[29]

Die indigene Technik des Gummis, die den westlichen Infrastrukturen zugrunde liegt, umfasst zum einen das botanische Wissen um Ernte, Pflege und Wachstum der latexproduzierenden Pflanzen.[30] In den Regionen des heutigen Brasilien und Venezuela nehmen die indigenen Kautschukproduzent*innen einen einzigen, exakt platzierten Einschnitt in der Rinde vor – typisch sind die grätenmusterähnlichen Muster –, um den Milchfluss über eine längere Zeit aufrechtzuerhalten, da die Röhren im Baumstamm untereinander kommunizieren. Bevor jedoch den Kolonist*innen diese Technik bekannt ist, fällen sie allein in Venezuela 36 Millionen Bäume, um sie „ausbluten zu lassen."[31]

---

25 Gottfried Semper: *Der Stil in den technischen und tektonischen Künsten, oder Praktische Aesthetik. Ein Handbuch für Techniker, Künstler und Kunstfreunde*. Frankfurt a. M. 1860, S. 112.
26 Vgl. Christoph Asendorf: *Batterien der Lebenskraft. Zur Geschichte der Dinge und ihrer Wahrnehmung im 19. Jahrhundert*. Gießen 1984.
27 Vgl. Ulrich Giersch, Ulrich Kubisch (Hg.) *Gummi. Die elastische Faszination*. Berlin 1995.
28 Levis Mumford: *Mythos der Maschine* [1966-1964]. Frankfurt a. M. 1977, S. 355.
29 Mumford: *Mythos der Maschine*, S. 355.
30 Vgl. Michael R. Dove: The Life-Cycle of Indigenous Knowledge, and the Case of Natural Rubber Production. In: Ellen Roy (Hg.): *Indigenous Environmental Knowledge and its Transformations*. Amsterdam 2000, S. 213–253.
31 Martina Grimmig: *Goldene Tropen. Die Koproduktion natürlicher Ressourcen und kultureller Differenz in Guayana*. Bielefeld 2014, S. 114.

Die indigene Technik des Gummis umfasst zum anderen die Verarbeitungsart. Indigene Experimentator*innen erfinden in den heutigen Gebieten Brasilien und Venezuela präkoloniale Bearbeitungstechniken, den Kautschuk durch Säure und Hitze aus der Latexmilch zu lösen und ihn schließlich durch antioxidantische Phenole, die durch Verbrennung von Nussschalen und Holz freitreten, an der Bindung mit dem Luftsauerstoff zu hindern.[32] In diesem mehrstufigen Verfahren wird aus Latex wasser-, hitze-, sonne- und fäulnisbeständiges Gummi, der für Schläuche, Gefäße, Flaschen, Schuhe, Kleidung oder Spritzen verwendet wird.[33] Der Export der Produkte ab dem 16. Jahrhundert nach Europa weckte überhaupt erst die Aufmerksamkeit für ein Material, dessen Vielzahl an Anwendungen die Vorstellung in Europa bei weitem übersteigt.[34] Der eigentliche Wert des Gummis wird erst ab der ersten Hälfte des 19. Jahrhunderts begriffen. Zu diesem Zeitraum beginnt die Erfindung des Gummis ein zweites Mal, und zwar nach kolonial-modernen Bedingungen.[35]

Die erste, die indigene Erfindung des Kautschuks ist der Geschichtsschreibung zwar bekannt. Weil diese allerdings nur imstande ist, im Gefüge der kolonial-modernen Logik zu denken, operiert die indigene Technik auf einer radikal anderen Verständnisebene von Technologie und Technik, die in ihrer Kontinuität zur zweiten, westlichen Erfindung des Kautschuks nicht begriffen wird. Die indigene Technik des Kautschuks wird im Globalen Norden nicht einfach vergessen oder geleugnet, sondern muss als strukturelle Unfähigkeit des Denkens, Vorstellens und Sprechens begriffen werden. Die Historikerin und Anthropologin Ann Laura Stoler hat im Kontext kolonial-epistemischer Unfähigkeit *weißer* Europäer*innen den Begriff der Aphasie vorgeschlagen, der die Schwierigkeit meint, die eigenen gesprochenen Wörter mit den geeigneten Dingen und Konzepten zu verknüpfen.[36] Aphasie adressiert zum einen die Unfähigkeit, konzeptionelle und lexikalische Vokabulare abzurufen, und zum anderen die Schwierigkeit, das Gesprochene zu verstehen.[37]

Beispiele der kolonialen Aphasie indigener Kautschukproduktion zeigen sich vielfach in der Historiographie des Kautschuks, wovon exemplarisch ein Artikel mit dem Titel „Kautschuk. Bezugsschein für die Weltherrschaft" (1939) in der kolonial-

---

[32] Vgl. Jens Soentgen: Die Bedeutung indigenen Wissens für die Geschichte des Kautschuks. In: *Technikgeschichte* 80/4 (2013), S. 295–324.
[33] Dove: The Life-Cycle of Indigenous Knowledge, S. 231–233.
[34] Vgl. Soentgen: Die Bedeutung indigenen Wissens für die Geschichte des Kautschuks.
[35] Dass die Technik, den Kautschuk mit Phenolen zu behandeln, direkte Einflüsse auf die Vulkanisierung hat, wurde bisher nicht nachgewiesen, allerdings wird meines Wissens dazu auch nicht geforscht. Für die allgemeine Rolle des indigenen Wissens für Technik und Wissenschaft des Globalen Nordens siehe Arun Agrawal: Dismantling the Divide Between Indigenous and Scientific Knowledge Authors. In: *Development and Change* 3/26 (1995), S. 413–443.
[36] Vgl. Ann Lauren Stoler: Colonial Aphasia. Disabled Histories and Race in France. In: dies: *Duress. Imperial Durabilities in our Times*. Durham/London 2016, S. 122–172.
[37] Vgl. Stoler: *Colonial Aphasia*.

nostalgischen Zeitschrift *Kolonie und Heimat* zeugt. Dort heißt es, dass bei den ersten Plünderungszügen der „Schätze der Neuen Welt durch den Urwald" zwar beobachtet wurde, dass die lokale Bevölkerung wasserabweisende Schuhe und Springbälle besaß; diese werden jedoch als „merkwürdige Tatsache" oder „armselige Kuriositäten" abgetan.[38] Die „wahre" Erfindung und ihre „unbegrenzten Möglichkeiten"[39] werden den *Weißen* vorbehalten. Während dies für einen nationalsozialistischen Zeitschriftenbeitrag wenig überraschend ist, dominiert diese offizielle Erzählweise mit ihrer Trennung zwischen indigenen und wissenschaftlich-wirtschaftlichen, d.h. *weißen* Herstellungsverfahren bis heute.

Koloniale Aphasie steht für die anhaltende Unmöglichkeit, Kontinuitäten zwischen rassistischen, kolonialistischen und paternalistischen Strukturen der Gegenwart in ihrer kolonialhistorischen Entstehung zu begreifen. In diesem Kontext kann das Konzept helfen zu beschreiben, wie Kontinuitäten zwischen Kolonialismus, Wissenschaftsgeschichte und Ökonomie übersehen und diskursiv bestritten werden. Indigene Kautschuktechniken undenkbar zu machen, ist Teil der Epistemologie und Praxis von Ökolonialität, die sich in der Rhetorik der Plastizität und Fluidität kleidet – Eigenschaften, die als modern und westlich rekonfiguriert werden. Der eigentliche Ursprung der Plastizität, nämlich die indigene Kautschukproduktion, wird als nicht existent verstanden, um Ausbeutung und Aneignung für europäische Interessen zu ermöglichen.

1.2 Fragment 2: Kautschuk als *immutable mobile* vs. klebriger Widerstand

Waren die indigenen Kautschukprodukte in Europa bereits ab dem 14. Jahrhundert bekannt, benötigten *weiße* Experimentatoren mehrere Jahrhunderte, Gummi zum emblematischen Material der Modernität, Flexibilität und Anpassung im Globalen Norden zu machen. Daran gehindert wurden sie durch die Neigung des Kautschuks, bei unsachgemäßer Behandlung klebrig zu werden. Wird Latex, eine milchige Emulsion, die zu 50–70 Prozent aus Wasser, ferner aus Mineralstoffen, Harzen und Eiweißen besteht, nicht innerhalb kürzester Zeit nach dem Abzapfen aus dem Stamm der Bäume mit einem passenden Stoff gebunden, reagiert die weiße Flüssigkeit mit Sauerstoff, was dazu führt, dass sich eine unangenehm riechende und klebrige Masse bildet, die kaum noch weiterverarbeitet werden kann. Gefiltert, gewaschen, erhitzt, getrocknet und in Form von Bällen oder Platten gepresst, wurde Latex aus Mittel- und Südamerika und später auch aus Südostasien verschifft, um –

---

38 o.A.: Kautschuk. Bezugsschein für die Weltherrschaft. In: *Kolonie und Heimat. Die deutsche koloniale Bilderzeitung*, 4. Juli 1939, S. 489–491, hier: S. 489.
39 o.A.: *Kautschuk*, S. 489.

in Europa und den USA angelangt (so zumindest das Vorhaben) – mittels Lösungsmittel wie Terpentin, Ether und Naphtha wieder in den gewünschten plastischen Zustand versetzt zu werden. Dies war ein wenig erfolgreiches Unterfangen: Die Berichte der Chemiker handeln in Deutschland, England, Frankreich, Belgien und den USA jahrzehntelang von Beschreibungen missglückter Experimente. Latex besitzt ein für die *weißen* Chemiker unberechenbares Eigenleben, da sie, wie mit dem Anthropologen Timothy Ingold gesagt werden kann, in gewisser Weise nicht existieren, sondern „in der Zeit weiter[machen] oder [an]dauern."⁴⁰ In einem Laborbericht aus dem Jahr 1832 ist zu lesen:

> Dieser Zustand der Veränderung nimmt immer mehr zu [...]. Es ist ein völliges Klebrigwerden, welches mehr und mehr überhandnimmt, und die Masse in einen Zustand des Zerfließens bringt. Das letzte Stadium ist endlich ein allmähliches, anfänglich oberflächliches, abermaliges Trockenwerden, jetzt ist die Zersetzung beendigt. Das Federharz [ein zeitgenössisches Wort für Kautschuk; Anm. N.G.] ist nun ebenso spröde und brüchig, als es früher biegsam und elastisch war.⁴¹

Wird getrockneter Latex lediglich mit Lösungsmitteln versetzt, hält der plastische Zustand nur kurz an, um anschließend, abhängig von der Umgebungstemperatur, entweder klebrig oder spröde zu werden. Falsch verarbeitete Produkte aus Kautschuk, wie Schuhe, Mäntel oder Kämme, sind es, die dem Material zu Beginn seiner Einführung in die Märkte und Geschäfte des Globalen Nordens einen schlechten Ruf einhandeln. Zahlreiche Zeitgenoss*innen berichten, dass das nicht dauerhaft gebundene Material dazu neige, zu einer „sticky unreliable vegetable resin"⁴² oder einer „exceedingly sticky, resinous mass"⁴³ zu werden. Neben der Klebrigkeit ist es sein Geruch, den der Chemiker und spätere Reifenhersteller Charles Goodyear als nächstes Problem beschreibt: „The odor of the native gum, is very offensive to many persons, and has always been a great objection to its use."⁴⁴ Die zahlreichen Anekdoten über die ab 1823 aus Kautschuk gefertigten Regenmäntel der Firma *Mackintosh* veranschaulichen das: Ab einer Temperatur von 4 °C wird das Gewebe spröde und hart wie Stein, während der Mantel ab 30 °C beginnt, auf der Haut festzukleben, allmählich zu schmelzen und einen ekelhaft riechenden Geruch abzusondern.⁴⁵

---

40 Ingold: *Eine Ökologie der Materialien*, S. 71.
41 Friedrich Lüdersdorff: *Das Auflösen und Wiederherstellen des Federharzes, genannt: Gummi elasticum. Zur Darstellung luft- und wasserdichter Gegenstände*. Berlin 1832, S. 113.
42 Nancy Norton Pain: *Industrial Pioneer. The Goodyear Metallic Rubber Shoe Company*. Unpublished Doctor Thesis. Cambridge 1950, S. 1.
43 Henry C. Pearson: *The Rubber Country of the Amazon*. New York 1911, S. 47.
44 Charles Goodyear: Gum-Elastic and Its Varieties, With a Detailed Account of Its Applications and Uses, and of the Discovery of Vulcaniziation [1855]. In: American Chemical Society (Hg.): *A Centennial Volume of the writings of Charles Goodyear and Thomas Hancock*. Boston 1939. S. 19–44, hier: S. 23.
45 Vgl. William D. Geer: *The Reign of Rubber*. New York 1922, S. 7–8.

Als schließlich durch einen Zufall die Technik der Vulkanisierung auf Basis von Schwefel gefunden wurde, die den Kautschuk nun auch für *Weiße* bearbeitbar machte, wurde diese Technik von den Wissenschaftlern als „völlige Heilung der Krankheiten des Kautschuks"[46] beschrieben. In den Archiven der Chemie und Industrie spiegelt sich das imperiale Legitimierungsnarrativ von Zivilisation und Schutz der kolonisierten Gebiete,[47] während Kolonialismus der eigentliche Auslöser für verschiedenartige Krankmachungen ist.[48] Bevor die Vulkanisierungsmethode entwickelt wurde, stammen die einzig zuverlässigen Produkte aus Südamerika.[49] Klebrigkeit und Fäulnisanfälligkeit sind, wie der Chemiker und Philosoph Jens Soentgen schreibt, „gerade kein Merkmal indigener Kautschukprodukte, [...] vielmehr ein Merkmal nur jener Kautschukprodukte, die in Nordamerika oder in England hergestellt wurden".[50] Ein tautologisches Vorhaben zeigt sich im vulkanisierten Kautschuk und dessen Heilungsnarrativ: Die von den *Weißen* geheilte „Krankheit" haben sie selbst verursacht, denn das Spröde- und Klebrigwerden des Kautschuks entsteht erst durch die westliche Bestrebung nach Mobilisierung.

In seinen Ausführungen zum Konzept der unveränderlich veränderlichen Objekte fragt der Soziologe Bruno Latour: „Wie kann man aus der Distanz Einfluss auf fremdartige Ereignisse, Orte und Menschen nehmen?" Und antwortet sich selbst: „Indem man diese Ereignisse, Orte und Menschen irgendwie nach Hause bringt."[51] Dabei entsteht eine Distanz, die durch verschiedene Parameter überbrückt werden muss und die die zu überführenden Dinge auf eine bestimmte Weise transformieren. Die Dinge sollen transportabel gemacht werden, „damit sie zurückgebracht werden können"; sie sind stabil zu machen, „damit sie hin und her bewegt werden können, ohne dass es zu zusätzlicher Verzerrung, Zersetzung oder zum Verfall kommt". Zudem sind sie kombinierbar zu machen, „damit sie, egal aus welchem Stoff sie bestehen, aufgehäuft, angesammelt, oder wie ein Kartenspiel gemischt werden können".[52] Diese drei Eigenschaften der Mobilität, Stabilität und Kombinierbarkeit sind, so Latour, die Voraussetzungen für die Herstellung von *immutable mobile* mit denen von den westlichen Zirkulations- und Akkumulationszentren aus die „Orte in der Ferne" beherrscht werden sollen.

Kautschuk als *immutable mobile* zu verstehen heißt, es als materielle Emergenz entlang zeitlicher und räumlicher Transport- und Transferprozesse zu verstehen, die das Ergebnis von materiellen, epistemischen, technischen, kulturellen und politi-

---

46 Soentgen: *Die Bedeutung indigenen Wissens für die Geschichte des Kautschuks*, S. 311.
47 Vgl. Grimmig: *Goldene Tropen*, S. 109.
48 Vgl. Frantz Fanon: *Die Verdammten dieser Erde*. Frankfurt a. M., 1981, S. 30.
49 Vgl. Geer: *The Reign of Rubber*, S. 9.
50 Soentgen: Die Bedeutung indigenen Wissens für die Geschichte des Kautschuks, S. 319.
51 Bruno Latour: Die Logistik der ‚immutable mobiles'. In: Jörg Döring/Tristan Thielmann (Hg.): *Mediengeographie*. Bielefeld 2009, S. 111–144, hier: S. 127.
52 Latour: *Die Logistik der ‚immutable mobiles'*, S. 127.

schen Stoffüberführungen sind. Gleichzeitig zeigt sich darin auch ein für die Moderne typisches Paradox: Denn um zum unveränderlich beweglichen Ding zu werden, muss alles getan werden, damit der Kautschuk unveränderlich bleibt, während das Material bewegt wird. In einem Interview sagte Latour, dass bei der „gängigen Naturalisierung des normalen *flows* des Diskurses und der Praxis" von „Zwischengliedern, die sich ohne Veränderung aneinanderreihen", ausgegangen wird. Aber natürlich, so fährt er fort, „ist der Begriff ‚immutable mobile' eine Unmöglichkeit, weil man diese Bewegung nicht ohne Veränderung durchführen kann".[53] Soll heißen: Damit gesellschaftliche Zusammenhänge sich verflüssigen und mobilisieren können, sollen Materialien ökonomisch, industriell und epistemisch auf einen festen Aggregatzustand, einen Platz im Periodensystem und die ökonomische Entität des Rohstoffs zugeschnitten werden.[54] Trotz der heterogenen Bedingungen seiner Entstehung, wie z.B. die Bedeutung indigener Kautschukproduktion – und das ist zentral für die *immutable mobiles* –, verspricht der Kautschuk, zeit-, ort- und geschichtslos zu sein. Mit den unveränderlich veränderlichen Dingen wird eine privilegierte Wissensform etabliert, die eine Loslösung von situierten Praktiken und Wissensformen aus spezifischen Milieus mit sich bringt. Auf den gleichsam festgezurrten Inhalt soll unabhängig von lokalen Milieugegebenheiten in beliebiger Weise zugegriffen werden können.

Dass dies jedoch nicht reibungslos vonstattengeht, zeigt die Klebrigkeit des Kautschuks. Während die indigene Bearbeitung vorsieht, den frisch gezapften Latex direkt vor Ort zu bearbeiten und somit die Koagulation zu einer klebrigen Masse erfolgreich zu verhindern imstande ist, ist die *weiße* Bearbeitungstechnik in die binäre Logik von Extraktion und Produktion eingelassen, in der sich das koloniale Gefälle von Globalem Norden und Globalem Süden ausdrückt und fortsetzt. Diese Logik zwingt die *Weißen*, Kautschuk in eine mobilisierbare Form zu überführen, weil die Bearbeitung ausschließlich in den europäischen und nordamerikanischen Fabriken stattfinden soll. In diese binäre Logik von „natürlichem" Extraktionsort und „technologischem" Produktionsort greift der klebrige Kautschuk ein, der durch seine Materialeigenschaften einen einheitlichen Zusammenhang von Abbau und Verarbeitung erzwingt.

Latours Konzept vom *immutable mobile* ist von dem Interesse angetrieben, die europäische Herrschaft der *weißen* Wissenschaft mittels ihrer medientechnologischen Prozesse und Transformationen zu beschreiben. In seiner Argumentation nimmt er dabei die Überlegenheit *weißer* Techniken als gegebene, normative Set-

---

[53] Bruno Latour: Den Kühen ihre Farbe zurückgeben. Von der ANT und der Soziologie der Übersetzung zum Projekt der Existenzweisen. Bruno Latour im Interview mit Michael Cuntz und Lorenz Engell. In: *ZKM. Zeitschrift Medien-und Kulturforschung* 2 (2013), S. 83–100, hier: S. 83.
[54] Vgl. Kijan Malte Espahangizi, Barbara Orland: *Pseudo-Smaragde, Flussmittel und bewegte Stoffe. Überlegungen zu einer Wissenschaftsgeschichte der materiellen Welt.* Zürich 2014, S. 11–35, hier: S. 27.

zung vor und stellt diese damit in gewisser Weise überhaupt erst diskursiv her. Denn obwohl er benennt, dass indigenes Wissen und dessen Aneignung durch *Weiße* zentrale Voraussetzung für die Bildung von *immutable mobiles* sind, werden indigene Technik und indigenes Wissen nicht mehr als Grund genannt, wenn es darum geht zu bestimmen, woher die *immutable mobiles* ihre Macht beziehen.[55] Für Latour spielt außerdem keine Rolle, was die *immutable mobiles* für die bestehenden lokalen Zusammenhängen bedeuten.

Für einen Perspektivwechsel gehe ich an dieser Stelle auf die Ausführungen von Anna L. Tsing ein. Rohstoffe sind, wie die Anthropologin schreibt, Resultate diskursiver und kultureller Arbeit, die wesentlich an die zeitliche Vorstellung von Fortschritt geknüpft ist. Fortschritt geht mit der Fähigkeit der Skalierbarkeit einher, die als spezifische Technik der unbegrenzt anwendbaren Bereitstellung abgeschlossener, austauschbarer Elemente dient.[56] Die kolonial-moderne Ökologie der Plantagen, in der Kautschuk hergestellt wird, ist eine immer gleichbleibende Maschinerie der Hervorbringung, die in jede beliebige Landschaft hineingestellt werden soll. Die Plantage ist folglich ein Ort der Skalierung. Skalierung versteht Tsing als Technik, um die Einheit „Rohstoff" als Entität von Vermehrung, Akkumulation, Mobilität und diskursiver Macht zu bilden, wobei lokale Eigenheiten und ihre Beziehungen über räumlich-zeitlich spezifische Skalen hinweg abgewertet und transzendiert werden. Tsing stellt damit ähnliche Überlegungen wie Latour im Hinblick auf die *immutable mobiles* an, bewertet diese jedoch anders, indem sie abgetrennte Einheiten als Produkte der Entfremdung und Entflechtung aus indigenen Zusammenhängen benennt. Diese Trennung – und nicht nur Mobilität, Stabilität und Kombinierbarkeit – ermöglichen überhaupt erst die Herstellung kapitalistischer Vermögenswerte, für die Technologie und Wissenschaft eingesetzt wurden.[57]

Rohstoffe entstehen jedoch nicht als ideale Konzepte, sondern durch und innerhalb von Reibungen (*frictions*), die Tsing auch „sticky engagements"[58] nennt. Reibungen sind Effekte, die sich formieren, wenn sich scheinbare Universalismen wie Globalisierung, Beschleunigung und Mobilisierung durch konkrete Landschaften und Menschen manifestieren. Anders gesagt, jede Form des Universalismus kann nur in der klebrigen Materialität praktischer Begegnungen erhoben und inszeniert werden. Als materielle und partikulare Erdung der scheinbar universellen Metapher der Verflüssigung, die alle Formen von Vielfalt auslöscht, steht Reibung für Prozesse der Verbindung, die nicht von allein und nie vollends widerstandsfrei in Bewegung versetzt, sondern auf provisorische und oft disparate Art zusammen-

---

55 Ich danke Dulguun Shirchinbal, die mir diesen Aspekt klar gemacht hat.
56 Vgl. Anna L. Tsing: *The Mushroom at the End of the World. On the Possibility of Life in Capitalist Ruins*. Princeton 2015, S. 38–39.
57 Vgl. Tsing: *The Mushroom at the End of the World*, S. 133.
58 Anna L. Tsing: *Friction. An Ethnography of Global Connection*. Princeton/Oxford 2005, S. 6.

gehalten werden. Auch wenn Kautschuk vorgibt, ein „roher" und „natürlicher" Stoff zu sein – „untouched by this friction"[59] –, bildet sich das Material in vielfältigen Reibungen: durch Kooperation, Beteiligung, Wissen, aber auch mittels antikolonialer und antikapitalistischer Widerstände indigener Arbeiter*innen.

Um an dieser Stelle auf die Klebrigkeit des Kautschuks zurückzukommen: Bis hierhin ließe sich diese als wissenschaftsgeschichtliches Detail im technowissenschaftlichen Prozess der Wertschöpfung durch Mobilisierungspraktiken verstehen. Stoffe sollen gleichgemacht und mobilisiert werden, um deren Launen und Nicht-Stillhalten-Wollen nicht mehr ausgeliefert zu sein. Das Klebrige scheint eine aus heutiger Sicht amüsante Eigenschaft des Materials zu sein, das sich dem Festzurren auf eine Einheit widersetzt. Statt jedoch eine natürliche Eigenschaft zu sein, möchte ich mit Tsings Begriff der Reibungen vorschlagen, Klebrigkeit als Effekt zu begreifen, durch die sich antikolonialer Widerstand und indigene Handlungsmacht materialisiert. Im Unterschied zur Latour erkennt Tsing vermeintlich abgeschlossene Entitäten der Moderne wie Rohstoffe nicht als Resultat einer homogenen und übermächtigen Wissenschaft, sondern als Effekte von Reibungen, an denen nie nur *weiße* Technologien und *weiße* Menschen beteiligt waren.

Es ist mehr als wahrscheinlich, dass die indigenen Arbeiter*innen auf den Plantagen und den ländlichen Abbaugebieten in Malaysia, Sumatra, Borneo, Indonesien, Brasilien, Kamerun und Venezuela verschiedene Strategien des Widerstands anwenden, um sich gegen den kolonialen Landraub und Ressourcendiebstahl zu wehren. Eine dieser Strategien war, das Gewicht der Kautschukmasse zu erschweren, indem minderwertige Stoffe wie Steine oder Hölzer in die noch flüssige Masse hinzugegeben werden, die nach der Koagulation des Materials nicht mehr zu erkennen sind.[60] Da die Pflücker*innen nach Gewicht bezahlt werden, erhöhen sie so ihren Ertrag. Wenn von indigenem Wissen über die Verarbeitung ausgegangen wird, lässt sich spekulieren, dass dieses gezielt genutzt wird, um Latex über die Zugabe schädlicher Substanzen zu verunreinigen. Dass der Kautschuk auf der Haut der *weißen* Träger*innen schmilzt und zahlreichen Ärger in den westlichen Chemielaboren auslöst, steht in direkter Verbindung zu dem Widerstand. Denn Klebrigkeit und Sprödigkeit des Gummis rührt, wie ein Zeitgenosse feststellt, auch von der „Menge an Unreinheiten" her, „die dem Latex häufig betrügerischerweise beigemischt sind".[61]

Formulierungen, die bewusst keine aktiv Handelnden benennen, finden sich zahlreiche in den frühen Äußerungen über Kautschuk. Antikoloniale Sabotage wird häufig weiterhin allenfalls in Nebensätzen und Marginalien erwähnt. Der Historiker Ranajit Guha erkennt in kolonialen Archiven – worunter ich auch Archive der *weißen* Chemie und Industrie zähle – und in deren epistemischer Gewalt des Sam-

---
59 Tsing: *Friction*, S. 51.
60 Vgl. Grimmig: *Goldene Tropen*, S. 136–137.
61 Semper: *Der Stil in den technischen und tektonischen Künsten*, S. 112.

melns, Klassifizierens und Wegschmeißens einen Ausdruck des rhetorischen Geschicks, bestimmte Fakten kolonialer Unterdrückung nicht zu erwähnen oder bestimmte Personen als Handelnde auszulöschen.[62] Antikoloniale Widerstände werden in *weißer* Geschichtsschreibung oft in der Rhetorik der „Unordnung" und „Unwissen" wiedergegeben. Für diese Lücke in der Geschichte kann spekulativ die Klebrigkeit des Kautschuks stehen, die keineswegs aus einer nur natürlichen Eigenschaft des Materials herrührt, sondern aus spezifischem Wissen, spezifischen Techniken und der pragmatischen Aneignung kolonialer Ökonomie für den Vorteil der Schwarzen oder indigenen Arbeiter*innen. Die Anekdoten über die Klebrigkeit können also als hartnäckiges Überbleibsel Schwarzer und indigener Handlungsmacht in den kolonialen Archiven verstanden werden.

Was kann die Widerspenstigkeit des klebrigen Kautschuks als antikolonialer Widerstand besser zur Geltung bringen als die Geschichte darüber, dass die globalen Hauptstraßen – wachsende Infrastrukturen des Handels, des Marktes und Knotenpunkte globaler Vernetzung – durch das viskose Material wortwörtlich zum Erliegen gebracht wurden? Dass eine funktionierende Verarbeitung fehlt, hält die Plantagenbesitzer*innen, Firmendirektoren und Investor*innen nicht davon ab, in hohen Mengen besonders in den südamerikanischen Kolonien Kautschuk ernten zu lassen und vorwiegend nach Europa und Nordamerika zu verschiffen.[63] Um die Tonnen Gummi, die eigentlich unbrauchbar sind, dennoch zu verwerten, werden die Straßen in Glasgow, Chicago und Singapur mit Latex gepflastert.[64] Verwendet wird auch hier Material, das lediglich mit Lösungsmitteln behandelt ist, was dazu führt, dass sich die Latex-Moleküle bei einer Temperatur von 30 °C lösen. Der tonnenweise ausgekippte Latex reagierte folglich bei Hitze: Sich vorzustellen, wie an den Sommertagen die Straßen der jungen Metropolen in ein Meer schwarzer und stinkender Gummimasse verwandelt wurden und die Pferdehufe, Menschenschuhe oder Holzreifen bei der ersten Berührung gierig festsaugten, veranschaulicht die Unfähigkeit, des reaktionsfreudigen, zur antikolonialen Sabotage genutzten Materials ‚Herr' werden zu können. Die Mobilmachung und Akkumulation von Ressourcen ist keine Gewähr für den Sieg über die Materialien. Die klebende Kautschukmasse auf den Infrastrukturen, die eigentlich globale Mobilität herstellen sollen, ist nicht nur ein Sinnbild für die „Rache der mobilisierten Welt"[65], wie Latour es genannt hat, sondern eine Einladung, antikolonialen Widerstand und indigene Handlungsmacht in ihren vielschichtigen Formen und als Teil von mehr als menschlichen Gefügen zu begreifen.

---

[62] Vgl. Ranajit Guha: *Dominance without Hegemony. History and Power in Colonial India*. Cambridge 1997, S. 13; vgl. auch Michel-Rolph Trouillot: Undenkbare Geschichte. Zur Bagatellisierung der haitischen Revolution. In: Sebastian Conrad (Hg.): *Jenseits des Eurozentrismus. Postkoloniale Perspektiven in den Geschichts- und Kulturwissenschaften*. Frankfurt a. M. 2002, S. 84–116.
[63] Vgl. Dietrich Braun: *Kleine Geschichte der Kunststoffe*. München 2013, S. 26.
[64] Braun: *Kleine Geschichte der Kunststoffe*, S. 55.
[65] Latour: *Die Logistik der ‚immutable mobiles'*, S. 138.

Für den tansanischen Kontext unterscheidet der Historiker G. C. K. Gwassi vier Arten widerständiger Reaktion auf die Gewalt des Kolonialismus, die er als komplexen, multiskalaren, zeitlich gestreckten und oft widersprüchlichen Prozess beschreibt.[66] Neben aktivem, bewaffnetem Widerstand und passivem Widerstand, etwa der Verweigerung von Kooperationen, zählt Gwassi auch solche impliziten Formen indigener Adaption, Handelstechniken oder Kollaborationen mit Kolonialverwaltungen zum eigenen ökonomischen oder politischen Vorteil. Widerstand meint nicht ausschließlich Störung, sondern auch Aushandlungen und Kollaborationen. In ähnlicher Weise, wie Gwassi sich für ein breites Verständnis von Widerstandsformen ausspricht, zielt auch Tsings Begriff der Reibung darauf ab, verschiedene Spielarten des Widerstands zu berücksichtigen, von denen die bewaffnete Opposition und die Verunreinigungsaktionen von Rohstoffen nur zwei unter vielen sind. Reibung ist, so Tsing, kein Synonym für Widerstand. Vielmehr wird Hegemonie sowohl in Reibung hergestellt als auch darin aufgelöst: „Consider rubber. Coerced out of indigenous Americans, rubber was stolen and planted around the world by peasants and plantations, mimicked and displaced by chemists and fashioned with or without unions into tires and, eventually, marketed for the latest craze in sports utility vehicles."[67] Kapitalistischer Gummi wird nicht trotz, sondern erst durch die brutale Wildheit der europäischen Eroberung, die wettbewerbsorientierte Leidenschaft kolonialer Botanik, die Widerstandsstrategien der Bäuer*innen und Arbeiter*innen, die Verwirrungen von Krieg und Wissenschaft und vieles mehr hergestellt, das nicht in dem teleologischen und binären Konzept des Rohstoffen aufgeht. Diese Reibungen in den Blick zu nehmen, heißt die Lüge darüber offenzulegen, „that global power operates as a well-oiled machine."[68]

1.3 Fragment 3: Klebrigkeit als Auflösung *weißer* Männlichkeit

Im abschließenden dritten Teil des Beitrages möchte ich Klebrigkeit als Ausdruck einer *weißen* Affektökonomie verstehen, in der sich eine für Kolonialismus und *weiße*, hetero-patriarchale Cis-Männlichkeit spezifische Angst vor Begegnungen ausdrückt. Ann Laura Stolers hat argumentiert, dass koloniale Archive nicht zwangsläufig die Vorherrschaft der Vernunft widerspiegeln. Vielmehr stellen sie Ordnungen des Sagbaren und Denkbaren her, die von einer Ökonomie der Affekte, von Ängsten und Begehren durchdrungen ist.[69] Die vorangehenden Ausführungen

---

66 Vgl. Gilbert C.K. Gwassi: *The German Intervention and African Resistance in Tanzania. A History of Tanzania*. Nairobi 1997, S. 288.
67 Tsing: *Friction*, S. 7.
68 Tsing: *Friction*, S. 7.
69 Vgl. Ann Lauren Stoler: *Along the Archival Grain. Thinking through Colonial Ontologies*. Princeton/Oxford 2009.

über den klebrigen Kautschuk in den Chemie- und Industrieberichten spiegeln diese koloniale Ökonomie der Affekte an der Schnittstelle zu Rassismus wider.

Obwohl Klebrigkeit nur eine Eigenschaft des Gummis ist, das in westlichen Chemielaboren hergestellt wird, wird die Eigenschaft zum Zweck von Rassifizierung und Exotisierung instrumentalisiert. Goodyear behauptet fälschlicherweise, dass es sich bei dem klebrigen Kautschuk um „native gum or indian gum" handelt, „[that] failed the American people".[70] Die Lüge, das Klebrigkeit „native" oder „indian"[71] sei, ist Ausdruck der kolonialrassistischen Technik des *Otherings*: Indigene Menschen und ihre Produktionstechniken werden abgewertet, um *Weiße* als überlegen zu konstruieren. Mehr noch erhebt Goodyear den selbstgefälligen Anspruch, dass der Globale Süden und seine Materialien der nordamerikanischen, *weißen* Bevölkerung zu dienen haben. Deutlich wird, dass Prozesse der Rassifizierung nicht nur menschliche Körper betreffen, sondern auch Materialien zu diesem Zweck instrumentalisiert werden, wie auch ein weiteres Beispiel zeigt.[72]

Der in Form von Platten, Würsten und Bällen zum Transport bereitgestellte Kautschuk wird nach der Färbung mit Kohlenstaub umgangssprachlich auch „peau de nègre"[73] oder „negro heads"[74] genannt. Schwarze Menschen werden in die Nähe von Rohstoffen und Materialien gebracht, um sie zu dehumanisieren. Der Entmenschlichung liegt die Logik rassifizierender Plastizität zugrunde, die laut dem Philosoph Achille Mbembe Schwarze Menschen „nur [als] eine träge Masse [sieht], die darauf warte, unter den Händen einer überlegenen Rasse geformt zu werden".[75] Rassifizierung unterliegt folglich einer kulturellen Konstruktion, die sich darüber organisiert, wer die Macht über Plastizität besitzt und wer als plastisch und damit dienlich für koloniale Zwecke gedacht wird.[76] In kolonialen Logiken des *terra nullius* und rassistischen Zuschreibungen von Trägheit und Formbarkeit werden Schwarze und indigene Menschen und ihr Land als kultur- und geschichtslos konstituiert.[77] Dies dient dem Zweck, Gummi und andere Materialien von prä- und antikolonialen Bedeutungen zu trennen, um sie als geschichtslos gemachte Einheit aneignen zu können. Mit

---

70 Goodyear: *Gum-Elastic and its Varities*, S. 23.
71 „Indian" steht hier als Synonym für das von *Weißen* empfundene „Andere" im Allgemeinen.
72 Katherine McKittrick hat darauf hingewiesen, dass sich Rassismus und Sexismus nicht nur auf menschliche Körper und Identitäten beziehen, sondern sich auch in Vorstellungen von Landschaft als leer, kultur-, beziehungs- und wertlos manifestieren. Vgl. Katherine McKittrick: *Demonic Grounds. Black Women and the Cartographies of Struggle*. Minneapolis 2006, S. xviiii.
73 Giersch, Kubisch (Hg.): *Gummi*, S. 359.
74 Henry C. Pearson: *The Rubber Country of the Amazon*, S. 87.
75 Achille Mbembe: The Zero World. Materials and the Machine. In: Sammy Balojo, Mirko Popovitch (Hg.): *Sammy Baloji, Mémoire Kolwezi*. Brüssel 2014 S. 73–79, hier: S. 84.
76 Vgl. Zakiyyah Iman Jackson: *Becoming Human. Matter and Meaning in an Antiblack World*. New York 2020.
77 Vgl. Valentin-Yves Mudimbe: *The Invention of Africa. Gnosis, Philosophy, and the Order of Knowledge*. Bloomington 1988.

ihnen wird eine neue Welt aufgebaut, die sich in den Metaphern von Plastizität und Beweglichkeit kleidet, was den kolonialen Gewaltakt diskursiv ein weiteres Mal verdeckt. Im Fall des Kautschuks konstituiert sich *weiße* Überlegenheit darüber, die Eigenschaften der Plastizität, Elastizität und Transformation zu besitzen, während das Klebrige als dem „Anderen" zugehörig imaginiert wird. Diese rassistische Konstruktion ist jedoch nicht frei von *weißen* Ängsten und anderen Affekten.

In Jean-Paul Sartres phänomenologischer Philosophie, ausformuliert in *Das Sein und das Nichts* (1943), nimmt das Klebrige einen bedeutenden Platz im Selbstverständnis von *Weißsein* und Cis-Männlichkeit ein. In hyperbolischer Manier beschreibt Sartre, dass, während das Fließende für „das Sein ohne Gefahr und ohne Gedächtnis, das sich ewig in es selbst verwandelt" steht, das Klebrige „die Verhältnisse um[kehrt]: das Für-sich ist plötzlich kompromittiert".[78] Weder besitzt die „Seinsweise des Klebrigen" die Trägheit des Festen noch die Dynamik des Fließenden, vielmehr ist es in der Lage, die Besitzverhältnisse auf eigentümliche Weise umzudrehen, in dem es sich des *weißen*, männlichen Subjektes bemächtigt. Wenig verwunderlich, dass diese Eigenschaft des Klebrigen bei Sartre starkes Unbehagen auslöst: „Ich spreize die Hände, ich will das Klebrige loslassen, und es haftet an mir, es zieht mich an, es saugt mich an [...] es ist eine weiche, schleimige, weibliche Aktivität des Ansaugens, es lebt verborgen unter meinen Fingern, und ich fühle eine Art Schwindel."[79] Das Klebrige verweist auf den Moment, in dem Besitz, das in der kolonialen Logik alleine dem *weißen*, männlichen, „erwachsenen Europäer[]"[80] zusteht, diese Zugehörigkeit verlässt und sich Zweifel daran zeigen. Wenn *weiße* Männlichkeit bedeutet, über die plastischen Rohstoffe wie Kautschuk und Guttapercha als Formen der Bewegung und Mobilität verfügen zu können, zeigt sich in der Klebrigkeit die ständige Bedrohung dieser Besitzansprüche.

Wie die feministische Theoretikerin Sara Ahmed als Antwort auf das Sartre'sche Klebrige argumentiert hat, ist die „Angst, in etwas aufgesogen zu werden, das keine eigenen Grenzen hat", keine Eigenschaft einer Substanz, sondern die *weiße*, männliche Angst vor einem vermeintlich verhängnisvollen Kontakt. Ahmed unterstreicht, dass Ekel mit Fragen von Vertrautheit und Fremdheit verbunden ist und bereits als Annahme einer Qualität existiert, die einem Objekt innewohnen soll, bevor der Moment des eigentlichen Kontakts eingetreten ist.[81] Insbesondere vor dem Hintergrund kolonialer Begegnungen versteht Ahmed das Klebrige als spezifisches Risiko von Nähe, in dem sich das *weiße* Selbst droht aufzulösen, um sich – gegen seinen Willen – neu zu verbinden. Ahmed schlägt vor, Klebrigkeit nicht nur als Ausdruck von *weißem*

---

[78] Jean-Paul Sartre: *Das Sein und das Nichts. Versuch einer phänomenologischen Ontologie [1943].* Reinbek bei Hamburg 2016, S. 1041.
[79] Sartre: *Das Sein und das Nichts*, S. 1041.
[80] Sartre: *Das Sein und das Nichts*, S. 1041.
[81] Vgl. Sara Ahmed: *The Cultural Politics of Emotion*. Edinburgh 2014, S. 82.

Ekel zu verstehen, sondern auch als Form der Relationalität, die von den *Weißen* aufgrund deren Selbstverständnis von Autonomie und Unabhängigkeit unerkannt bleibt, bzw. abgelehnt wird, obwohl Relationalität die Basis von Begegnungen ist. Klebrigkeit, so Ahmed, steht für diese Form des Mit-Seins. „[S]tickiness involves a form of relationality, or a ‚with-ness', in which the elements that are ‚with' get bound together. Stickiness helps us to associate ‚blockages' with ‚binding'."[82]

In den drei hier skizzierten Fragmenten von antikolonialem Widerstand, spezifischer Materialität als Effekt kolonial-moderner Mobilisierungspraktiken und *weißem*, männlichem Ekel legt das Klebrige seine bindende Eigenschaft frei. Es zeigt die Reibungen, die im Kautschuk eingelassen sind: Widerstand, Kollaboration und Wissensformen, die sein Teil geworden sind, und seine Integrität als „rohen Stoff" in Frage stellen. Kautschuk ist ein klebriges Medium, kein transparentes oder immaterielles. Klebrige Medien erzählen keine Mediengeschichte als fortschreitende Geschichte materieller Aneignung. Werden klebrige Medien in den Fokus gerückt, treten mehrere Räume, Dinge und Körper miteinander in Berührung: Guttapercha- und Kautschukplantagen in Kamerun und Indonesien mit den Dunlop-Reifen der USA und dem deutschen AEG-Koaxialkabel. Das Klebrige hält Verbindungen aufrecht, wie Ahmed erinnert. Kautschuk verbindet jedoch nicht nur in Form von Dichtungsringen in Mobilfunktürmen und Kühlsystemen von Serverparks, sondern auch als klebrige Medienökologien, in denen Ökolonialität vielfach nachhallt: im Gummireifenabrieb, in der Extraktion von Erdöl und der Weiterverarbeitung zu plastischen Materialien und in den toxischen Verbrennungen von Reifen und Elektrogeräten auf Elektronikschrottdeponien in Ghana, Südafrika, China oder Pakistan. Die Klebrigkeit des Kautschuks verweist auf diese Verbindungen moderner Medieninfrastrukturen mit destruktiven Medienökologien, aber auch mit Formen von indigenem Wissen, indigener Technik und antikolonialem Widerstand.

---

[82] Ahmed: *The Cultural Politics of Emotion*, S. 91.

Literaturverzeichnis

Agrawal, Arun: Dismantling the Divide Between Indigenous and Scientific Knowledge Authors. In: *Development and Change* 3/26 (1995), S. 413–443.
Ahmed, Sara: *The Cultural Politics of Emotion*. Edinburgh 2014.
Angerer, Marie-Luise: *Affektökologie. Intensive Milieus und zufällige Begegnungen*. Lüneburg 2017.
Asendorf, Christoph: *Batterien der Lebenskraft. Zur Geschichte der Dinge und ihrer Wahrnehmung im 19. Jahrhundert*. Gießen 1984.
Ball, Philip: *Made to Measure. New Materials for the 21st Century*. Princeton 1997.
Barbier, Edward B.: *Scarcity and Frontiers How Economies Have Developed Through Natural Resource Exploitation*. Cambridge/New York 2010.
Bauman, Zygmunt: *Flüchtige Moderne* [2000]. Frankfurt a. M. 2016.
Bennett, Jane: *Vibrant Matter. A Political Ecology of Things*. London 2010.
Bensaude-Vincent, Bernadette: Reconfiguring Nature Through Synthesis. From Plastics to Biomimetics. In: dies (Hg.): *The Artificial and The Natural. An Evolving Polarity*. Cambridge, MA 2007, S. 393–412.
Bozak, Nadia: *The Cinematic Footprint. Lights, Camera, Natural Resources*. New Brunswick 2012.
Braun, Dietrich: *Kleine Geschichte der Kunststoffe*. München 2013.
Buschauer, Regine: *Mobile Räume. Medien- und diskursgeschichtliche Studien zur Tele-Kommunikation*. Bielefeld 2010.
Cadena, Marisol de la: Uncommoning Nature. Stories from the Anthropo-not-Seen. In: Penny Harvey/Christian Krohn-Hansen/Knut G. Nustad (Hg.): *Anthropos and the Material*. Durham/London 2019, S. 35–59.
Castells, Manuel: *The Rise of the Network Society. Information Age* [1996]. Cambridge 2010.
Cubitt, Sean: Decolonizing Ecomedia. In: *Cultural Politics. An International Journal* 10 (2014), S. 275–86, S. 278.
Dove, Michael R.: The Life-Cycle of Indigenous Knowledge, and the Case of Natural Rubber Production. In: Ellen Roy (Hg.): *Indigenous Environmental Knowledge and its Transformations*. Amsterdam 2000, S. 213–253.
Espahangizi, Kijan Malte/Orland, Barbara: *Pseudo-Smaragde, Flussmittel und bewegte Stoffe. Überlegungen zu einer Wissenschaftsgeschichte der materiellen Welt*. Zürich 2014, S. 11–35.
Fanon, Frantz: *Die Verdammten dieser Erde*. Frankfurt a. M. 1981.
Gabrys, Jennifer: *Digital Rubbish. A Natural History of Electronics*. Ann Arbor 2011.
Geer, William D.: *The Reign of Rubber*. New. York 1922.
Ghosh, Amitav: Petrofiction. The Oil Encounter and the Novel. In: *The New Republic* 02.03.1991, S. 29–34.
Giersch, Ulrich/Kubisch, Ulrich (Hg.) *Gummi. Die elastische Faszination*. Berlin 1995.
Goodyear, Charles: Gum-Elastic and its Varieties, with a Detailed Account of its Applications and Uses, and of the Discovery of Vulcanization [1855.] In: American Chemical Society (Hg.): *A Centennial Volume of the Writings of Charles Goodyear and Thomas Hancock*. Boston 1939, S. 19–44.
Gramelsberger, Gabriele: Es schleimt, es lebt, es denkt – eine Rheologie des Medialen. In: *Zeitschrift für Medien- und Kulturforschung* 7/2 (2016), S. 155–67.
Gramlich, Naomie: Mediengeologisches Sorgen. Mit Otobong Nkanga gegen Ökolonialität. In: *Zeitschrift für Medienwissenschaft* 13/24 (2021), S. 65–76.
Gramlich, Naomie: Undenkbare Ökolonalität. In: *Zeitschrift für Kulturwissenschaft*, 2022.
Grimmig, Martina: *Goldene Tropen. Die Koproduktion natürlicher Ressourcen und kultureller Differenz in Guayana*. Bielefeld 2014.

Guha, Ranajit: *Dominance without Hegemony. History and Power in Colonial India.* Cambridge 1997.
Gwassi, G.C.K.: *The German Intervention and African Resistance in Tanzania. A History of Tanzania.* Nairobi 1997.
Haraway, Donna J.: *The Companion Species Manifesto: Dogs, People, and Significant Otherness.* Chicago 2003.
Hartman, Saidiya: *Lose Your Mother. A Journey Along the Atlantic Slave Route.* New York 2007.
Ingold, Tim: Eine Ökologie der Materialien. In: Susanne Witzgall (Hg.): *Macht des Materials. Politik der Materialität.* Zürich 2014, S. 65–73.
Jackson, Zakiyyah Iman: *Becoming Human. Matter and Meaning in an Antiblack World.* New York 2020.
Latour, Bruno: *Das terrestrische Manifest.* Frankfurt a. M. 2018.
Latour, Bruno: Den Kühen ihre Farbe zurückgeben. Von der ANT und der Soziologie der Übersetzung zum Projekt der Existenzweisen. Bruno Latour im Interview mit Michael Cuntz und Lorenz Engell. In: *ZKM. Zeitschrift Medien- und Kulturforschung* 2 (2013), S. 83–100.
Latour, Bruno: Die Logistik der ‚immutable mobiles'. In: Jörg Döring/Tristan Thielmann (Hg.): *Mediengeographie.* Bielefeld 2009, S. 111–44.
Lüdersdorff, Friedrich: *Das Auflösen und Wiederherstellen des Federharzes, genannt: Gummi elasticum. Zur Darstellung luft- und wasserdichter Gegenstände.* Berlin 1832.
Mbembe, Achille: The Zero World. Materials and the Machine. In: Sammy Baloji, Mirko Popovitch (Hg.): *Sammy Baloji, Mémoire Kolwezi.* Brüssel 2014, S. 73–79.
McKittrick, Katherine: *Demonic Grounds. Black Women and the Cartographies of Struggle.* Minneapolis 2006.
Mudimbe, Valentin-Yves: *The Invention of Africa. Gnosis, Philosophy, and the Order of Knowledge.* Bloomington 1988.
Mumford, Levis: *Mythos der Maschine* [1966–1964]. Frankfurt a. M. 1977.
Norton Pain, Nancy: *Industrial Pioneer. The Goodyear Metallic Rubber Shoe Company.* Unpublished Doctor Thesis. Cambridge 1950.
o.A.: Kautschuk. Bezugsschein für die Weltherrschaft. In: *Kolonie und Heimat. Die deutsche koloniale Bilderzeitung.* 4. Juli 1939, S. 489–91.
Parikka, Jussi: *A Geology of Media.* Minneapolis/London, 2015.
Parikka, Jussi: Green Media Times. Friedrich Kittler and Ecological Media History. In: *Mediengeschichte nach Friedrich Kittler Serie. Archiv für Mediengeschichte* 13 (2013), S. 69–78.
Parikka, Jussi: *What is Media Archeology? Introduction.* Cambridge 2012.
Pearson, Henry C.: *The Rubber Country of the Amazon.* New York 1911.
Pellow, David N./Park, Lisa Sun-Hee: *The Silicon Valley of Dreams. Environmental Injustice, Immigrant Workers, and the High-Tech Global Economy.* New York u.a. 2002.
Quijano, Aníbal: *Kolonialität der Macht, Eurozentrismus und Lateinamerika.* Wien/Berlin 2019.
Rübel, Dietmar: Plastizität, fließende Formen und flexible Materialien in der Plastik um 1900. In: Thomas Strässle (Hg.): *Poetiken der Materie. Stoffe und ihre Qualitäten in Literatur, Kunst und Philosophie.* Freiburg 2005, S. 289–301.
Sartre, Jean-Paul: *Das Sein und das Nichts. Versuch einer phänomenologischen Ontologie* [1943]. Reinbek bei Hamburg 2016.
Schneider, Birgit: *Linien, Fäden, Kabel, Netze. Im Geflecht der Medienökologien.* Unveröffentlichter Artikel 2016.
Semper, Gottfried: *Der Stil in den technischen und tektonischen Künsten, oder Praktische Aesthetik. Ein Handbuch für Techniker, Künstler und Kunstfreunde.* Frankfurt a. M. 1860.
Serres, Michel: *Atlas.* [1994]. Berlin 2005.
Soentgen, Jens: Die Bedeutung indigenen Wissens für die Geschichte des Kautschuks. In: *Technikgeschichte* 80/4 (2013), S. 295–324.

Stoler, Ann Lauren: *Along the Archival Grain. Thinking trough Colonial Ontologies*. Princeton/Oxford 2009.

Stoler, Ann Lauren: Colonial Aphasia. Disabled Histories and Race in France. In dies: *Duress. Imperial Durabilities in our Times*. Durham/London 2016, S. 122–72.

Trouillot, Michel-Rolph: Undenkbare Geschichte. Zur Bagatellisierung der haitischen Revolution. In: Sebastian Conrad (Hg.): *Jenseits des Eurozentrismus. Postkoxloniale Perspektiven in den Geschichts- und Kulturwissenschaften*. Frankfurt a. M. 2002, S. 84–116.

Tsing, Anna L. Friction: *An Ethnography of Global Connection*. Princeton/Oxford 2005.

Tsing, Anna L.: *The Mushroom at the End of the World. On the Possibility of Life in Capitalist Ruins*. Princeton 2015.

Tuana, Nancy: Viscous. Porosity. Witnessing Katerina. In: Stacy Alaimo (Hg.): *Material Feminisms*. Bloomington 2008, S. 188–213.

Vergès, Françoise: Racial Capitalocene. In: Gaye Theres Johnson/Alex Lubin (Hg.): *Futures of Black Radicalism*. London/New York 2017, S. 72–83.

Jan Wagner
DIE FORM DES WASSERS

Gaia-Trilogie – Teil I

Schlüsselwörter: Videokunst, Videoanimation, Animation, 3D-Animation, Wasser, Gaia, Kybernetik

Das weitreichende Eindringen digitaler Technik in unsere Lebensverhältnisse lässt sich fortlaufend beobachten. Sie verändert den realen Raum und lässt immer mehr Substitutionsmodelle entstehen – von der digitalen Währung bis hin zur Architektur in expandierenden Stadtlandschaften. Man sieht den 3D-Geschöpfen an, woher sie kommen. Oft unsichere Repräsentationen des Digitalen, haben sie das Virtuelle der Programme in die Lebenswirklichkeit der Objekte eingeführt und damit ein neues Verhältnis zwischen Dingen und Menschen hergestellt.

Die Arbeit beschäftigt sich mit technologischen Berührungspunkten und ihrer formatierenden Wirkung auf den Nutzer. Sie steckt im Gebrauch der digitalen Geräte, in den Datensammlungen und Profilen, der Wahrscheinlichkeit unserer Verhaltensweisen und den möglichen Identitäten und Beziehungen zu den kleinen und großen Anderen. Sie verschalten uns mit der Welt und erzeugen eine seltsame körperlose Nähe.

Die als Trilogie angelegte Arbeit folgt im ersten Teil der Logik des Digitalen in seiner ganzheitlichen Orientierung und stellt Fragen nach der Position des Einzelnen, den Modi der Repräsentation und der Zugehörigkeit, wie sie in der Gaia-Hypothese formuliert worden sind.

Exkurs

Die Gaia-Hypothese wurde von der Mikrobiologin Lynn Margulis und dem Chemiker, Biophysiker und Mediziner James Lovelock Mitte der 1960er Jahre entwickelt. Demnach können die Erde und ihre Biosphäre wie ein Lebewesen betrachtet werden, insofern die Biosphäre (die Gesamtheit aller Organismen) Bedingungen schafft und erhält, die nicht nur Leben, sondern auch eine Evolution komplexerer Organismen ermöglichen. Die Erdoberfläche bildet demnach ein dynamisches System, das die gesamte Biosphäre durch Mechanismen stabilisiert, die auf menschliche Einflüsse reagieren. Diese Hypothese setzt eine bestimmte Definition von Leben voraus, wonach sich Lebewesen insbesondere durch die Fähigkeit zur Selbstorganisation auszeichnen.

Abb. 1: DIE FORM DES WASSERS, Installationsansicht, Studio for Artistic Research, Düsseldorf, 2017.

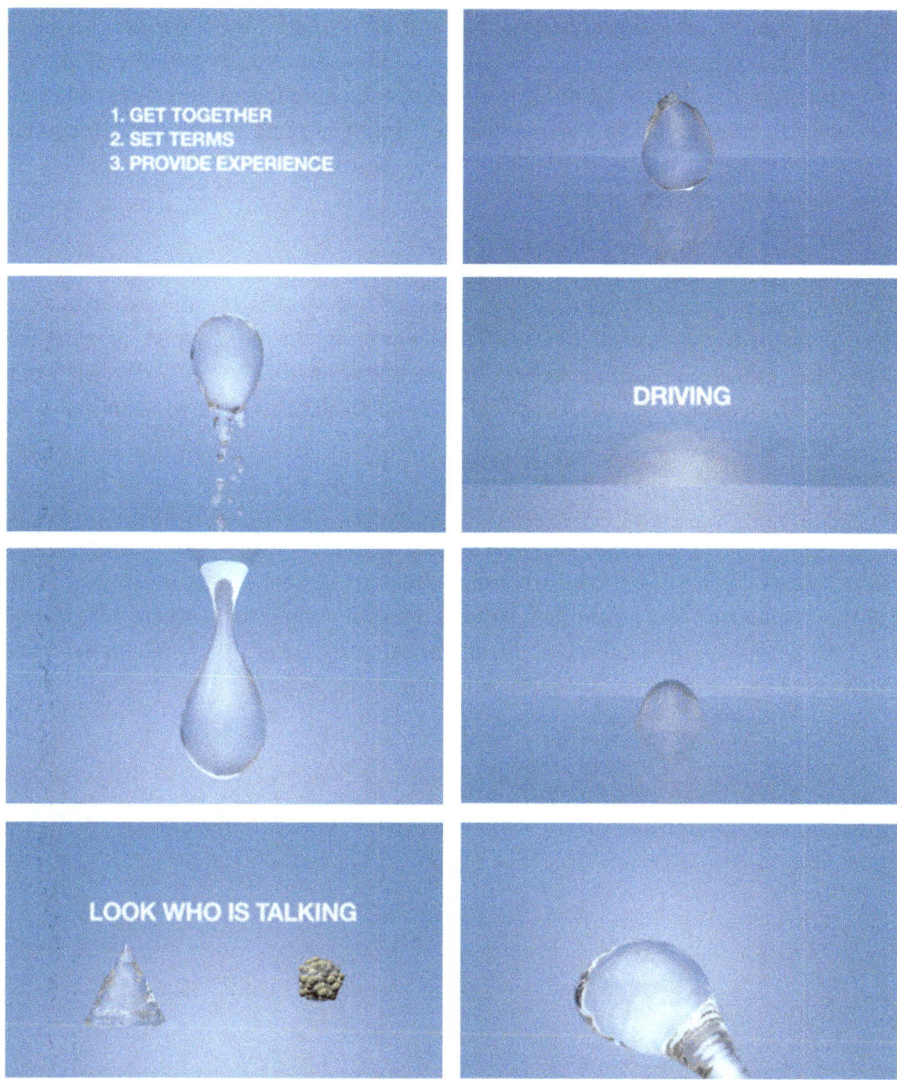

Abb. 2: DIE FORM DES WASSERS, 3D Animation, HD 8:35 Min., 2017.

Die erste Fotografie der Erde aus dem All, die 1972 von der NASA veröffentlicht wurde, prägt die Ikonographie der Erde bis heute. Die *Blue Marble* hat der Vorstellung von der Erde, als einem ganzheitlichen und lebendigen Superwesen, ein Bild gegeben und popularisiert. Seitdem hat die Idee große Anschlussfähigkeit bewiesen und ist in die Gegenkultur der USA, die holistische Vorstellung von Ökologie und Ökonomie sowie in die Kybernetik und andere Wissenschaftsdisziplinen eingedrungen.

Die noch junge Computerindustrie stellte die Werkzeuge bereit, die für das neue Weltbild ausschlaggebend waren. Sie schuf die Voraussetzungen für die Simulation von Abläufen und lieferte erstmals dynamische Rechenmodelle, die einen Blick in die Zukunft erlaubten. Die Perspektive der Hochrechnung ist seitdem integraler Bestandteil unseres heutigen Weltbildes und bestimmt nicht zuletzt eine Gegenwart, die auf die Zukunft spekuliert.

Die Videoanimation folgt dieser Vorstellung von einer optimistischen Ökologie, die den Menschen einreiht in ein System, das sich selbst erhält, ohne es dabei vom Menschen abhängig zu machen. Wir, die Akteur*innen des Anthropozäns, sind aus dieser Perspektive Teil eines sich selbst organisierenden Systems, das wir zwar maßgeblich beeinflussen, dessen Zweck es jedoch nicht ist, uns zu erhalten, sondern sich selbst.

Zu sehen sind 3D-animierte Wasserkörper, wie man sie aus populärwissenschaftlichen Sendungen kennt, das ästhetisch dem „motion design" zur Klärung eines Sachverhalts verwandt ist. Dem steht ein assoziativer, aus Erinnerungen und Fragmenten montierter Text gegenüber, der aus dem Off eingesprochen wird. Das Ganze ist eingebettet in eine Installation, die an ein Zeltgestänge erinnert, an einen temporären sich auflösenden Ort, der vor dem Monitor verschwindet.

Teil II: **Metaphern**

Jörn Etzold
Nomaden des Wassers

Kosmische Infrastrukturen in Patricio Guzmáns Trilogie der chilenischen Landschaften

Zusammenfassung: Patricio Guzmáns Trilogie NOSTALGIA DE LA LUZ (NOSTALGIE DES LICHTS, 2010), EL BOTÓN DE NÁCAR (DER PERLMUTTKNOPF, 2015) und LA CORDILLERA DE LOS SUEÑOS (DIE KORDILLEREN DER TRÄUME, 2019) ist den Landschaften Chiles gewidmet: der Atacamawüste, dem Archipel Patagonien, den Anden. EL BOTÓN DE NÁCAR ist ein Film über das Wasser und über die Kawésqar, die Selk'nam, die Aoniken, die Haush und die Yámana, die Patagonien bewohnten, lange bevor die Europäer kamen – und mit ihnen die Seuchen und die Gewalt, die die indigenen Völker nahezu ausrotteten. Guzmán rekonstruiert die Kosmologie der „Nomaden des Wassers", ihr Leben zwischen Sternen, Wolken, Nebeln und Strudeln. In der Auseinandersetzung mit dem neoliberalen Extraktivismus in Chile, der die Elemente des Kosmos restlos in Privatbesitz verwandelt, scheint hier etwas anderes auf: eine schuldlose Natur, die mit dem Kosmos verbunden, weil vom Wasser durchzogen ist.

Schlüsselwörter: Patricio Gúzman, Chile, Militärdiktatur, Neoliberalismus, „Desaparecidos", Patagonien, Infrastruktur, Kosmos, Indigene, Sensualismus, Walter Benjamin

1 Konstellationen der Materie

Die Trilogie NOSTALGIA DE LA LUZ (HEIMWEH NACH DEN STERNEN, 2010), EL BOTÓN DE NÁCAR (DER PERLMUTTKNOPF, 2015) und LA CORDILLERA DE LOS SUEÑOS (DIE KORDILLEREN DER TRÄUME, 2019) von Patricio Guzmán hat, wie sein gesamtes kinematographisches Werk, nur einen einzigen Gegenstand: das Land Chile, die Heimat des Filmemachers, das er 1973 nach dem Staatstreich aufgrund seiner zweiten, spanischen Staatsangehörigkeit noch verlassen konnte – sogar die Filmrollen seiner Dokumentation über den Putsch und die Jahre davor, LA BATALLA DE CHILE (DIE SCHLACHT VON CHILE), konnte Guzmán mitnehmen. Chile ist ein langes, schmales Land zwischen den Kordilleren der Anden und dem Pazifischen Ozean, reich an Bodenschätzen. Die Trilogie behandelt in jedem ihrer Teile eine Gegend dieses Landes, denn sie ist nicht in Stationen einer Erzählung untergliedert, sondern in Landschaften: NOSTALGIA DE LA LUZ ist der Atacama-Wüste im Norden gewidmet, jenem trockenen Streifen Sand zwischen den Bergen und dem Meer, heiß tagsüber und kalt nachts, wo Astronomen unter dem wolkenlosen Himmel Teleskope gebaut haben, um das Licht aus dem Kosmos einzufangen. LA CORDILLERA DE LOS SUEÑOS sind die Anden, jener Riegel, der das Land vom Rest der Welt abtrennt, der es beschützt und isoliert; nicht weit den Anden vorgelagert liegt die Hauptstadt Santiago. Der mittlere Teil aber, EL BOTÓN DE NÁCAR, behandelt den Süden des Landes, die ausfransende Landmasse des Kontinents, der sich dort ins Meer verliert und in zahllose kleine Inseln aufteilt. Es ist ein Film über das Wasser.

In allen Filmen hören wir die Stimme des Filmemachers, mit der die Bilder unterlegt sind wie in den Filmen Guy Debords; er spricht ruhig, in deutlicher, langsamer Diktion und flicht manchmal autobiographische Elemente in seine Erzählung ein. Ein Teil der Filme besteht aus Gesprächen mit jeweils einem einzelnen Gegenüber, bei denen Guzmán nicht zu sehen ist. Oft sind es in verschiedener Hinsicht Überlebende, die hier reden,[1] aber auch Künstler*innen und Wissenschaftler*innen, die Guzmán beim lauten Nachdenken zu beobachten scheint. Darüber hinaus verbinden drei Charakteristika die Filme der Trilogie: Zunächst geht es um Landschaften, die in atemberaubenden Bildern gezeigt werden, zum Teil aus dem Helikopter gefilmt.[2] Sie scheinen unbewohnt, als sei die Menschheit noch nicht erschaffen worden oder schon wieder verschwunden; Wolken ziehen, Wasser fließt. Nur manchmal durchqueren einzelne Menschen die Wüste, die Berge, das Meer. Die Landschaften Chiles aber werden in den Filmen – zweitens – mit kosmischen Konstellationen und Bewegungen verbunden. Wie Wolken und Wellen sieht man auch Quasare, Galaxien und – stilisierten – Sternenstaub.

Die irdischen und kosmischen Topographien in diesen Filmen aber sind zuletzt um ein Zentrum angeordnet. Oder anders: In den Topographien wird eine Erschütterung wahrnehmbar, die nicht nur politischer oder auch nur irdischer Natur ist, sondern darüber hinausgeht, die die Wüste affiziert, das Meer, die Atome, die Planeten. Wie alle anderen Arbeiten von Guzmán auch kreisen die Filme der Trilogie um einen Moment in der Geschichte Chiles; und jener Moment wird nicht als ein einschneidendes Ereignis in einem zeitlichen Verlauf präsentiert, dessen Folgen bis heute andauern, sondern eher als Kataklysmus, der heute noch vollkommen gegenwärtig ist, der nie vergehen konnte. Zentrum der Bezüge ist der Staatsstreich – el golpe – vom 11. September 1973. Der vom CIA und der US-amerikanischen Regierung unterstützte Oberbefehlshaber des Militärs, Augusto Pinochet, entmachtete an jenem Tag den Präsidenten Salvador Allende; Allende brachte sich am Nachmittag desselben Tages in seinem Palast La Moneda in Santiago (wahrscheinlich) selbst um. „Ich komme einfach nicht weg von diesem Zeitpunkt", sagt Guzmán im Gespräch mit Frederick Wiseman: „[F]ür mich ist keine Zeit vergangen. Es ist so, als wäre es vor

---

[1] Die Figur des Zeugen als Überlebenden in den Filmen Guzmáns untersucht mit Rückgriff auf Giorgio Agamben, Primo Levi und Carlo Ginzburg Kirsten Mahlke: Fra memoria cosmica e memoria umana. Dimensioni della testimonianza in *Nostalgia de la luz* de Patricio Guzmán. In: Emilia Perassi, Laura Scarabelli (Hg.): *La Letteratura di testemonianza in America latina*. Mailand 2017, S. 327–346.

[2] In den ersten beiden Filmen zeichnet Katell Dijan für die Kamera verantwortlich, im letzten Samuel Lahu.

einem Jahr gewesen, vor einem Monat oder vor einer Woche. Es ist, als säße ich in einer Bernsteinkapsel fest wie diese uralten Insekten, die in einem Tropfen für immer unbeweglich sind."[3]

Der von den USA orchestrierte Putsch und die anschließende Gewaltherrschaft Pinochets, die Morde an den Gegnern des Regimes, die in der Wüste verscharrt oder ins Meer geworfen wurden, die Niederschlagung von Demonstrationen, vor allem aber die Implementierung einer radikalen neoliberalen Wirtschaftsordnung durch die von Milton Friedman und Friedrich August von Hayek beeinflussten *Chicago Boys* – all dies sind bei Guzmán nicht irgendwelche Ereignisse in einer erzählten und erzählbaren Geschichte: Sie gehen ein in eine Konstellation, die Landschaft und Kosmos durchzieht. Oder anders: Irdische Landschaften und kosmische Konstellationen sind um den Putsch und seine Folgen gruppiert, der selbst in einer entwicklungslosen Zeit konserviert wurde. Indem sie mit der Überzeitlichkeit der Steine und des Sandes verknüpft wird, aber auch mit den verwirbelten Bewegungen der Wolken, Ströme und Quasare, erscheint Geschichte, um es mit einem Begriff aus Walter Benjamins Traktat zum barocken Trauerspiel zu sagen, als „Naturgeschichte".[4] Das Trauma des Putschs und die Unauffindbarkeit der *desaparecidos,* der Verschwundenen, die das Regime ermorden ließ, haben nur noch ein lockeres Verhältnis zur menschlichen Zeit; jene verschränkt sich mit kosmischen Zeiten, geht in ihnen auf.

Für Benjamin erscheint die Gewalt in der politischen Theologie des Barock als „Schicksal", als „die elementare Naturgewalt im historischen Geschehen".[5] „Schicksal" ist für Benjamin ein Zusammenhang der Verstrickung; und die Konzeptionen des Schicksals sind, nach seinem idiosynkratischen Gebrauch dieses Wortes, „heidnisch", weil sie den Menschen als von Natur aus schuldig verstehen. Der Schuldzusammenhang durchdringt eine Natur, die von Schuld eigentlich nichts weiß. Für das Barock ist er aus den Bewegungen und Konstellationen der Planeten lesbar: Sie zeigen oder kündigen die elementare Naturgewalt an, die im historischen Geschehen wirkt. Daher spielt die Astrologie eine große Rolle für die Handlungsgeflechte der Schicksalstragödien Calderón de la Barcas, deren Entwicklung und Prachtentfaltung die deutschen Trauerspiele für Benjamin nicht erreichen konnten: „Astrales Schicksal – souveräne Majestät, das sind die Pole Calderonscher Welt."[6] Auch in Guzmáns Filmen verbinden sich irdische und astrale Konstellationen zu einem schicksalshaften Schuldzusammenhang, der „ganz uneigentlich zeitlich"[7] ist. Doch

---

3 „Ein Gespräch zwischen Frederick Wiseman und Patricio Guzmán", in: Begleitheft zur DVD von: HEIMWEH NACH DEN STERNEN [NOSTALGIA DE LA LUZ]. Reg. Patricio Guzmán. Atacama Productions, FR 2010.
4 Walter Benjamin: Ursprung des deutschen Trauerspiels. In: ders.: *Gesammelte Schriften Bd. I*, hg. von Rolf Tiedemann u. Hermann Schweppenhäuser. Frankfurt a. M. 1997, S. 203–430, hier: S. 269.
5 Benjamin: *Ursprung des deutschen Trauerspiels*, S. 308.
6 Benjamin: *Ursprung des deutschen Trauerspiels*, S. 309.
7 Walter Benjamin: Schicksal und Charakter. In: ders.: *Gesammelte Schriften. Bd. II*, hg. von Rolf Tiedemann u. Hermann Schweppenhäuser. Frankfurt a. M. 1999, S. 171–179, hier: S. 178.

wirken in den Planeten nicht die mehrfach anverwandelten altägyptischen und dann griechischen Götter, die in den Lehren der Astrologie als Schicksalsmächte weiterleben.[8] Die Sternenhaufen sind hier Ansammlungen von Materie des Kosmos, weshalb sie mit unseren Körpern korrespondieren. So erklärt der Astronom George Preston in NOSTALGIA DE LA LUZ, während er mit den Fingern der linken Hand seinen rechten Handknöchel berührt: „Some of the calcium in my bones was made shortly after the Big Bang. Some of those atoms are right there. [...] The calcium in my bones was there from the beginning."[9] Wir sind – physisch, nicht metaphysisch – ein Teil des Universums im Moment seiner Entstehung. Der Urknall ist in unseren Knochen gegenwärtig. Auf die Erklärungen des Astronomen folgen Bilder von Planeten und von Knochen, deren Oberflächenstrukturen verwechselbar sind.

Aber eben um der Reprivatisierung der Profite aus der Extraktion der Elemente der Erde, der kosmischen Materie in Wüste und Bergen willen wurde Allende gestürzt und wurden nach einiger Zeit die *Chicago Boys* in leitende Positionen des Wirtschaftslebens berufen; die unter Allende verstaatlichten Minen wurden wieder in Privateigentum überführt und neben Krankenversicherung und Bildung wurde im CÓDIGO DE AGUAS von 1981 auch das Wasser privatisiert: Das Gesetz gestattete dem Staat, Wasserrechte unbegrenzt und kostenlos privaten Akteuren zu übertragen, die wiederum frei über sie verfügen konnten. Die Staatsquote wurde vor allem über die starke Verringerung von Sozialleistungen radikal reduziert. Der Neoliberalismus in Chile ermöglicht den unbegrenzten privaten Extraktivismus. Dieser ist somit bei Guzmán nicht bloß eine den Einzelnen zur Durchsetzung und Multiplikation seiner Interessen animierende Wirtschaftsordnung; er ist ein planetarisches, kosmisches Geschehen: Extrahiert, privatisiert und in Profit verwandelt werden Elemente eines Kosmos, der in seinen Ausmaßen den einzelnen Menschen übersteigt, ihn jedoch in jedem seiner Atome durchzieht und erst konstituiert. Extrahiert werden Elemente die Natur, von der Karl Marx in den *Pariser Manuskripten* erklärt, sie sei

> der *unorganische Leib* des Menschen, nämlich die Natur, soweit sie nicht selbst menschlicher Körper ist. Der Mensch *lebt* von der Natur, heißt: Die Natur ist sein *Leib*, mit dem er in beständigem Prozeß bleiben muß, um nicht zu sterben. Daß das physische und geistige Leben des Menschen mit der Natur zusammenhängt, hat keinen andren Sinn, als daß die Natur mit sich selbst zusammenhängt, denn der Mensch ist ein Teil der Natur.[10]

---

8 Vgl. Raymond Klibansky, Erwin Panofsky, Fritz Saxl: *Saturn und Melancholie. Studien zur Geschichte der Naturphilosophie und Medizin, der Religion und der Kunst*. Frankfurt a. M. 1992, v.a. S. 203–245. Zum Verhältnis von Schicksal, Astrologie und Melancholie bei Benjamin s. auch: Jörn Etzold: Cosmological Depression. On Lars von Trier's *Melancholia*. In: Jörg Dünne, Gesine Hindemith (Hg.): *Spectacular Catastrophes*. Berlin 2018, S. 189–199.
9 Guzmán: NOSTALGIA DE LA LUZ, 65:20–65:30.
10 Karl Marx: Ökonomisch-philosophische Manuskripte aus dem Jahr 1844. In: ders. u. Friedrich Engels: *Werke, Ergänzungsband, 1. Teil*. Berlin 1968, S. 465–588, hier: S. 516.

Durch die „entfremdete Arbeit" aber werde dem Menschen dieser Leib „entzogen"[11], und das „Privateigentum" erscheine als „das Produkt, das Resultat, die notwendige Konsequenz der *entäußerten Arbeit*, des äußerlichen Verhältnisses des Arbeiters zu der Natur und zu sich selbst".[12] In den extraktiven Ökonomien findet eine Verwandlung der Elemente der Natur in Privateigentum statt. Es ist allerdings ein Privateigentum, das nicht leicht zu lokalisieren, sondern in planetarischen Netzwerken codiert ist. In Chile gehören alle Rohstoffe unter der Erde dem Staat, unabhängig vom Eigentum am Land. Der Staat kann also Schürfrechte ganz unabhängig davon vergeben, wer auf der Erde wohnt; die schürfenden Firmen sind in der Regel Aktiengesellschaften, die ihr Kapital erhöhen oder Kredite an den internationalen Finanzmärkten aufnehmen; auf fallende und steigende Kurse ihrer Aktien werden Wetten abgeschlossen, die Logik des *shareholder value* bringt die Firmen dazu, schnelle Gewinne zu realisieren.[13] Die Atome des Urknalls werden somit einbezogen in einen planetarischen „Schuldzusammenhang". In seinem Traktat über das deutsche Trauerspiel zeigt Benjamin einen solchen in der politischen Theologie des Barock auf, die auf den Ausfall der Bedeutsamkeit der guten Werke für das Seelenheil durch Luthers Rechtfertigungslehre reagiert – auf eine „leere Welt", in der Schuld nicht mehr durch ritualisierte Handlungen getilgt werden kann. In einem früheren Text, dem Fragment „Kapitalismus als Religion", wird Benjamin deutlicher, was in jenem Moment geschieht, in dem die Reconquista von Al-Andalus abgeschlossen ist, die Eroberung Amerikas beginnt und Martin Luther seine Thesen an die Tür der Schlosskirche von Wittenberg nagelt: „Das Christentum zur Reformationszeit hat nicht das Aufkommen des Kapitalismus begünstigt, sondern es hat sich in den Kapitalismus umgewandelt."[14] Der Schuldzusammenhang wird mit dem Kreditgeld verbunden, indem Benjamin die „dämonische Zweideutigkeit dieses Begriffs" – nämlich: „*Schuld*"[15] – betont. Der verschuldende Kultus, der keinen Ausweg aus der Schuld kennt, sondern nur ihre Steigerung, wird in astrologischen Begriffen beschrieben als „Durchgang des Planeten Mensch durch das Haus der Verzweiflung in der absoluten Einsamkeit seiner Bahn"[16] – also als eine Ausweitung des Menschen ins Planetarische. Er trägt den Namen „Kapitalismus". Erhofft werden kann nur die „endliche völlige Verschuldung Gottes".[17]

---

11 Marx: *Ökonomisch-philosophische Manuskripte*, S. 517.
12 Marx: *Ökonomisch-philosophische Manuskripte*, S. 520.
13 Zu diesen Fragen siehe das ausgezeichnete, auf Moishe Postones Neulektüre der Marx'schen Werttheorie aufbauende Buch von Martín Arboleda: *Planetary Mine. Territories of Extraction under Late Capitalism*. Brooklyn 2020, hier insbesondere das Kapitel „MONEY. Debts of Extraction", S. 175–205.
14 Walter Benjamin: Kapitalismus als Religion. In: ders.: *Gesammelte Schriften*, Bd. VI, hg. von Rolf Tiedemann u. Hermann Schweppenhäuser. Frankfurt a. M 2004, S. 100–103, hier: S. 102.
15 Benjamin: *Kapitalismus als Religion*, S. 102.
16 Benjamin: *Kapitalismus als Religion*, S. 101.
17 Benjamin: *Kapitalismus als Religion*, S. 101. Vgl. die maßgebliche Lektüre von Werner Hamacher: Schuldgeschichte. Benjamins Skizze ‚Kapitalismus als Religion'. In: Dirk Baecker (Hg.): *Kapitalismus als Religion*. Berlin 2003, S. 77–119.

So erscheint der 11. September bei Guzmán nicht nur als ein Moment der Geschichte Chiles. Der Putsch ist eine Erschütterung des Kosmos; durch ihn wird der Austauschprozess des Menschen mit der irdischen und kosmischen Natur verwandelt, er markiert einen oder, in Guzmáns Kosmos: den Moment, in dem und von dem an die irdische und kosmische Materie – aber beide sind die gleichen – in planetarisches Kapital verwandelt wird. Die atemberaubenden Landschaften Chiles sind keine erhabene Natur, oder: Sie sind nicht nur das. Eben in ihrer Erhabenheit, in ihrer scheinbaren Unbegrenztheit sind sie Zeugen einer ebenfalls den Planeten umfassenden und übersteigenden Gewalt, die sich, als extraktive Gewalt, auch nicht mit der Erde zufriedengeben wird: Pläne zum Rohstoffabbau auf Asteroiden sind bereits entwickelt.[18]

2 Die Wüste und die Kordilleren

NOSTALGIA DE LA LUZ ist ein Film über die Wüste, den Himmel und das Gedächtnis. Für Hegel kann die Erinnerung sich das Geschehene einverleiben, seine Überbleibsel in sich aufnehmen und in eine heilsame, weil abgeschlossene Geschichte integrieren. Dagegen könne das „Gedächtnis als eine mechanische, als eine Tätigkeit des Sinnlosen"[19] verstanden werden (wodurch jedoch seine Bedeutung für den Geist übersehen werde). Ein solches äußerliches Gedächtnis aber, dessen Elemente kein Geist in sich aufnimmt, ist Gegenstand des Films. Dabei verschränkt sich das menschliche Gedächtnis mit dem geologischen und dem kosmischen: In der Atacama, der trockensten Wüste der Welt, fangen der Astronom Gaspar Galaz und seine Kolleg*innen Licht und Schwingungen aus den ersten Zeiten des Universums auf. Denn das Licht der Sterne, das wir sehen, ist viele Millionen Jahre gereist, bis es unsere Netzhaut erreicht. Wir sehen Sterne, die vielleicht schon erloschen sind, bevor es überhaupt den ersten Menschen gab. Eigentlich aber, so erklärt es der Astronom Galaz, gibt es gar keine Gegenwart: So schnell das Licht auch ist – und es gibt nichts Schnelleres als das Licht –, so muss es doch erst vom Gegenstand zum Auge reisen. In einer ständigen Verzögerung sehen wir erst ein paar Sekundenbruchteile, ein paar Jahre, ein paar Jahrmillionen später, was eigentlich geschehen ist.[20] Die

---

18 Vgl. Arboleda: *Planetary Mine*, S. 249. Arboleda verweist auf: Andy Greenspon: Precious Metals in Peril: Can Asteroid Mining Save Us? (Oktober 2016) In: https://sitn.hms.harvard.edu/flash/2016/precious-metals-peril-can-asteroid-mining-save-us/ (letzter Zugriff: 19. Oktober 2021) und Alan Boyle: Why Asteroids Loom as a Future Space Frontier for Mining and Manufacturing (Juli 2017). In: https://www.geekwire.com/2017/asteroids-loom-commercial-space-frontier-mining-manufacturing (letzter Zugriff: 19. Oktober 2021).
19 Georg Wilhelm Friedrich Hegel: *Enzyklopädie der philosophischen Wissenschaften im Grundrisse: 1830. Dritter Teil, Werke*, Bd. 10. Frankfurt a. M. 1999, S. 282.
20 Guzmán: NOSTALGIA DE LA LUZ, 17:24–18:55.

Gegenwart ist immer das Vergangene, sie ist aus näheren und ferneren Vergangenheiten konstituiert: der Stimme der Person neben uns, Geräuschen von weit her, Licht, das Millionen Jahre gereist ist. Und so ist, so legt Guzmán es nahe, auch der Putsch vom 11. September keine Vergangenheit, die sich von einer präsenten Gegenwart eindeutig unterscheiden ließe. Das Licht des Putsches trifft möglicherweise erst jetzt auf die Netzhaut der Betrachter, er ist nicht vergangen, sondern gegenwärtig.

Gegenwärtig sind in NOSTALGIA DE LA LUZ vor allem die Toten, die Verschwundenen. Auch ihre Spuren legt die Wüste offen, jener Raum fast ohne Leben, der die Zeichen der Vergangenheit empfängt und verwahrt. Der Film folgt zwei Frauen, Victoria Saavedra und Violeta Borríos. Sie suchen Tote, die das Pinochet-Regime ermordet hat. Saavedra berichtet, dass sie „ein paar Zähne, ein Stück Knochen und einen Fuß"[21] von ihrem Bruder Pedro gefunden habe. Und in den Knochen wiederum lagert das Kalzium, das mit dem Ursprung des Universums entstanden ist. Die Frauen suchen nicht nach einer Seele der Toten. Sie suchen nach Knochen, die sie bestatten, die sie der Erde anvertrauen möchten, die sie immer wieder preisgibt. Denn die Wüste ist ein Archiv, ein mechanisches Gedächtnis, das die Toten nicht in eine heilende Erzählung eingehen lassen kann. Sie verwahrt Elemente.

Andere dieser Elemente versuchen die großen internationalen Firmen der Wüste zu entziehen: In NOSTALGIA DE LA LUZ sieht man in einer kurzen Szene einen Zug vorbeifahren. Diese Geisterzüge (*trenes fantasmas*) fahren auch in LA CORDILLERA DE LOS SUEÑOS – vor allem nachts:

> Alle haben sich daran gewöhnt, dass sie vorbeifahren, und keiner stellt Fragen. Sie gehorchen keinem Fahrplan und transportieren das Kupfer ab, den größten Schatz Chiles. Manchmal halten sie an einem roten Licht, aber niemand weiß, wann sie wohin fahren.

Nach den langen Zügen sieht man ärmliche Behausungen: „Diese unsichtbaren Züge kommen an namenlosen Dörfern vorbei, wo ebenso unsichtbare Frauen und Männer leben. Was man in Chile nicht sieht, existiert nicht."[22] Einige Züge transportieren auch Lithium, das Mineral, auf dem unsere digitale Kommunikation ebenso beruht wie die Elektromobilität unserer Körper. Neben dem US-Konzern Albemarle ist SQM, früher Soquimich, der größte Lithium-Produzent der Welt. Das Unternehmen befindet sich in Besitz der Familie Pinochet.[23]

---

21 Guzmán: NOSTALGIA DE LA LUZ, 55:57.
22 DIE KORDILLEREN DER TRÄUME [LA CORDILLERA DE LOS SUEÑOS]. Reg. Patricio Guzmán. Atacama Productions, FR 2019, 58:35–60:36.
23 Sophia Boddenberg: Ökologisch und sozial schwierige Verhältnisse. Lithiumabbau in Chile (April 2018). In: https://www.deutschlandfunk.de/lithiumabbau-in-chile-oekologisch-und-sozial-schwierige.697.de.html?dram:article_id=415667 (letzter Zugriff: 22. März 2021).

LA CORDILLERA DE LOS SUEÑOS ist, deutlicher noch als die beiden vorhergehenden Teile, ein Film über den *extractivismo*, über die Aushöhlung der Erde, die Privatisierung des Reichtums, der in den Anden liegt. Zugleich sind die Anden jener Riegel, der Chile vom Rest der Welt abtrennt und das Geschehen dort abschirmt – so auch die Hauptstadt Santiago, der sich der Film ebenfalls zuwendet. So wird Chile zu einem Labor, in dem ein Menschenversuch im großen Stil durchgeführt wird – die Erzeugung des *homo oeconomicus* in einer vielfach noch ruralen Gesellschaft; die Privatisierung aller Bereiche menschlicher, tierischer, pflanzlicher und elementarer Existenz. Auch in diesem Film geht es um Landschaften, aber stärker noch um die Form der politischen Ökonomie, die ihre Ausbeutung steuert. Die Erzählung vom Putsch ist in diesem Film mit Bildern der riesenhaften Wolken eines Vulkanausbruchs unterlegt – doch sehen wir auch die Gewalt selbst, die auf Körper in der Großstadt ausgeübt wird. Weite Teile des Films folgen dem in Santiago ansässigen Filmemacher Paolo Salas, der auf dem Fahrrad und zu Fuß die Stadt durchstreift, da er sein Leben dem Versuch gewidmet hat, alle Demonstrationen in Chile seit den Jahren 1982/83 aufzunehmen: Die Kamera gleitet über die Videokassetten in seinem Archiv, einem Raum seines Wohnhauses. Auf seinen Videos sieht man Wasserwerfer und Tränengas, Polizisten, die Frauen und Kinder abtransportieren, mit Schlagstöcken auf Demonstrierende eindreschen, man sieht Menschen, die im Nationalstadion zusammengepfercht werden (dazu erzählt Salas aus dem Off, wie er diese Bilder aus einem Treppenhaus heraus, auf den Zehenspitzen, aufnahm). Diese Bilder werden kontrastiert mit dem Versuch des Schriftstellers Jorge Baradit (Autor der *Historia Secreta de Chile*), Worte für die Gewalt zu finden, die im Namen der Freiheit stattfand: „In Chile", sagt Baradit, „gab es einen Sturm, den man archetypisch nennen könnte, das Gute gegen das Böse, und das Böse waren [...] Zivilisten, unbewaffnete Menschen, Kinder, Jugendliche. [...] Ein wütiger Wahn. Mir fehlen die Worte."[24]

Wie sind die Exzesse der staatlichen Gewalt zu erklären, wenn es doch darum gehen soll, eine Wirtschaftsordnung zu etablieren, die das Interesse und den Privatbesitz des Einzelnen schützen und ihre Entfaltung und Vermehrung ermöglichen soll – die sich also elementar auf die *Freiheit* beruft? Michel Foucault hat in seiner Vorlesung *Die Geburt der Biopolitik*[25] aufgezeigt, dass der westdeutsche und österreichische Ordoliberalismus nach dem Zweiten Weltkrieg sich eben als Reaktion auf die excessive Gewalt eines Nationalstaates verstand: „[N]ur ein Staat," sagt Ludwig

---

24 Guzmán: LA CORDILLERA DE LOS SUEÑOS, 46:16–47:11.
25 Michel Foucault: *Geschichte der Gouvernementalität II. Die Geburt der Biopolitik. Vorlesung am Collège de France 1978–1979*, übers. von Jürgen Schröder. Frankfurt a. M. 2004. Der deutsche Obertitel findet sich im Französischen nicht. Man kann daraus, dass der Begriff „Biopolitik" in dieser Vorlesung kaum erwähnt wird und Foucault nur ein paar Mal verspricht, er werde ihn noch näher erläutern, schließen, dass er den 1976 im ersten Band von *Sexualität und Wahrheit* geprägten Terminus tiefer fundieren will; hygienische und medizinische Steuerungstechniken sind nur als Elemente ökonomischer Steuerungstechniken zu verstehen.

Erhard in einer Rede von 1948, „der zugleich die Freiheit und die Verantwortlichkeit der Bürger begründet, kann berechtigterweise im Namen des Volkes sprechen."[26] In einem Moment, in dem es „keine historischen Rechte und keine juridische Legitimität [gibt], um einen neuen deutschen Staat zu gründen",[27] soll also die „Legitimität des Staats auf die garantierte Ausübung einer wirtschaftlichen Freiheit"[28] gegründet werden – wohingegen die Ordoliberalen im Nationalsozialismus eine „Technisierung der Staatsverwaltung, der Kontrolle der Wirtschaft"[29] sahen. Für Hannah Arendt ist der Völkermord der Nationalsozialisten sogar direkt an das Modell des Nationalstaats angebunden, das jene, die „die Ereignisse aus der alten Dreieinigkeit von Volk-Territorium-Staat, auf der die Nation geruht hatte, herausgeschlagen hatten", „heimat- und staatenlos" und somit „rechtlos"[30] in ein Limbus jenseits der Menschheit wirft. Der Ordoliberalismus aber reagiert auf diese Delegitimierung des Nationalstaats damit, dass er dem „Rechtssubjekt" ein anderes Subjekt gegenüberstellt: das „Interessensubjekt" als *homo oeconomicus*.[31] Die „bürgerliche Gesellschaft" als „das konkrete Ganze, innerhalb dessen man die idealen Punkte, die die ökonomischen Menschen sind, neu anordnen muß, um sie angemessen leiten zu können",[32] ist aber nicht gegeben; es muss generiert werden. Der „Stil des Regierungshandelns"[33] der ordoliberalen Theorie erfordert daher ein „Eingreifen der Regierung", das „nicht weniger dicht, weniger häufig, weniger aktiv oder weniger kontinuierlich [ist] als in einem anderen System". Die eingreifende Politik soll aber keine „Trennwand zwischen der Gesellschaft und den Wirtschaftsprozessen darstellen. Sie soll auf die Gesellschaft selbst einwirken, auf ihre Struktur und Zusammensetzung."[34] Im Falle der Bundesrepublik motivierte ein solches „Einwirken" die moralisch und ökonomisch am Boden liegende westdeutsche Nachkriegsgesellschaft ohne einen weitreichenden personellen Austausch auf leitenden Positionen zum „Wirtschaftswunder". In Chile aber wurde jenes Ganze plötzlich neu und gewaltsam erzeugt. Die Gewalt wurde mit dem Ziel legitimiert, dass nur sie die Freiheit der Einzelnen – als Marktteilnehmer mit subjektiven Interessen – sicherstellen könne: „A person's actual feedom can only be ensured through an authoritarian regime that exercises power by implementing equal rules for everyone",[35] erklärte der Wirt-

---

26 Ludwig Erhard zit. in: Foucault, *Die Geburt der Biopolitik*, S. 119.
27 Foucault: *Die Geburt der Biopolitik*, S. 121.
28 Foucault: *Die Geburt der Biopolitik*, S. 122–123.
29 Foucault: *Die Geburt der Biopolitik*, S. 166.
30 Hannah Arendt: *Elemente und Ursprünge totaler Herrschaft*. München 2006, S. 560.
31 Foucault: *Die Geburt der Biopolitik*, S. 377.
32 Foucault: *Die Geburt der Biopolitik*, S. 406.
33 Foucault: *Die Geburt der Biopolitik*, S. 191.
34 Foucault: *Die Geburt der Biopolitik*, S. 206.
35 Sergio de Castro Spikula, zit. in: Juan Gabriel Valdés: *Pinochet's Economists. The Chicago School in Chile*. Cambridge/New York 1995, S. 30.

schafts- und spätere Finanzminister Pinochets, Sergio de Castro. Wie Martín Arboleda unter Rückgriff auf Marx' Kapitel über die „sogenannte ursprüngliche Akkumulation" aus dem ersten Band des *Kapitals* festgestellt hat, ist die ökonomische Freiheit selbst nicht gewaltsam: Aber staatliche Gewalt setzt den ordnungspolitischen Rahmen, damit sie möglich wird.[36]

In LA CORDILLERA DE LOS SUEÑOS aber werden die Videos von Paolo Salas gezeigt, welche die massive interventionistische und disruptive Gewalt dokumentieren, die eine neue Gesellschaft erzeugen und jahrzehntelang erhalten sollten – eine Gesellschaft, die dann wiederum dem Primat (ökonomischer) Freiheit gehorchte. All dies geschieht hinter der Barriere der Träume, den Anden. Und neben den Videos von staatlicher Gewalt sehen wir Gletscher und Berge, eine nicht zugängliche Mine in den Anden, Hochhäuser in der Stadt, in denen akkumuliertes Kapital sich manifestiert (als „spatio-temporal fix"[37]), Steine.

3 Ohne Gott, ohne Polizei

EL BOTÓN DE NÁCAR nun ist der zweite Film der Trilogie: Während es in NOSTALGIA DE LA LUZ um Knochen und Steine geht, um Kalzium und um ein versteinertes Gedächtnis, ist dies ein Film über das Wasser und somit letztlich über das Leben – und auch hier verbinden sich kosmische und geschichtliche Vorgänge. Der Film beginnt mit suggestiven Bildern eines 3.000 Jahre alten Kristalls, der in der Atacama gefunden wurde – und der einen Tropfen Wasser enthält, der sich in seinem Inneren bewegen kann und doch der Zeit, die außerhalb verfließt, entzogen ist. Die riesenhaften Teleskope in der Wüste bewegen sich in einem mechanischen Ballett. Die Astronomen der Atacama, der trockensten Gegend der Erde, hätten laut Guzmán überall im Kosmos Wasser entdeckt. Denn – und hier entspricht Guzmáns poetische Rede tatsächlich der vorherrschenden Meinung der Astrophysiker – „[v]ermutlich kam es aus dem Weltraum. Die Kometen brachten Leben auf die Erde und bildeten die Meere."[38] Guzmán verweist auf Theodor Schwenks „anthroposophisch erweiterte Strömungs- und Wasserforschung" und sagt: „Wenn das Wasser sich bewegt, ist der

---

36 Arboleda: *Planetary Mine*, S. 172: „[N]eoliberal economists were able to implement legal and regulatory reforms informed by the principles of economic liberty only as a result of the genocidal violence the military regime unleashed against those perceived to be the enemies of ‚freedom'."
37 David Harvey: *The New Imperialism*. Oxford/New York 2003. Harvey spielt mit der Doppelbedeutung des englischen Wortes „fix" als Befestigung und Lösung: Überakkumuliertes Kapital materialisiert sich in Infrastruktur oder Immobilien, und dies ist eine temporäre Lösung der Frage, was mit ihm geschehen soll: Es wird Raum, Stadtraum und soll so neue Profite generieren.
38 DER PERLMUTTKNOPF [EL BOTÓN DE NÁCAR]. Reg. Patricio Guzmán. Atacama Productions, FR 2015, 5:30–5:43.

Kosmos beteiligt."³⁹ – „Wasser ist ein Verbindungsorgan zwischen den Sternen und uns."⁴⁰ Man sieht Regentropfen, Wellen, Strudel, Fjorde und, wenig später, bläulich schimmernde Gletscher. Patagonien wird als „ein zeitloser Ort" bezeichnet: „ein Archipel des Regens".⁴¹ Laut Schwenk spiegelt sich im Aufbau der Pflanzen wie auch in der menschlichen Anatomie die Form des Wasserstrudels wider. Wasser fließt niemals gerade, sondern immer schraubenförmig, mäandernd, da es sich zum einen zur Sphäre runden will, zum anderen aber der Schwerkraft unterliegt: „[S]o entsteht als Verbindung zwischen Sphäre und gerichteter Bewegung die Schraubung."⁴² Knochen, Muskelfasern oder Gehörgänge sind strudel- oder schraubenförmig, aber auch einige Galaxien – unter ihnen die Milchstraße. NOSTALGIA DE LA LUZ hatte einen Kosmos aus Elementen entworfen, die unveränderlich die Zeit überdauern: wie Planeten, wie Knochen. In EL BOTÓN DE NÁCAR aber wird die Bewegung der Materie sichtbar. Das Wasser erscheint wie bei Schwenk als „Sinnesorgan, welches die kleinsten Stöße ‚wahrnimmt'".⁴³

Der Archipel Patagonien war bewohnt, lange, bevor die Europäer kamen. Vor 10.000 Jahren kamen die „*nomades del agua*"⁴⁴: „Sie lebten in Stämmen, die durch die Fjorde zogen. Sie reisten von Insel zu Insel. Jede Familie unterhielt ein Feuer in der Mitte ihres Kanus."⁴⁵ Im 19. Jahrhundert, so Guzmán, lebten 8.000 Menschen auf 300 Kanus auf dem Archipel.⁴⁶ Die Gruppen oder Völker des Wassers waren die Kawésqar, die Selk'nam, die Aoniken, die Haush und die Yámana. Im mittleren Film der Trilogie also werden andere Stimmen hörbar, und eine andere Geschichte wird erzählt, die der der Extraktion der Rohstoffe vorausgeht, die längst ein planetarisches Geschäft geworden ist (nahezu alle Schiffe legen von den chilenischen Häfen nach Asien ab)⁴⁷. Es ist jene der Invasion durch die Europäer. Guzmán spricht mit zwei Frauen, die zu den letzten gehören, die die – isolierten – Sprachen ihres Volks noch sprechen: mit der Yagán Cristina Calderón und der Kawésqar Gabriela Paterito. Martín G. Calderón, der Neffe von Cristina, erzählt, wie er als Junge von 12 Jahren mit seinem Vater im Kanu das Kap Hoorn umrundet habe, was heute nicht mehr möglich sei: Die Marine verbiete die Ausfahrten mit dem Argument, dass die kleinen Kanus nicht seetüchtig seien. Paterito berichtet auf Kawésqar von einer Reise im Kanu mit ihrer Familie in den Süden, bis zum Golf von Penas. Sie erzählt, wie sie

---

39 Guzmán: EL BOTÓN DE NÁCAR, 8:07–8:12.
40 Guzmán: EL BOTÓN DE NÁCAR, 8:22–8:30.
41 Guzmán: EL BOTÓN DE NÁCAR, 6:18.
42 Theodor Schwenk: *Das sensible Chaos. Strömendes Formenschaffen in Wasser und Luft*. Stuttgart 2003, S. 22.
43 Schwenk: *Das sensible Chaos*, S. 26.
44 Guzmán: EL BOTÓN DE NÁCAR, 13:12.
45 Guzmán: EL BOTÓN DE NÁCAR, 13:20–13:37.
46 Guzmán: EL BOTÓN DE NÁCAR, 16:18.
47 S. dazu die Karte bei Arboleda: *Planetary Mine*, S. i–ii.

ihre erste Muschel geerntet hat – damals, sagt sie, lebte ihre Familie nur von Meeresfrüchten. In einer der schönsten und traurigsten Szenen des Films bittet Guzmán die drei Gesprächspartner dann, Worte aus dem Spanischen in ihre Sprachen zu übersetzen: Zunächst Cristina Calderon: „Robbe – Wal – Kanu – Paddel – Papa – Mama". Dann Martín: „Kind – Sonne – Mond – Stern". Schließlich Paterito: „Strand – Muschel – Kanu – Knopf – Hemd – Regen – Fenster – Meer – Wasser – Gewitter – guter Mensch – schlechter Mensch – Gott." Hier überlegt Paterito: „No, dios no, nosotros nunca tememos ese." – „Nein, das haben wir gar nicht." „Polizei?" – „Warte mal, Polizei. Haben wir auch nicht."[48]

In der Sequenz über die „Nomaden des Wassers" sieht man Fotos, auf denen die Selk'nam sich mit Strichen und Punkten bemalt haben, die an Sterne erinnern, sowie mit Tupfern wie Sternenhaufen. „Nach dem Tod würden sie zu Sternen werden, glaubten sie."[49] Später zeigt Guzmán die Aufnahmen, die Paz Errázuriz während der Diktatur von den letzten Überlebenden gemacht hat. Dann erzählt er die Geschichte von O'rundel'lico, einem Yagán, der von Kapitän FitzRoy, der Patagonien während einer Expedition von 1828–1830 kartographierte und somit für die Kolonialisierung und Missionierung präparierte, als Kind mit nach Europa genommen wurde. Weil FitzRoy ihn angeblich gegen einen Perlmuttknopf eingetauscht hatte, nannte die Crew ihn „Jemmy Button": „a child whom he bought for a pearl-button",[50] wie Charles Darwin schreibt, der die Rückreise von O'rundel'lico und zwei anderen Indigenen (genannt York Minster und Fuegia Basket) auf der „Beagle" begleitete. Mit naturwissenschaftlichem Blick berichtet Darwin in seinem Reisebericht von der ausgeprägten Fähigkeit O'rundel'licos, Dinge im Meer aus der Ferne zu erkennen, und davon, dass die Indigenen jeden Satz im Englischen sofort wiederholen können. Darwin schreibt auch über das karge Leben der Yagán und anderer Völker in Patagonien und behauptet, in kalten Wintern seien dort die alten Frauen aufgegessen worden: „Viewing such men, one can hardly make one-self believe that they are fellow-creatures, and inhabitants of the same world."[51] O'rundel'lico wurde von FitzRoy nach einem Jahr wieder nach Patagonien zurückgebracht. Als per Post verschickter schwarzer Junge ging er unter dem Namen Jim Knopf viel später in die deutsche (Kinder-)Literatur ein.[52] Mit den Europäern kamen auch die Seuchen: Ein

---

48 Guzmán: EL BOTÓN DE NÁCAR, 40:54–42:30.
49 Guzmán: EL BOTÓN DE NÁCAR, 30:57–31:04.
50 Charles Darwin: Journal of Researches into the Natural History and Geology of the Countries Visited during the Voyage of H.M.S. Beagle Round the World, under the Command of Capt. FitzRoy, R.N. In: ders.: *Evolutionary Writings*, hg. von James A. Secord. New York 2008, S. 3–95, hier: S. 17.
51 Darwin: Journal of Researches into the Natural History, S. 23.
52 Julia Voss verstand 2008, im Vorgriff auf das „Darwin-Jahr" 2009, Michael Endes *Jim Knopf* (1960, 1962) als Versuch, den Nationalsozialisten den Darwinismus zu entwenden: „Die Mischwesen siegen, und alles darf sich mit allem verbinden." Ende kannte die Geschichte von Jemmy Button über den Roman von Benjamin Subercaseaux, der 1954 auf Englisch und 1957 auf Deutsch erschien.

Großteil der indigenen Bevölkerung starb an den Masern und einem Ausbruch der Pocken im Jahr 1876; weitere durch Bakterien in der Kleidung, die in der Missionsstation auf der Insel Dawson an sie verteilt wurde.[53] Dabei wurden sie gezwungen, sesshaft zu werden und ihre nomadische Lebensweise aufzugeben. Wer nicht durch die Krankheiten starb, erlag den Jägern, die die Viehzüchter auf die Ureinwohner angesetzt hatten. Wie Guzmán zu Bildern von verstümmelten Leichen auf der Erde berichtet, zahlten jene „einen Pfund für jeden männlichen Hoden, einen Pfund für jede weibliche Brust, 10 Schilling für jedes Kinderohr".[54]

Doch auch der Strudel der Zeit und der Materie in EL BOTÓN DE NACÁR kreist um einen Moment der Geschichte, und jener bricht nach knapp einer Stunde in die Erzählungen von Wasser, Nebel und Regen und von der Auslöschung der Nomaden des Wassers ein, die keinen Gott und keine Polizei kennen: Es ist, wieder einmal oder immer noch, der Putsch vom 11. September, und die Erzählung davon wird begleitet von den animierten Bildern einer Supernova, welche die Astronomen in der Atacama beobachteten (wahrscheinlich meint Guzmán jene vom 24. Februar 1987): Astrale und politische Ereignisse korrespondieren. Narrativ wird der Putsch mit dem Schicksal der Indigenen über die *Ley 17.729* verbunden, dem Gesetz der Regierung Allende, das ihnen verhältnismäßig weitreichende Rechte einräumte; der Staat erstattete unter anderem geraubtes Land, verbesserte die Gesundheitsversorgung und erlaubte Unterricht in der Muttersprache. Von der Regierung Pinochet wurde es umgehend wieder kassiert. Dawson aber, die Insel, auf der die Nomaden des Wassers kaserniert worden waren, wurde zu einem Lager für politische Gefangene. Guzmán versammelt ehemalige Insassen in einem großen Raum, lässt sie aufsagen, wie lange sie interniert waren, und folgert dann: „Sie waren Opfer einer Gewalt, die die Indigenen schon erlebt hatten. In Chile gab es Jahrhunderte lang Straffreiheit. Dawson ist nur ein Kapitel."[55]

In NOSTALGIA DE LA LUZ bewahrte die Wüste die Knochen der Verschwundenen – aber auch das Meer ist ein Friedhof, der nicht vergisst, der die Toten aufbewahrt, aber manchmal auch zurückgibt, als wäre keine Zeit vergangen: „In dieser bleiernen Zeit", so Guzmán, wurde eine Leiche an den Strand gespült – später wurde sie identifiziert als Marta Ugarte, Mitglied des Zentralkomitees der Kommunistischen Partei Chiles.[56] Sie war die erste Tote, die das Meer wieder preisgab: Guzmán rekonstruiert

---

Siehe Julia Voss: Jim Knopf rettet die Evolutionstheorie, in: FAZ, 16. Dezember 2008, URL: https://www.faz.net/aktuell/wissen/darwin/wirkung/darwin-jahr-2009-jim-knopf-rettet-die-evolutionstheorie-1741253.html (letzter Zugriff: 28. August 2020).
53 Zur Rolle der Viren bei der Unterwerfung der indigenen amerikanischen Völker durch die Europäer siehe immer noch Jared Diamond: *Guns, Germs and Steel. The Fates of Human Societies*. New York/London 1999.
54 Guzmán: EL BOTÓN DE NÁCAR, 35:55–35:15.
55 Guzmán: EL BOTÓN DE NÁCAR, 54:04–55:05.
56 Guzmán: EL BOTÓN DE NÁCAR, 56:00.

mit Hilfe des Journalisten Javier Rebolledo, wie die Leichen der Verschwundenen mit Eisenbahnschienen beschwert und in zwei Säcke gepackt wurden. Ugarte war wahrscheinlich im Hubschrauber noch am Leben und wurde dann mit einem Draht erwürgt; dafür aber mussten ihre Mörder die Säcke wieder öffnen, so dass der Leichnam nicht mehr vollkommen verpackt war und sich irgendwann von den Schienen und dem Meeresboden löste. Juan Molina, der Mechaniker der Hubschrauber war, die die Leichen über dem Meer abwarfen, schildert die Flüge, und Guzmán lässt einen Flug auch nachstellen: Aus einem Helikopter fallen Säcke ins Meer. Auf Anordnung des 1998 ernannten Richters Juan Guzmán suchten Taucher nach den Spuren der Leichen am Meeresgrund. Wir sehen Unterwasseraufnahmen, und hier taucht ein zweites Mal ein Perlmuttknopf auf: Er findet sich an einer von Muscheln bewohnten und durch die Zeit verwitterten Eisenbahnschiene, was ein Zeichen dafür ist, dass diese Schiene einen menschlichen Körper unter Wasser drücken sollte, damit er nie wieder auftaucht.[57] Anhand der Knöpfe verschränkt Guzmán die Gewaltgeschichte der Landnahme Patagoniens und des Genozids an den Nomaden des Wassers mit den Morden des Pinochet-Regimes: „Die beiden Knöpfe erzählen die gleiche Geschichte. Eine Geschichte der Vernichtung. […] Wahrscheinlich liegen noch viele weitere Knöpfe im Ozean."[58]

Ein paar Knochen, ein Fuß in der Atacama – ein Knopf tief unten im Meer. Es sind materielle Überreste, die sistieren, die sich der Zeit als einem Narrativ der Heilung entgegenstellen, die vom Sand oder vom Wasser wieder an die Oberfläche gebracht werden. Auch der Ozean wirft die Toten, denen eine Bestattung verweigert wurde, wieder an Land. Der Lyriker Raúl Zurita beschwört die Notwendigkeit eines Abschieds von den Toten: „Um trauern zu können, brauchen sie [die Angehörigen; Anm. J.E.] die Leichen." Und er, der versuchte, sich im Anblick der Diktatur die Augen mit Ammoniak zu verätzen,[59] scheint auf Tiresias' Anklage gegen Kreon in der *Antigone* des Sophokles anzuspielen, wenn er sagt: „Straffreiheit ist doppelter Mord. Es ist, als würde man die Toten noch einmal töten."[60]

---

57 Guzmán: EL BOTÓN DE NÁCAR, 68:13–68:40.
58 Guzmán: EL BOTÓN DE NÁCAR, 69:20–69:46.
59 Raúl Zurita: In memoriam (Begleittext). In: https://www.lyrikline.org/de/gedichte/memoriam-2851 (letzter Zugriff: 9. April 2021).
60 Guzmán: EL BOTÓN DE NÁCAR, 64:46 und „Welche Kraft ist das, / Zu tödten Todte?" In: Friedrich Hölderlin: Die Trauerspiele des Sophokles. Zweiter Band. Antigonae, übers. von Friedrich Hölderlin. In: ders.: *Sophokles. Sämtliche Werke, Frankfurter Ausgabe, Bd. 16*. Basel/Frankfurt a. M. 1988, S. 259–421, hier: S. 371.

4 Fluide Infrastrukturen

In Patricio Guzmáns Trilogie der chilenischen Landschaften werden elementare Infrastrukturen sichtbar und hörbar; Infrastrukturen, die die Menschen mit den Pflanzen, den Tieren, den Kometen und Planeten verbinden. Infrastruktur ist hier im Wortsinne zu verstehen als das, was einer Struktur zugrunde liegt, was ihr vorausgeht und sie ermöglicht. Die kurz nach dem Urknall entstandenen Kalzium-Atome, die George Preston in seinem Handgelenk betastet, verbinden seinen Körper mit den Planeten und seine Gegenwart mit dem Ursprung des Universums. Die Kreisläufe des Wassers formen das Leben auf der Erde und schließen es zugleich mit dem Kosmos zusammen. Insbesondere Schwenks Strömungslehre bringt Guzmán dazu, im schraubenden Fließen des Wassers zwischen Rundung und Schwerkraft das Grundprinzip aller Formung zu sehen, dem der menschliche Gehörgang ebenso unterliegt wie die Milchstraße. Doch handelt es sich nicht um feste, sondern um poröse Formen, die von einem stetigen Fließen durchzogen bleiben.

Im Austauschprozess des Menschen mit der Natur, seinem unorganischen Leib, vervielfältigen sich die materiellen Infrastrukturen: Aus der Materie werden Kabel, Batterien, Leitungen von Energien und Affekten. Immaterielle Infrastrukturen entwickeln sich aus und auf den materiellen. Der von der ordoliberalen Wirtschaftstheorie befeuerte lateinamerikanische Extraktivismus – den die *pink tide* linker Regierungen nur temporär in nationalstaatlichen Extraktivismus zurückverwandeln konnte – transformiert die elementaren Infrastrukturen in Infrastrukturen des Privateigentums und des Kapitals. In Chile ist auch das Wasser davor nicht sicher.[61] Aus dem geschürften Kupfer werden nicht nur Kabel, sondern Kapitalströme, die, obwohl sie immateriell sind, auf einer materiellen Infrastruktur aufruhen, auf Breitbandkabeln, Stromaggregaten, Serverfarmen. Die Elemente gehen ein in einen planetarischen Schuldzusammenhang.

Es lässt sich festhalten, dass Guzmán den planetarischen und wohl bald schon interstellaren Infrastrukturen des Kapitals eine andere Kosmologie entgegenstellt oder vielmehr zeigt, dass jene auch den kapitalistischen Infrastrukturen zugrunde liegt und sie überdauern wird. Es ist aber eine Kosmologie, die keineswegs eine bloß regionale ist; sie ist auch nicht veraltet oder unmodern, steinzeitlich oder archaisch (vielleicht aber minoritär und unzeitgemäß in dem Sinne, in dem Gilles Deleuze jene Worte verwendet[62]). Auch wenn die Kawésqar, die Selk'nam, die Aoniken, die Haush und die Yámana nahezu ausgestorben sind, so ist ihre Verortung im Kosmos,

---

61 Die wegen der Corona-Pandemie verschobenen Bemühungen um eine neue Verfassung sollen u.a. den *codigo de aguas* rückgängig machen. Der neue Präsident Gabriel Boric verspricht, diesen Prozess wieder aufzunehmen.
62 Siehe hierzu besonders: Gilles Deleuze: Ein Manifest weniger. In: ders.: *Kleine Schriften*, übers. von K. D. Schacht. Berlin o.J, S. 37–74.

die Guzmán aus ihren Körperbemalungen, aus Gesprächen mit Überlebenden und mit Forschern rekonstruiert, aktuell, gegenwärtig – wie das Licht von Jahrmillionen alten Sternen. Diese Kosmologie ist monistisch: Die Kawésqar kennen keinen Gott, weil dieser überall ist und sie umgibt, im Wasser, im Nebel. Als Jäger und Sammler, die mit Steinwerkzeugen ihre Kanus bauen, kennen sie auch keine Polizei, niemanden, der ihr Leben reguliert. Die Strömungen bestimmen ihre Tage, der Regen, die Winde, die Verfügbarkeit von oder der Mangel an Meeresfrüchten, das zu unterhaltende Feuer in der Mitte des Kanus. Die Kosmologie ist zudem materialistisch, doch die Materie lebt: Der Anthropologe und Ethnomusikologe Claudio Mercado erklärt, dass die „amerikanischen Völker glauben, dass alles lebendig ist. Ein Stein ist lebendig und hat einen Geist. Das Wasser lebt und denkt. Wasser ist Musik."[63] Eher als von einem Materialismus kann daher wohl von einem Sensualismus gesprochen werden oder, mit einem Begriff von Jürgen Link und Ursula Link-Herr, von einem aisthetischen Sensualismus.[64] Die Wahrnehmung und das Fühlen verbinden die Menschen mit dem „Sinnesorgan"[65] Wasser und mit den Sternen. Die sensualistische Kosmologie begreift die Lebenden und die Toten in sich ein. Zum Glauben der Selk'nam, dass die Toten zu Sternen werden, sagt Raúl Zurita: „Sie wußten, daß ihre Toten da sind." Man kann ihm beim Nachdenken zuschauen, sein Körper windet sich, während er spricht. „Wonach suchen die Teleskope, die Raumsonden? Sie wollen sich das Universum näherbringen. Anscheinend ist der ganze Fortschritt das Resultat einer tiefen Sehnsucht, des Wunsches, etwas zurückzuholen, von dem wir schon wussten, in poetischem Sinne, aber im Grunde wussten wir es."[66]

Hier werden zwei Kosmologien miteinander in Verbindung gebracht, die letztlich beide versuchen, den Menschen in einem Kosmos aus Strömungen zu situieren, der über die Körper hinaus bis zu den Kometen reicht, die das Wasser auf die Erde brachten, zu den Sternen und Quasaren. Und weil diese Kosmologien letztlich das gleiche Wissen ansprechen, sagt Zurita „wir", wenn er doch über die von den europäischen Viehzüchtern und ihren Seuchen nahezu ausgelöschten Nomaden des Wassers spricht, von denen Guzmán in sehr einfacher Sprache sagt: „1883 kamen die Siedler, die Goldsucher, die Militärs, die Polizei, die Viehzüchter und die katholischen Missionare. Nachdem sie Jahrhunderte eng verbunden mit Wasser und Sternen gelebt hatten, stürzte die Welt der Indigenen zusammen. [...] Man nahm ihnen ihren Glauben, ihre Sprache und ihre Kanus."[67] Einfach ist auch das Geschichtsmo-

---

[63] Guzmán: EL BOTÓN DE NÁCAR, 24:35–25:52. Hier wie an anderen Stellen übersetzt die deutsche Untertitelung *pueblos americanos* oder *indigenes* mit „Indianer".
[64] Jürgen Link, Ursula Link-Heer: ‚Be-Sinnung' als Evolution der Sinne – Hölderlin und der ästhetische Sensualismus. In: Walter Schmitz in Zus. mit Helmut Mottel (Hg.): *„Menschlich ist das Erkenntniß". Hölderlin und die Wissensordnung um 1800*. Dresden 2017, S. 45–62.
[65] Schwenk: *Das sensible Chaos*, S. 26.
[66] Guzmán: EL BOTÓN DE NÁCAR, 34:07–34:33.
[67] Guzmán: EL BOTÓN DE NÁCAR, 34:50–35:35.

dell, das die Gewaltgeschehen verbindet, entwicklungs- und zeitlos: „Ich stelle mir eine Frage. Ist auf anderen Planeten dasselbe geschehen? Haben die Stärkeren immer überall dominiert?"[68] Die Stärkeren, das sind zum einen die Europäer, die Viehzüchter und ihre Viren, und es sind auf gleiche Weise das Militär und die *Chicago Boys*. Angesichts dieser ausweglos traurigen Geschichte ersinnt Guzmán am Ende des Films eine kosmische Fabulation: Er beschreibt einen kürzlich entdeckten Quasar „voller Wasserdampf. [...] Er enthält 120 Millionen mal mehr Wasser als alle unsere Meere. Wie viele irrende Seelen könnten Zuflucht finden in dem riesigen Ozean, der in der Leere treibt?"[69]

Den aisthetischen Materialismus im europäischen Denken aber finden Link und Link-Heer in der französischen Philosophie des 18. Jahrhunderts und somit im Herzen einer Aufklärung, die den Erkundungsfahrten FitzRoys und Darwins nicht weit vorausging: Mit der Abbreviatur „penser c'est sentir"[70] findet Destutt de Tracy 1801 eine Formel, die Link und Link-Heer über Helvetius' „*juger* est *sentir*"[71], Jean-Jacques Rousseau („Je sentis avant de penser, c'est le sort commun de l'humanité")[72] und Denis Diderot nachzeichnen („L'instrument philosophe est sensible").[73] In der geheimen Lektüre dieser Sensualisten bildete sich laut Link und Link-Heer der monistische und sensualistische Neo-Spinozismus des Tübinger Stifts aus, vom dem Hegel sich im Verwerfen der „schönen Seele" bald lossagte (obgleich sein System monistisch blieb), den aber Hölderlin in eine Dichtung ausweitete, die den Strömen und den Winden sowie den Wolken gilt, mit deren Wiedergabe Hubert Damisch zufolge die zentralperspektivische Darstellung – die Darstellung des ausgemessenen Raums des modernen Menschen – ihre Probleme hat.[74] Jene „Wolken des Gesangs" hören auch die Zugvögel, über deren Orientierungssinn es heißt: „Menschlich ist / Das Erkentniß. Aber die Himmlischen / Auch haben solches mit sich[.]"[75] Link spricht an

---

[68] Und er setzt fort: „Auf einem der Planeten der Sterns Gliese, der von Chile aus entdeckt wurde, gibt es vielleicht einen riesigen Ozean. Ober von Lebewesen bewohnt ist? Ob es dort Bäume gibt, um Kanus zu bauen? Hätte es ein Zufluchtsort sein können, wo die Indigenen in Frieden gelebt hätten? So etwas sich vorzustellen ist irreal: aber ich erlaube es mir, weil ich mir wünsche, dass diese Wasservölker nicht verschwunden wären." Guzmán: EL BOTÓN DE NÁCAR, 38:30-39:36.
[69] Guzmán: EL BOTÓN DE NÁCAR, 75:17-75:50.
[70] Antoine Destutt de Tracy, zit. in: Link, Link-Heer: ‚Be-Sinnung' als Evolution der Sinne, S. 46.
[71] Helvetius, zit. nach: Link, Link-Heer: ‚Be-Sinnung' als Evolution der Sinne, S. 47.
[72] Jean-Jacques Rousseau, zit. nach: Link, Link-Heer: ‚Be-Sinnung' als Evolution der Sinne, S. 49.
[73] Denis Diderot, zit. nach: Link, Link-Heer: ‚Be-Sinnung' als Evolution der Sinne, S. 53.
[74] Hubert Damisch: *Theorie der Wolke*, Zürich/Berlin 2013. S. u.a.: „Drinn in den Alpen ists noch helle Nacht und die Wolke, / Freudiges dichtend, sie dekt drinnen das gähnende Thal." Friedrich Hölderlin: Heimkunft, in: *Elegien und Epigramme. Frankfurter Ausgabe, Bd. 6*, hg. von D. E. Sattler. Frankfurt a. M. 1976, S. 291-319, hier: S. 317.
[75] Friedrich Hölderlin: Das nächste Beste. In: ders.: *Sämtliche Werke und Briefe („Münchner Ausgabe")*, Bd. 1, hg. von Friedrich Seebass/Norbert Hellingrath. München 1992, S. 420-422, hier: S. 421.

anderer Stelle von einem „Fluida-Modell"[76] Hölderlins, und Samuel Thomas Soemmerring, mit dem Hölderlin sich in seiner Zeit als Hauslehrer bei der Familie Gontard anfreundete, postuliert „den ‚Äther' [...] als omnipräsentes Fluidum [...], dessen graduelle ‚Evolutionen' (im alten Sinne von Aus-faltungen) schließlich in der Gehirnflüssigkeit als Medium des ‚sensorium commune' kulminieren sollten".[77] Er bildet sich das *Organ der Seele*, so dass den Bewegungen der Körper „die Wirkung der ‚Seelenkraft' zugrunde"[78] liegt. „Hölderlins monistischer Neospinozismus"[79] ist somit ein Monismus des Flüssigen, das sich zu Flussbetten und Gebirgen nur temporär verfestigt. Im vielfältigen Gebrauch des Verbums „sinnen" bei Hölderlin sehen Link und Link-Heer ein empfindendes Denken angesprochen, das jenem Flüssigen begegnet.

Kein „Geist Gottes schwebet auff dem Wasser",[80] vielmehr ist das Wasser die alles Lebende durchziehende Substanz. Diese Flüssigkeit erinnert an ein nur scheinbar ganz anderes Fludia-Modell, nämlich an jenes von Karl Marx, demzufolge alle menschlichen Tätigkeiten in den „Gesellschaften, in welchen kapitalistische Produktionsweise herrscht",[81] in die flüssige „gesellschaftliche Substanz" der Arbeit eingehen, die sich in der Ware als „bloße Gallerte unterschiedsloser menschlicher Arbeit"[82] abkühlt oder kristallisiert und verfestigt. Aber die Fludia der gesellschaftlichen Substanz werden in der kapitalistischen Ökonomie eben privatisiert, und in ihrem Strömen und ihrer quasi-biologischen Selbstvermehrung als „Geld heckendes Geld"[83] löst sich das Kapital von der sinnlichen Materie, die es durchzieht. Es verwandelt Materie in einen Schuldzusammenhang. Doch gilt es, sich einen Kosmos vorzustellen, der nicht schuldig ist, den keine naturgeschichtliche Gewalt bestimmt.

---

76 Zu diesem gehören „mindestens" folgende Fluida: „der kosmische Äther als Medium des Lichts, unter Umständen das Licht selbst (beim Korpuskularmodell), der Wärmestoff als ‚calorique' Lavoisiers, oft einfach auch ‚Feuer' genannt, das Phlogiston nach verschiedenen Auffassungen, das elektrische Fluidum, das galvanische Fluidum (etwa nach Alexander von Humboldt), der Sauerstoff, der Wasserstoff, die Luft als Mischung dieser und eventuell noch weiterer Fluida." Jürgen Link: ‚Lauter Besinnung aber oben lebt der Äther' Ein Versuch, Hölderlins Griechenland-Entwürfe in der Episteme von 1800 zu lesen. In: Christoph Jamme, Anja Lemke (Hg.): „*Es bleibet aber eine Spur / Doch eines Wortes*". München 2004, S. 77–103, hier: S. 86.
77 Link, Link-Heer: ‚Be-Sinnung' als Evolution der Sinne, S. 59.
78 Bernhard Weber: „*Über das Organ der Seele*". *Samuel Thomas Soemmerring (1976)*, Köln 1987, S. 125.
79 Link, Link-Heer: ‚Be-Sinnung' als Evolution der Sinne, S. 59.
80 D. Martin Luther: Genesis 1.2. In: ders.: *Die gantze Heilige Schrift Deudsch*. Bonn 2004, S. 25.
81 Karl Marx: Das Kapital. Kritik der politischen Ökonomie. Erster Band. In: ders. u. Friedrich Engels: *Werke, Bd. 23*. Berlin 1962, S. 49.
82 Marx: Das Kapital. Erster Band, S. 52.
83 Karl Marx: Das Kapital. Kritik der politischen Ökonomie. Dritter Band. In: ders. u. Friedrich Engels: *Werke, Bd. 25*. Berlin 1964, S. 405.

Zu Beginn des Aufsatzes habe ich die ahistorische Gewalt, die Guzmán dem 11. September 1973 zuschreibt – eine Gewalt, die die Wüste durchzieht, die Sterne und den Ozean – mit Walter Benjamins Begriff der „Naturgeschichte" zu fassen versucht. Hier zeigen die Planeten einen Schuldzusammenhang an, der als Schuldreligion Kapitalismus selbst planetarisch und interstellar wird. Guzmán stellt dieser Macht jedoch eine andere Natur gegenüber, die bewahrt und zurückgibt, ein Gefüge aus Strudeln und Licht. Diese Natur bringt eine andere Zeit hervor – nicht die Zeit der Zwecke, der Unterwerfung, der Privatisierung und Aneignung, nicht die Zeit der Gewalt. Es gibt aber auch bei Benjamin – der wohl kein Monist ist, weil das Irdische in der Erwartung der messianischen Ankunft lebt – einen anderen Begriff von Natur. Und wenn Benjamin ihn evoziert, dann verwandelt sich auch die Ankunft des Messias in ein irdisches, gegenwärtiges Geschehen, das sich nicht am Ende eines teleologischen Verlaufs der Zeit vollzieht, sondern – vielleicht – in jedem Augenblick. Die Zeit dieser Natur aber ist die Zeit des *Glücks*:

> Der geistlichen restitutio in integrum, welche in die Unsterblichkeit einführt, entspricht eine weltliche, die in die Ewigkeit eines Unterganges führt und der Rhythmus dieses ewig vergehenden, in seiner Totalität vergehenden, in seiner räumlichen, aber auch zeitlichen Totalität vergehenden Weltlichen, der Rhythmus der messianischen Natur, ist Glück. Denn messianisch ist die Natur aus ihrer ewigen und totalen Vergängnis.[84]

Im Rhythmus des Glücks pulsierend, erscheint die Natur auch bei Guzmán letztlich immer noch intakt, und sie scheint auch den grenzenlosen Raubbau, die Überhitzung und die Ausrottung zahlloser nicht-menschlicher Lebensformen, die nicht erwähnt werden, zu überstehen. Das Glück ist kein oder nicht nur ein menschliches. Die verstörende Schönheit der Bilder, mit denen die Berichte der Gewaltakte unterlegt werden, ist nicht ihre Einbettung in eine größere, erhabene Gewalt, die sie rechtfertigt. Die planetarischen Zeiten, so scheint es, werden vielmehr trotz der Erschütterung des *11. September* und ihr Ausstrahlen bis in den Kosmos wieder ihren Rhythmus finden. Das Wasser wird weiterhin fließen. Wenn das Licht der Sonne auf anderen Planeten eingetroffen sein wird, werden wir nicht mehr existieren.

---

[84] Walter Benjamin: Theologisch-politisches Fragment. In: ders.: *Gesammelte Schriften, Bd. II*, hg. von Rolf Tiedemann u. Hermann Schweppenhäuser. Frankfurt a. M. 1999, S. 203–204, hier: S. 204.

Literaturverzeichnis

Arboleda, Martín: *Planetary Mine. Territories of Extraction under Late Capitalism.* Brooklyn 2020.
Arendt, Hannah: *Elemente und Ursprünge totaler Herrschaft.* München 2006.
Benjamin, Walter: Ursprung des deutschen Trauerspiels. In: ders.: *Gesammelte Schriften, Bd. I*, hg. von Rolf Tiedemann u. Hermann Schweppenhäuser. Frankfurt a. M. 1997, S. 203–430.
Benjamin, Walter: Schicksal und Charakter. In: ders.: *Gesammelte Schriften, Bd. II*, hg. von Rolf Tiedemann u. Hermann Schweppenhäuser. Frankfurt a. M. 1999, S. 171–179.
Benjamin, Walter: Theologisch-politisches Fragment. In: ders.: *Gesammelte Schriften, Bd. II*, hg. von Rolf Tiedemann u. Hermann Schweppenhäuser. Frankfurt a. M. 1999, S. 203–204.
Benjamin, Walter: Kapitalismus als Religion. In: ders.: *Gesammelte Schriften, Bd. VI*, hg. von Rolf Tiedemann u. Hermann Schweppenhäuser. Frankfurt a. M 2004, S. 100–103.
Boddenberg, Sophia: Ökologisch und sozial schwierige Verhältnisse. Lithiumabbau in Chile (April 2018). In: https://www.deutschlandfunk.de/lithiumabbau-in-chile-oekologisch-und-sozial-schwierige.697.de.html?dram:article_id=415667 (letzter Zugriff: 22. März 2021).
Boyle, Alan: Why Asteroids Loom as a Future Space Frontier for Mining and Manufacturing (Juli 2017). In: https://www.geekwire.com/2017/asteroids-loom-commercial-space-frontier-mining-manufacturing (letzter Zugriff: 23. Oktober 2021).
Damisch, Hubert: *Theorie der Wolke.* Zürich/Berlin 2013.
Darwin, Charles: Journal of Researches into the Natural History and Geology of the Countries Visited during the Voyage of H.M.S. Beagle Round the World, under the Command of Capt. FitzRoy, R.N. In: ders.: *Evolutionary Writings*, hg. von James A. Secord. New York 2008, S. 3–95.
Deleuze, Gilles: Ein Manifest weniger. In: ders.: *Kleine Schriften*, übers. von K. D. Schacht. Berlin o.J, S. 37–74.
Diamond, Jared: *Guns, Germs and Steel. The Fates of Human Societies.* New York/London 1999.
Etzold, Jörn: Cosmological Depression. On Lars von Trier's *Melancholia*. In: Jörg Dünne/Gesine Hindemith (Hg.): *Spectacular Catastrophes.* Berlin 2018, S. 189–199.
Foucault, Michel: *Geschichte der Gouvernementalität II. Die Geburt der Biopolitik. Vorlesung am Collège de France 1978–1979,* übers. von Jürgen Schröder. Frankfurt a. M. 2004.
Greenspon, Andy: Precious Metals in Peril: Can Asteroid Mining Save Us? (Oktober 2016) In: https://sitn.hms.harvard.edu/flash/2016/precious-metals-peril-can-asteroid-mining-save-us/ (letzter Zugriff: 23. Oktober 2021).
Hamacher, Werner: Schuldgeschichte. Benjamins Skizze ‚Kapitalismus als Religion'. In: Dirk Baecker (Hg.): *Kapitalismus als Religion.* Berlin 2003, S. 77–119.
Harvey, David: *The New Imperialism.* Oxford/New York 2003.
Hegel, Georg Wilhelm Friedrich: *Enzyklopädie der philosophischen Wissenschaften im Grundrisse: 1830. Dritter Teil, Werke, Bd. 10.* Frankfurt a. M. 1999.
Hölderlin, Friedrich: Heimkunft, in: *Elegien und Epigramme. Frankfurter Ausgabe, Bd. 6*, hg. von: D. E. Sattler. Frankfurt a. M. 1976, S. 291–319.
Hölderlin, Friedrich: Die Trauerspiele des Sophokles. Zweiter Band. Antigonae, übers. von Friedrich Hölderlin. In: ders.: *Sophokles. Sämtliche Werke, Frankfurter Ausgabe, Bd. 16.* Basel/Frankfurt a. M. 1988, S. 259–421.
Hölderlin, Friedrich: Das nächste Beste. In: ders.: *Sämtliche Werke und Briefe („Münchner Ausgabe")*, Bd. 1, hg. von Friedrich Seebass/Norbert Hellingrath. München 1992, S. 420–422.
Klibansky, Raymond/Panofsky, Erwin/Saxl, Fritz: *Saturn und Melancholie. Studien zur Geschichte der Naturphilosophie und Medizin, der Religion und der Kunst.* Frankfurt a. M. 1992.

Link, Jürgen: ‚Lauter Besinnung aber oben lebt der Äther' Ein Versuch, Hölderlins Griechenland-Entwürfe in der Episteme von 1800 zu lesen. In: Christoph Jamme/Anja Lemke (Hg.): „*Es bleibet aber eine Spur / Doch eines Wortes*". München 2004, S. 77–103.

Link, Jürgen/Ursula Link-Heer: ‚Be-Sinnung' als Evolution der Sinne – Hölderlin und der ästhetische Sensualismus. In: Walter Schmitz in Zus. mit Helmut Mottel (Hg.): „*Menschlich ist das Erkenntniß*". *Hölderlin und die Wissensordnung um 1800*. Dresden 2017, S. 45–62.

Luther, D. Martin: *Die gantze Heilige Schrift Deudsch*. Bonn 2004.

Mahlke, Kirsten: Fra memoria cosmica e memoria umana. Dimensioni della testimonianza in *Nostalgia de la luz* de Patricio Guzmán. In: Emilia Perassi/Laura Scarabelli (Hg.): *La letteratura di testemonianza in America latina*. Mailand 2017, S. 327–346.

Marx, Karl: *Das Kapital. Kritik der politischen Ökonomie*. Erster Band. In: ders. u. Friedrich Engels: *Werke, Bd. 23*. Berlin 1962.

Marx, Karl: Das Kapital. Kritik der politischen Ökonomie. Dritter Band. In: ders. u. Friedrich Engels: *Werke, Bd. 25*. Berlin 1964.

Marx, Karl: Ökonomisch-philosophische Manuskripte aus dem Jahr 1844. In: ders. u. Friedrich Engels: *Werke, Ergänzungsband, 1. Teil*. Berlin 1968, S. 465–588.

Schwenk, Theodor: *Das sensible Chaos. Strömendes Formenschaffen in Wasser und Luft*. Stuttgart 2003.

Valdés, Juan Gabriel: *Pinochet's Economists. The Chicago School in Chile*. Cambridge/New York 1995.

Voss, Julia: Jim Knopf rettet die Evolutionstheorie (Dezember 2008). In: https://www.faz.net/aktuell/wissen/darwin/wirkung/darwin-jahr-2009-jim-knopf-rettet-die-evolutionstheorie-1741253.html (letzter Zugriff: 28. August 2020).

Weber, Bernhard: „*Über das Organ der Seele". Samuel Thomas Soemmering (1976)*. Köln 1987.

Zurita, Raúl: In memoriam (Begleittext). In: https://www.lyrikline.org/de/gedichte/memoriam-2851 (letzter Zugriff: 9. April 2021).

Filmverzeichnis

Heimweh nach den Sternen [Nostalgia de la luz]. Reg. Patricio Guzmán. Atacama Productions, FR 2010.

„Ein Gespräch zwischen Frederick Wiseman und Patricio Guzmán", in: Begleitheft zur DVD von Patricio Guzmán: Nostalgia de la luz, Atacama Productions, FR 2010.

Die Kordilleren der Träume [La cordillera de los sueños]. Reg. Patricio Guzmán. Atacama Productions, FR 2019.

Der Perlmuttknopf [El botón de nácar]. Reg. Patricio Guzmán. Atacama Productions, FR 2015.

Matthias Bickenbach
Feste Gründe, weiche Untergründe

Die Dekonstruktion des Wissens durch das Fluide und die Verhaltenslehren des Surfens bei Jack London, Edgar Allan Poe und Johann Wolfgang von Goethe

Zusammenfassung: Entgegen der in unserer Kultur verankerten Annahme, dass das Feste verlässlich und das Fluide prekär sei, lassen sich anhand traditioneller Topoi wie Schiffbruch und Sturm in der Literatur Verhaltenslehren aufzeigen, in der die gefährliche Situation umgewertet wird. Das Feste ist hier keine Option mehr und das Risiko fluider Strömungen ist vielmehr die Ausgangslage für riskante Verhaltensweisen, die aus der Dynamik der Turbulenz Produktivkräfte freizusetzen suchen.

Schlüsselwörter: Nautische Metaphorik, Wissensordnungen, fluides Wissen, Informationsflut, Literatur, Seefahrt

Die Unterscheidung zwischen fest und flüssig und zwischen hart und weich unterliegt einer erstaunlich konsistenten kulturellen Ordnung, in der dem Festen die Priorität zugeschrieben wird. Das mag der anthropologischen Disposition geschuldet sein, durch die der Mensch als aufrecht gehendes Wesen lieber festen Boden unter den Füßen hat. Und feste Gründe scheinen immer besser zu sein als windelweiche – die Leitunterscheidung wird auch auf Moral und Motivation und nicht zuletzt auf das Wissen übertragen. Allerdings gibt es seit den frühen Hochkulturen und bereits vor der klassischen griechischen Antike die Erfahrung des Anderen. Es ist das Meer und die Seefahrt – anders als Bewässerungssysteme, die Wasser kontrollieren ließen –, durch die das Fluide sich als unkalkulierbare Macht in das kulturelle Gedächtnis eingeschrieben hat. Neben den Topoi der Flut, etwa der „Flüchtlingswelle" oder der Bücher- und Informationsflut, sind Sturm, Schiffbruch und Untergang existentielle Gefahren der Seefahrt, die zugleich Abenteuer und Reichtum versprechen. Die antike Figur der „Fortuna gubernatrix", die Glücksgöttin am Ruder, zeigt das Wagnis des Unberechenbaren an. Sie wurde in der Renaissance zur Figur der „Fortuna di mare", der Einheit von Glück und Unglück, deren einzige Beständigkeit im steten Wechsel liegt.[1] Dies führt, zumal in der Epoche der Seefahrt, die mit dem Namen Kolumbus ein neues Zeitalter einläutet, zu einem Wissen, das

---
[1] Vgl. Burkhardt Wolf: *Fortuna di Mare. Literatur und Seefahrt*. Zürich/Berlin 2013. Vgl. auch: Hans Richard Brittnacher, Achim Küpper (Hg.): *Seenöte, Schiffbrüche, feindliche Wasserwelten. Maritime Schreibweisen der Gefährdung und des Untergangs*. Göttingen 2018.

https://doi.org/10.1515/9783110780024-007

Chance und Risiko, Zufall und Kalkül miteinander verbinden muss und sich dabei gerade nicht auf ‚feste Gründe' verlassen kann, sondern ebenso rational wie mitunter waghalsig zu sein hat. Der Begriff des Risikos (von „risco": die Klippe) wurde schon in dieser Zeit ebenso geboren wie die ersten Versicherungsgesellschaften für Schifffahrten. Die Gefahr wird als gewinnbringendes Risiko kalkuliert, wenn denn die Kunst der Navigation trotz Sturm und Untiefen, Flauten und Strömungen das Schiff auf Kurs hält und Ziel oder Heimathafen erreicht werden. Der Handel im Medium des Fluiden wird bald die ersten Aktiengesellschaften und damit die erste Börse in Amsterdam geschaffen haben.

Die Geschichte der Seefahrt, die immer noch Überraschungen für die Geschichte des Wissens bereithält, ist daher nicht nur für ihr konkretes Wissen und ihre Kulturtechniken wie die Navigation relevant.[2] Der Umgang mit dem ‚grenzenlosen' unbekannten Meer und dessen Gefahren führt ein Wissen ein, das die kulturell etablierte Ordnung des Vorrangs des Festen vor dem Flüssigen in Frage stellt. In der Dichtung wird seit der Fahrt der Argonauten und Homers *Odyssee* bis hin zu Herman Melvilles *Moby-Dick* oder Joseph Conrads *Heart of Darkness* die Seefahrt nicht nur als Begegnung mit dem Unbekannten und dem Nicht-Wissen erzählt, sondern als Faszination einer Erfahrung, in der das Feste wenig Orientierung bildet, trügerisch sein kann oder sogar den Untergang bedeutet. Genau darin aber ist das Meer, so Melvilles Erzähler Ishmael im ersten Kapitel von *Moby-Dick*, wie das Leben selbst. Genauer gesagt: „Es ist das Bild des unbegreiflichen Phantoms des Lebens, und darin liegt der Schlüssel von allem."[3]

Ob man Melvilles Erzähler hier folgen mag oder nicht, ob die Seefahrt Melancholie heilt oder nur die Faszination des Wagnisses, das man besser nicht eingeht, bedeutet, wie es die seit Lukrez' zum Topos gewordener Geschichte vom „Schiffbruch mit Zuschauer" empfiehlt:[4] Die Figur des Nicht-Wissens oder eines anderen Wissens als das, was mit festen Gründen philosophiert und sich dem Unbekannten aussetzt, wird im Bild des „unbegreiflichen Phantom[s] des Lebens" deutlich genug hervorgehoben. Melville variiert und destabilisiert damit den alten, christlichen Topos von der Lebensreise, die im sicheren Schiff der Kirche auf dem Meer des Lebens reist. Das Leben ist nicht wie die Seefahrt auf dem Meer, sondern wie das Bild eines Phantoms, eine ungreifbare Figur. Das Meer ist in der Tat ein Phantom, es

---

2 Zur Entstehung der Ozeanographie und der Biologie der Lebensräume durch die Konzeption von Strömungskarten im 19. Jahrhundert sowie der Entdeckung der Nordwest-Passage durch Beobachtung von Treibgut und Walen vgl. Felix Lüttge: *Auf den Spuren des Wals. Geographien des Lebens im 19. Jahrhundert*. Göttingen 2020. Zur politischen Figuration von Land und Meer vgl. Niels Werber: *Die Geopolitik der Literatur. Eine Vermessung der medialen Weltraumordnung*. München 2007, insbes. S. 103–106.
3 Herman Melville: *Moby-Dick oder Der Wal*. Übers. von Matthias Jendis. München, Wien 2001, S. 36.
4 Vgl. Hans Blumenberg: *Schiffbruch mit Zuschauer. Paradigma einer Daseinsmetapher*. Frankfurt a. M. 1979.

gleicht sich nie: Lokal oder temporal, ständiger Wechsel der Zustände zwischen lieblich plätschernd und tosend, schwarzgrau oder himmelblau sind seine Merkmale. In Homers *Odyssee* gibt es den Allgemeinbegriff „Meer" gar nicht, es wird stets in konkreten Zuständen bezeichnet, eine proteushafte Erscheinung, die sich beständig verwandelt. Es gibt das fruchtbare oder unfruchtbare Meer, das „fischreiche" oder „bernsteinfarbene" Meer, das „schwarze Wasser", „die Salzflut", „das Gewoge" oder das „weitbahnige Meer" – neben dem blauen, glitzernden oder schäumenden natürlich –, und auch Melvilles Roman kennt die Vielfalt der Meere zwischen Atlantik, Indischem Ozean und dem großen Pazifik in ihrer jeweiligen spezifischen Schönheit und Gefahr.[5]

Wenn das Leben diesem unwägbaren, wandelbaren Fluiden gleicht, dann wirft dies nicht nur einen Blick zurück auf die Topoi, sondern auf eine epistemologische Konkurrenz, die seit Heraklits Fragment vom „panta rhei" – alles fließt – die Geschichte der Philosophie untergründig durchzieht.[6] Platons Begriffe (das Wahre, das Gute, das Schöne) sind eine Reaktion auf die von Herkaklit und Demokrit behauptete Relativität des Wissens gegenüber der an sich unerkennbaren Natur. So ließe sich die Geschichte des Wissens als stets erneuerter Versuch erzählen, das Fluide zu verdrängen und den festen Grund der Dinge zu restituieren. Demgegenüber stehen Versuche, das Fluide als Möglichkeit eines anderen Denkens zu etablieren. „Wir sind eingeschifft", antwortet Pascal auf den antiken Topos vom Schiffbruch mit Zuschauer, der die Sicherheit des festen Landes der Gefahr auf See entgegensetze.[7] Im Hafen zu bleiben, wie es Horaz empfohlen hat, ist dann keine Option, wenn Leben und Wissen selbst bereits im fluiden Medium zu denken sind. Friedrich Nietzsche hat daraus in der Fröhlichen Wissenschaft die Konsequenz gezogen: „Wir haben das Land verlassen und sind zu Schiff gegangen! [...] Sieh dich vor! [...] Wehe, wenn das Land-Heimweh dich befällt, als ob dort mehr *Freiheit* gewesen wäre – und es gibt kein ‚Land' mehr!"[8] Also: „Auf die Schiffe, ihr Philosophen", schreibt Nietzsche, um neue Sonnen oder neue Philosophien zu finden.[9] Doch was es heißt, mit schwankenden Untergründen, mit Strömungen und Wellen im Bereich des Wissens zu segeln, davon erzählen weniger Philosophen als Dichter. Im Folgenden soll an drei Fallbeispielen

---

[5] Vgl. Matthias Bickenbach: Das Meer im Meer. Figurationen der Gefahr und des Erhabenen in Melvilles *Moby-Dick*. In: Hans Richard Brittnacher, Achim Küpper (Hg.): *Seenöte, Schiffbrüche, feindliche Wasserwelten*, S. 89–106. Zu Homer Albin Lesky: *Thalatta. Der Weg der Griechen zum Meer*. Wien 1947, S. 149–187. Vgl. Homer: *Die Odyssee*. Übers. von Wolfgang Schadewaldt. Stuttgart 4. Aufl. 2012, hier: S. 85–87; S. 94 und S. 208–210.
[6] Heraklit, Fragmente 58 und 58a, in: *Die Vorsokratiker*. Ausgewählt von Wilhelm Neste. Düsseldorf/Köln 1956, S. 108.
[7] Vgl. Blumenberg: *Schiffbruch mit Zuschauer*, S. 21.
[8] Friedrich Nietzsche: *Die fröhliche Wissenschaft*. In: ders.: *Werke in drei Bänden*. Hg. von Karl Schlechta. Bd. 2. München 1966, S. 126.
[9] Nietzsche: *Die fröhliche Wissenschaft*, S. 168.

aufgezeigt werden, wie sich ein Denken des Fluiden durch die Erfahrung des Meeres in die Literaturgeschichte eingeschrieben hat. Es geht dabei nicht um eine Rekonstruktion des nautischen Wissens oder eine Auslotung der Meeres-Metaphorik, sondern um eine Erfahrung, die heute als *Surfen* bekannt und angesichts des Internets als Umgang mit Wissen meist negativ konnotiert ist.[10] In Verbindung mit der Beat-Generation wurde das *Surfen* zum Inbegriff eines Lebensgefühls, das den Gleichklang von Körper und Geist mit Spaß und Freiheit und beides mit Risiko und Virtuosität verband. Diese Mischung schreibt eine Erfolgsgeschichte, die über Jack London von Hawaii nach Kalifornien wanderte und von dort als Sport und Lebensgefühl die Welt erobert hat. Wellenreiten ist so bekannt geworden, dass das Surfen sogar zur Metapher für ein eher ungezieltes Nutzen des Internets werden konnte und so in Konkurrenz zur zielgerichteten Suche, zur Recherche oder gar zur wissenschaftlichen Analyse tritt. Surfen ist damit eine andere Form der Wissensverarbeitung, und auch wenn die Metapher kritisiert oder abgewertet werden kann, steht sie doch signifikant für einen Umgang mit Information, der eher dem Fluiden als dem Festen zuzurechnen ist und der sich an etablierten Begriffen, Epochen, Gattungen oder einem Kanon orientiert. Im eigentlichen Sinn bezeichnet das Wort „surf" den Ort, an dem die Welle sich bricht, der Teil der Welle, der kollabiert: „the roaring conclusion".[11] Inwiefern dies als Figur der Vermischung und Umkehrung ‚fester' Kategorien oder Normalannahmen gelten kann, sollen drei Fallbeispiele aus der Literaturgeschichte aufzeigen, die von Begegnungen und Reflexionen auf das Andere des Fluiden erzählen. Es geht um Erfahrungen eines notwendig flexiblen Umgangs mit der Macht des Fluiden, bei dem sich mitunter das Feste und Verlässliche als Gefahr und die Gefahr als Chance erweisen können.

1 Jack London und die Erfahrung des Surfens

1907 veröffentlichte der durch *The Sea-Wolf* (1903) berühmt gewordene – und bis heute viel gelesene – Autor Jack London mehrfach einen Artikel, der das Surfen auf Hawaii in der westlichen Welt bekannt werden lässt: *Surfing. A Royal Sport.*[12] Der Text erscheint 1911 zudem als ein Kapitel seines Buches *The Cruise of the Snark*, in dem London von einer gut zweijährigen Weltumsegelung berichtet, für die er das Schiff, die „Snark", eigens bauen lässt. Beide Texte gelten gemeinhin als „non-fictional", als

---

10 Vgl. Matthias Bickenbach, Harun Maye: *Metapher Internet. Literarische Bildung und Surfen.* Berlin 2009.
11 Vgl. James D. Houston, Ben Finney: *Surfing. A History of the Ancient Hawaiian Sport.* 2. revised edition. San Francisco 1996, S. 14.
12 Jack London: Ein königlicher Sport. In: ders.: *Die Fahrt mit der Snark.* Übers. von Erwin Magnus. München 1978, S. 41–50.

journalistische und autobiographische Schriften des Autors, und doch zeigen sie eine subtile literarische Textur, die sich in deutlicher Ironie sowie dem Entwurf einer regelrechten Lebensphilosophie ausdrückt und deren Ziel es ist, Spaß und Risiko miteinander zu verbinden. „No risk, no fun", könnte man heute resümieren.

Alles beginnt an einem Ort, der geradezu ein Anti-Topos des Meeres ist – an einem Swimmingpool in Kalifornien, dort, wo heute der „Jack London State Historic Park" ist: „Es begann im Schwimmbassin zu Glen Ellen."[13] An diesem künstlichen und befriedeten Wasser sei es „unvermeidlich, dass das Gespräch auf Schiffe kam", heißt es, denn er habe „ein wenig mit der See zu schaffen gehabt". Die ironische Untertreibung ist deutlich, hatte Jack London nicht schon seine berühmten Seefahrerromane veröffentlicht, sondern bereits seinen ersten Text – im Alter von 17 Jahren – über die Erfahrung eines Taifuns vor der japanischen Küste verfasst.[14] Aus Laune und Langeweile am Swimmingpool also kommt man auf eine Idee:

> Wir behaupteten, uns nicht vor einer Erdumsegelung in einem kleinen Boot zu fürchten – z.B. in einem Boot von fünfundvierzig Fuß Länge. Wir behaupteten ferner, dass uns das Spaß machen würde. Endlich behaupteten wir, dass es nichts in der Welt gäbe, worauf wir mehr Wert legen würden, als eine solche Fahrt zu tun.[15]

Der Bericht schildert daraufhin zunächst die akribische Konstruktion der „Snark". Sie wird in allen Einzelheiten geplant und gebaut, doch von Beginn an wird die Ironie des Scheiterns aller Planungen geschildert. Risiko, Scheitern und Spaß sind nicht nur die späteren Motive des Surfens, sondern der gesamten Reise. Denn trotz aller Akribie, Investition und modernster Technik funktioniert schlechthin nichts auf der „Snark". Das kleine, aber luxuriöse Schiff (mit Badewanne und einer Eismaschine) wird zunächst immer teurer und doch nicht fertig. Als es endlich in See sticht, erweist sich das als bestes aller Boote geplante Vehikel erstens als undicht und zweitens als nahezu manövrierunfähig. In der Kombüse steht das Wasser kniehoch, das Rettungsboot ist unbrauchbar. Auf dem offenen Meer wird klar, was die „Snark" eigentlich ist: „ein Sieb".[16] Der vielfach beschworene prachtvolle, „stolzeste" Bug, den kein Sturm je überspülen sollte, macht das Schiff unlenkbar, wie beim ersten Sturm deutlich wird. Die „Snark" lässt sich nicht beidrehen, um eine sichere Position zu finden. So bleibt nur, das Schiff sich selbst zu überlassen. Im nächsten Sturm, so der Erzähler humorvoll, wolle er sehen, ob die „Snark" nicht mit dem Heck, also rückwärts, im Sturm zu lenken sei.[17]

---

13 Jack London: *Die Fahrt mit der Snark*. Übers. von Erwin Magnus. München 1978, S. 5.
14 Jack London: Ein Taifun vor der japanischen Küste. In: ders.: *Westwärts um Kap Hoorn. Erzählungen*. Übers. von Erwin Magnus. München/Berlin 1972, S. 181–191. Zuerst erschienen in „Der Morgenruf", San Francisco am 12.11.1893 noch unter dem Namen John London.
15 London: *Die Fahrt mit der Snark*, S. 5.
16 London: *Die Fahrt mit der Snark*, S. 21–22.
17 London: *Die Fahrt mit der Snark*, S. 23.

Die „Snark" ist mithin so etwas wie die Umkehrung eines Segelschiffes, sie segelt nicht, sondern sie treibt. Also bleibt sie oft genug einfach sich selbst überlassen: „Wir haben eine sehr brave See, und das Fahrzeug bleibt sich selbst überlassen – es steht nicht einmal ein Mann am Ruder", heißt es oder auch: „die Snark steuert sich selbst".[18] Schon während der Planung hieß es: „Und wann soll man in alle dieser Unruhe die Zeit finden, Navigation zu lernen? [...] Weder Roscoe noch ich verstehen etwas von Navigation, und jetzt ist der Sommer vergangen, wir wollen aufbrechen."[19] Die Ironie ist deutlich und überführt die Weltumsegelung von einer zielgerichteten Reise in etwas anderes. Diese Reise besteht geradezu aus ihrem Scheitern. Das Ziel ist nicht Ankunft, sondern der Spaß beim „Herumgondeln" und dem, was daraus resultiert. „Wir haben kein Programm für die Fahrt gemacht. Nur eines ist bestimmt, nämlich, dass der erste Hafen, den wir anlaufen, Honolulu sein soll. [...] Im allgemeinen haben wir uns gedacht, in der Südsee herumzugondeln."[20]

Die Fahrt hat keine Ziele oder Pläne, aber sie läuft auf Hawaii und damit auf die Erfahrung des Surfens zu. „Cruising" wird zu einer Programmatik nicht nur der Reise, sondern des Lebens, denn „die Fahrt um die Erde ist für mich gleichbedeutend mit großen Augenblicken, in denen das Leben ganz gelebt wird",[21] heißt es. Der Spaß wird dabei als Lebenshaltung und als Philosophie gegen alle Philosophie eingeführt:

> Tatsächlich ist das letzte Wort: Es macht mir Freude. Das liegt aller Philosophie zugrunde. Wenn die Philosophie einen ganzen Monat lang dem Individuum erzählt hat, was es tun soll, dann sagt das Individuum plötzlich: Es macht mir Freude! und tut genau das Gegenteil, und die Philosophie kann nach Hause gehen und sich schlafen legen. Dieses ‚Es macht mir Freude!' ist es, was den Trunkenbold sich betrinken und den Märtyrer im härenen Hemd gehen lässt; [...] was den einen nach dem Ruhm, einen zweiten nach Gold trachten, einen dritten nach Liebe und einen vierten nach Gott sich sehnen lässt. Die Philosophie ist häufig nur die Art und Weise, wie man sein eigenes ‚Es macht mir Freude' erklärt.[22]

Dass eine solch lustvolle Vorgehensweise, zumal bei einer Weltumsegelung, das Risiko eingeht, dass es stets auch anders kommen kann, wird von dem Erzähler nur allzu gerne bestätigt. Denn genau darin liege der Wert dieser Philosophie, deren Grund sich nicht im Wert der Freude an der Freude oder gar im Müßiggang erschöpft, sondern in einem: „Ich hab es getan!"[23]

Als Exempel dient nicht zufällig die Bewältigung eines Sturms am „Rad", also einer denkbar gefährlichen Situation. London rekurriert hier auf den Bericht über

---

18 Vgl. London: *Die Fahrt mit der Snark*, S. 23 und S. 27.
19 London: *Die Fahrt mit der Snark*, S. 12.
20 London: *Die Fahrt mit der Snark*, S. 9.
21 London: *Die Fahrt mit der Snark*, S. 8.
22 London: *Die Fahrt mit der Snark*, S. 6.
23 London: *Die Fahrt mit der Snark*, S. 6.

den Taifun vor der japanischen Küste, über den er seinen ersten Artikel schrieb. Das Gefühl, als Unerfahrener die Verantwortung für die Mannschaft an Bord zu haben und gegen die übermächtige Gewalt des Sturms das Ruder zu halten, ist die Bestätigung seines Lebensgefühls. Denn die Leistung liege nicht in ihrem äußeren Wert oder in der späteren Anerkennung, sondern allein darin, das Unwahrscheinliche getan zu haben. Der Selbstwert und die Freude daran wüchsen gerade mit den Gefahren: „Je schwerer die Leistung, desto größer die Befriedigung, die man fühlt, wenn sie vollbracht ist."[24] Das Risiko ist damit in dieser Lebensphilosophie Jack Londons unmittelbar mit der Freude verbunden. Nicht von einem „Sprungbrett" zu springen, sei der Spaß, sondern „mit einem halben Rückwärts-Salto-Mortale kopfüber ins Schwimmbassin" zu stürzen:

> Selbstverständlich war der Mann nicht gezwungen, sich einer solchen Gefahr auszusetzen. Er hätte am Ufer bleiben können [...]. Ich meinerseits würde nun lieber dieser Mann sein als einer der Zuschauer am Ufer. Deshalb baue ich die Snark. So bin ich nun mal. Es macht mir Freude, das ist alles.[25]

Der Umstand, dass hier mit dem Ufer, an dem man bleiben könnte, das alte Motiv vom „Schiffbruch mit Zuschauer" zitiert wird, zeigt, dass bei London das Meer nicht nur den realen Ozean meint. *The Cruise of the Snark* erzählt vielmehr von einer Haltung zum Leben, die im Surfen ihre ideale Verkörperung findet. Die Augenblicke, in denen das Leben ganz gelebt wird, sind solche, die nicht bloß eine grandiose Leistung erbringen, sondern durchaus funktions- und zwecklos ein Risiko in Freude verwandeln. Diese Suche nach Gefahr ist nicht naiv, sondern zeigt sich als Einsicht in die Gebrechlichkeit des Menschen gegenüber der Gewalt der Natur:

> Die Fahrt um die Erde ist für mich gleichbedeutend mit großen Augenblicken, in denen das Leben ganz gelebt wird. Habt Geduld mit mir und denkt über die Sache nach. Hier stehe ich, das kleine Tier, das unter dem Namen ‚Mensch' geht, ein Stückchen Materie, das Leben erhalten hat, hundertfünfundsechzig Pfund Fleisch und Blut, Nerven, Sehen, Knochen, Hirn – alles weich und empfänglich, leicht verletzbar, fehlerhaft und gebrechlich. Ich halte den Kopf fünf Minuten unter Wasser und ertrinke. Ich falle aus einer Höhe von zwanzig Fuß herab und werde zerschmettert. Ich bin ein Sklave von Temperaturen. Ein paar Grad tiefer, und meine Finger und Zehen und Ohren werden schwarz und fallen ab. Ein paar Grad höher, und meine Haut schlägt Blasen und löst sich von dem blutigen, bebenden Fleisch.[26]

Es ist eine Anthropologie des weichen, „geleeartigen Lebens", der London die Gewalt der Natur entgegenhält. Erst aus diesem Kontrast heraus, wird seine humorvolle Haltung dem Risiko gegenüber zu einer ernstzunehmenden Lebensphilosophie:

---

24 London: *Die Fahrt mit der Snark*, S. 7.
25 London: *Die Fahrt mit der Snark*, S. 7.
26 London: *Die Fahrt mit der Snark*, S. 8.

> Fehlerhaft und gebrechlich, ein Stückchen pulsierenden geleeartigen Lebens – das ist alles, was ich bin. Um mich her sind die großen Naturkräfte, gewaltige Drohungen, vernichtende Titanen, gefühllose Ungeheuer, die sich weniger um mich kümmern, als ich mich um das Sandkorn kümmere, das ich unter meinem Fuß trete. Sie kümmern sich gar nicht um mich. Sie kennen mich nicht. Sie sind ohne Bewusstsein, ohne Schonung und ohne Moral. Sie sind Zyklone und Windhosen, Blitze und Wolken, die zerrissen werden, Strudel und Gezeiten, große Wirbel, die einen hinabsaugen, Erdbeben und Vulkane, Brandungen, die mit Lärm und Poltern gegen felsige Küsten schlagen, und Seen, die über die Reling der größten auf dem Wasser schwimmenden Fahrzeuge geschleudert werden, Seen, die menschliche Geschöpfe zerschmettern und ins Meer und in den Tod spülen – und diese gefühllosen Ungeheuer kennen nicht das winzige Gefühlswesen aus lauter Nerven und Gebrechlichkeit, das die Menschen Jack London nennen und das sich selbst einbildet, ein Teufelskerl und ein höheres Wesen zu sein.[27]

Von diesem Standpunkt aus wird auch klar, warum Surfen für London ein *Royal Sport* ist. Es geht darum, „das bisschen Leben in mir" inmitten der Gefahr der mächtigen Wellen zu erhalten und sich dann über das Gelingen der kühnen Manöver zu freuen: „Es ist herrlich, den Sturm abzureiten und sich als Gott zu fühlen", heißt es schon zu Beginn des Buches.[28] Dass London damit bereits die Erfahrung des Surfens einbringt, zeigt sein bereits zuvor mehrfach publizierter Artikel über seine Entdeckung auf Hawaii, der im Buch als Kapitel später folgt. Er entdeckt allerdings nicht die traditionelle hawaiianische Kunst, auf Wellen zu reiten, sondern vielmehr einen Landsmann, der die Wellen so virtuos beherrscht, dass er ihn als „bronzenen Merkur" stilisiert, eine geradezu göttliche Erscheinung. In einer „majestätischen Brandung" erscheint plötzlich der erste Surfer der Literaturgeschichte:

> Man fühlt sich so winzig und gebrechlich gegenüber der gewaltigen Kraft [dieser Wellen], die den Ausdruck ihres Wesens in Raserei und Schaum und Lärm findet. Ja, man fühlt sich so mikroskopisch klein, dass der Gedanke, man sollte einen Kampf mit diesem Meere wagen, einen in der Phantasie fast ängstlich schaudern lässt. Sie sind eine ganze Meile lang, diese Ungeheuer mit ihren gewaltigen Rachen, und sie wiegen Tausende von Tonnen, und sie stürzen schneller, als ein Mann laufen kann, auf die Küste los. Und plötzlich erscheint dort draußen ein Männerkopf über einer schwindelnden hohen, vorwärtsstürmenden Woge, ein Meeresgott taucht aus dem weißen, kochenden Schaum auf. Hastig hebt er sich aus all dem schaumigen Weiß. Seine schwarzen Schultern, seine Brust, seine Lenden, seine Beine – alles das steht plötzlich vor einem. Wo vor einem Augenblick nur die große Öde und ein ohrenbetäubender Lärm herrschten, steht jetzt ein Mann, aufrecht, dass die ganze Gestalt deutlich hervortritt, und kämpft weder mit dem weißen Wirbel noch wird er von den mächtigen Ungeheuern begraben. Es ist Merkur, ein brauner Merkur. Seine Fersen sind beschwingt, und die Schwingen besitzen die Blitzesschnelle des Meeres. Wahrlich, dem Meere [sic] ist er entsprungen auf dem Rücken des Meeres, und er reitet auf dem Meere, das brüllt und lärmt und ihn nicht abwerfen kann.[29]

---

27 London: *Die Fahrt mit der Snark*, S. 8.
28 London: *Die Fahrt mit der Snark*, S. 8.
29 London: *Die Fahrt mit der Snark*, S. 42.

Der Gewalt des Wassers enthoben, ist der Surfer als Kommunikationsgott ein Signal. Er ist das Signal, das das Rauschen übersteigt und das Undenkbare beweist, nämlich dass der Mensch mittels Körpertechnik auf einem simplen Brett, einem Schiffchen, die Gewalt der Welle für sich nutzen kann. Unter Funktionsgesichtspunkten ist Surfen jedoch sinnlos. Es führt nirgendwohin und zu nichts. Mit London gesehen jedoch führt es genau zu seiner Philosophie zurück, der Freude, „es" getan zu haben. Natürlich will London das Surfen sofort lernen – und er macht dabei weitere Erfahrungen des Scheiterns. Sein in damaligen Zeitschriften erschienener Artikel endet mit diesem Ziel: „And if I fail tomorrow, I shall do it the next day, or the next. Upon one thing I am resolved: the Snark shall not sail from Honolulu until I too, wing my heels with the swiftness of the sea, and become a sunburned, skin-peeling Mercury."[30] Im Buch formuliert London aber noch eine andere Lehre, die zum ziellosen „Herumgondeln" passt: „Die Hauptsache, wenn man auf der Brandung reitet und mit ihr kämpft, ist, keinen Widerstand zu leisten. […]. Man muss sich den Wogen überlassen."[31] Das gilt für diesen Sport bis heute: „Relax – go with the ocean's energy".[32] Doch wie könnte man diese Erkenntnis auf Wissen und Informationsfluten übertragen? Eine andere Geschichte, die London bereits bekannt gewesen sein dürfte, hat diese überraschende Übertragung bereits geleistet.

2 Das Wissen des Malstroms mit Poe und McLuhan

Edgar Allan Poe hat 1841 in seiner Erzählung *Ein Sturz in den Malstrom* der Gefahr des Untergangs die interessierte Beobachtung der Situation gegenübergestellt. Die berühmt gewordene Geschichte, die auch für Poes Werke immer wieder als Schlüsseltext interpretiert worden ist, lässt sich schnell zusammenfassen.[33] Ein junger Fischer gerät mit seinen Brüdern und ihrem Boot vor den Lofoten in einem Sturm in einen riesigen Strudel, der es erfasst und hinabzieht. Der Matrose bemerkt dabei, dass runde und kleine Objekte weniger schnell sinken oder sogar hochgetrieben werden als eckige und große. Er verlässt daraufhin die trügerische Sicherheit des Schiffes und klammert sich an ein Fass – und überlebt. Entscheidend ist, dass der berichtende Erzähler innerhalb der höchsten Gefahr eine Distanz zur eigenen Situa-

---

30 Jack London: Surfing. The Royal Sport. In: *The Ocean Reader: History, Culture, Politics*. Hg. von Eric Paul Roorda. New York 2020, S. 377–384, hier S. 384.
31 London: *Die Fahrt mit der Snark*, S. 48.
32 Nat Young: *Surfing Fundamentals. How to Ride a Modern Shortboard*. Palm Beach 1985, S. 48.
33 Vgl. Harun Maye: Edgar Allan Poes Tradition. Im Mahlstrom der Medien mit Edgar Allan Poe und Marshall McLuhan. In: Peter Rautmann, Nicolas Schalz (Hg.): *Zukunft und Erinnerung – Flüchtige Gegenwart. Globalisierung und die Rolle der Künste heute*. Bremen 2002, S. 158–185.

tion entwickeln kann, er wird zum neugierigen Beobachter seines eigenen Untergangs – und genau diese Beobachtung, die ihm sogar Vergnügen bereitet, rettet ihn:

> Ich erzählte Ihnen schon von der unnatürlichen Neugierde, die an die Stelle meiner ursprünglichen Angst getreten war. Sie schien nur zu wachsen, je näher ich meinem schrecklichen Untergang zutrieb. Ich fing an, die Gegenstände, die mit uns dahintrieben, mit ganz eigentümlichem Interesse zu betrachten. Ich muss wohl von Sinnen gewesen sein, denn es machte mir Vergnügen, über die verschiedene Geschwindigkeit ihres Hinabstürzens in den Schaum da unten Betrachtungen anzustellen.[34]

Es ist die Beobachtung der unterschiedlichen Geschwindigkeiten, die schließlich eine Einsicht in die Differenz von Sinkgeschwindigkeiten kleiner, zylindrischer Objekte ermöglicht und damit das Gewohnte und Bekannte verlässt. Statt der Sicherheit des Festen und Großen zu vertrauen, verlässt sich der Matrose auf etwas Kleines, ein Wasserfass, und stürzt sich mit ihm in den Strudel.

Wie vielfältig interpretierbar diese Geschichte ist, zeigt auch eine Lektüre, die überhaupt nicht an werkimmanenten oder literaturhistorischen Kontexten Poes interessiert ist, sondern sie als Allegorie auf den Umgang mit Informationsfluten überträgt. Marshall McLuhan hat in seinem Bilder-Buch *Das Medium ist Massage* (1967) Poes Matrosen als Vorbild einer notwendigen Taktik im Umgang mit elektronischen Informationsströmen gedeutet. Es ist nur eine kurze Notiz, die in einer doppelseitigen Fotomontage erscheint, auf der man McLuhan selbst, im Anzug und sich den Hut festhaltend, inmitten einer Welle auf einem Surfboard sieht. Diese Notiz besagt:

> Bei seiner amüsanten Kurzweil, die einer rationalen Distanz zur eigenen Situation entsprang, wendete Poes Matrose in *Ein Sturz in den Malstrom* eine Katastrophe ab, indem er die Wirkungsweise des Wasserwirbels zu verstehen suchte. Seine Haltung bietet eine mögliche Taktik, wie wir unsere unangenehme Lage, unseren elektrisch strukturierten Wirbel begreifen können.[35]

Diese Deutung ist überraschend, denn sie tut in gewisser Weise als kreative, übertragende Lektüre etwas, das Poes Matrose vorführt – ein plötzlicher Wechsel der Kontexte, Zustände und Bezugsobjekte. Dabei gibt es zwei Kontexte, die McLuhans Kommentar flankieren und begründen. Dass es die „Wirkungsweise des Wasserwirbels" zu verstehen gilt, ist hier nicht nur Poes Geschichte geschuldet, sondern kann auf eine neben dem Futurismus weniger bekannte Strömung der klassischen Moderne verweisen, der McLuhan nahestand. Der so genannte „Vortizismus" verstand das moderne Leben selbst als Wirbel, dem es sich hinzugeben galt (von „Vortex": der Wirbel bzw. die Kreisströmung eines Fluids).[36] Zum anderen aber nennt McLuhan die

---

34 Edgar Allan Poe: Ein Sturz in den Mahlstrom. In: Ders.: *Erzählungen. Phantastische Fahrten, Geschichten des Grauens und Detektivgeschichten.* Hg. von Roland W. Fink-Henseler. Bayreuth 1985, S. 258–273, hier: S. 271.
35 Marshall McLuhan, Quentin Fiore: *Das Medium ist Massage.* Frankfurt a. M./Berlin 1969, S. 150–152.
36 Vgl. Bickenbach, Maye: *Metapher Internet*, S. 132–137.

Verhaltensweise von Poes Matrosen eine „mögliche Taktik". Das Wort ist hier nicht zufällig gewählt, sondern verweist terminologisch exakt auf die Unterscheidung zwischen Strategie und Taktik unter Kriegsbedingungen, also im Ernstfall. Während die Strategie einen distanzierten und sicheren Ort der Planung und Übersicht voraussetzt, kennzeichnet die Taktik ein Verhalten innerhalb einer Situation, die schnelles Handeln trotz mangelnder Übersicht erfordert. Diese Unterscheidung hat rund zehn Jahre vor Poe der preußische General Carl von Clausewitz in seinem Buch *Vom Kriege* entwickelt. Dort heißt es, im „Meer des Krieges" reiße die Beteiligten

> der Augenblick mit fort, der Handelnde fühlt sich in einem Strudel fortgezogen, gegen den er ohne die verderblichsten Folgen nicht ankämpfen darf, er unterdrückt die aufsteigenden Bedenklichkeiten und wagt mutig weiter. In der Strategie, wo alles viel langsamer abläuft, ist den eigenen und fremden Bedenklichkeiten, Einwendungen und Vorstellungen und also auch der unzeitigen Reue viel mehr Raum gegönnt.[37]

Angesichts von Situationen, die mit Fluten oder Strudeln verglichen werden können, empfiehlt sich also weniger die wohlüberlegte, gelehrte Reflexion als ein eher spontanes Handeln, das die Stärke des Gegners nutzt. Mit diesem Hintergrund lässt sich Poes Geschichte als Exempel auch für die „elektrisch strukturierten Wirbeln" verstehen, mit denen McLuhan auf die Massenmedien seiner Zeit, Fernsehen, Zeitung, Radio und Telefon, als „Narkose" und „Massage" der Sinne verwies: „Alle Medien massieren uns gründlich durch. [...] Das Medium [...] unserer Zeit – die elektrische Technik – formt und strukturiert die Muster gesellschaftlicher Beziehungen und alle Aspekte unseres Privatlebens um."[38]

Eine der möglichen Taktiken, dieser Wirkung der Medien in Richtung einer Erweiterung der Sinne zu entkommen, liegt für McLuhan in der intermedialen Mischung und Montage von Medien – etwas, das er in seinen Büchern selbst vorführt und nicht zuletzt in dieser Text-Bild-Montage mit seinem Kommentar zu Poes *Sturz in den Malstrom* macht:

> Der Bastard oder die Verbindung zweier Medien ist ein Moment der Wahrheit und Erkenntnis, aus dem neue Form entsteht. Denn die Parallele zwischen zwei Medien läßt uns an der Grenze zwischen Formen verweilen, die uns plötzlich aus der narzißtischen Narkose herausreißen. Der Augenblick der Verbindung von Medien ist ein Augenblick des Freiseins und der Erlösung vom üblichen Trancezustand und der Betäubung, die sie sonst unseren Sinnen aufzwingen.[39]

---

37 Carl von Clausewitz: *Vom Kriege*. Hg. von Ulrich Marwedel. Stuttgart 1980, S. 181.
38 Marshall McLuhan: Das Medium ist die Massage. In: ders.: *Medien verstehen. Der McLuhan-Reader*. Hg. von Martin Baltes, Fritz Böhler u.a. Mannheim 1997, S. 158. Das bedingt auch eine Abkehr von der Annahme, dass Beobachter eine privilegierte und distanzierte Position innehaben: „Die instantane Welt elektrischer Informationsmedien beteiligt uns alle und zwar alle zugleich. Keine Distanzierung, kein Rahmen ist möglich." S. 159.
39 Marshall McLuhan: *Die magischen Kanäle. Understanding Media*. Frankfurt a. M. 1970, S. 63.

Was Wissen und Informationsflut angeht, sind wir, nicht erst angesichts des Internets, immer schon auf hoher See, denn das feste Land ist nicht in Sicht. Surfen empfiehlt sich dann zwar nicht als sicherer Weg, aber doch als Chance, festgefahrenen Vorurteilen, Stereotypen, Filterblasen und nicht zuletzt Konventionen zu entkommen und vielleicht auch Texte zu entdecken, die klüger sind als man selbst.

3 Goethes „Seefahrt" und Tassos Einsicht

So modern diese Dekonstruktionen des Wissens anmuten, sich nicht an Grundbegriffe oder etablierte Konventionen zu halten, sondern sie virtuos und kreativ zu mischen, sie lassen sich auf die Erfahrung mit dem Fluiden zurückführen. Sturm und Seefahrt liefern seit jeher nicht nur traditionelle Topoi der existentiellen Bedrohungslage, sondern auch Exempel eines abweichenden Verhaltens, in der das Richtige das Falsche und das Wagemutige das Richtigere darstellen.

Für diese These kann auch eine Landratte einstehen, die, lange bevor sie das offene Meer gesehen, geschweige denn einen Sturm erlebt hat, die Meeresmetaphorik in ihrer Dichtung nutzt. In Goethes Ode *Seefahrt* (1776) wird der Topos von der Lebensreise mit der existenziellen Situation im Sturm wohlkalkuliert eingesetzt.[40] Die Situation beginnt im Hafen, das Schiff muss lange auf günstige Winde warten, bevor es euphorisch losgeht. „Alles wimmelt, alles lebet, webet / Mit dem ersten Segenshauch zu schiffen." Doch dieser Hauch wird natürlich „leisewandelnd" zu einem Sturm. Klug, wie es heißt, streichen die Schiffer die Segel, doch der Sturm wütet so, dass das Schiff mit einem Ball verglichen wird, mit dem Wind und Wellen ihr lustiges Spiel treiben. In dieser Situation werden die Zurückgebliebenen am Ufer erwähnt, womit Goethe direkt auf den „Schiffbruch mit Zuschauer" anspielt, bei dem, seit Lukrez, diejenigen, die am sicheren Ufer stehen, die Hybris derjenigen, die sich in die Gefahr begeben haben, beklagen oder, mehr noch, ihnen diese Überschreitung vorwerfen.[41] Goethe aber setzt in seiner Ode einen überraschenden Kontrapunkt:

> Doch er stehen männlich an dem Steuer;
> Mit dem Schiffe spielen Wind und Wellen
> Wind und Wellen, nicht mit seinem Herzen:
> Herrschend blickt er auf die grimme Tiefe
> Und vertrauet, scheiternd oder landend,
> seinen Göttern.[42]

---

[40] Johann Wolfgang Goethe: Seefahrt. In: ders.: Werke. *Hamburger Ausgabe in 14 Bänden*. Hg. von Erich Trunz. Hamburg 1949 ff. Bd. I, S. 49–50.
[41] Zu den vielfältigen Bezügen und Kontexten dieser Ode vgl. Ralph Häfner: *Konkrete Figuration. Goethes „Seefahrt" und die anthropologische Grundierung der Meeresdichtung im 18. Jahrhundert*. Tübingen 2002.
[42] Goethe: Seefahrt, S. 50.

Wie auch immer diese Götter zu interpretieren sind, deutlich wird, dass es hier auf die innerliche Haltung ankommt, die der Gefahr geradezu heroisch (und stereotyp: „männlich") trotzt, auch wenn er das sprichwörtliche Steuer nicht mehr wirklich in der Hand hat. Sicher lässt sich hier ein Schicksalsglaube hineinlesen, der auf den guten Ausgang vertraut, doch die Heroisierung der Haltung scheint noch darüber hinauszugehen – der Ausgang, ob Rettung oder Untergang, scheint gleichgültig zu sein. Eine solche nachgerade stoische Gemütsruhe inmitten der Gefahr aber ist gerade für Dichter nicht ausgemacht. Die Meeresmetaphorik, die schon beim jungen Goethe vielfältig ausgestaltet wird,[43] wird im Brief Werthers vom 26. Mai 1771 auf das Genie selbst gewendet und der gesellschaftlichen Konvention gegenübergestellt:

> O meine Freunde! warum der Strom des Genies so selten ausbricht, so selten in hohen Fluthen hereinbraust, und eure staunende Seele erschüttert? – Liebe Freunde, da wohnen die gelassenen Herren auf beiden Seiten des Ufers, denen ihre Gartenhäuschen, Tulpenbeete und Krautfelder zugrunde gehen würden, die daher in Zeiten mit dämmen und ableiten der künftig drohenden Gefahr abzuwehren wissen.[44]

Was hier anklingt, das ist die Gefahr der Konvention für das ‚bewegte' Genie, dessen Begeisterung oder Enthusiasmus ausschlaggebend für seine Kreativität sind. Die Veranschaulichung der Begeisterung des Dichters im Bild des bewegten Meeres bzw. der „hohen Fluten" impliziert jedoch zugleich auch die Gefahr als Voraussetzung geistiger Fahrten. Werther scheitert an seiner Begeisterung. Ihm wird Goethe später den (historisch realen) Dichter Torquato Tasso entgegen stellen, dessen Erfolg sich jedoch subtil als analoge Gefährdung durch die notwendige Begeisterung erweisen wird. Mit dem Bild der Welle konnotiert Goethe kein harmonisches Motiv für geistige Regung, sondern ein Risikoverhalten, das für den Topos von Genie und Wahnsinn einsteht. Führt Werther mit seinem Vergleich vom „Strom des Genies" ein noch recht konventionelles Bild ein, geht sein Gegenbild, der Dichter Tasso, darüber hinaus.[45] Die Schlussworte des Dichters in *Torquato Tasso. Ein Schauspiel* (1790) verlassen die konventionelle Bildlichkeit und legen eine Spur, die nicht nur explizit an die flüssige und nautische Dimension der Poiesis erinnert, sondern deren Di-

---

43 Vgl. etwa Detlev W. Schumann: Motive der Seefahrt beim jungen Goethe. In: *The German Quarterly* 32/2 (1959), S. 105–120; Hans Jürgen Geerdts: Meeressymbolik in Goethes Schaffen. In: ders.: *Zu Goethe und anderen. Studien zur Literaturgeschichte*. Leipzig 1982, S. 123–150.
44 Johann Wolfgang Goethe: Die Leiden des jungen Werthers (Erste Fassung). In: ders.: *Werther, Wahlverwandtschaften, kleine Prosa*. Hg. von Waltraud Wiethölter. Frankfurt a. M. 2006, S. 28.
45 „The kinship between Tasso and Werther is obvious, but Tasso is what Werther wished to be and was not – a succesful creative artist." Leonard Forster: Thoughts on Tasso's Last Monologue. In: *Essays in Germanic Language, Culture and Society*. Hg. von Siegbert B. Prawer, R. Hinton Thomas und Leonard Forster. London 1969, S. 18–23, hier: S. 18.

mension in der Bildlichkeit der Welle als zugleich notwendige wie gefährliche Balance des Geistes gefasst wird, gleichsam ein Surfen in riffreicher Zone.[46]

Goethe arbeitete schon seit 1780 am *Tasso*, doch erst während seiner Italienreise 1786–1787 gelingt ihm die Versform. Der konkrete Entstehungskontext dieser Umschrift ist interessant. Nachdem Goethe bei Venedig am 8. Oktober 1786 erstmals das Meer gesehen hatte, gerät er im Mai 1787 auf der Hin- wie Rückreise von Sizilien nach Neapel in Stürme.[47] Während Goethe den ersten Sturm kaum erwähnt, wird der zweite zum Anlass, am *Tasso* weitezuarbeiten:

> Freitag, den 30. März [1787].
> Ich hatte doch dieser herrlichen Ansichten nur Augenblicke genießen können, die Seekrankheit überfiel mich bald. Ich begab mich in meine Kammer, wählte die horizontale Lage, enthielt mich außer weißem Brot und rotem Wein aller Speisen und Getränke und fühlte mich ganz behaglich. Abgeschlossen von der äußern Welt, ließ ich die innere walten, und da eine langsame Fahrt vorauszusehen war, gab ich mir gleich zu bedeutender Unterhaltung ein starkes Pensum auf. Die zwei ersten Akte des ‚Tasso‘, in poetischer Prosa geschrieben, hatte ich von allen Papieren allein mit über See genommen. Diese beiden Akte, in Absicht auf Plan und Gang ungefähr den gegenwärtigen gleich, aber schon vor zehn Jahren geschrieben, hatten etwas Weichliches, Nebelhaftes, welches sich bald verlor, als ich nach neueren Ansichten die Form vorwalten und den Rhythmus eintreten ließ. [...]
> [31.3.] Gegen Mittag war uns der Wind ganz zuwider, und wir kamen nicht von der Stelle. Das Meer fing an, höher zu gehen, und im Schiffe war fast alles krank. Ich blieb in meiner gewohnten Lage, das ganze Stück ward um und um, durch und durch gedacht. Die Stunden gingen vorüber, ohne daß ich ihre Einteilung bemerkt hätte [...] Gegen Mitternacht fing das Meer an, sehr unruhig zu werden.
> [1. April] Um drei Uhr morgens heftiger Sturm. Im Schlaf und Halbtraum setzte ich meine dramatischen Pläne fort, indessen auf dem Verdeck große Bewegung war. Die Segel mussten eingenommen werden, das Schiff schwebte auf den hohen Fluten.[48]

Den Rhythmus des Meeres behält Goethe als körperliche Erfahrung, die das Geistige beflügelt. Kein Zufall also, dass auch Tasso selbst in Goethes Drama auf das Bild der Welle zurückkommen wird.

Die historische Person des Tasso galt als Inbegriff des genialen, aber wahnsinnigen Dichters. Er wurde, nachdem er durch seine *Discorsi dell'arte poetica* (1567–1570) zum Hofdichter des Herzogs von Ferrara geworden war und 1575 sein Hauptwerk *La Gerusalemme Liberata* vollendet hatte, aufgrund seines Verfolgungswahns interniert. Goethe greift diesen Stoff auf und beschwört in Tassos Schlussworten im

---

46 Forster deutet den Schluß des *Tasso* nicht als Drama der „Auswegslosigkeit", sondern im Bild des Meeres – „The sea is the chaotic creative Tasso" – als Figuration einer prekären Balance, „a momentary precarious balance", die freilich nicht einfach aufhört, sondern als „uncertain balance" und „a constant struggle" über eine vermeintliche Rettung im Festen hinausgeht. Forster: Thoughts on Tasso's Last Monologue, S. 21 und S. 22.
47 Vgl. Goethe: Italienische Reise. In: ders.: *Goethes Werke*. Hamburger Ausgabe. Bd. XI. Hamburg 1950, S. 89–90 und S. 314–321.
48 Goethe: Italienische Reise, S. 226–227.

Bild des Schiffbruchs und der Welle jedoch mehr als bloß einen wahnsinnig gewordenen Dichter. Denn was sich in der Rede des Dichters Tasso an seinen weltgewandten und „festgegründeten" Gegenspieler Antonio als den sprichwörtlichen „Fels in der Brandung" im Bild des steuerungslosen Schiffes zu lesen gibt, das erweist sich bei genauerem Hinsehen als Einsicht in die Notwendigkeit, sich auf das offene Meer des Denkens hinauszuwagen.[49] Goethes Bild ist kühl, weil in ihm der sprichwörtlich ruhende Fels zwar als Rettung des haltlosen Geistes erscheint, aber zugleich auch als Zerstörung des dichterischen Potenzials gelten muss. Das Feste gibt Sicherheit, bedeutet aber auch das Ende des Kreativen. Tasso scheitert an politisch versierten Hofleuten wie Antonio, deren Selbstsicherheit sich auch im Umgang mit der konventionellen Sprache erweist. Zu ihm spricht Tasso nun:

> TASSO:
> O edler Mann! Du stehest fest und still,
> Ich scheine nur die sturmbewegte Welle.
> Allein bedenk' und überhebe nicht
> Dich deiner Kraft! Die mächtige Natur,
> Die diesen Felsen gründete, hat auch
> Der Welle die Beweglichkeit gegeben.
> Sie sendet ihren Sturm, die Welle flieht
> Und schwankt und schwillt und beugt sich schäumend über.
> In dieser Woge spiegelte so schön
> Die Sonne sich, es ruhten die Gestirne
> An dieser Brust, die zärtlich sich bewegte.
> Verschwunden ist der Glanz, entflohn die Ruhe. –
> Ich kenne mich in der Gefahr nicht mehr,
> Und schäme mich nicht mehr, es zu bekennen.
> Zerbrochen ist das Steuer, und es kracht
> Das Schiff an allen Seiten. Berstend reißt
> Der Boden unter meinen Füßen auf!
> Ich fasse dich mit beiden Armen an!
> So klammert sich der Schiffer endlich noch
> Am Felsen fest, an dem er scheitern sollte.[50]

Die Rede Tassos geht erst von der Beweglichkeit der Welle in das Bild des Schiffbruchs über. Beschworen wird nicht dieser, er ist nur ein Vergleich, den Tasso zwar aus der literarischen Tradition gewinnt, aber auch aus seiner Situation zieht. Demgegenüber ist das Gleichnis („Ich scheine nur die sturmbewegte Welle") nicht nur in der Situation gegründet. Es beschwört die Gefahr einer durch die Natur selbst begabten Beweglichkeit des Gemüts, das üblicherweise im Bild des „furor poeticus",

---

49 Antonio wird schon früher im Stück als Gegensatz zu Tasso herausgestellt. In Vers 1255f. heißt es: „Und auf des Lebens leicht bewegter Woge / Bleibt dir ein stetes Herz". Vgl. Gerhard Neumann: *Konfiguration. Studien zu Goethes „Torquato Tasso"*. München 1965, S. 149–162.
50 Goethe: Torquato Tasso. Ein Schauspiel. in: *Goethes Werke*, Hamburger Ausgabe. Bd. V., S. 166–167.

des begeisterten Dichtergemüts, ausgedrückt wird. Die Gefahr des Schiffbruchs wechselt dann die Konnotation, die sturmbewegte Welle (als positive Energie der Dichtung) wird zur Gefahr, sie bricht sich am Felsen. Doch das Bild bleibt ambivalent, denn die Gefahr oder das Schicksal der Welle, sich zu brechen, ersetzen hier keineswegs die Macht des Flüssigen: Es sei ja dieselbe Natur, die den Felsen gründe oder die „sturmbewegte Welle" hervorbringe, heißt es. Die Welle ist damit nur eine Form der Natur, die Goethe hier (als bekennender Neptunist) als flüssig denkt. Felsen sind folglich nur erstarrte Flüssigkeiten.

In der ästhetischen Form der „Woge" wiederum wird aus der Beweglichkeit der Welle eine ästhetische Qualität, nämlich die Spiegelung der Welt: Sonne und Gestirne spiegeln sich „so schön" in ihr. Erst dann beendet das Bild des Schiffbruchs die Szenerie, um zu jenem paradoxen Felsen zurückzukehren, der Rettung und Scheitern zugleich ist. Die letzten Worte Tassos in Goethes Schauspiel beschwören folgerichtig auch nicht seine Rettung, sondern nur einen doppelten Trugschluss. Der Fels ist keineswegs Rettung, sondern das Ende der Dichtung als freier Bewegung von Gedanken und Sprache. Insofern die schöne Widerspiegelung durch die Bewegung der Woge geschieht, kann man vielleicht sogar sagen, dass Goethe sich hier den Surfer im geistigen Sinne als Ideal des Dichters vorstellt: nahe daran, verschlungen zu werden, aber mit der Gefahr spielend und sie als Antrieb nutzend. Dichtung wäre somit die prekäre Balance zwischen Idiosynkrasie und Konventionalität.

Diese Deutung mag weit hergeholt erscheinen, doch die Analogie liegt für Goethe nicht so fern. Wenn über den Erfolg beim Surfen oder Brandungsreiten die „Virtuosität" des Reiters entscheidet, lässt sich eine weitere Notiz Goethes hinzufügen, in der er dieser Virtuosität als Kontrollverlust das Wort redet. Es geht um die Beherrschung einer rasanten, gefährlichen Situation. „Noch immer auf der Wooge mit meinem kleinen Kahn", heißt es in einem Brief Goethes an Herder vom Juli 1772, um dann anlässlich seiner Begeisterung beim Lesen Pindars eine Maxime zu formulieren, die man geradezu als Anweisung zum Surfen im geistigen Sinne verstehen kann, auch wenn im Bild eines rasenden Wagens variiert wird:

> Über den Worten Pindars [...] ist mirs aufgegangen. Wenn du kühn im Wagen stehst, und vier neue Pferde wild unordentlich sich an deinen Zügeln bäumen, du ihre Krafft lenckst, den austretenden herbei, den aufbäumenden hinabpeitschest, und jagst und lenckst und wendest, peitschest, hälst, und wieder ausjagst, biss alle sechzehn Füsse in einem Tackt ans Ziel tragen. Das ist Meisterschafft [...], Virtuosität.[51]

Dies konterkariert das Bild Goethes als „Olympier", dessen ruhiges Auge die Phänomene anschaut und erkennt. Die Spiegelung der Welt erscheint vielmehr erst im Rausch oder Rauschen des Wirbels, im Glitzern der sich brechenden Welle und

---

51 Goethe an Herder, um den 10. Juli 1772. Zitiert nach Ralph Häfner: *Konkrete Figuration*, S. 117.

widerspricht damit dem Modell der Mimesis oder der Widerspiegelung im Sinne eines analogen Bildnisses der Welt als dessen Nachahmung.

Die angeführten Beispiele zeigen durch ihre Priorisierung des Fluiden eine Dekonstruktion fester Begriffe und Ordnungen der Welt. Dekonstruktiv ist dies, weil es hier nicht um eine einfache Umkehrung der Ordnung geht, sondern um eine Verschiebung der ‚festen' Grundannahmen oder Konventionen. Wird bei Melville das Meer nicht zum Bild des Lebens, sondern zum „Phantom" desselben, so wird die Reise bei London nicht zur Irrfahrt mit glücklichem Ausgang (sie endet in der Tat mit einer schweren Erkrankung, die zur Rückkehr zwingt). Das Herumgondeln oder Cruisen entdeckt in der Zwecklosigkeit vielmehr eine Lebensphilosophie, die im Surfen gipfelt und das Modell der Reise ersetzt. Ebenso lässt erst das interesselose Wohlgefallen des Matrosen bei Poe eine Distanz zur Gefahr zu, die aus der Faszination die Rettung ermöglicht. Das ist weder Waghalsigkeit noch Mut, sondern kontraintuitive, spontane Risikokalkulation. Tassos Worte, „ich scheine nur die sturmbewegte Welle", sagen weniger aus, dass er dies nur scheinbar sei, als dass diese Welle nur die sichtbare Macht der fluiden Natur anzeigt, die wohl gebrochen, aber weder eingedämmt noch ohne Schaden, nicht zuletzt für kreative Energien, stillgestellt werden kann. So zeigt sich in der literarischen Tradition das Fluide zwar immer auch konventionell als Gefahr, doch mitunter zugleich als abgründiges Wissen über den schwankenden Untergrund, dem alles Feste aufruht und das ein anderes riskantes Denken, Beobachten und Handeln einfordert.

Literaturverzeichnis

Bickenbach, Matthias/Maye, Harun: *Metapher Internet. Literarische Bildung und Surfen*. Berlin 2009.

Bickenbach, Matthias: Das Meer im Meer. Figurationen der Gefahr und des Erhabenen in Melvilles *Moby-Dick*. In: Hans Richard Brittnacher/Achim Küpper (Hg.): *Seenöte, Schiffbrüche, feindliche Wasserwelten. Maritime Schreibweisen der Gefährdung und des Untergangs*. Göttingen 2018, S. 89–106.

Blumenberg, Hans: *Schiffbruch mit Zuschauer. Paradigma einer Daseinsmetapher*. Frankfurt a. M. 1979.

Brittnacher, Hans Richard/Achim Küpper (Hg.): *Seenöte, Schiffbrüche, feindliche Wasserwelten. Maritime Schreibweisen der Gefährdung und des Untergangs*. Göttingen 2018.

Forster, Leonard: Thoughts on Tasso's Last Monologue. In: *Essays in Germanic Language, Culture and Society*. Hg. von Siegbert B. Prawer, R. Hinton Thomas und Leonard Forster. London 1969, S. 18–23.

Geerdts, Hans Jürgen: Meeressymbolik in Goethes Schaffen. In: ders.: *Zu Goethe und anderen. Studien zur Literaturgeschichte*. Leipzig 1982, S. 123–150.

Goethe, Johann Wolfgang: Die Leiden des jungen Werthers [1774]. In: ders.: *Werther, Wahlverwandtschaften, kleine Prosa*. Hg. von Waltraud Wiethölter. Frankfurt a. M. 2006, S. 9–267.

Goethe, Johann Wolfgang: Seefahrt [1773]. In: ders.: *Goethes Werke*. Hamburger Ausgabe in 14 Bänden. Hg. von Erich Trunz. Hamburg 1949 ff. Bd. I, S. 49–50.

Goethe, Johann Wolfgang: Torquato Tasso [1790]. Ein Schauspiel. In: *Goethes Werke*. Hg. von Erich Trunz. Hamburger Ausgabe. Bd. V. Hamburg 1949 ff.

Goethe, Johann Wolfgang: Italienische Reise. In: ders.: *Goethes Werke*. Hg. von Erich Trunz. Hamburger Ausgabe. Bd. XI. Hamburg 1950.

Häfner, Ralph: *Konkrete Figuration. Goethes „Seefahrt" und die anthropologische Grundierung der Meeresdichtung im 18. Jahrhundert.* Tübingen 2002.

Heraklit: Fragmente. In: *Die Vorsokratiker*. Ausgewählt v. Wilhelm Neste. Düsseldorf/Köln 1956.

Homer: *Die Odyssee*. Übers. von Wolfgang Schadewaldt. Stuttgart 4. Aufl. 2012.

Houston, James D./Finney, Ben: *Surfing. A History of the Ancient Hawaiian Sport*. 2. revised edition. San Francisco 1996.

Lesky, Albin: *Thalatta. Der Weg der Griechen zum Meer.* Wien 1947.

London, Jack: Ein königlicher Sport. In: ders.: *Die Fahrt mit der Snark*. [1911] Übers. von Erwin Magnus. München 1978, S. 41–50.

London, Jack: Surfing. The Royal Sport [1907]. In: Eric Paul Roorda (Hg.): *The Ocean Reader: History, Culture, Politics*. New York 2020, S. 377–384.

Lüttge, Felix: *Auf den Spuren des Wals. Geographien des Lebens im 19. Jahrhundert*. Göttingen 2020.

Maye, Harun: Edgar Allan Poes Tradition. Im Malstrom der Medien mit Edgar Allan Poe und Marshall McLuhan. In: Peter Rautmann/Nicolas Schalz (Hg.): *Zukunft und Erinnerung – Flüchtige Gegenwart. Globalisierung und die Rolle der Künste heute*. Bremen 2002, S. 158–185.

McLuhan, Marshall: *Die magischen Kanäle. Understanding Media*. Frankfurt a. M. 1970

McLuhan, Marshall: *Medien verstehen. Der McLuhan-Reader*. Hg. von Martin Baltes, Fritz Böhler u.a. Mannheim 1997.

McLuhan, Marshall/Fiore, Quentin: *Das Medium ist Massage*. Frankfurt a. M./Berlin 1969.

Melville, Herman: *Moby-Dick oder Der Wal*. [1851] Übers. von Mathias Jendis. München/Wien 2001.

Neumann, Gerhard: *Konfiguration. Studien zu Goethes „Torquato Tasso"*. München 1965.

Nietzsche, Friedrich: Die fröhliche Wissenschaft [1882]. In: ders.: *Werke in drei Bänden*. Hg. von Karl Schlechta. Bd. 2. München 1966.

Poe, Edgar Allan: Ein Sturz in den Malstrom [1841]. In: ders.: *Erzählungen. Phantastische Fahrten, Geschichten des Grauens und Detektivgeschichten*. Hg. von Roland W. Fink-Henseler. Bayreuth 1985, S. 258–273.

Schumann, Detlev W.: Motive der Seefahrt beim jungen Goethe. In: *The German Quarterly* 32/2 (1959), S. 105–120.

von Clausewitz, Carl: *Vom Kriege* (1832–34). Hg. von Ulrich Marwedel. Stuttgart 1980.

Werber, Niels: *Die Geopolitik der Literatur. Eine Vermessung der medialen Weltraumordnung*. München 2007.

Wolf, Burkhardt: *Fortuna di Mare. Literatur und Seefahrt*. Zürich/Berlin 2013.

Young, Nat: *Surfing Fundamentals. How to Ride a Modern Shortboard*. Palm Beach 1985.

Inge Hinterwaldner
Direkt aus der Röhre

Zu einer multi-agentialen Konzeption von Malerei im Werden

Zusammenfassung: Direkt aus der Tube zu malen, ist seit den Industriefarben des 19. Jahrhunderts möglich und gängig. Direkt aus der Röhre zu malen und dabei auf chemische Selbstorganisation zu setzen, ist hingegen erst in jüngster Zeit professionell betrieben worden. Wenn man den Fällungsprozess – der bei der Farbpigmentherstellung wie auch in chemischen Gärten vonstattengeht – als grundlegenden Vorgang für eine aktive Farb-Formkonzeption akzeptiert, lässt sich ein neues Malereikonzept entwickeln. Dieses dynamische und multi-agentiale Malereikonzept gesteht Farbmaterialien je eigene Aufgabenbereiche und Handlungsvermögen zu. Die darin erfolgenden Phasenverschiebungen zwischen gasförmig, flüssig, gallertartig, fest führen zu neuen kollaborativen und performativen Ausdrucksweisen, für die sich die Künste und die Wissenschaften gleichermaßen interessieren.

Schlüsselwörter: Chemische Gärten, flüssige Malerei, Farbpigment, Pigmentsynthese, egalitäre Handlungsmacht, strukturelles Präzipitat, Pinsel der Natur, Ferdinand Friedlieb Runge, Fließregime

Die westliche Malerei des 19. Jahrhunderts wurde durch die Herstellung synthetischer Farben revolutioniert. Bis heute arbeiten Künstler*innen direkt aus der Tube. Ende des 20. Jahrhunderts zeichnete sich eine Tendenz ab, direkt aus der Röhre zu malen. Damit geht ein deutlich anderes Malereikonzept einher. Vorgetragen und vorangetrieben wird es durch einige zeitgenössische Kunstschaffende, die sich dem Phänomen des chemischen Gartens widmen.[1] Diesen Künstler*innen geht es darum, über die alchemistische Thematisierung der Farben in chemischen Gärten auch zu einer neuen Art von dynamischer Malerei bzw. Bildkonzeption zu gelangen. Dies sei betont, weil Chemiker*innen tendenziell andere Ziele verfolgen und im Verlauf der Darstellung die Frage auftauchen wird, warum hier überhaupt von Malerei und nicht von dreidimensionalen Gebilden oder Plastiken die Rede ist. Mit Ausnahme eines Beispiels, das in der naturwissenschaftlichen Erforschung der chemischen Gärten nicht auftaucht, befasst sich dieser Beitrag mit wissenschaftlichen Um-

---

[1] In einer ersten Studie habe ich darauf abgehoben, die Vorgänge in chemischen Gärten als farbverkörperte Visualisierungen aufzufassen, vgl. Inge Hinterwaldner: Malen mit Farb-Formen. Chemische Gärten in gestalterischer Reinterpretation. In: Christoph Bertsch, Rosanna Dematté, Claudia Mark, Helena Pereña (Hg.): *Schönheit vor Weisheit. Das Wissen der Kunst und die Kunst der Wissenschaft*. Wien/Innsbruck 2019, S. 35–46.

gangsweisen, wie sie sich aus den akademischen Publikationen entnehmen lassen. Zugleich stammen die Vorzeichen, unter denen diese Praktiken diskutiert werden, aus der künstlerisch-gestalterischen Domäne, was sich bereits am Konzept der Malerei ablesen lässt. Des Weiteren werden Farben, bedingt durch den Kontext ihrer historischen Untersuchung sowie aufgrund des Vergleichs zur Pigmentsynthese, als eigenschaftsbehaftete Materialien angesehen, als Farbmaterialien mit je eigenem Aufgabenbereich und Handlungsvermögen. Farben sind hier als Akteure und nicht ausschließlich als Ausdruck anderer Gegenstände zu verstehen. Das Wesentliche ist ihr Wesen als Farbe bzw. ihr Farb-Form-Werden, also ihre Fähigkeit zur gestaltenden Bildwerdung.

1 Chemische Gärten in der Wissenschaft

Chemische Gärten sind selbstorganisierte, sich autonom zusammensetzende Strukturen, die über makroskopische Kräfte von Flüssigkeitsphysik entstehen, nämlich einer Mischung aus Auftrieb, Osmose und Reaktions-Diffusions-Prozessen (Abb. 1).

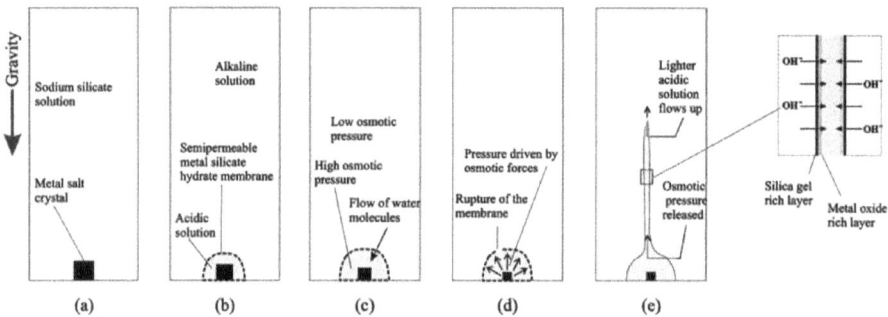

Abb. 1: Prinzipielles Entstehen eines chemischen Gartens aus der Formation einer Membran: a) Setzung und Beginn der Reaktion, b) Membranformation zwischen den Lösungen, c) osmotischer Druck ist innerhalb der Membran höher, daher expandiert sie, d) unter osmotischem Druck bricht die Membran auf und formt e) eine Röhre.

Als Schauexperimente kommen sie durch eine Experimentalanordnung zustande, bei der ein durchsichtiges Gefäß mit einer Lösung gefüllt wird. In der Regel handelt es sich dabei um Natriumsilikat (Wasserglas), doch eignen sich auch andere anionenhaltige wässrige Lösungen wie Silikate, Borate, Phosphate oder Karbonate. In diese gesättigten oder fast gesättigten Lösungen werden Metallsalze eingebracht, die sich auflösen und dadurch Metallionen absondern. In einem ersten Moment reagieren diese Ionen der Metallsalze mit der alkalinen Umgebungsflüssigkeit und formen um den Metallsalzkern zunächst eine gelatineartige, halbdurchlässige Membran aus Metallsilikaten. Damit ist eine Grenze geschaffen, die einen Innen- und einen Außenbereich erzeugt. Diese Instanz ermöglicht es, dass sich im Behälter lokal Flüssigkeitsdifferenzen fernab von einem Gleichgewichtszustand etablieren. Dies ist jedoch insofern dynamisch, als diese Haut durch osmotische Druckdifferenzen Wasser durchlässt, zu weiterer Auflösung der Salze führt, anschwillt, an die Grenze ihrer Dehnbarkeit stößt und schließlich bricht. Der Riss entlässt die mit Metall angereicherte Flüssigkeit in die alkaline Umgebungsflüssigkeit. An den Grenzflächen zwischen diesen beiden Lösungen kommt es zu einer Fällungsreaktion, in der sich dünne kolloidale (gallertartige) Membranen aus Bestandteilen wie Metallhydroxiden, -oxiden oder -silikaten bilden.[2] Schwer lösliche – und je nach Metall spezifisch farbliche – Silikate lagern aneinander an und formen binnen Sekunden oder Stunden über den Vorgang der Solidifikation Strukturen mit mannigfaltigem Aussehen, von verkröpften Wucherungen bis zu kerzengeraden Kapillaren. Das Fällungsprodukt, auch „Präzipitat" oder „Niederschlag" genannt, ist ein unlöslicher Feststoff. Sobald die Konzentration der Substanzen hoch genug ist, formieren sich hohle Röhrchen, die bis zu einer Länge von 30 cm mehrere Größenordnungen von nano bis makro überspannen können: Die dünnsten wissenschaftlich erstellten Röhrchen haben einen Minimaldurchmesser von ca. 3 µm innerem Radius, durchschnittlich sind es 0,1–1 mm.[3] Mit Vorliebe entstehen tendenziell vertikale Strukturen. Diese Aufwärtstendenz ist gegeben, weil die Flüssigkeit hinter der Membran, die den Metallsalzkristall als Samen umschließt, ein geringeres Gewicht hat als die stationäre Lösungsflüssigkeit, die sie umgibt. Somit arrangiert sich die Materie in chemisch neuen Verbindungen.

2 Typen von Präzipitaten – Farbe in verschiedenen Erscheinungsformen

In chemischen Gärten liegt laut dem Chemiker Thomas H. Hazlehurst (1906–1949) die Besonderheit eines „strukturellen Präzipitats" vor, bei dem sich definierte Formen mit erheblicher mechanischer Festigkeit bilden. Zu diesem Präzipitieren kann es beim Aufeinandertreffen verschiedenster Phasenkombinationen der involvierten Substanzen kommen: Dies geht beispielsweise an der Phasenschnittstelle fest/

---

[2] Vgl. Fabian Glaab, Julian Rieder, Juan Manuel Garcia-Ruiz, Matthias Kellermeier: Diffusion and Precipitation Processes in Iron-Based Silica Gardens. In: *Physical Chemistry Chemical Physics* 18/36 (2016), S. 24850–24858.
[3] Rabih Makki, Mohammed Al-Humiari, Sumana Dutta, Oliver Steinbock: Hollow Microtubes and Shells from Reactant-Loaded Polymer Beads. In: *Angewandte Chemie Int. Ed.* 48 (2009), S. 8752–8756.

gasförmig (Korrosion), flüssig/flüssig (Cellulose), flüssig/fest (chemische Gärten) und flüssig/gasförmig (Stalaktite) vor sich.[4] Das Erstarren in chemischen Gärten kommt einer Phasenänderung von flüssig zu fest gleich, wobei sich meistens viele kleine aneinandergefügte Kristalle bilden.[5]

Bereits beim Zusammenführen zweier Substanzen (Glaswasser und Metallsalz) spricht man vom chemischen Garten. Wissenschaftler*innen testen in der Regel nur je zwei Substanzen,[6] variieren die Konzentrationen und typologisieren mit metaphorischen Begriffen die Morphologie der Präzipitationsmuster. Genauer gesagt benennen die Gelehrten dabei die Farben mit ihrer allgemeinen Bezeichnung und belegen in ihren Typologien die Formen meistens mit organischen Metaphern. Während man in dreidimensionalen Umgebungen von „Bäumen" und „Pflanzen" spricht und so deren Ähnlichkeit zu diesen Gebilden betont, erleben die verschiedenen Salze bzw. Reaktanten in Versuchen mit annähernd zweidimensionalen Verhältnissen andere, eingeschränkte Bedingungen. Ihre Ausformungen wurden über ihre Abhängigkeit von den Konzentrationen folgendermaßen typologisiert: „Blumen", „Fäden", „Würmer", „Haare", „Lappen" und „Spiralen"[7] sowie „Wolken" und „Schnecken".[8]

Die Auswirkungen dieser Besonderheit des strukturellen Präzipitats, d.h. der Membranbildung, können in ihrer Reichweite nicht überschätzt werden. Das Entstehen von Membranen bildet den definitorischen Kern der chemischen Gärten und erlaubt eine Unterscheidung von anderen musterbildenden Vorgängen[9] und auch

---

[4] Thomas H. Hazlehurst: Structural precipitates: The silicate garden type. In: *Journal of Chemical Education* 18 (1941), S. 286–289; hier: S. 286.

[5] Julyan H. E. Cartwright: E-Mail-Korrespondenz mit der Autorin, 8. September 2020.

[6] Zu den Ausnahmen zählen: Laura M. Barge, Yeghegis Abedian, Ivria J. Doloboff, Jessica E. Nuñez, Michael J. Russell, Richard D. Kidd, Isik Kanik: Chemical Gardens as Flow-through Reactors Simulating Natural Hydrothermal Systems. In: *Journal of Visualized Experiments* 105 (2015), e53015 (15 Seiten). Sie sprechen dann aber von *zwei* chemischen Gärten, die simultan ablaufen. Wenyang Zhao, Kenji Sakurai: Realtime Observation of Diffusing Elements in a Chemical Garden. In: *ACS Omega* 2/8 (2017), S. 4363–4369; hier: S. 4367: „Instead of seeding only one species of metal salt in a chemical garden reaction, the present research used a mixture of two metal salts, which were calcium chloride and ferrous sulfate heptahydrate. It was found that the upward growth of calcium structures was obviously faster than iron structures even though these two elements shared the same tubules in the same reaction."

[7] Im Original: „flowers, filaments, worms, hairs, lobes, and spirals", vgl. Florence Haudin, V. Brasiliense, Julyan H. E. Cartwright, Fabian Brau, Anne D. De Wit: Genericity of Confined Chemical Garden Patterns with Regard to Changes in the Reactants. In: *Physical Chemistry Chemical Physics* 17 (2015), S. 12804–12811; hier: S. 12805.

[8] Hier werden diese Formen zu den Fließregimes gezählt: Laurie J. Points, Geoffrey J. T. Cooper, Anne Dolbecq, Pierre Mialane, Leroy Cronin: An All-Inorganic Polyoxometalate–Polyoxocation Chemical Garden. In: *Chemical Communications* 52/9 (2016), S. 1911–1914; hier: S. 1911.

[9] Liesegang-Ringe schaffen auch Musterbildung über Präzipitate, bilden dabei aber keine Membrane aus und zählen daher nicht zu den chemischen Gärten. Vgl. Laura M. Barge, Silvana

von anderen Präzipitationstypen. Zur Verdeutlichung von letzterem seien noch zwei Anwendungsgebiete angedeutet, in denen Präzipitate gerade nicht ‚strukturell' ausfallen: in der Kläranlage und in der Pigmentsynthese. Dem Thema der Farbe und damit zur gestalteten Farbe – Malerei – nähere ich mich also in einem ersten Schritt, bei dem verschiedene Ausfällungen betrachtet werden.

2.1 Kläranlagen

In chemischen Kläranlagen werden seit den 1980er Jahren Metallsalze[10] als Fällungsmittel hinzugegeben, um das trübe Wasser – meist in einem mehrstufigen Verfahren mit Vor-, Simultan- und Nachfällung – von Phosphorverbindungen zu befreien. Über die Salze gerinnt der Phosphor zu einem festen Bestandteil, d.h. es wird in eine wasserunlösliche Verbindung überführt und kann dann filtriert werden. In diesem Fall ist die Fällung also die Bindung bzw. der Entzug eines Stoffes (Phosphorelimination, vom lateinischen Verb *eliminare* = austreiben), und ihr Niederschlag ähnelt einem sandartigen Granulat („Flocken" genannt). Es kommt also nicht zu Gewächsen, in die man figurative Strukturen hineinlesen würde.

2.2 Pigmentsynthese

Zu einer noch feineren Körnung kommt es bei der Pigmentherstellung in den industriellen Verfahren der Partikelsynthese aus Metallen (Abb. 2). Viele der eisenbasierten Farbpigmente werden also mittels Fällungsreaktionen erzeugt. Der Ausdruck „Pigment" stammt aus dem lateinischen Substantiv *pigmentum* und bedeutet schlicht „Farbe". Farbpigmente bestehen aus Teilchen und sind im Anwendungsmedium praktisch unlöslich. Im Unterschied dazu sind Farbstoffe in Anwendungsmedien löslich. Pigmente haben folglich Festkörpereigenschaften wie Kristallstruktur, Kristallmodifikation, Teilchengröße und Teilchengrößenvarianz. In der Branche gilt eine ebenmäßige Partikelgröße als Qualitätsmerkmal. Bei schnell ablaufenden Fällungsreaktionen, die allgemein durchaus befürwortet werden, erreicht man dieses Ziel allerdings nur, wenn man eine gleichmäßige Vermischung der Ausgangsstoffe in kurzer Zeit bewerkstelligt. Nur eine kontinuierliche bzw. gepulste Beschallung der

---

S. S. Cardoso, Julyan H. E. Cartwright, Geoffrey J. T. Cooper, Leroy Cronin, Anne De Wit, Ivria J. Doloboff, Bruno Escribano, Raymond E. Goldstein, Florence Haudin, David E. H. Jones, Alan L. Mackay, Jerzy Maselko, Jason J. Pagano, J. Pantaleone, Michael J. Russell, C. Ignacio Sainz-Díaz, Oliver Steinbock, David A. Stone, Yoshifumi Tanimoto, Noreen L. Thomas: From Chemical Gardens to Chemobrionics. In: *Chemical Reviews* 115 (2015), S. 8652–8703, hier: S. 8653.
10 Es handelt sich teilweise um dieselben Verbindungen, die in chemischen Gärten sprießen: Eisenchloride, Eisen-(II)-Sulfat, Aluminiumsulfat etc.

übersättigten Lösung mit Ultraschall leitet darin stetig die Bildung von Partikelkeimen ein und fördert deren Kristallisation. Durch die über diese Sono-Präzipitation initiierte Anzahl lässt sich indirekt die Größe der Partikel kontrollieren.[11]

Abb. 2: Farbpalette der Pigmente aus Eisenoxiden.

Der Exkurs in andere Bereiche der Präzipitation dient dazu, eine Parallele aufzuzeigen: Weil also die Pigmentsynthese für Farben auf denselben Vorgängen beruhen wie die strukturellen Präzipitate der chemischen Gärten, sei hier der Versuch unternommen, zu überlegen, wohin es führt, wenn man nicht nur die pulverisierten Präzipitationen, sondern auch die makroskopisch strukturellen Präzipitationen auf die gleiche Art und Weise kategorisieren würde, d.h. sie als Farben ansehen würde und die daraus gestalteten Produkte als Malerei. Die Farbmittel sind auch Formmittel – wenn man sie lässt.

Man könnte mit einer gewissen Plausibilität und mit Verweis auf die Phänomenologie einwerfen, es wäre naheliegender, bei den chemischen Gärten von „Plastiken" oder „Assemblagen" anstatt von „Malerei" zu sprechen. In der Tat würde man sich damit einiger konzeptioneller Probleme entledigen, aber man hätte auch die Brisanz der Frage nach einer alternativen Konzeption von „Farbe" damit allzu rasch

---

11 Hielscher Ultraschall-Technologie: Ultraschall-gestützte Kristallisation und Fällung. In: *Website Hielscher*, undat. in: https://www.hielscher.com/de/ultrasonic-crystallization-and-precipitation.htm (letzter Zugriff: 22. Mai 2022).

zu den Akten gelegt. Zudem würde man wahrscheinlich eine arbiträre Grenze anbieten müssen, wenn es dann darum geht zu bestimmen, ab welcher Partikelgröße man gewillt ist, das entstehende *Genre* zu wechseln und von „Plastik" zu sprechen und nicht mehr von „Malerei". Würde diese Grenzziehung einem anthropomorphen Maß folgen?

Über den Prozess der Ausfällung entsteht in der Pigmentsynthese Pulverförmiges für das künftige Farbfeld, während der im Grunde identische Vorgang in chemischen Gärten das Farbfeld bestellt. Um letzteres zur Kenntnis zu nehmen, ist die Optik etwas zu verschieben. Bei den anderen Ausfällungen in den Bereichen der Abwasserreinigung und der Pigmentsynthese interessiert der Prozess nicht und das mikrogranulare Produkt als Ergebnis nur insofern, weil es sodann ausfilterbar ist bzw. sich verstreichen lässt. Bei den strukturellen Präzipitaten hingegen ist man daran interessiert, Hand in Hand mit den selbstorganisierenden Materialien die Ausgestaltung vorzunehmen. Die Materialien sollen ihre chemischen Mikroprozesse vollführen, während die Wissenschaftler*innen diverse Modi der Steuerung einsetzen, um zu einer Funktionsform zu kommen, die sie nutzbringend einsetzen können.

3 Konzept einer Farbdynamik und historischer Rückgriff

Womit haben wir es also zu tun? Es geht um Farbe als sich formierende Präzipitate, bei der Aktivität, Körperlichkeit und die Wandelbarkeit von Farbe, Form und Auftreten eine wichtige Rolle spielen. Dies scheinen im ersten Moment vielleicht unerwartet viele Eigenschaften für Farbe zu sein. Durch einen kleinen Exkurs in die Anfänge der synthetischen Farben im 19. Jahrhundert lassen sich Aspekte auffinden, die sich unter Umständen aktualisieren lassen: 1850 publizierte der Chemiker Friedlieb Ferdinand Runge (1794–1867) das Buch *Zur Farben-Chemie. Musterbilder für Freunde des Schönen und zum Gebrauch für Zeichner, Maler, Verzierer und Zeugdrucker. Dargestellt durch chemische Wechselwirkung*, in dem er nach einem einleitenden Text eine Folge von Farbklecksen einklebte (Abb. 3). Für ihn befinden sich die Farben und deren Bilder in Aktion:

> Die Farben sind hier geschieden und nicht geschieden; sie durchdringen sich gleichsam in der Sonderung und sondern sich in der Durchdringung. So etwas kann nur als ein Naturwüchsiges von Innen heraus sich entwickeln. Was sind sie also, diese Bilder? Es sind natürliche Bildungen, die durch chemische Wechselwirkungen entstehen.[12]

---

[12] Friedlieb Ferdinand Runge: *Zur Farben-Chemie. Musterbilder für Freunde des Schönen und zum Gebrauch für Zeichner, Maler, Verzierer und Zeugdrucker*. Berlin 1850, unpag. [S. 1].

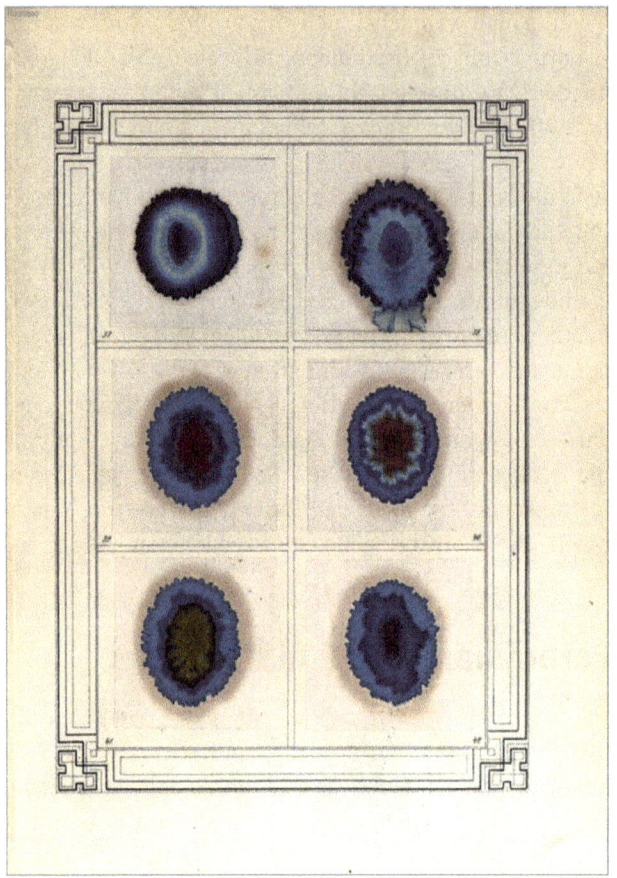

Abb. 3: Ferdinand Friedlieb Runge: Musterbilder, 1850.

Für die Reproduktion der Bilder hielt Runge die Rahmenbedingungen bewusst gleich: dasselbe Papier, dieselben Flüssigkeiten in denselben Konzentrationen, in denselben Zeitabständen von derselben Höhe getropft. Zu seinem Handwerk gehörte, dass er ‚gegenwirkende Mittel', bei denen „die Veränderungen, welche sie bewirken oder erleiden, gleichsam die Sprache sind, mit der sie reden",[13] als Indikatoren einsetzt, etwa um die Anwesenheit eines Stoffes „als Farbiges an's Licht"[14] zu bringen. Er ist kein Atomist, sondern vertritt die sogenannte „dynamisch-chemische Theorie"[15], die auf die wechselseitige Durchdringung der verschiedenen Materien

---

13 Runge: *Zur Farben-Chemie*, unpag. [S. 1].
14 Runge: *Zur Farben-Chemie*, unpag. [S. 4].
15 Klaus-Dieter Röker: Die „Jedermann-Chemie" des Friedlieb Ferdinand Runge. In: *Mitteilungen, Gesellschaft Deutscher Chemiker/Fachgruppe Geschichte der Chemie* 23 (2013), S. 52–70; hier: S. 55.

setzte. Zudem fokussierte Runge laut Esther Leslie auf Prozesse der Chemikalien, nicht auf Prozeduren der Chemiker*innen.[16] Das scheint beispielsweise durch, wenn er schreibt: „das chemische Herumirren ist nun zum Bilde verkörpert auf dem Papier festgebannt."[17] Und weiter: „Hiernach hat jedes Bildchen seine Entstehungsgeschichte, die es nach chemischen Gesetzen durchlebt hat und man kann über jedes eine kleine Abhandlung schreiben."[18] Und schließlich: „Würde man es der Chemie verargen können, wenn sie also mit noch mehr Stolz als Michael Angelo ausriefe: Anch'io sono pittore!? denn sie ist es ohne Pinsel!"[19] Den Einsatz von Pinseln in der Malerei hält er für eine arbiträre Zutat. Sodann spricht er von der Dreidimensionalität dieser Malerei, die das ganze Papier durchdrungen hat, somit also nichts rein Aufgetragenes ist. Diese Bilder haben eine körperliche Ausformung. Um das Denken der Farbe als Bild(ung) einer körperlichen Formation geht es auch in dem vorliegenden Beitrag. Unter diesem Vorzeichen sind Prozesse von zentraler Bedeutung. Als Runge 1833 über seine Trockendestillation die daraus gewonnene, zunächst farblose Kalziumchlorid-Lösung ruhen ließ, hat sie sich tief blau gefärbt. Die Stunde der Erfindung der ersten synthetischen Farbe ging – zumindest nach der Auffassung von Leslie – mit einer Zeitkomponente einher. Dasselbe Cyanol – nur auf anderem Wege, über den pflanzlichen Farbstoff Indigo, hergestellt – hat erstmals der Apotheker Otto Unverdorben (1806–1873) 1826 produziert. Er nannte es „Crystallin"[20], denn „[e]s verbindet sich mit Säuren und giebt mit ihnen krystallisierbare Salze".[21] Ich möchte hier diesen Aspekt betonen: Unverdorben wählte zur Bezeichnung der *Farbe* die Charakterisierung einer *Struktur*. Kurzum: Es findet sich in diesen frühen Positionen die Verschränkung von Farbe, Form(ation), Prozess und Performanz.

---

16 „[...] Runge concentrated on process, from the chemical's point of view, rather than procedure, as seen by the chemist." Aus: Esther Leslie: *Synthetic WorldS. Nature, Art and the Chemical Industry*. London 2005, S. 55.
17 Runge: *Zur Farben-Chemie*, unpag. [S. 5].
18 Runge: *Zur Farben-Chemie*, unpag. [S. 5].
19 Runge: *Zur Farben-Chemie*, unpag. [S. 6].
20 Der Berliner Chemiker Herbert Teichmann rekonstruierte die verzwickte Entdeckungsgeschichte des Anilins: „Crystallin, Blauöl, Anilin und Benzidam: Den aufkeimenden Verdacht, sie könnten identisch sein, klärte 1843 August Wilhelm Hofmann in Gießen, ein Assistent des legendären Chemikers Justus von Liebig. Er wiederholte alle vier Versuche, empfahl sogar noch, es möge vorerst ‚der alte, von einer sehr charakteristischen Eigenschaft dieses Körpers abgeleitete Name Krystallin beibehalten werden'." Aus: Irene Meichsner: Herr der Farben. 1826 entdeckte Otto Unverdorben das Anilin. In: *Deutschlandfunk*, 13.10.2006, in: https://www.deutschlandfunk.de/herr-der-farben.871.de.html?dram:article_id=125661 (letzter Zugriff: 7. Oktober 2020).
21 Otto Unverdorben: Ueber das Verhalten der organischen Körper in höheren Temperaturen. In: *Annalen der Physik* 8/11 (1826), S. 397–410; hier: S. 403.

4 Malen als mikro-makroperformative Handlung mit Skalenübergängen

Im Zuge der performativen Wende in der Kunst und den Wissenschaften ist das Performative als Methode und Modus des Vorgehens mit eigenem Potential in den Blick geraten.[22] Gerade auch im Rahmen der „Bio Art" markiert der Ausdruck „Mikroperformance" ausdrücklich bzw. latent die Unabhängigkeit von einer menschenzentrierten Performance.[23] Dies verschiebt die Aufmerksamkeit in den Debatten auf Materialien oder Kleinstorganismen. Chemische Prozesse könnten auch als Mikroperformances angesehen werden. Dies findet freilich ständig und überall statt, auch in der Pinselmalerei auf der Leinwand, nur dass letztere von Menschen in der Regel ohne besondere Aufmerksamkeit als Austrocknen, Festigen etc. verbucht werden. Chemische Gärten agieren aber skalenübergreifend bis in den makroskopischen Bereich, so dass die Ausgestaltung (zumindest für einen bestimmten Zeitraum oder bei einer bestimmten Geschwindigkeit) deutlicher vor Augen steht.

5 Multi-agentiales (sympoietisches?) Malereikonzept

Frühe Positionen aus Alchemie und Chemie erwähnten Farben in chemischen Gärten und ordneten den Salzen jeweils eine Farbe zu. Das Problem dieser Zusammenstellung und Zuordnung liegt darin, dass sie die Formbildung und die Performanz ausblenden. Gewissermaßen wird so getan, als handle es sich um Farbpigmente im oben beschriebenen Sinn; man unterschlägt damit die Besonderheit der *strukturellen* Präzipitate. Der Begriff des „strukturellen Präzipitats" betont die Struktur, was hier in „Form" übersetzt sei. Diese Farbe ist damit eine geformte Farbe, eine Farb-Form. Die chemischen Reaktionen bilden an der Schnittstelle zwischen Flüssigkeiten feste Farbmanifestationen. Im Unterschied zur herkömmlichen Malerei auf festem Grund ist hier der farbige Niederschlag nur in Kombination mit Form sowie mit einer parameterabhängigen Dynamik zu haben. Im chemischen Garten präsentieren sich die Farben mit bestimmten Formen in bestimmten Rahmenbedingungen, nicht wie sonst in der Malerei, wo die Farben von Hand „geformt" werden und, wenn

---

22 Inge Hinterwaldner, Hans H. Diebner: Performative Science. In: Hans H. Diebner: *Performative Science and Beyond. Involving the Process in Research*. Wien/New York 2006, S. 20–35.
23 In jüngster Zeit etabliert durch: Jens Hauser: Molekulartheater, Mikroperformativität und Plantamorphisierungen. In: Susanne Stemmler (Hg.): *Wahrnehmung, Erfahrung, Experiment. Wissen, Objektivität und Subjektivität in den Künsten und den Wissenschaften*. Zürich 2014, S. 173–189. Jens Hauser, Lucie Strecker: *Performance Research* 25/3: Special issue: On Microperformativity (2020).

überhaupt, nur eine geringe Mitbestimmung bei der Formgebung erhalten. In Absetzung vom pulverförmigen Farbpigment nenne ich die dort entstehenden farbigen Strukturen „Farb-Form". Die Metallsalze bilden mit anderen Reaktanten nicht nur einen individuellen Farbton, sondern auch spezifische Formen. Damit ist gewissermaßen die Entscheidung zu Strichstärke und mitunter auch „Handschrift" bzw. „Pinselduktus" bereits gefallen.

5.1 Malerei mit integrierten „Triebwerken" – Malen als Treiben

Wer die Arten des Malens in chemischen Gärten etwas näher charakterisieren will, dem offenbaren sich in historischen Texten erste Hinweise auf eine grundsätzliche Weise: das Malen als Treiben. „Treiben" ist ein Verb, das die Kraftquelle, das Impulsive, schon miteinschließt. Derselbe Friedlieb Ferdinand Runge, der bereits als Entwickler der ersten synthetischen Farbe erwähnt wurde, behielt die Befürwortung des morphologischen farb-formenden Spektrums bei. Runge vermutete eine ureigene Kraft, die einiges zustande bringe. Daher gehören für ihn Temporalität, Selbsttätigkeit und Körperlichkeit zu den Charakteristiken der Farben. In den Schlussbemerkungen zu seinem Buch *Der Bildungstrieb der Stoffe* (1855) schrieb er beispielsweise:

> 5. Wirklich fertige Farben gebrauchet man zu diesen Bildern nicht. Der Bildungstrieb malt in seiner Art nicht nur besser als irgend ein Maler malen kann, sondern er macht sich auch die Farben selbst, daher die wunderbaren, oft ganz *unnachahmlichen* Farbtöne […], eben weil dem Maler die Farben dazu fehlen. – Die Entstehung des Bildes fällt also mit der Entstehung der Farbe zusammen oder umgekehrt: indem sich die Farbe, d.h. die gefärbte Verbindung aus den chemisch entgegengesetzten Stoffen bildet, gestaltet sich das Bild.[24]

Und weiter:

> 6. Nach Allem glaube ich, nun die Behauptung aussprechen zu dürfen, dass bei der Gestaltung dieser Bilder eine neue, bisher unbekannt gewesene Kraft thätig ist. […] Sie wird nicht durch ein Aeusseres erregt oder angefacht, sondern wohnt den Stoffen ursprünglich innen und zeigt sich wirksam, wenn diese sich in ihren chemischen Gegensätzen ausgleichen, d.h. durch Wahlanziehung und Abstossung verbinden und trennen. Ich nenne diese Kraft ‚Bildungstrieb' […].[25]

Treibende Kräfte sind im Spiel, die intrinsisch verortet scheinen, aber durch äußere Eingriffe noch unterstützt werden können. So griff der Apotheker Johann Friedrich Wiegleb (1732–1800) mechanisch ein, um die Prozesse in seinen chemischen Gärten zu verlängern: „man sieht die Ruthenspitze heraufsteigen, oder Blüthen treiben,

---

[24] Friedlieb Ferdinand Runge: *Der Bildungstrieb der Stoffe. Veranschaulicht in selbstständig gewachsenen Bildern*. Oranienburg 1855, S. 32; bzw. in: https://archive.org/details/gri_000033125012666851/page/n61 (letzter Zugriff: 3. September 2019).
[25] Runge: *Der Bildungstrieb der Stoffe*, S. 32.

und das Triebwerk dauert einige Tage fort, sonderlichen, wenn man in dem darüberstehenden Wasser mit einem Hölzchen Bewegung macht."[26] Die Versuchsanordnung und das mehr oder minder dezente Eingreifen der Experimentator*innen stellen sicher, dass es sich hier nicht darum handeln kann, die Idee des Talbot'schen „pencil of nature" aus dem 19. Jahrhundert unkritisch wieder aufzuwärmen und die Beteiligung der menschlichen Akteur*innen außen vor zu lassen.[27] Als passender erscheint das sympoietische Konzept der 1990er Jahre. Die Umweltwissenschaftlerin Beth Dempster entwickelte 1998 den Ausdruck „sympoietisches System" (vom griechischen σύν/sún = zusammen, bzw. ποίησις/poíēsis = Schaffung, Produktion) als Heuristik, um ökologische Zusammenhänge zu beschreiben.[28] Dabei entwarf sie ihr Konzept in Abgrenzung zur Idee eines autopoietischen Systems, wie es Francisco Varela und Humberto Maturana in den 1980er Jahren beschrieben hatten. Sie verortete es aber im selben Spektrum, beides würde lediglich dessen beide Pole bilden. Demnach haben autopoietische Systeme selbstdefinierte Grenzen, sie sind selbstproduziert, organisatorisch geschlossen, stabil/homeostatisch, entwicklungsorientiert, zentral kontrolliert, vorhersagbar und effizient. Sympoietische Systeme hingegen haben keine Grenzen, sie sind selbstorganisiert, aber kollektiv produziert, organisatorisch halboffen, homeorhetisch (Homeorhesis ist ein aus dem Griechischen entlehntes Substantiv und meint einen ähnlichen Fluss; es bezeichnet in dynamischen Systemen die Rückkehr zu einer Trajektorie, im Unterschied zur Homeostasis, was die Rückkehr zu einem Zustand meint), evolutionsorientiert, verteilt kontrolliert, unvorhersagbar und adaptiv. Diese Fokusverschiebung erlaube es, oft vernachlässigte Charakteristiken in den Vordergrund zu rücken.

5.2 Auftrieb als Motor: Phasenverschiebungen und Aggregatvielfalt in der Farb-Form-Malerei

Das Aufeinandertreffen zweier flüssiger Lösungen bestimmten Typs bildet die Grundvoraussetzung eines chemischen Gartens. Aber bei genauerem Hinsehen handelt es sich nicht einfach um flüssige Bilder, denn auch Gasförmiges und Festes kommen unweigerlich vor. Wenn wir das mediale Ineinander bei einem gängigen

---

26 Johann Friedrich Wiegleb: Die natürliche Magie aus allerhand belustigenden und nützlichen Kunststücken bestehend, zit. n. Georg Schwedt: *Chemische Experimente in naturwissenschaftlich-technischen Museen. Farbige Feuer und feurige Farben.* Weinheim 2003, o. S.

27 Vgl. Günther Harsch, Heinz H. Bussemas: *Bilder, die sich selber malen. Der Chemiker Runge und seine „Musterbilder für Freunde des Schönen". Anregungen zu einem Spiel mit Farben.* Köln 1985.

28 Beth Dempster: Sympoietic and Autopoietic Systems: A New Distinction for Self-Organizing Systems. In: J. K. Allen, J. Wilby (Hg.): *Proceedings of the World Congress of the Systems Sciences and ISSS 2000* [Vortrag an der International Society for Systems Studies Annual Conference, Toronto, Juli 2000], S. 12.

Malereikonzept mit dem Vorgang im chemischen Garten vergleichen, wird deutlich, dass sich in diesem Kontext Merkmale bzw. „Phasen" relativ zum Gewohnten verschoben haben. Aus physikochemischer Perspektive zeigt sich diese Phasenverschiebung darin, dass bei dieser Malerei die beteiligten Akteure in ungewohnten Aggregatzuständen auftreten: Wo traditionell mit Festem (Pinsel) das Flüssige (Farbe) im Gasförmigen (Luft) auf das Feste (Malgrund) gebracht wird, bildet sich nun das Feste (Farb-Form) mit Hilfe des Gasförmigen (Blase als Pinsel) im Flüssigen (Malgrund). Es gibt kein ‚Ausbluten' in dem Sinne, dass die Farbe über Begrenzungen ‚migrieren' würde. Das farbliche ‚Verwässern' ist auch fest gefasst, wenn auch noch dünner. Damit erhalten die Aggregatzustände andere Rollen in dieser Art von Malerei und Bildnerei, nicht aber die Farbgebung.

Wenn an der Luft gemalt wird, kommen Luftbläschen kaum vor. In den chemischen Gärten jedoch treten sie an prominentester Stelle auf. Sie begleiten das Metallsalz häufig bereits über das Hineinfallenlassen des Brockens in die Lösungssubstanz und sitzen dort, wo sich die Struktur weiterbildet. Das sogenannte luftgedeckelte Wachstum („air-capped growth"[29]) erklärt man sich heute nicht mehr – wie noch Wiegleb – nach dem Kanonenrohrprinzip:

> Die physische Ursache davon [für das Wachsen des Marsbaumes; Anm. I.H.] ist die Effevescenz des Alkali und Eisens; die sich davon entwickelnden Luftblasen drängen sich, wie Racketen durch die eiserne Röre hinauf ohne sich von den Stängeln loszureissen, so lange wächst die chymische Eisenstaude merklich fort.[30]

An jedem Röhrchen sitzt maximal eine Blase. Sie wird nach neueren Erkenntnissen über Schnittstellenspannungen („interfacial tension"[31]) oder über eine sehr dünne Membran[32] in der Wachstumsregion gehalten. Auch wenn es der Blase zur Röhrenbildung nicht bedarf, nimmt sie Einfluss, insofern sie beispielsweise das Fließregime ändert. Sie kann die Formation auch beschleunigen,[33] denn ihre Gegenwart erhöht die Auftriebskräfte, was den vertikalen Zug stärkt und die Röhren senkrech-

---

29 Hazlehurst: Structural Precipitates, S. 287.
30 Wiegleb: Die natürliche Magie, zit. n. Schwedt: *Chemische Experimente*, o. S.
31 Rabih Makki, Lázló Roszol, Jason J. Pagano, Oliver Steinbock: Tubular Precipitation Structures: Materials Synthesis under Non-Equilibrium Conditions. In: *Philosophical Transactions of the Royal Society A* 370 (2012), S. 2848–2865; hier: S. 2856.
32 Stephanie Thouvenel-Romans, Jason J. Pagano, Oliver Steinbock: Bubble Guidance of Tubular Growth in Reaction–Precipitation Systems. In: *Physical Chemistry Chemical Physics* 7/13 (2005), S. 2610–2615.
33 Julyan H. E. Cartwright, Juan Manuel García-Ruiz, María Luisa Novella, Fermín Otálora: Formation of Chemical Gardens. In: *Journal of Colloid and Interface Science* 256/2 (2002), S. 351–359, hier: S. 358.

ter und uniformer werden lässt.[34] Die Blase scheint die Aushärtung jedoch nie zu verzögern oder gar zu behindern. Ferner bestimmt („governs"[35] bzw. „selects"[36]) die Blase den Röhrenradius. Wenn bei der traditionellen Malerei die Pinselgröße auch die Strichstärke mitbestimmt, so gilt dies ebenso für die Blasengröße in dieser Malerei, wobei hier jedoch die jeweilige Konzentration der Flüssigkeiten eine Rolle spielt. Die Gasblase ist jedenfalls eine Positionsmarkierung und ein Indikator wie die mit Farbe vollgesogene Pinselspitze, sie glänzt und sticht dadurch optisch hervor. Sie besitzt durch ihre Differenz im Aggregatzustand und in der Dichte im Vergleich zur Umgebungsflüssigkeit aber auch eine weitere, funktionale Seite: Das Gasförmige bildet mit der Auftriebskraft einen wichtigen Antrieb für die Malerei mit dem Festen im flüssigen Grund. Der Auftrieb ist nicht der einzige Antrieb. Es lassen sich weitere intrinsische Treibstoffe ausmachen. Ihre Gesamtheit bilden die Handlungsmacht der Farb-Form. Im Folgenden möchte ich einige Konsequenzen für eine Konzeption der Malerei formulieren, die aus dem Farb-Form-Konzept zu ziehen sind. Kurzgefasst ist also zu fragen: Welche Malerei ist mit Farb-Formen gegeben?

5.3 Form als Motor: Malen als Grenzziehung (Abgrenzung und Differenzsetzung)

Für das Malen als Grenzziehung, als Abgrenzung oder Differenzmarkierung sind vor allem chemische Reaktionen verantwortlich. Mit dieser ersten Setzung („draw a distinction") ist auch der nächste Antrieb vorhanden. Die Literatur spricht in diesem Zusammenhang von einer Energiequelle: „Gradients of density and ion concentrations across a semipermeable membrane make chemical gardens a source of energy."[37] Diese Haut schafft eine Grenzziehung und schließlich eine Differenz in den Konzentrationen, so dass osmotische Prozesse in Gang kommen. Das Ausfällen als Bildung von Membranen und als Morphogenese hohler Fasern hält das Substanzgefälle und somit den ‚Malprozess' aufrecht. Das Setzen von Membranen schafft fort-

---

34 Julyan H. E. Cartwright, Bruno Escribano, C. Ignacio Sainz-Díaz: Chemical-Garden Formation, Morphology, and Composition. I. Effect of the Nature of the Cations. In: *Langmuir* 27/7 (2011), S. 3286–3293, hier: S. 3288.
35 Thouvenel-Romans, Pagano, Steinbock: Bubble Guidance of Tubular Growth, S. 2610.
36 Makki, Roszol, Pagano, Steinbock: Tubular Precipitation Structures, S. 2857. Manchmal allerdings ist der Durchmesser der Blasen um ein Mehrfaches größer als jener der Röhre, die sich hinter ihnen bildet, was anzeigt, dass der Radius auch von den Konzentrationen der Flüssigkeiten abhängt.
37 Laura M. Barge, Silvana S. S. Cardoso, Julyan H. E. Cartwright, Geoffrey J. T. Cooper, Leroy Cronin, Anne De Wit, Ivria J. Doloboff, Bruno Escribano, Raymond E. Goldstein, Florence Haudin, David E. H. Jones, Alan L. Mackay, Jerzy Maselko, Jason J. Pagano, J. Pantaleone, Michael J. Russell, C. Ignacio Sainz-Díaz, Oliver Steinbock, David A. Stone, Yoshifumi Tanimoto, Noreen L. Thomas: From Chemical Gardens to Chemobrionics. In: *Chemical Reviews* 115 (2015), S. 8652–8703, hier: S. 8669.

laufend eine neue Ausgangsbedingung für die weiteren Grenzbildungen. Diese passieren an den offenen Enden oder durch das Aufbrechen und Ausbeulen einer bestehenden Membran. Die Oberfläche, an der weitere Grenzflächen entstehen können, vergrößert sich. Die Formation kann überall an der schon gebildeten Oberfläche losbrechen oder abflauen. Durch die wiederholten Vorgänge des Aufplatzens und Versiegelns verliert die Membran ihre ursprüngliche Homogenität, weshalb auch die Semipermeabilität nicht überall gleich gegeben ist. Die Oberfläche des Einfließens des Glaswassers ist in aller Regel wesentlich größer als die Stelle des Ausfließens (der Fortführung der Grenzziehung). Somit könnte man hier von einer Konzentration des Malens auf eine oder einige wenige punktuelle Stellen sprechen, während die gesamte bis dahin entstandene Struktur daran mitwirkt, den Fortgang zu unterstützen. Somit handelt es sich bei den bereits entstandenen Strukturen um interne, prozessstabilisierende Maßnahmen. Neben diesem Phänomen der Form als Motor einer prozessbasierten Malerei gibt es auch jenes des Prozesses als Motor. Die *ausschlaggebenden* Prozesse können sich diesseits und jenseits der Membranen und somit „innerhalb" und „außerhalb" befinden.

5.4 Interner Prozess als Motor: Fließregimes als performative(r) Malduktus

Die Farb-Form-Malerei verkörpert ihre Performance, das Temperament ihrer Bewegung, und offenbart dies wie etwa ein Mal- oder Pinselduktus. Für den eigenen Röhrenkomplex ist dieser Prozess als Motor ein innerer, für die Umgebung ein äußerer Vorgang. Die Forschenden schreiben dem performativen Duktus gestalterische Qualitäten zu: Um die Bandbreite der Vorgänge der Präzipitation zu schildern, verwendet die Fachliteratur die Ausdrücke *dynamical growth regimes* bzw. *flow regimes* (Abb. 4).

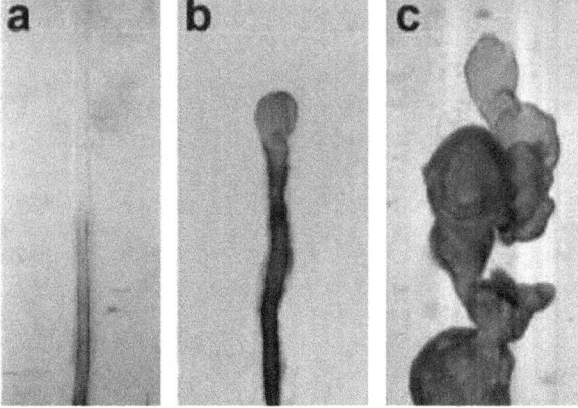

Abb. 4: Drei der wichtigsten Fließregime: a) Spritzen, b) Sprengen, c) Knospen von Silikatröhren.

Diese Fließregime seien im Folgenden kurz charakterisiert und – wie bereits gesagt – hier als Malmodi aufgefasst:
- Das Spritzen (*jetting*) passiert durch das Aufsteigen einer Ionenlösung an der Öffnung der Röhre und bildet eine gerade, schlanke Form.
- Das Knospen (*budding*) meint ein periodisch pulsierendes Wachstum, bei dem sich das Gebilde an der Spitze der Röhre wie ein Ballon aufbläht, zerbirst und den nächsten flutbaren (eher *inflowable* als *inflatable*) Nukleus hinterlässt, wobei sich mit jedem Puls die Wucherrichtung ändern kann. Das Voranmalen im knospenden Modus wird als stetes Platzen und instantane Selbstheilung beschrieben. Die Pulsfrequenz zwischen Selbstverletzung für die Oberflächenerweiterung einerseits und die Krustenbildung andererseits kann weniger als eine Sekunde und bis zu eine Minute betragen.[38] Das Wachstum ist rhythmisch, die Formation verkröpft.
- Auch das Sprengen (*popping*) ist bei Gebilden gegeben, deren Spitze mit einer ballonartigen, dünnen Membran versehen ist. Diese expandiert und löst sich in periodischen Abständen. *Popping* und *budding* zeigen sich in Situationen mit geringem Auftrieb als „nichtkontinuierliche Fließregimes". *Jetting*, *popping* und *budding* hängen von den Konzentrationen der Reaktanten und von der Durchflussrate ab.
- Bei einer Dynamik, die jener an der Spreizungszone vom Mittelozeanischen Rücken[39] ähnelt (*ocean-ridge-like dynamics*), entstehen fingerartige Muster, die links und rechts der Fraktur symmetrisch auseinanderdriften.
- Die Fingerbildung (*fingering*) kann in Reaktionszonen auftreten, wo sich zwischen zwei Reaktanten ein Gel gebildet hatte.[40]
- Die Bruchbildung (*fracturing*) kommt bei invertierten chemischen Gärten vor und entsteht, wenn ein Silikatpartikel in eine Metallsalzlösung gehängt wurde (es wächst dann wegen der höheren Dichte nach unten).[41] Es verhält sich ähnlich wie das *popping*, beinhaltet aber das Abspalten von längeren und steiferen Röhrenabschnitten.[42]

---

38 Stephanie Thouvenel-Romans, Wim van Saarloos, Oliver Steinbock: Silica Tubes in Chemical Gardens: Radius Selection and its Hydrodynamic Origin. In: *Europhysics Letters* 67/1 (2004), S. 42–48.
39 Raphaël Clément, Stéphane Douady: Ocean-Ridge-Like Growth in Silica Tubes. In: *Europhysics Letters* 89/4 (2010), S. 44004-p1–p5.
40 Thomas Podgorski, Michael C. Sostarecz, Sylvain Zorman, Andrew Belmonte: Fingering Instabilities of a Reactive Micellar Interface. In: *Physical Review E* 76/1 (2007), 016202-p1–p7.
41 Florence Haudin, Julyan H. E. Cartwright, Anne D. De Wit: Direct and Reverse Chemical Garden Patterns Grown upon Injection in Confined Geometries. In: *Journal of Physical Chemistry C* 119 (2015), S. 15067–15076, hier: S. 15068.
42 Bruno C. Batista, Patrick Cruz, Oliver Steinbock: From Hydrodynamic Plumes to Chemical Gardens: The Concentration-Dependent Onset of Tube Formation. In: *Langmuir* 30 (2014) S. 9123–9129, hier: S. 9123.

– Die plastische Deformierung (*plastic deformation*) tritt ausschließlich unter der Bedingung der Schwerelosigkeit auf, wo sich die Auswirkung der Osmose als allein wirkende Kraft isoliert studieren lässt: Dies verlangsamt das Wachstum (von Minuten auf Tage), verändert die Wuchsrichtung und formiert sehr viel dickere Membrane, die manchmal nicht platzen, sondern sich nach den Seiten dehnen, dadurch dünner sowie flexibler werden und zu einer länglichen, fingerähnlichen Form auswalzen.[43]

Neben diesen qualitativ zu unterscheidenden Bewegungsformen erweist sich noch die Geschwindigkeit als farb-form-bestimmend: Die Wachstumsrate ist in Bezug auf die finale generierte Form ausschlaggebend. Sehr schnelle Präzipitationen tendieren dazu, röhrenförmig zu sein, langsames Wachsen bevorzugt ein klumpiges und grob symmetrisches Aussehen. Schnelles Wachstum führt in aller Regel zu glatteren Röhren als langsameres. Die Länge der Formation ist meist nicht proportional zur Zeit. Die Bildungsgeschwindigkeit nimmt nach und nach in nichttrivialer Weise ab und hängt mit den Veränderungen in der Morphologie der Röhre zusammen.[44] Frische Membrane sind fünf- bis zehnmal schwächer als gut etablierte Membrane. Während die Bildung der ersten dünnen Haut sich der zeitlichen Logik chemischer Reaktionen verdankt und somit rasch vor sich geht, wird das darauffolgende Aushärten und Nachverdichten der Strukturen stärker durch eine zeitliche Logik physikalischer Bewegung bestimmt: Die Geschwindigkeit hängt davon ab, wie schnell die Flüssigkeiten durch die bereits bestehende poröse Membran hindurchgelangen: Wassermoleküle von 0,28 nm können hineinschlüpfen, die hydrierten Metallkationen von 0,4 nm aber nicht austreten. Das Zusammenspiel dieser verschiedenen Temporalitäten gehört in Fachkreisen zu den gegenwärtigen Forschungsinteressen,[45] genauso wie Versuche, die Prozesse der fluiden Mechanik von den Prozessen der Chemie zu entkoppeln und in relativer Unabhängigkeit voneinander zu studieren.[46]

5.5 Externer Prozess als Motor: Malen im bewegten Umfeld

Die Wissenschaft versteht einen „chemischen Motor" als eine Instanz, die eine rhythmische Bewegung verursacht. Im Falle der chemischen Gärten handelt es sich

---

[43] Barge et al.: From Chemical Gardens to Chemobrionics, S. 8663.
[44] Makki, Roszol, Pagano, Steinbock: Tubular Precipitation Structures, S. 2851.
[45] Haudin, Brasiliense, Cartwright, Brau, De Wit: Genericity of Confined Chemical Garden Patterns, S. 12810.
[46] Silvana S. S. Cardoso, Julyan H. E. Cartwright: On the Differing Growth Mechanisms of Black-smoker and Lost City-type Hydrothermal Vents. In: *Proceedings of the Royal Society A* 473/2205 (2017), 20170387, S. 1–9, hier: S. 3.

um das ruckartige Aufbrechen bei den Fließregimen *budding* und *popping*. Unter Umständen koexistieren Hunderte von Oszillationen, die einerseits die Gebilde „Schuß für Schuß aufwachsen"[47] lassen, andererseits damit ein erschütterndes Durchbeben der Flüssigkeit bewirken, die die Nachbarströmungen erfassen kann. Dies kann auch mit einer Serie von Entspannungsoszillationen einhergehen, bei denen sich Röhrenabschnitte unter Druck langsam nach unten biegen und dann plötzlich nach oben schnellen und in ihre Ruheposition zurückkehren.[48] Weil sich alles im flüssigen Grund abspielt, übertragen sich die Dynamiken.

5.6 Malen als Verflüssigen und Expandieren

Das Malen als Vorgang der Abgrenzung wurde bereits angesprochen. Eine Reihe weiterer spezifischer Malgesten stellen Besonderheiten der Farb-Form-Werdung dar. Der Begriff des Verflüssigens (*liquify*) sei hier für den Moment des Auflösens des Metallsalzkristalls verwendet. *Liquidness* bzw. *Liquidity* als Aggregatzustand hängt mit der *fluidity* als Performanz zusammen. Die Osmose befördert den Vorgang des Einfließens durch die entstehende halbdurchlässige Membran und damit des weiteren Auflösens des Metallsalzes. Der Salzkristall wechselt dadurch nicht nur von fest zu flüssig, sondern bringt sich in seiner Umgebung in die Lage, fließen zu können. Das sich verflüssigende Farb-Form-Depot ist in der Farb-Form-Malerei eine ausgezeichnete, besondere Stelle, weil es stets der Ausgangspunkt bleibt. Alle sich neu bildenden Membranen strömten von dieser Quelle ab. Die Verbindung zur fließenden Quelle bleibt stets erhalten und wirksam, d.h. Membrane tauchen nicht unabhängig davon fernab anderswo auf. Es gibt keine räumlichen Sprünge. Sprünge in der Dynamik kann es jedoch sehr wohl geben. Bei Salzkristallen bewirkt die Phasenänderung von fest zu flüssig und dann wieder zum festen Zustand ein Migrieren sowie ein expansives Besetzen und Sich-Festsetzen. Die Farb-Form breitet sich aus. Die Oberflächenvergrößerung ist dergestalt verblüffend, dass man aus Verwunderung den Salzkristall als „Samen" bezeichnete.

---

47 Wiegleb: Die natürliche Magie, zit. n. Schwedt: *Chemische Experimente*, o. S.
48 Makki, Roszol, Pagano, Steinbock: Tubular precipitation structures, S. 2853. James T. Pantaleone, Ágota Tóth, Deszö Horváth, J. Rother McMahan, R. Smith, D. Butki, J. Braden, E. Mathews, H. Geri, Jerzy Maselko: Oscillations of a Chemical Garden. In: *Physical Review E* 77/4 (2008), 046207 S. 1–12, hier: S. 2. Vgl. auch: James T. Pantaleone, Ágota Tóth, Deszö Horváth, Jordan RoseFigura, L., Morgan, W. Lowell, Jerzy Maselko: Pressure Oscillations in a Chemical Garden. In: *Physical Review E* 79/5 (2009).

5.7 Malen als Ausfüllen

Das Ausfällen von unlöslichen Präzipitaten ist auch ein Ausfüllen, bei dem Volumen beansprucht wird. Mit der raumgreifenden Expansion wird es im chemischen Garten immer voller. Freilich ist es ein chemisches Umschichten, aber dem Auge bietet sich ein additives Geschehen, eine räumliche Verteilung, die von sich aus keine *tabula rasa* schafft. Je nach Versuchsanordnung kann es zu einem dichten Gestrüpp werden, bei dem mit bestehenden Membranen als Vorbedingung umgegangen wird, sie jedoch als Setzung nicht einfach übergangen werden können.

5.8 Malen als Pfropfen

Wenn man von der wechselseitigen Beeinflussung über die Dynamiken absieht und wenn also jedes Metallsalz nur sich selbst ausgestaltet, kommt dies einer Malerei in Primär-Farb-Formen gleich. Kann es unter diesen Umständen eine Mischung geben? Das prädestinierte Vorkommen von Mischungen spielt sich freilich in bunten chemischen Gärten ab und ist in wissenschaftlichen Experimenten, in denen jeweils nur ein Salz isoliert studiert wird, von vornherein ausgeschlossen.

Auch in Hicham Berradas Version von *Présage*, die 2019 in der Louvre-Dependance im nordfranzösischen Lens gezeigt wurde, trat etwas ein, das hier als Mischungsvorgang gelten könnte (Abb. 5).[49] Dieser vollzog sich bei einer Röhre, bei der sich der Zeitverlauf als Farbverlauf von dunkelgrün zu gift- und hellgrün gut nachzeichnen ließ. Zu Beginn schien das Salzkristall nicht zu wachsen. Bei genauerer Betrachtung aber wurde klar, dass die Blase zunächst seitlich und dann in alle möglichen Richtungen ausbuchtete. Die Bewegung blieb mit etwa einem Ruck pro Sekunde relativ konstant. Einmal drehte sich der Metallkristall, dem sich auch ein grauer Stein anhaftete, um und verhalf der Röhre fortan zur vertikalen Ausformung. Als dann gelbe Brocken in die Nähe geworfen wurden, rauschten deren gelb-orangefarbene Röhrchen rasch gerade nach oben oder verkröpften sich, sobald die Blase steckenblieb. Die Röhrchen griffen um sich und umspannten die grüne Röhre, die schon eine beträchtliche Höhe und ihren Farbverlauf erreicht hatte. Nun erstarrte das Wachstum der grünen Röhre, und stattdessen weitete sich plötzlich ihr Stängel im unteren Bereich – ein ungewöhnlicher Vorgang. Er verbreiterte sich ruckartig und rasch und ähnelte plötzlich dem dynamischen Habitus der gelben Elemente. Und tatsächlich scheint sich diese Substanz die grüne Struktur infiltriert zu haben, anschließend den ‚Lift' der bestehenden Röhre zu nehmen (wahrscheinlich dabei die gelösten Metallsalze des Grünen abzuklemmen) und oben gelb herauszuschießen.

---

[49] Wissenschaftler*innen sprechen hierbei von einem „merging event", vgl. Laurie J. Points, Geoffrey J. T. Cooper, Anne Dolbecq, Pierre Mialane, Leroy Cronin: An All-Inorganic Polyoxometalate–Polyoxocation Chemical Garden. In: *Chemical Communications* 52/9 (2016), S. 1911–1914, hier: S. 1913.

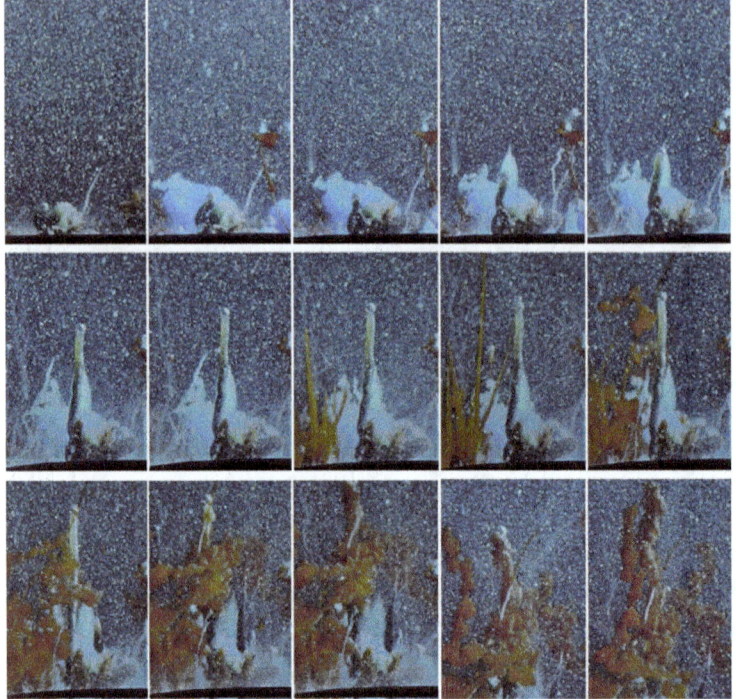

Abb. 5: Hicham Berrada: Présage, 2019. Installationsansicht Musée Louvre-Lens. Details.

Die dortige Blase wurde durch die gelbe Formation einfach mitgenommen und gemäß ihrer ruckeligen Art weitergeschoben. Bald zeugten nur mehr ein dunkelgrüner Stamm und dessen kropfartige Verbreiterung (dort ist auch die Farbe gemischt) davon, dass es hier eine Fusion und Übernahme gegeben hat. Eine Fusion zweier Röhren desselben Materials haben R. D. Coatman und Kollegen von der Universität Oxford bereits 1980 publiziert (Abb. 6).[50]

Das Pfropfen fand in Berradas Arbeit zufällig statt, könnte theoretisch aber auch durch das Pressen von ineinander geschachtelten Metallsalzen in Tabletten bzw. durch gezielte Injektionen operationalisiert werden. Dabei deutet sich eine Möglichkeit des Pfropfens als Mischen im Vierdimensionalen an. Dass es sich um eine Membran handelt, die auch durchstoßen werden kann, verkompliziert die Malerei zu einer halbdurchlässigen Hohlmalerei, d.h. es geschieht Mischung auch anders und: abermals in Farbe-Form zugleich.

---

50 R. D. Coatman, N. L. Thomas, D. D. Double: Studies of the Growth of „silicate gardens" and related phenomena. In: *Journal of Material Science* 15 (1980), S. 2017–2026, hier: S. 2025, fig. 14: „Sequence showing the growth of tubes from the surface of a mild steel plate immersed in a solution of potassium ferrocyanide and sodium chloride. Optical micrographs taken at 2 sec intervals."

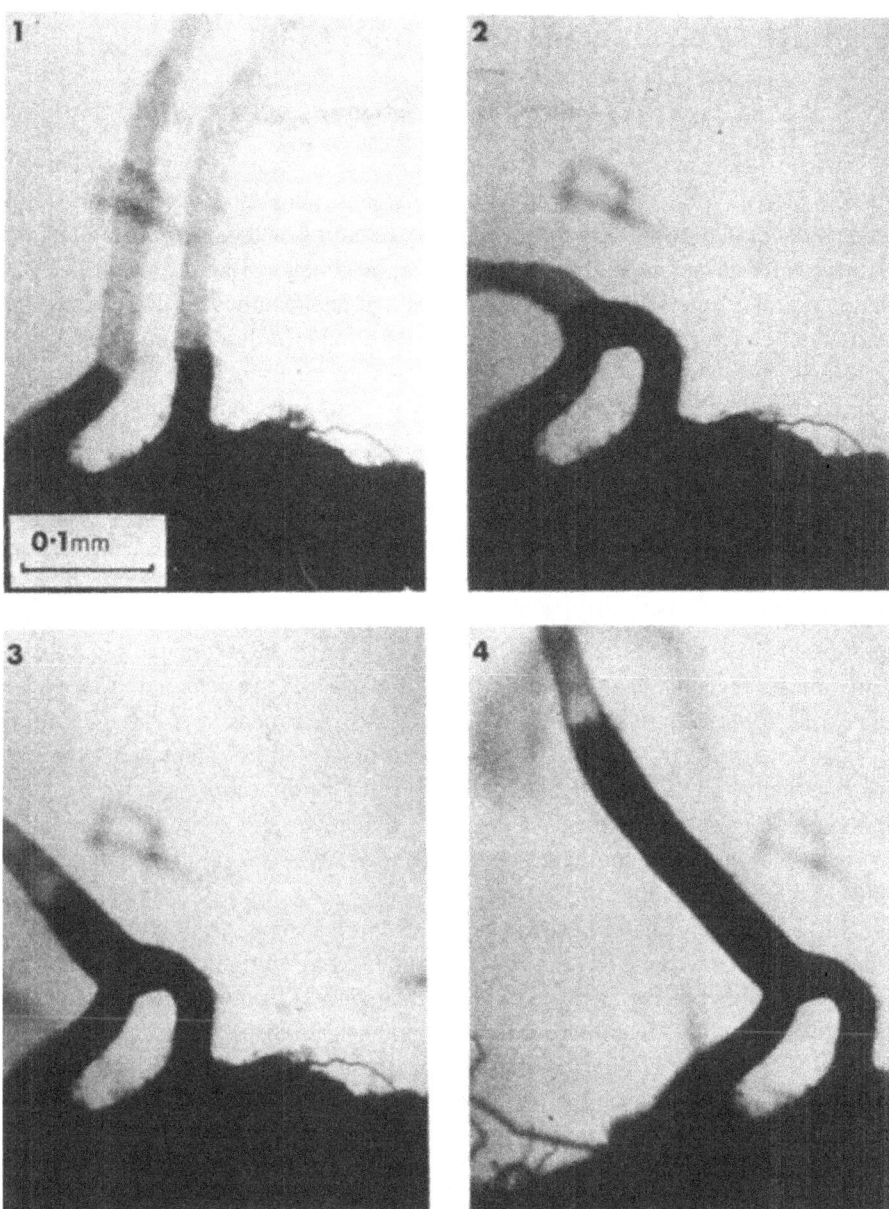

Abb. 6: Optische Mikrographien zeigen im Abstand von zwei Sekunden Instanzen eines Röhrenwachstums, ausgehend von einer Stahlplatte und in einer Lösung aus Kaliumferrocyanid und Natriumchlorid.

6 Multi-agentiales Malereikonzept im 21. Jahrhundert

Chemische Gärten aus der Perspektive des Malens bzw. Gestaltens mit Farb-Formen zu diskutieren, rückt bildnerische Aspekte ins Zentrum. Unter der Voraussetzung einer Kombination mit einem menschlichen Gestaltungswillen kann man zu einem multi-agentialen Malereikonzept gelangen. Das Zusammenwirken mit den Chemikalien kann man unterschiedlich ansetzen, auch je nachdem welches Ergebnis man sich erhofft: etwa Klarheit der Ausprägung oder Prägnanz des Zusammenklangs. Je nach dem verfolgten Ziel reichen die Haltungen der menschlichen Akteure in diesem Zusammenspiel vom Initiieren und Komponieren der ‚Samen' und dem nachfolgenden Loslassen bis zum präzisen Vorspuren. In letzterer Variante nutzt man die Sensitivität der Prozesse bzw. Materialwandlungen, um sie durch entsprechende Arrangements in den Rahmenbedingungen wunschgemäß zu lenken. Der Gestaltungswille drückt sich in den wissenschaftlichen Publikationen stets darin aus, dass von ‚Kontrolle' die Rede ist. Gemeint ist damit das Lenken (*guidance*) und regulierende Eingreifen in die Selbstorganisation der Materialien („directed self-assembly approach"[51]). Bei den Röhren in (Abb. 7) ist der Versuch zu erkennen, den Röhrendurchmesser regelmäßig zu variieren. Damit änderte sich bezeichnenderweise auch die Farbe. 2012 nahm eine Arbeitsgruppe folgenden Etappensieg in diese Richtung für sich in Anspruch (vgl. Abb. 8): „the work presented here represents the first effort to really control the architecture of the crystal gardens tube-by-tube, resulting in the prospect of real microdevice design."[52] Dabei wird das Zutun der Materialien als *bottom-up assembly* und jenes der gestaltenden Wissenschaftler*innen als *top-down assembly* bezeichnet.

Die Farb-Form-Malerei benötigt aufgrund ihrer diversen ‚Antriebe' für ihr Geschehen eigentlich keine weitere Unterstützung. Umgekehrt suchen die Menschen die Unterstützung dieser mikro-makroperformativen skalenübergreifenden Vorgänge. Wie aber gestaltet man angesichts von manifester Selbstorganisation und Autonomie? Man behält die (mindestens einen) materialbasierten Motoren (auch chemische Rechner) bei und lässt sie unter modifizierten Bedingungen arbeiten.

---

[51] Geoffrey J. T. Cooper, Richard W. Bowman, E. Peter Magennis, Francisco Fernandez-Trillo, Cameron Alexander, Miles J. Padgett, Leroy Cronin: Directed Assembly of Inorganic Polyoxometalate-based Micrometer-Scale Tubular Architectures by Using Optical Control. In: *Angewandte Chemie, Int. Ed.* 51 (2012), S. 12754–12758, hier: S. 12757.
[52] Cooper, Bowman, Magennis, Fernandez-Trillo, Cameron, Padgett, Cronin: Directed Assembly, S. 12757.

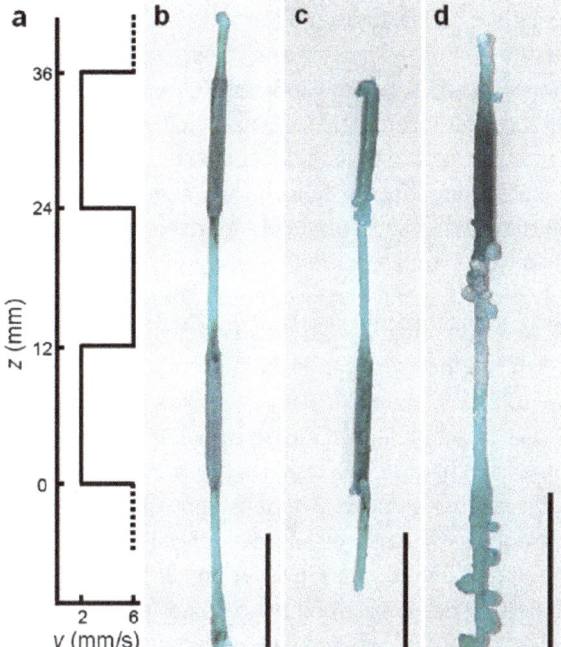

Abb. 7: Röhrenwachstum unter extern kontrollierten Oszillationen der Wachstumsgeschwindigkeit (alternierend zwischen 2 und 6 mm/Sekunde).

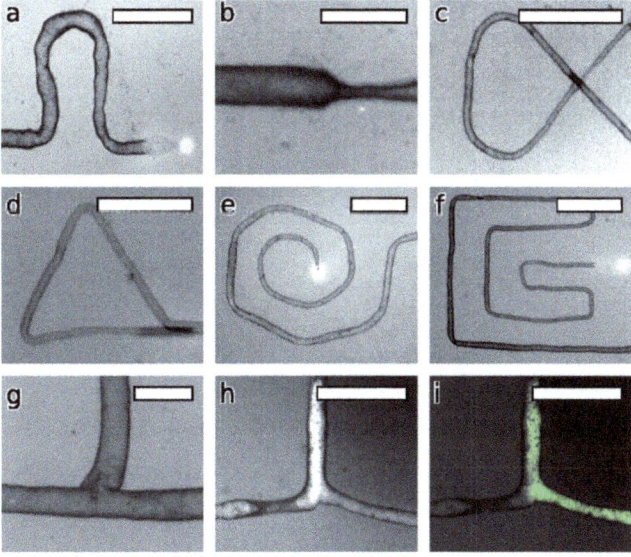

Abb. 8: Konstruktion verschiedenster struktureller Komponenten mittels eines Laserstrahls, mit dem lokal die Flüssigkeit erhitzt und somit ein Fluss erzeugt wird.

Die Forschung operiert mit einer Fülle von Einfluss- und Kontrollparametern: Materialwahl, beteiligte Phasen, Gefäßform, Vorhandensein von Magnetfeldern, elektrischen Feldern (die die Wachstumsrichtung sowie die äußeren Röhrenradien beeinflussen), Wärme, Viskosität, Dichtedifferenzen, pH-Wert, externen mechanischen Kräften (wie Druck und Schwerkraft), Osmose-Rate, Auflösungsrate des Salzes (je schneller, desto schneller die Röhrchenbildung), Konzentration der Reaktanten (erwirkt unterschiedliche Formierungsdynamik: *jetting* bei niedrigen Konzentrationen, *budding* bei hohen. Bei hoher Silikatkonzentration wachsen nur ein oder zwei Röhren, bei niedriger Konzentration entstehen mehrere dünnere Röhrchen, und das bei geringerem Tempo;[53] oder dickere Röhrchen als bei hoher Konzentration),[54] mechanischer Resistenz zum Fluss (etwa bei semipermeablen Membranen), extern zugeführter mechanischer Bewegung (z.B. Rühren), Beifügung von weiteren Stoffen, Reihenfolge, wo was eingebracht wird (determiniert, ob es sich um einen direkten oder invertierten chemischen Garten handelt),[55] Form des Reservoirs von Metallionen, in dem die Substanzen zueinander gebracht werden; und schließlich dem Durchmesser der Luftblasen, die aufgesetzt werden.[56] Zusammen mit der Erkenntnis, dass das Vorhandensein von Blasen die Röhren schneller und sehr viel gerader formieren lässt sowie zur Stabilisierung der Röhrenbildung beiträgt, ergibt sich die Möglichkeit eines *bubble-guided design*. *Bubble-guided* bedeutet in jüngeren Schriften, dass man eine Blase als Hilfsmittel einsetzt. Hierfür wird eine Stahlnadel in den Behälter eingeführt, um ein kleines Volumen an Gas als Blase einzubringen oder die Größe einer existierenden Blase zu verändern. Man könnte diese Interface-Malerei noch weiter steuern, indem man die Blase mittels injektionsbasierter Methode räumlich führt und abgestimmt dazu die Konzentration entsprechend regelt. Die Blase kann wie ein Pinsel direkt geführt werden, sie kann sich aber auch selber in den gegebenen Umständen ihren Weg bahnen. Man kann die Blase weiterhin indirekt führen, indem man die Rahmenbedingungen ihrer Performance ändert.

---

53 Cartwright, Escribano, Sainz-Díaz: Chemical-Garden Formation, S. 3286.
54 Geoffrey J. T. Cooper, Leroy Cronin: Real-Time Direction Control of Self Fabricating Polyoxometalate-Based Microtubes. In: *Journal of the American Chemical Society* 131/24 (2009), S. 8368–8369, hier: S. 8368.
55 Haudin, Cartwright, De Wit: Direct and Reverse Chemical Garden Patterns, S. 15067.
56 Vgl. Thouvenel-Romans, Pagano, Steinbock: Bubble Guidance of Tubular Growth.

Literaturverzeichnis

Barge, Laura M./Abedian, Yeghegis/Doloboff, Ivria J./Nuñez, Jessica E./Russell, Michael J./Kidd, Richard D./Kanik, Isik: Chemical Gardens as Flow-through Reactors Simulating Natural Hydrothermal Systems. In: *Journal of Visualized Experiments* 105 (2015), e53015.

Barge, Laura M./Cardoso, Silvana S. S./Cartwright, Julyan H. E./Cooper, Geoffrey J. T./Cronin, Leroy/De Wit, Anne/Doloboff, Ivria J./Escribano, Bruno/Goldstein, Raymond E./Haudin, Florence/Jones, David E. H./Mackay, Alan L./Maselko, Jerzy/Pagano, Jason J./Pantaleone, James T./Russell, Michael J./Sainz-Díaz, C. Ignacio/Steinbock, Oliver/Stone, David A./Tanimoto, Yoshifumi/Thomas, Noreen L.: From Chemical Gardens to Chemobrionics. In: *Chemical Reviews* 115 (2015), S. 8652–8703.

Batista, Bruno C./Cruz, Patrick/Steinbock, Oliver: From Hydrodynamic Plumes to Chemical Gardens: The Concentration-Dependent Onset of Tube Formation. In: *Langmuir* 30 (2014) S. 9123–9129.

Cardoso, Silvana S. S./Cartwright, Julyan H. E.: On the Differing Growth Mechanisms of Black-Smoker and Lost City-Type Hydrothermal Vents. In: *Proceedings of the Royal Society* A 473/2205 (2017), 20170387, S. 1–9.

Cartwright, Julyan H. E./García-Ruiz, Juan Manuel/Novella, María Luisa/Otálora, Fermín: Formation of Chemical Gardens. In: *Journal of Colloid and Interface Science* 256/2 (2002), S. 351–359.

Cartwright, Julyan H. E./Escribano, Bruno/Sainz-Díaz, C. Ignacio: Chemical-Garden Formation, Morphology, and Composition. I. Effect of the Nature of the Cations. In: *Langmuir* 27/7 (2011), S. 3286–3293.

Cartwright, Julyan H. E.: E-Mail-Korrespondenz mit der Autorin, 8.9.2020.

Clément, Raphaël/Douady, Stéphane: Ocean-Ridge-Like Growth in Silica Tubes. In: *Europhysics Letters* 89/4 (2010), S. 44004-p1–p5.

Coatman, R. D./Thomas, N. L./Double, D. D.: Studies of the Growth of „silicate Gardens" and Related Phenomena. In: *Journal of Material Science* 15 (1980), S. 2017–2026.

Cooper, Geoffrey J. T./Bowman, Richard W./Magennis, E. Peter/Fernandez-Trillo, Francisco/Alexander, Cameron/Padgett, Miles J./Cronin, Leroy: Directed Assembly of Inorganic Polyoxometalate-based Micrometer-Scale Tubular Architectures by Using Optical Control. In: *Angewandte Chemie*, Int. Ed. 51 (2012), 12754–12758.

Cooper, Geoffrey J. T./Cronin, Leroy: Real-Time Direction Control of Self Fabricating Polyoxometalate-Based Microtubes. In: Journal of the American Chemical Society 131/24 (2009), S. 8368–8369.

Dempster, Beth: Sympoietic and Autopoietic Systems: A New Distinction for Self-Organizing Systems. In: J. K. Allen/J. Wilby (Hg.): Proceedings of the World Congress of the Systems Sciences and ISSS 2000 [Vortrag an der International Society for Systems Studies Annual Conference, Toronto, Juli 2000].

Glaab, Fabian/Rieder, Julian/Garcia-Ruiz, Juan Manuel/Kellermeier, Matthias: Diffusion and Precipitation Processes in Iron-Based Silica Gardens. In: *Physical Chemistry Chemical Physics* 18/36 (2016), S. 24850–24858.

Harsch, Günther/Bussemas, Heinz H.: *Bilder, die sich selber malen. Der Chemiker Runge und seine „Musterbilder für Freunde des Schönen". Anregungen zu einem Spiel mit Farben*. Köln 1985.

Haudin, Florence/Brasiliense, Vitor/Cartwright, Julyan H. E./Brau, Fabian/De Wit, Anne: Genericity of Confined Chemical Garden Patterns With Regard to Changes in the Reactants. In: *Physical Chemistry Chemical Physics* 17 (2015), S. 12804–12811.

Haudin, Florence/Cartwright, Julyan H. E./De Wit, Anne: Direct and Reverse Chemical Garden Patterns Grown upon Injection in Confined Geometries. In: *Journal of Physical Chemistry* C 119 (2015), S. 15067–15076.

Hauser, Jens: Molekulartheater, Mikroperformativität und Plantamorphisierungen. In: Susanne Stemmler (Hg.): *Wahrnehmung, Erfahrung, Experiment. Wissen, Objektivität und Subjektivität in den Künsten und den Wissenschaften*. Zürich 2014, S. 173–189.

Hauser, Jens/Strecker, Lucie: *Performance Research* 25/3: Special issue: On Microperformativity (2020).

Hazlehurst, Thomas H.: Structural Precipitates: The Silicate Garden Type. In: *Journal of Chemical Education* 18 (1941), S. 286–289.

Hielscher Ultraschall-Technologie: Ultraschall-gestützte Kristallisation und Fällung. In: Website Hielscher, undat. in: https://www.hielscher.com/de/ultrasonic-crystallization-and-precipitation.htm (letzter Zugriff: 22. Mai 2022).

Hinterwaldner, Inge: Malen mit Farb-Formen. Chemische Gärten in gestalterischer Reinterpretation. In: Christoph Bertsch/Rosanna Dematté/Claudia Mark/Helena Pereña (Hg.): *Schönheit vor Weisheit. Das Wissen der Kunst und die Kunst der Wissenschaft*. Wien/Innsbruck 2019, S. 35–46.

Hinterwaldner, Inge/Diebner, Hans H.: Performative Science. In: Hans H. Diebner: *Performative Science and Beyond. Involving the Process in Research*. Wien/New York 2006, S. 20–35.

Leslie, Esther: *Synthetic Worlds. Nature, Art and the Chemical Industry*. London 2005.

Makki, Rabih/Al-Humiari, Mohammed/Dutta, Sumana/Steinbock, Oliver: Hollow Microtubes and Shells From Reactant-Loaded Polymer Beads. In: *Angewandte Chemie* Int. Ed. 48 (2009), S. 8752–8756.

Makki, Rabih/Roszol, László/Pagano, Jason J./Steinbock, Oliver: Tubular Precipitation Structures: Materials Synthesis Under Non-equilibrium Conditions. In: *Philosophical Transactions of the Royal Society* A 370 (2012), S. 2848–2865.

Meichsner, Irene: Herr der Farben. 1826 entdeckte Otto Unverdorben das Anilin. In: Deutschlandfunk, 13.10.2006. In: https://www.deutschlandfunk.de/herr-der-farben.871.de.html?dram:article_id=125661 (letzter Zugriff: 7. Oktober 2020).

Pantaleone, James T./Tóth, Ágota/Horváth, Deszö/Rother McMahan, J./Smith, R. /Butki, D./Braden, J./Mathews, E./Geri, H./Maselko, Jerzy: Oscillations of a Chemical Garden. In: *Physical Review E* 77/4 (2008), 046207 S. 1–12.

Pantaleone, James T./Tóth, Ágota/Horváth, Deszö/RoseFigura, Jordan/Morgan, L./Lowell, W./Maselko, Jerzy: Pressure Oscillations in a Chemical Garden. In: *Physical Review E* 79/5 (2009), 056221.

Podgorski, Thomas/Sostarecz, Michael C./Zorman, Sylvain/Belmonte, Andrew: Fingering Instabilities of a Reactive Micellar Interface. In: *Physical Review E* 76/1 (2007), 016202-p1–p7.

Points, Laurie J./Cooper, Geoffrey J. T. /Dolbecq, Anne/Mialane, Pierre/Cronin, Leroy: An All-Inorganic Polyoxometalate–Polyoxocation Chemical Garden. In: *Chemical Communications* 52/9 (2016), S. 1911–1914.

Röker, Klaus-Dieter: Die „Jedermann-Chemie" des Friedlieb Ferdinand Runge. In: *Mitteilungen, Gesellschaft Deutscher Chemiker/Fachgruppe Geschichte der Chemie* 23 (2013), S. 52–70.

Runge, Friedlieb Ferdinand: *Zur Farben-Chemie. Musterbilder für Freunde des Schönen und zum Gebrauch für Zeichner, Maler, Verzierer und Zeugdrucker*. Berlin 1850.

Runge, Friedlieb Ferdinand: *Der Bildungstrieb der Stoffe. Veranschaulicht in selbstständig gewachsenen Bildern*. Oranienburg 1855, S. 32; bzw. in: https://archive.org/details/gri_000033125012666851/page/n61 (letzter Zugriff: 3. September 2019).

Thouvenel-Romans, Stephanie/Pagano, Jason J./Steinbock, Oliver: Bubble Guidance of Tubular Growth in Reaction–Precipitation Systems. In: *Physical Chemistry Chemical Physics* 7/13 (2005), S. 2610–2615.

Thouvenel-Romans, Stephanie/van Saarloos, Wim/Steinbock, Oliver: Silica Tubes in Chemical Gardens: Radius Selection and Its Hydrodynamic Origin. In: *Europhysics Letters* 67/1 (2004), S. 42–48.
Unverdorben, Otto: Ueber das Verhalten der organischen Körper in höheren Temperaturen. In: *Annalen der Physik* 8/11 (1826), S. 397–410.
Wiegleb, Johann Friedrich: Die natürliche Magie aus allerhand belustigenden und nützlichen Kunststücken bestehend, zit. n. Georg Schwedt: *Chemische Experimente in naturwissenschaftlich-technischen Museen. Farbige Feuer und feurige Farben*. Weinheim 2003.
Zhao, Wenyang/Sakurai, Kenji: Realtime Observation of Diffusing Elements in a Chemical Garden. In: *ACS Omega* 2/8 (2017), S. 4363–4369.

Abbildungen

Abb. 1: Prinzipielles Entstehen eines chemischen Gartens aus der Formation einer Membran: a) Setzung und Beginn der Reaktion, b) Membranformation zwischen den Lösungen, c) osmotischer Druck ist innerhalb der Membran höher, daher expandiert sie, d) unter osmotischem Druck bricht die Membran auf und formt e) eine Röhre. In: Cartwright, Julyan H. E.; García-Ruiz, Juan Manuel; Novella, María Luisa; Otálora, Fermín: Formation of Chemical Gardens. In: Journal of Colloid and Interface Science, Vol. 256, 2002, S. 351–359, Abb. 2.

Abb. 2: Farbpalette der Pigmente aus Eisenoxiden. In: Henan Win Win Chemical Industrial Co., Ltd: Produktpalette: Iron Oxide Pigments. In: http://hnwinchem.com/wap/products/17-Iron-Oxide-Pigments.html [23.5.2022].

Abb. 3: Ferdinand Friedlieb Runge: Musterbilder, 1850. In: Ferdinand Friedlieb Runge: Zur Farben-Chemie. Musterbilder für Freunde des Schönen und zum Gebrauch für Zeichner, Maler, Verzierer und Zeugdrucker, Verlag von E.S. Mittler & Sohn: Berlin 1850, Abb. 37—42. Digitalisat: Bayerische StaatsBibliothek. In: http://opacplus.bsb-muenchen.de/title/BV020974339/ft/bsb10230600?page=29 [23.5.2022].

Abb. 4: Drei der wichtigsten Fließregime: a) Spritzen, b) Sprengen, c) Knospen von Silikatröhren. In: Thouvenel-Romans, Stephanie; van Saarloos, Wim; Steinbock, Oliver: Silica tubes in chemical gardens: Radius selection and its hydrodynamic origin. In: Europhysics Letters, Vol. 67, Nr. 1, 2004, S. 42—48, Abb. 1. DOI: 10.1209/epl/i2003-10279-7.

Abb. 5: Hicham Berrada: Présage, 2019. Installationsansicht Musée Louvre-Lens. Details. Videostills der Autorin.

Abb. 6: Optische Mikrographien zeigen im Abstand von zwei Sekunden Instanzen eines Röhrenwachstums, ausgehend von einer Stahlplatte und in einer Lösung aus Kaliumferrocyanid und Natriumchlorid. In: Coatman, R. D./Thomas, N. L./Double, D. D.: Studies of the Growth Of „silicate gardens" and related phenomena. In: Journal of Material Science, Vol. 15, 1980, S. 2017–2026, Abb. 14.

Abb. 7: Röhrenwachstum unter extern kontrollierten Oszillationen der Wachstumsgeschwindigkeit (alternierend zwischen 2 und 6 mm/Sekunde). In: Makki, Rabih; Steinbock, Oliver: Synthesis of inorganic tubes under actively controlled growth velocities and injection rates. In: Journal of Physical Chemistry C, Vol. 115, 2011, S. 17046–17053, Abb. 6.

Abb. 8: Konstruktion verschiedenster struktureller Komponenten mittels eines Laserstrahls, mit dem lokal die Flüssigkeit erhitzt und somit ein Fluss erzeugt wird. In: Cooper, Geoffrey J. T.; Bowman, Richard W.; Magennis, E. Peter; Fernandez-Trillo, Francisco; Alexander, Cameron; Padgett, Miles J.; Cronin, Leroy: Directed Assembly of Inorganic Polyoxometalate-based Micrometer-Scale Tubular Architectures by Using Optical Control. In: Angewandte Chemie, Int. Ed., Vol. 51, 2012, S. 12754–12758, hier: S. 12756, Abb. 4.

Verena Meis
Von Mode, Fleisch und Heilsversprechen
Fluide Fiktionen oder Was Quallen uns erzählen

Zusammenfassung: Der Beitrag begibt sich auf die Spur fiktiver Quallen in Text, Serie und Musikvideo und legt dabei Narrative frei, die nicht selten in die Zukunft ragen und zugleich ganz nah an den Diskursen der Gegenwart haften. Von Margaret Atwood über Björk bis Bonn Park – den weichhäutigen, kaum widerständigen Organismen ohne Herz und Hirn haftet eine immer größere Brisanz an, die uns dazu animieren sollte, auch uns gänzlich fremden Tierarten intensiver zu widmen. Die im Beitrag ausgewählten fluiden Fiktionen dienen als Agens des Wissens für die Frage(n) der Gegenwart: Wie leben wir interspezifisch? Wie altern wir? Wie gestalten wir ein gewaltloses Morgen? Wie überleben wir in Zeiten der Klimakrisen?

Schlüsselwörter: Quallen, Nesseltier, Fluide Fiktionen, Quallenforschung, Margaret Atwood, Björk, *Turritopsis dohrnii*, Quallenschweine, Bonn Park, Meerwalnuss, *Mnemiopsis leidyi*

Obwohl Quallen weichhäutige, kaum widerständige Organismen sind, fast gänzlich aus Wasser bestehen und weder Herz noch Hirn besitzen, haftet ihnen mehr Brisanz an als wir zunächst denken: Quallen bringen Kraftwerke zum Erliegen und Trawler zum Kentern. Sie gefährden Fischbestände und breiten sich rasant über alle Weltmeere aus. Als eines der ältesten Lebewesen trotzen sie heute dem Klimawandel und profitieren von der Erwärmung und Überfischung der Ozeane. Auch die mediale Berichterstattung dichtet den Quallen mehr als nur Gift und Gefahr an, sie militarisiert das Nesseltier gar: Dokumentationen tragen Titel wie „Die Invasion der Quallen" oder „Quallen auf dem Vormarsch: Die unheimliche Großmacht". In Schlagzeilen finden sich Formulierungen wie: „Tödlicher Quallen-Horror"[1] oder O-Töne wie: „Sie terrorisieren uns!"[2] Meeresbiologische Termini wie „stinging water", „Cannonball Jellyfish" oder „Floating Terror"[3] tragen dabei wenig zur gelatinösen

---
[1] Oliver Barker: Tödlicher Quallen-Horror in Australien: Würfelqualle tötet Teenager (14) an Traumstrand. *Nachrichten.de.* In: https://nachrichtend.com/toedlicher-quallen-horror-in-australien-wuerfelqualle-toetet-teenager-14-an-traumstrand/ (letzter Zugriff: 20. April 2022).
[2] David Schmitz: „Sie terrorisieren uns." Quallen-Armada trifft auf Australiens Strände. *Kölner Stadtanzeiger*, 27. Januar 2022. In: https://www.ksta.de/panorama/-sie-terrorisieren-uns--quallen-armada-trifft-auf-australiens-straende-39414672 (letzter Zugriff: 20. April 2022).
[3] Die portugiesische Galeere, die zur Ordnung der Staatsquallen zählt, wird im Englischen auch „Floating Terror" genannt.

Abrüstung bei. Und auch private Begegnungen mit Quallen am Strand oder beim Baden sind meist weniger erfreulich, sondern eher ekel- und/oder schmerzhaft. In ein äußerst interessantes und nicht weniger gefährliches Dreigestirn setzt auch der britische Schriftsteller Tom McCarthy die Nesseltiere: In *Schreibmaschinen, Bomben, Quallen* prophezeit McCarthy gleich im Vorwort den kommenden Glibber.[4] Was klingt wie der Film THE BLOB mit Steve McQueen aus dem Jahr 1958, in dem eine gallertartige Substanz eine Kleinstadt angreift, meint hier alles andere als ein Science-Fiction-/Horror-Film-Szenario. Das Gelatinöse ist bei Tom McCarthy Bindeglied, Fuge, haftendes Moment und Netzwerk-Kreator, das übersehene und weniger offensichtliche Verweisstrukturen und Denkzusammenhänge verstreuter Texte, Dokumente, Ideen offenlegt.

Als Fuge dient mir folglich die Fiktion: Sich auf die Spur von fiktiven Quallen zu begeben, bedeutet, in eine gelatinöse Wunderkammer einzutreten, die von der Geburt der Quallenforschung um 1800 bis in unsere Gegenwart reicht. Die Narrative ragen dabei nicht selten in die Zukunft und kleben zugleich nah an den Diskursen der Gegenwart: Wie sprechen wir über Tiere? Wie wird ein Tier zum Modetrend oder wie wird unsere Mode vegan? Sind Aquarien heute noch tierethisch vertretbar? (Wie) Wollen wir altern? Wie gut oder schlecht ist Gen-Food oder auch: Wie gestalten wir ein fleisch- und gewaltloses Morgen?

1 *Das Jahr der Flut*

Minirock, Glitzertop, Zuckerwatte-Boa und Quallenarmband – ein Outfit, das den Tanzflächen des Technos in den 1990er Jahren entsprungen sein könnte. Ich las davon in Margaret Atwoods SF-Roman *Das Jahr der Flut* von 2009 und stellte mir unter letzterem ein Aquarium am Handgelenk vor: „Da waren sie, die winzig kleinen Quallen, die auf und zu gingen wie schwimmende Blüten. Sie sahen wahnsinnig perfekt aus."[5] In Margaret Atwoods Roman ist mit dem charmanten Accessoire, das an die Zeit des virtuellen Kükens namens Tamagotchi zurückdenken lässt, eine grausame Vorstellung verbunden: Lasse man die Quallen hungern, und das machten manche mit Absicht, heißt es, entfache sich ein sehenswerter Minikrieg am Handgelenk, bis nur noch eine Qualle übrigbliebe, die dann auch bald sterbe.[6] Nur ein Gedankenexperiment oder jugendliche Tierquälerei?

---

4 Tom McCarthy: *Schreibmaschinen, Bomben, Quallen*. Essays, Diaphanes. Zürich 2019, S. 7.
5 Margaret Atwood: *Das Jahr der Flut*. München 2009, S. 85–86.
6 Margaret Atwood: *Das Jahr der Flut*, S. 85–86.

2 AD VITAM

In der französischen Fernsehserie AD VITAM von 2018 begegnete mir die unsterbliche Qualle: So wie die mikroskopisch kleine Qualle namens *Turritopsis dohrnii* das einzigartige Potential besitzt, sich selbst zu regenerieren, so sind es in der Fernsehserie die Menschen, die mittels eines Proteins des Nesseltiers die ersehnte Unsterblichkeit erlangen. Der Traum des ewigen Lebens ist in AD VITAM jedoch ein Albtraum, der alternde Körper Faszinosum und illegales Happening: Der Alterungsprozess junger Körper wird im Aquarium eines Museums, dessen Ausstellung die Geschichte der menschlichen Regeneration erzählt, im Schnelldurchlauf für ein exklusives Publikum zur Schau gestellt. Die künstlich herbeigeführte Beschleunigung des Alterungsprozesses lässt den menschlichen Körper dabei in Nullkommanichts zur schleimig schimmernden, nicht mehr lebensfähigen Molluske werden. Und überall der Werbeslogan gegen das Altern: „Ich brauche Weite." Wohin soll die uns führen?

3 *Die Flucht ins Mittelmäßige*

Nicht weniger Kurioses, die Quallen betreffend, las ich in Oskar Maria Grafs New-York-Roman *Die Flucht ins Mittelmäßige* aus dem Jahr 1957: Während eines Hungerdeliriums erträumt der mittellose Martin Ling einen Romanstoff, der ihm den alles ersehnten Durchbruch als Schriftsteller verschaffen soll. Das imaginierte Sujet: „Quallenschweine"[7]. Zufälliges Resultat einer Kreuzung aus Robbe und Schwein, das als knochenloses Fleischprodukt – einem Brotlaib oder einer abgeschnittenen Frauenbrust ähnelnd[8] – den Weltmarkt erobert und, „frisch gefroren oder als Konserve"[9] zum Volksnahrungsmittel auserkoren wird. Was als erfolgversprechende Idee für einen Roman im Roman beginnt, wird im Roman nie zu Papier gebracht und endet im Roman in der endgültigen Abkehr vom Schreiben. Und dennoch existieren die Quallenschweine: als Fiktion in der Fiktion.

4 OCEANIA

OCEANIA – Inselwelt des Pazifiks, marine Familie der Nesseltiere oder schlichtweg der Ozean? Der Titel des Songs der isländischen Komponistin, Sängerin und Musikproduzentin Björk bedeutet all das und mehr: Die Ozeane werden zu Kontinenten

---

7 Oskar Maria Graf: *Die Flucht ins Mittelmäßige*. Ein New Yorker Roman. München 1994, S. 385.
8 Oskar Maria Graf: *Die Flucht ins Mittelmäßige*, S. 383.
9 Oskar Maria Graf: *Die Flucht ins Mittelmäßige*, S. 386.

erklärt, ein Perspektivwechsel vom Wasser aufs Land vorgenommen: „One breath away from mother oceania / [...] You have done good for yourselves / Since you left my wet embrace and crawled ashore".[10] Björk erscheint als „Mother Ocean", wir als ihre Kinder, vormals Quallen oder Lilien. Die Lyrics und das dazugehörige Musikvideo lassen die Spezies und Sphären – ob Himmelsgefilde oder Tiefsee – verwischen: „Your sweat is salty / I am why / I am why / I am why."[11] Der Ozean erscheint als Ausgangspunkt allen Lebens, das Fluide als Wesensmerkmal aller Spezies.

5 Rückkehr zu den Sternen

Dass intergalaktische Erkundungen auch im Zeichen von Sanftmut und Ratlosigkeit stehen können, zeigt Bonn Parks Weltraumoper *Rückkehr zu den Sternen*, die im März 2022 in Düsseldorf Uraufführung feierte. Während das Besatzungsmitglied First Officer William T. Ortiz unergründliche Schmerzen verspürt, vergleichbar mit einem „Wurmloch in der Seele" oder kontrahierenden Kräften wie „Sonnensturm und Neptuneis"[12], nimmt das Raumschiff, die *USS Wassong*, aus ebenso unerklärlichen Gründen Kurs auf einen unbekannten Planeten, „[r]ichtig, richtig weit weg"[13]. Dass Schmerz und Kursrichtung zusammenhängen und am Ende ein „außerirdisches Quallenballett" in eine Zukunft weist, in der wir „alle ganz sanft miteinander"[14] reden, ahnt zu Beginn noch niemand.

Bemerkenswert ist die Attitüde, mit der die intergalaktische Crew unter der Führung von Captain Jean-Luc Yeşilyurt (in Anlehnung an *Star Trek* und Captain Jean-Luc Picard) den Weltraum erkundet: naiv antikolonial und bescheiden eurozentristisch.

> Unter keinen Umständen zweifeln wir die Wege der anderen an, denn es steht uns nicht zu, egal, wie überlegen unsere Technologie ist, oder für wie überlegen wir unseren eigenen Geist, unsere eigenen Wege halten, wir erklären niemandem, wie sie es zu tun haben, nur weil wir es für richtig halten.[15]

Es stellt sich heraus, dass First Officer William T. Ortiz einer außerirdischen Spezies angehört, die telepathisch wahrnimmt, die zunächst altert und sich dann wieder rückwärts verjüngt. Aus jedoch unbekannten Gründen altert die Spezies nunmehr nur noch vorwärts und ist mit der Fülle der telepathisch empfangenen Erfahrungen heillos über-

---

10 Björk: Oceania. *Youtube.com*. In: https://www.youtube.com/watch?v=thnTE2e341g&ab_channel=bj%C3%B6rk, 00:00–00:43 min (letzter Zugriff: 01. Juli 2022).
11 Björk: Oceania, 02:20–03:36 min.
12 Bonn Park: *Rückkehr zu den Sternen*. Berlin 2022, S. 13.
13 Bonn Park: *Rückkehr zu den Sternen*, S. 11.
14 Bonn Park: *Rückkehr zu den Sternen*, S. 42.
15 Bonn Park: *Rückkehr zu den Sternen*, S. 29.

fordert: „Wir verloren die Fähigkeit, alles telepathisch wahrzunehmen und es blieben nur die schrecklichen und schlimmen Gedanken übrig."[16] Zum Schutz der eigenen Spezies entscheidet diese nun selbst, „wann das Leben enden soll."[17] Das intergalaktische Rätsel der *USS Wassong* ist gelöst: First Officer William T. Ortiz schmerzten schlimme Gedanken. Am Ende stehen ein Abendessen, ein Selbstmord und die Quallen:

> Ja, es sind einfach schöne, enorme Wesen, unglaublich groß, die fliegen hier immer durch das Sonnensystem und man kann sie beobachten. Sie sagen, es sind ihre Götter, auch wenn sie wissen, dass es sie nicht sind. Aber sie glauben gerne daran, weil sie kommen nur alle Jubeljahre, und da schauen dann immer alle hoch und dann weint man, und man weiß, alle weinen gerade und dann für einen kurzen Moment ist alles in Ordnung. Es erinnert sie daran, dass sie niemals eine Antwort auf irgendwas finden werden, aber dass die Ratlosigkeit richtig schön und bunt und spektakulär sein kann, wie diese Quallenwesen.[18]

Nicht in allen fiktiven Quallen verbirgt sich ein Sinn.

6 Kosmo Cure

Gegenwärtig versprechen uns die Sternenprediger und Astrosynth-Propheten der Band „Future Jesus and The Electric Lucifer" aus Köln/Düsseldorf gelatinöse Erholung/Erlösung aus dem All. In ihrem aktuellen Musikvideo zum Song Kosmo Cure[19] auf dem gleichnamigen neuen Album leitet kein Stern, sondern ein galaktisch-oszillierendes Auge der Band den Weg in den Orbit, begleitet von einer leicht geänderten Erzählversion der Genesis. Das Klangrepertoire der intergalaktischen Drei – Florian Hoheisel, Richard Eisenach und Tamon Nüßner – besteht dabei aus tentakulären Sternenriffs und astrosynthetischen Drums und Beats aus dem Jenseits des Weltraums. Sie etablieren das Narrativ eines neuen planetarischen Ichs, das sich nicht als Mittelpunkt des Universums versteht: Kosmo Cure bringt Durchlässigkeit, setzt Irdisches und Außerirdisches in ein kosmotisches Gleichgewicht. „Auto Sequence Start", und wir folgen einer Raumfähre nach „Tentacular City", wo eine Armada an Ohren- und Kompassquallen das galaktische Firmament bevölkert. Dabei werden die Nesseltiere optisch zu gleichwertigen Kollaborateurinnen ernannt: Sie selbst, die Bandmitglieder und ihr musikalisches Instrumentarium sind es, die im Musikvideo nicht animiert sind. Es gilt: „Be ready for the Kosmo Cure."

---

16 Bonn Park: *Rückkehr zu den Sternen*, S. 28.
17 Bonn Park: *Rückkehr zu den Sternen*, S. 27.
18 Bonn Park: *Rückkehr zu den Sternen*, S. 30.
19 Future Jesus and The Electric Lucifer: Kosmo Cure. *Youtube.com*. In: https://www.youtube.com/youtube.com watch?v=youtube.com mUkyu3iDib8&ab_channel=FutureJesus%26TheElectricLucifer (letzter Zugriff: 20. April 2022).

7 Aufruhr der Meerestiere

Von einem Heilsversprechen ist im Zusammenhang mit der Meerwalnuss, einer Art der Rippenquallen, weniger die Rede. Ganz im Gegenteil: Kannibalisch, räuberisch, invasiv sei sie. Eigentlich in subtropischen Gewässern heimisch, entdeckt man die Meerwalnuss heute auch in der Nord- und Ostsee, wo sie sich erfolgreich akklimatisierte und deshalb auch „[a]ls eine der hundert einflussreichsten invasiven Arten"[20] gilt. Machen wir uns nichts vor, die Hauptursache für solch eine tierische Invasion ist der Transport durch Menschen.[21] Die mit dem Attribut „invasiv" konnotierte Aggression tut der Meerwalnuss und anderen anpassungsfähigen Arten Unrecht.

Um die Beziehung zwischen Mensch und Meerwalnuss geht es auch der österreichischen Autorin Marie Gamillscheg. *Aufruhr der Meerestiere* beginnt mit der Brisanz, mit der auch ich begann. Darin referiert die Meeresbiologin Luise, die Protagonistin des Romans:

> Die Beziehung zwischen Mensch und Tier funktioniert einzig über Angst, [...]. Auch wenn Sie sich die Geschichte der Meerwalnuss anschauen, ist es zunächst einmal eine Geschichte der Angst, so wie der Mensch sie erzählt, [...]. Es stimmt schon, dass nicht das Artensterben, sondern jene Arten, die sich explosiv vermehren, die größte Gefahr für unsere Ozeane darstellen, [...]. Aber wenn wir die Ausbreitung der Meerwalnuss nur als Problem sehen, das es zu bekämpfen gilt, dann vergessen wir, dass es der Mensch selbst ist, der seit Beginn des internationalen Warenhandels die Meerwalnuss in den Ballastwassertanks seiner Schiffe in neue Gewässer bringt.[22]

Und dabei ist die Heilung so nah, mittels eines Perspektivwechsels, für den Luise plädiert:

> [W]enn wir hinter die Angst schauen, [...], wenn wir die Meerwalnuss nicht als invasiv, auch nicht als räuberisch oder kriegerisch bezeichnen, dann könnten wir von ihr lernen, wie man sich selbst den schlimmsten Lebensbedingungen anpassen, in ihnen sogar nicht nur überleben, sondern gut leben kann.[23]

8 Staatsquallen

Gut leben mit Quallen, ein gut gemeinter Rat für die friedliche Zukunft aller Arten miteinander. Notwendig dabei: der Perspektivwechsel, das Hineinversetzen in an-

---

[20] GEOMAR Helmholtz-Zentrum für Ozeanforschung Kiel: Invasive Rippenqualle: Erfolgreich dank wiederholter Einwanderung. *Geomar.de*. In: https://www.geomar.de/news/article/invasive-rippenqualle-erfolgreich-dank-wiederholter-einwanderung (letzter Zugriff: 20. April 2022).
[21] GEOMAR: Invasive Rippenqualle.
[22] Marie Gamillscheg: *Aufruhr der Meerestiere*. München 2022, S. 13.
[23] Marie Gamillscheg: *Aufruhr der Meerestiere*, S. 15.

dere Spezies. Das dänische Künstlerkollektiv Superflex erlaubt uns, in *Vertical Migration*, einem Animationsfilm, der im Herbst 2021 auf den Hauptsitz der Vereinten Nationen in New York projiziert wurde[24], die Perspektive einer Staatsqualle einzunehmen. Kurzum: Uns noch so unähnlich, teilen wir u.a. mit den Staatsquallen einen Planeten, ein Ökosystem, eine Zukunft. Vielleicht steckt in der Staatsqualle eine zukunftsweisende Staatsform?

Literatur

Atwood, Margaret: *Das Jahr der Flut*. München 2009.
Barker, Oliver: Tödlicher Quallen-Horror in Australien: Würfelqualle tötet Teenager (14) an Traumstrand. In: https://nachrichtend.com/toedlicher-quallen-horror-in-australien-wuerfelqualle-toetet-teenager-14-an-traumstrand/ (letzter Zugriff: 20. April 2022).
Björk: Oceania. In: https://www.youtube.com/watch?v=thnTE2e341g&ab_channel=bj%C3%B6rk (letzter Zugriff: 01. Juli 2022).
Future Jesus and The Electric Lucifer: Kosmo Cure. In: https://www.youtube.com/watch?v=mUkyu3iDib8&ab_channel=FutureJesus%26TheElectricLucifer (letzter Zugriff: 20. April 2022).
Gamillscheg, Marie: *Aufruhr der Meerestiere*. München 2022.
GEOMAR Helmholtz-Zentrum für Ozeanforschung Kiel: Invasive Rippenqualle: Erfolgreich dank wiederholter Einwanderung. In: https://www.geomar.de/news/article/invasive-rippenqualle-erfolgreich-dank-wiederholter-einwanderung (letzter Zugriff: 20. April 2022).
Graf, Oskar Maria: *Die Flucht ins Mittelmäßige. Ein New Yorker Roman*. München 1994.
McCarthy, Tom: *Schreibmaschinen, Bomben, Quallen. Essays*. Zürich 2019.
Park, Bonn: *Rückkehr zu den Sternen*. Berlin 2022.
Schmitz, David: „Sie terrorisieren uns." Quallen-Armada trifft auf Australiens Strände, Kölner Stadtanzeiger, 27.01.2022. In: https://www.ksta.de/panorama/-sie-terrorisieren-uns--quallen-armada-trifft-auf-australiens-straende-39414672 (letzter Zugriff: 20. April 2022).
Superflex: Vertical Migration. In: https://superflex.net/works/vertical_migration (letzter Zugriff: 01. Juli 2022).

---

24 Vgl. Superflex: *Vertical Migration*. In: https://superflex.net/works/vertical_migration (letzter Zugriff: 01. Juli 2022).

Julia Schade
Ozeanisch denken

Dekolonialer Schwindel, Nachleben und abgründige Relationalität in John Akomfrahs Vertigo Sea

Zusammenfassung: Wie lässt sich mit dem Ozean denken statt über ihn? Nehmen wir diese vermeintlich einfache Frage ernst, führt sie uns in ein Gedankenexperiment, das anthropozentrische Vorannahmen und hegemoniale Denkordnungen in eine heftige Krise stürzt. Denn mit und durch den Ozean zu denken anstatt über ihn bedeutet, seine Liquidität, Fluidität und entgrenzende Tiefe nicht nur als Motiv oder Metapher zu behandeln, sondern als theoretische Herausforderung für gewohnte westliche Denkmuster zu begreifen. Angesichts eines zunehmenden Interesses an Relationalität und Dekolonialität in den letzten Jahren gewinnt eine solche Frage nicht nur in theoretisch-methodischer, sondern in künstlerischer Hinsicht immer mehr an Bedeutung. Dieser Beitrag nimmt am Beispiel von John Akomfrahs Videoinstallation Vertigo Sea dekoloniale Bezugnahmen in den Blick, in denen mit und durch das Ozeanische historische und gegenwärtige koloniale Gewaltgefüge befragt und westlich-zivilisatorische Fortschrittsnarrative erschüttert werden.

Schlüsselwörter: Dekolonisierung, Relationalität, Ozeanische Zeitlichkeit, Nachleben, Unlearning, Middle Passage, Black Atlantic, Racial Capitalocene, John Akomfrah, Abgrund, ozeanischer Schwindel

1 Thinking through seawater

Ein Ansatz, der die Herausforderung, *ozeanisch zu denken*, kürzlich auf neue Weise zu formulieren versucht hat, ist Melody Jues Monographie *Wild Blue Media*.[1] Sie diagnostiziert einen „Sea Change in Media Studies"[2] und schlägt vor, den Ozean nicht mehr nur *als* Medium zu begreifen, *in* dem Medienkonstellationen wie in einem Container beobachtet werden können. Stattdessen geht es ihr um ein „thinking through seawater", das das Meer nicht mehr länger nur als Objekt der Analyse behandelt, sondern mit und durch den Ozean denkt und damit zur Umgebung *für* und *des* Denkens begreift, als „an environment *for* thought", in das die kritische Beobachter*in selbst verstrickt ist.[3] Interessant ist Jues Ansatz dort, wo sie ein „Conceptional Displacement" als Methode einer Neusituierung wissenschaftlichen Denkens in die

---
[1] Melody Jue: *Wild Blue Media. Thinking through Seawater.* Durham 2020, S. 22.
[2] Jue: *Wild Blue Media*, S. 21.
[3] Jue: *Wild Blue Media*, S. 16.

Relationalität des Ozeans vorschlägt. Was passiert, so das spielerische Szenario, wenn man eine Wissenschaftler*in von ihrem Schreibtisch in den Ozean versetzen würde? Wie würden sich unser wissenschaftliches Denken und seine anthropozentrischen Repräsentationsmuster ändern müssen, wenn deren Bedingungen, also zum Beispiel Schwerkraft und kritische Distanz, nicht mehr gegeben sind?

Was Jue hier zu bedenken gibt, ist zunächst relationalen Ansätzen wie denjenigen Donna Haraways sehr ähnlich, in denen es ebenso um das Gedankenexperiment geht, aus einer Relationalität *heraus* zu denken statt *über* sie.[4] Jue entwirft eine amphibische Wissenschaft, „a form of amphibious scholarship"[5], die selbst-reflexiv eigene terrestrische Vorannahmen und Begrifflichkeiten hinterfragt und dabei die damit einhergehende Verunsicherung der eigenen Denkweise zum spezifischen Merkmal der Methode erklärt. Sie erhebt den Ozean vor diesem Hintergrund zu einem „disorientation device"[6], das es auf diese Weise vermag, anthropozentrische Kategorien, Begriffe und Denkgebäude einer Rekalibrierung zu unterziehen. Ein Denken durch und mit dem Ozean, so die Konsequenz, ist dabei immer verbunden mit der Erfahrung einer kategorialen Verunsicherung und Orientierungslosigkeit.

So überzeugend dieser Aspekt der ozeanischen Desorientierung als Methode zunächst ist, lässt Jue doch dekoloniale Perspektiven auf den Ozean und auf die Problematik des ‚Unlearning' hegemonialer Denkweisen dabei weitgehend außen vor. Im Folgenden möchte ich daher die Frage eines ozeanischen Denkens als Strategie der Verunsicherung an dekoloniale Ansätze zurückbinden und insbesondere anhand von John Akomfrahs Videoinstallation VERTIGO SEA aufzeigen, wie darin die Verflechtung von Kolonialismus, extraktiver Moderne, Migration und Erinnerung als schwindelerregende Relationalität erfahrbar wird.

2 Dekoloniale Bezugnahmen

In den letzten Jahren war zu beobachten, dass die theoretische und künstlerische Auseinandersetzung mit dem Ozean und dem Meer auf eine neue Weise stattfindet, die vor allem blinde Stellen der westlichen Fortschrittserzählung in den Blick nimmt und sich so gerade dem *Ungedachten* der Moderne zu nähern versucht. Die Verschränkungen des „Racial Capitalocene"[7] – also dem historischen und gegenwärtigen Gewaltgefüge des Anthropozäns, toxischen Hinterlassenschaften der Moderne sowie kapitalistischer und kolonialer Ausbeutung – rücken damit genauso in den

---

4 Vgl. Donna Haraway: *Staying with the Trouble*. Durham 2016.
5 Haraway: *Staying with the Trouble*, S. 5.
6 Haraway: *Staying with the Trouble*, S. 6.
7 Françoise Vergès: Racial Capitalocene. In: https://www.versobooks.com/blogs/3376-racial-capitalocene (letzter Zugriff: 17. Juni 2022).

Fokus wie mehr-als-menschliche Epistemologien.[8] Darüber hinaus ist für viele künstlerische und theoretische dekoloniale Ansätze der Ozean in den letzten Jahren zu einer wichtigen Denkfigur geworden, um die spezifische Zeitlichkeit des kolonialen Nachlebens im *Black Atlantic*[9] und *Black Mediterranean*[10] zu thematisieren.

Es wäre hier eine ganze Reihe von künstlerischen Arbeiten anzuführen, die an der Schnittstelle zwischen Installation, Film, bildender und performative Kunst angesiedelt sind und in denen ein Nachdenken über die (de)kolonialen Implikationen des Ozeanischen stattfindet: In Arthur Jafas Videoinstallation AGHDRA[11] erscheint der Ozean in einem dystopischen Szenario als schwarze, zähe, wogende Masse, die traumatische Assoziationen der *Middle Passage* mit solchen extraterrestrischer Landschaften und Erdölkatastrophen auf beunruhigende Weise verschränkt. Die Unterwasserskulpturen von Jason deCaires Taylor wiederum verwandeln den Meeresboden in ein Unterwassermuseum, in dem gespenstische mehr-als-menschliche Gestalten auftauchen.[12] Patricio Guzmáns THE PEARL BUTTON[13], Ferreira da Silva/Arjuna Neumans 4 WATERS. DEEP IMPLICANCY[14] und Karrabings Film Collectives WUTHARR. SALTWATER DREAMS[15] verhandeln andere Kosmologien und indigene Bezugnahmen auf Wasser und den Ozean.

Eine Videoarbeit, die auf besondere Weise die Verflechtung von Kolonialismus, extraktiver Moderne, Migration und Erinnerung im und durch die verunsichernde Relationalität des Ozeans thematisiert, ist John Akomfrahs Installation VERTIGO SEA (2015), auf die ich nun näher eingehen möchte.[16]

---

8 Für eine präzise dekoloniale Betrachtung des Zusammenhangs von Umweltverschmutzung, Kolonialismus und Eigentum siehe: Max Liboiron: *Pollution is Colonialism*. Durham 2021. Siehe auch die Arbeiten der türkischen Künstlerin Pınar Yoldaş, die sich in AN ECOSYSTEM OF EXCESS mit dem *Great Pacific Garbage Patch* beschäftigt und ein nach-menschliches Plastik-Ökosystem aus spekulativen Organismen und ihrer imaginierten Umgebung schafft. Ich danke Leon Gabriel für diesen Hinweis. AN ECOSYSTEM OF EXCESS: Pınar Yoldaş. Gefördert und zuerst gezeigt durch die Schering Stiftung. Berlin 2014.
9 Vgl. Paul Gilroy: *The Black Atlantic: Modernity and Double-Consciousness*. Cambridge 1993.
10 Gabriele Proglio, Camilla Hawthorne, Ida Danewid et al. (Hg.): *The Black Mediterranean: Bodies, Borders and Citizenship*. London 2021.
11 Arthur Jafa, AGHDRA. Video (Farbe, Sound), 85 Minuten. New York Gladstone Gallery 2021.
12 Eine Bezugnahme und Analyse von Jason deCaires Taylors Unterwasserskulpturen vor dem Hintergrund mehr-als-menschlicher Ökologien findet sich in: Monique Allewaert: *Ariel's Ecology. Plantations, Personhood, and Colonialism in the American Tropics*. Minneapolis 2014. Sowie in Jue: *Wild Blue Media*, Kapitel 4, S. 142–166.
13 THE PEARL BUTTON [EL BOTÓN DE NÁCAR]. Reg. Patricio Guzmán. Atacama Productions, Frankreich/Chile 2015.
14 4 WATERS – DEEP IMPLICANCY. Reg. Ferreira da Silva/Arjuna Neuman. 31 Minuten, 1-Kanal-Videoinstallation 2019.
15 WUTHARR, SALTWATER DREAMS. Reg. Karrabing Film Collective. 28:53 Minuten, 1-Kanal-Videoinstallation 2016.
16 VERTIGO SEA. Reg. John Akomfrah. 3-Kanal Videoinstallation. 48:30 Minuten. Smoking Dogs Films 2015. Die Arbeit ist der erste Teil der Trilogie bestehend aus PURPLE (2017) und FOUR NOCTURNES (2019).

3 John Akomfrahs Vertigo Sea

Bereits beim Betreten des dunklen Installationsraums mit seinen drei riesigen, als Triptychon angeordneten Leinwänden stellt sich eine schwindelerregende Überforderung ein. Wie in einer Tauchglocke finden sich die Besucher*innen plötzlich umgeben von einer blauschimmernden, zuckenden, wogenden, tönenden und sich immer in Bewegung befindenden ozeanischen Landschaft, in der alles gleichzeitig passiert: Ein dichter Soundteppich umhüllt einen, während auf den drei riesigen, parallel laufenden Leinwänden langsam ein Blauwal in der beunruhigenden Tiefe des Ozeans verschwindet, gewaltige Wellen sich auftürmen und ein riesiger Seevogelschwarm kreischend über der Meeresoberfläche kreist. Atemberaubend gestochen scharfe Aufnahmen von Korallen und arktischen Landschaften, Eisbären und Fischschwärmen folgen. Doch bei dieser spektakulär-naiven Naturfilmromantik bleibt es nicht.

In die schönen Naturaufnahmen, die allesamt aus dem Archiv der *BBS Natural Unit* stammen, mischen sich solche blutüberströmter Blauwalkörper oder auch ein vergilbtes Fotoporträt eines versklavten Mannes neben einem kitschigen Sonnenuntergang.[17] Gestochen scharfe Aufnahmen maritimer Landschaften erscheinen im Kontrast zu verendenden Fischen in riesigen Netzen und Berichten über das Ertrinken von Flüchtenden im Mittelmeer; ethnographischem Material über indigenes Leben verschränkt sich mit Filmausschnitten über Sklavenschiffe und Aufnahmen von der Eisbärenjagd, nuklearen Testarealen im Pazifik sowie zeitgenössischen Ölplattformen. Fotografien ermordeter und ins Meer geworfener chilenischer politischer Gefangener erscheinen neben einem riesigen Schwarm von Aalen und einem Walgerippe auf dem Meeresgrund, unterlegt und begleitet durch Soundfetzen von Textstücken von Herman Melvilles *Moby Dick* über Heathcote Williams' *Whale Nation* bis zu Frantz Fanons *Die Verdammten dieser Erde*, Fred D'Aguiars *Feeding the Ghosts* und Derek Walcotts *The Sea is History*.[18] Inmitten dessen erscheint immer wieder eine Gestalt in einem merkwürdig stilisierten Tableau: In eine Uniform des 18. Jahrhunderts gekleidet und mit wehendem Rock steht die Figur in kontemplati-

---

[17] Das Porträt von 1850 zeigt einen Mann mit dem Sklavennamen „Renty" und wurde durch den Schweizer Rassenhygieniker Louis Agassiz in Auftrag gegeben. Es gilt als eine der ersten Daguerreotypien von US-amerikanischen Sklaven und befand sich bis 1976 im Museum der Harvard University. Zur aktuellen Diskussion des Rechtsfalls siehe Hartocollis, Anemona: Images of Slaves Are Property of Harvard, Not a Descendant, Judge Rules. In: *The New York Times* (05.05.2022). https://www.nytimes.com/2021/03/04/us/harvard-slave-photos-renty.html (letzter Zugriff: 16. Juni 2022).

[18] Herman Melville: *Moby Dick*. New York/London, 2. Aufl. 2002. Heathcote Williams: *Whale Nation*. New York 1988. Frantz Fanon: *Die Verdammten dieser Erde*. Frankfurt a. M. 2008. Fred d'Aguiar: *Feeding the Ghosts*. London 1998. Walcott, Derek: The Sea Is History. In: *Collected Poems, 1948–1984*. New York 1987.

ver Pose in einer Szenerie, die sowohl an Caspar David Friedrichs romantische Gemälde erinnert als auch dystopisch anmutet. Bei dieser Figur handelt es sich um Olaudah Equiano, der als Forscher die Meere und vor allem die Arktis bereiste, nachdem es ihm gelang, sich aus der Versklavung freizukaufen.[19] VERTIGO SEA wiederum platziert nun diese schwarze historische Persönlichkeit inmitten romantischer Dispositive weißer europäischer Malereitradition. Die Installation verwebt somit zahllose westliche kunst-, literatur- und kulturgeschichtliche Referenzen des Meeres mit der Geschichte des transatlantischen Sklavenhandels, Ertrinkenden im Mittelmeer und den Auswirkungen zeitgenössischer globaler Extraktionswirtschaft, wie ölverseuchte Meere und giftig schimmernde Schlicklandschaften.

4 Verräumlichte Relationalität

Dabei entsteht ein unübersichtliches Gefüge aus sich flüchtig einstellenden, ineinander geschichteten und sich überlagernden Fragmenten und Konstellationen, deren Gleichzeitigkeit und Relationalität sich jeder Fokussierung auf ein spezifisches Element widersetzen. Es stellt sich der unangenehme Verdacht ein, dass all dies miteinander zusammenhängt: europäisch-romantische Meer- und Seefahrerikonographien mit dem transatlantischen Sklavenhandel, Ölplattformen mit Ertrinkenden im Mittelmeer und Frantz Fanon mit *Moby Dick*. TJ Demos nennt diese ästhetische Strategie Akomfrahs „spatialized relationality".[20] Eben diese verräumlichte Relationalität des Meeres erzeugt einen beunruhigenden Schwindel, auf den nicht zuletzt der Titel der Installation verweist: VERTIGO SEA. Dieses Vertigo möchte ich ernst nehmen als schleichend-schwankende Verunsicherung der westlichen technisch-zivilisatorischen Fortschrittserzählung und ihrer Repräsentationen, die die Frage nach ihren kolonialen Ausschlüssen und toxischen Resten aufwirft. Im Folgenden soll aufgezeigt werden, wie erstens Akomfrahs Arbeit eben diesem Verdrängten nachspürt und so auf das Ungedachte einer westlichen Moderne verweist, für die das Meer von konstitutiver Bedeutung ist. Zweitens wird herausgearbeitet, inwiefern in VERTIGO SEA dieses Ungedachte als schwindelerregende Relationalität im Ozeanischen erfahrbar wird, die westliche und anthropozentrische Denkmuster erschüttert.

---

[19] Olaudah Equiano: *The Interesting Narrative of the Life of Olaudah Equiano, Or Gustavus Vassa, The African – Written By Himself.* London 1789.
[20] TJ Demos: *Beyond the World's End. Arts of Living at the Crossing.* Durham 2020, S. 26.

5 Das Meer als Medium der Moderne

Die Annahme, dass die raumzeitliche Liquidität und Weite des Ozeans eine kategoriale Herausforderung an das rationale Denken implizieren, ist zunächst natürlich nicht völlig neu. Der Ozean, das Meer und nautisch-maritime Metaphorik treten im westlichen Denken immer dann auf den Plan, wenn es um die Grenzen der Repräsentation und die Entgrenzung des Subjektes geht. Mehr noch: Das Denken über den Ozean ist für die westliche Moderne konstitutiv. Rosalind Krauss beschreibt das Meer in diesem Sinne als dasjenige Medium, durch welches die Moderne zu sich selbst findet und sich auf den Begriff bringt.[21] Wie sehr sich beispielsweise Europa seit der Antike und dann in Neuzeit und Moderne durch und über das Meer und die Schifffahrt philosophisch definiert und identifiziert, ist vielfach untersucht worden.[22] Kunstgeschichtlich betrachtet erlebt die Ikonographie und Topologie des Meeres im ausgehenden 18. und 19. Jahrhundert zum Beispiel bei William Turner und Caspar David Friedrich einen besonderen Aufschwung und es sind schließlich die Faszination am Nautischen und an der entgrenzenden unbekannten Weite, aber eben auch Schreckensbilder und Untergangsszenarien, die in den Vordergrund rücken.[23] In der zweiten Hälfte des 19. Jahrhunderts tritt dann vor allem die Beherrschung des Ozeans durch Techniken der Schifffahrt vor die maritime Metaphorik.[24] Nicht zuletzt ist dies auch die Zeit, in der die Kartographierung des Ozeans und des Meeresbodens beginnt, maßgeblich für die Verlegung des transatlantischen Telegraphenkabels mitsamt seiner kolonialen Implikationen.[25]

---

21 Rosalind Krauss: *The Optical Unconscious*. Cambridge, MA 1993, S. 2. Vgl. Bernhard Siegert: Untergang eines Dampfbootes. Robert Carricks, William Suhrs, David Bulls und J.M.W. Turners „Rockets and Blue Lights" (1840–2003). In: *Texte zur Kunst* 29/114 (2019), S. 30–49, hier S. 31.
22 Zu dieser Thematik siehe: Natascha Adamowsky: *Ozeanische Wunder. Entdeckung und Eroberung des Meeres in der Moderne*. Paderborn 2017; Hannah Baader, Gerhard Wolf (Hg.): *Das Meer, der Tausch und die Grenzen der Repräsentation*. Zürich 2010; und Bernhard Klein, Gesa Mackenthun (Hg.): *Sea Changes. Historicizing the Ocean*. New York 2004. Eine Betrachtung künstlerischer Bearbeitungen von Wasser, Meer und Ozean in Moderne und Gegenwart findet sich in: David Clarke: *Water and Art. A Cross-cultural Study of Water as Subject and Medium in Modern and Contemporary Artistic Practice*. London 2010.
23 Dazu siehe: Siegert: Untergang eines Dampfbootes, S. 30–49.
24 Für eine besondere Berücksichtigung des Zusammenhangs von Neuzeit und Moderne mit Seefahrt und Schiffbruch siehe: Burkhardt Wolf, Andreas Bähr, Peter Burschel, Jörg Templer (Hg.): *Untergang und neue Fahrt. Schiffbruch in der Neuzeit*. Göttingen 2020 sowie Burkhardt Wolf: *Fortuna di mare: Literatur und Seefahrt*. Zürich 2013 und Steve Mentz: *Shipwreck Modernity. Ecologies of Globalization, 1550–1719*. Minneapolis 2015.
25 Für eine Betrachtung der kolonialen Implikationen der Telegraphenkabelverlegung siehe: Nicole Starosielski: *The Undersea Network*. Durham 2015.

6 Das Ungedachte der Moderne

VERTIGO SEA verwebt nun die maritimen Motive, Darstellungen, Ikonographien und Topologien des Ozeanischen aus dem 18. und 19. Jahrhundert mit dem historischen Gewaltgefüge des Kolonialismus und verweist damit auf die unangenehme Gleichzeitigkeit von romantischer Imagination des Meeres auf der einen Seite und der auf eben diesem Meer zur gleichen Zeit stattfindenden und den europäischen Reichtum maßgeblich begründenden transatlantischen Sklavenhandel auf der anderen Seite. Diese Gleichzeitigkeit kulminiert, so zeigt uns Akomfrah, gerade in der Romantik und ihrer Faszination für ozeanische Weite und das Nautische. Was VERTIGO SEA als mediales Gefüge so deutlich macht, ist der Umstand, dass der Ozean diese paradoxe koloniale Bedingtheit der Moderne in sich trägt.[26] Der Ozean wird bei Akomfrah jedoch eben nicht mehr wie bei Krauss als eine in sich abgeschlossene Offenheit ohne Bezug zum Sozialen verstanden, sondern zu einem diasporischen Relations-, Erinnerungs- und Erfahrungsraum von Begegnungen und Relationen, die sich sonst in der Moderneerzählung nicht oder wenn, dann nur an ihren Rändern finden. Akomfrahs Arbeit widmet sich so dieser Verstrickung der Moderne mit ihrer Geschichte des Kolonialismus und der extraktiven Ausbeutung aus einer Perspektive, die sich mit Frank B. Wilderson III. und Saidiya Hartman die „position of the unthought"[27] nennen lässt. Diese Position des Ungedachten einzunehmen ist jedoch keineswegs eine trittsichere Angelegenheit, denn sie wird erfahrbar als eben jenes schwindelerregende Vertigo und als relationale Verunsicherung, auf die der Titel VERTIGO SEA bereits hindeutet.

Eben mit dieser In-Szene-Setzung des Vertigo, um das es im Folgenden gehen wird, knüpft die Installation an gegenwärtige Diskurse an, die den Schwindel und den Orientierungsverlust zum Merkmal von Dekolonisierung erklären.

7 How to lose direction: Dekolonisierung als Orientierungsverlust

Ein Schlüsseltext in dieser Hinsicht ist Frantz Fanons *Die Verdammten dieser Erde*, in der er die absolute Neuordnung bestehender Machtverhältnisse und die damit einhergehende Verunsicherung zum wesentlichen Merkmal von Dekolonisierung

---

[26] Zur (de)kolonialen Bedingtheit der Moderne siehe: Walter D. Mignolo: *The Darker Side of Western Modernity: Global Futures, Decolonial Options*. Durham 2011; ders.: Delinking. The rhetoric of modernity, the logic of coloniality and the grammar of de-coloniality. In: *Cultural Studies* 21/2–3 (2007), S. 449–514; Anibal Quijano: Coloniality and Modernity/Rationality. In: ebd., S. 168–178.
[27] Frank B. Wilderson III, Saidiya Hartman: The Position of the Unthought. In: *Qui Parle* 13/2 (2003), S. 183–201.

erklärt: „Die Dekolonisation, die sich vornimmt, die Ordnung der Welt zu verändern, ist, wie man sieht, ein Programm absoluter Umwälzung."[28] Dekolonisierung als politisches Konzept geht also notwendigerweise mit dem totalen Umsturz bisheriger politischer und geistiger Ordnungen einher und damit eben auch mit einem radikalen Verlust von Orientierung innerhalb unserer gewohnten Denkmuster. Genau diesen Aspekt betont auch die französisch-algerische Philosphin Seloua Luste Boulbina, wenn sie im Anschluss an Fanon feststellt, Dekolonisierung als politisches Konzept sei verbunden mit der Herausforderung, die Richtung zu verlieren und so die Orientierung am globalen Norden aufzugeben. Sie fragt dementsprechend: „How – from the North – does one lose direction [*comment ... perdre le nord*]"[29] und führt aus:

> Decolonization may be understood as a desire for change, or as a need for change; nothing about the concept tells us, however, what this change should be. There is no orienting grid to give us directions in advance.[30]

Die ernüchternde Aussage dieser Passage liegt also darin, dass es schlicht kein Generalrezept, kein allgemeines Orientierungsmuster für Dekolonisierung geben kann, eben weil diese voraussetzt, die bisherigen am globalen Norden ausgerichteten Denkmuster zu verlernen und sich der entsprechenden Desorientierung auszusetzen. Gayatri Chakravorty schreibt in dieser Hinsicht auch vom Prozess des „Unlearning"[31], einem Verlernen verfestigter eurozentrischer Denkordnungen. Ariella Aïsha Azoulay wiederum nennt es „unlearning imperialism"[32] und betont, es gehe darum, dieses Verlernen immer wieder zu proben. In diesem Sinne beschribt sie den Vorgang als „rehearsals of [...] losing ground"[33]: Den Grund und Boden zu verlieren, sich von ihm zu lösen und den dadurch ausgelösten Schwindel zu akzeptieren, bedarf der wiederholten Einübung. Darüber hinaus ist der Moment des Schwindels von vielen Denker*innen der *Black Studies* als Aspekt von „Blackness" beschrieben worden. So definiert Wilderson III. Blackness als „crossroads where vertigoes meet, the intersection of performative and structural violence",[34] während Achille Mbembe von der „schwindelerregenden Assemblage" von Blackness und „Race" schreibt.[35]

---

[28] Frantz Fanon: *Die Verdammten dieser Erde*. Hamburg 1966, S. 27.
[29] Seloua Luste Boulbina: Decolonization. In: *Political Concepts* https://www.politicalconcepts.org/decolonization-seloua-luste-boulbina/ (letzter Zugriff: 16. Juni 2022).
[30] Boulbina: Decolonization.
[31] Gayatri Chakravorty Spivak, Sarah Harasym: *The Post-Colonial Critic Interviews, Strategies, Dialogues*. New York/London 1990, S. 14.
[32] Ariella Aïsha Azoulay: *Potential History: Unlearning Imperialism*. London 2019.
[33] Azoulay: *Potential History: Unlearning Imperialism*, S. 36.
[34] Frank B. Wilderson III: The vengeance of vertigo: Aphasia and abjection in the political trials of black insurgents. In: *InTensions* 5 (2011), S. 1–41.
[35] Achille Mbembe: *Kritik der schwarzen Vernunft*. Frankfurt 2018, S. 14.

In VERTIGO SEA erweist sich der ozeanische Schwindel nun als notwendige Voraussetzung und Bedingung für ein Erkennen und Verlernen historischer und gegenwärtiger Gewaltgefüge und die darin sedimentierten Verstrickungen von Rassifizierung und Objektifizierung. Es kommt jedoch in der Installation noch ein weiterer Aspekt hinzu, der den Schwindel direkt mit der besonderen Zeitlichkeit des Nachlebens der Sklaverei und des *Black Atlantic* in Beziehung setzt. Denn der Ozean ist nicht nur eine fluide Relationalität, in der sich das koloniale Ungedachte der Moderne manifestiert, er ist auch buchstäblich das alle Zeiten überdauernde liquide Grab all derer, die im Zuge der *Middle Passage* in ihm ertrunken und versunken sind.

8 Der Ozean als schwindelerregender Abgrund

Eine vielzitierte Schlüsselszene dieser abgründigen Relationalität, in der der Moment des Schwindels auf dem Ozean mit der Erfahrung der Versklavung in Beziehung gesetzt wird, findet sich in Édouard Glissants Monographie *Poetics of Relation*, die auf dem offenen Ozean beginnt, genauer auf einem Sklavenschiff.[36] Eröffnet wird der Text mit einer drastischen Szene, die die Leser*in direkt auf den offenen Ozean hinaus und in die Urszene des transatlantischen Sklavenhandels hineinzieht. Glissant beschreibt das Zusammengeferchtsein von zur Ware gewordener Körper auf dem Sklavenschiff auf dem Weg ins Ungewisse, das Elend, den Gestank, das Schwanken des Schiffes, das Sterben.[37] Es ist aber vor allem das Motiv des „vertigo", das hier prominent auftaucht. Die unendliche schwindelerregende Weite des Ozeans, der „dizzying sky plastered to the waves", verschränkt sich hier mit der Erfahrung der traumatischen Verschleppung in einer Weise, die alle terrestrische Orientierung, Ordnung und Zugehörigkeit erschüttert.[38] So wird der Bauch des Sklavenschiffes zur todbringenden Gebärmutter, die kein Leben mehr schenkt, sondern einem Abgrund gleicht: „This boat is a womb, a womb abyss."[39] Diese beklemmende Szene zwischen Geburt, Schwindel, Tod und bodenlosem

---

[36] Édouard Glissant: *Poetics of Relation*. Ann Arbor 1997, S. 5.
[37] Aus der Position einer weißen Wissenschaftlerin über die Objektifizierung schwarzer Körper zu schreiben, birgt stets die Gefahr einer Fetischisierung eben dieser Körper. Tiffany Lethabo King nennt dies in ihrer kritischen Analyse in Anlehnung an Hortense Spillers „pornotroping black embodiment" und unterstreicht, wie die weiße wissenschaftliche Praxis Texte schwarzer Autor*innen durch Ästhetisierung und Dekonstruktion zu „captive bodies" mache und damit just die Gewalt der Objektifizierung wiederhole, deren Offenlegung sie sich zum Ziel gesteckt habe. Vgl. Tiffany Lethabo King: Off Littorality (Shoal 1.0): Black Study Off the Shores of ‚the Black Body'. In: *Propter Nos* 3 (2019), S. 40–50, hier: S. 44.
[38] Glissant: *Poetics of Relation*, S. 5. Vgl. Elizabeth A. Povinelli: The Ancestral Present of Oceanic Illusions: Connected and Differentiated in Late Toxic Liberalism. In: *e-flux Journal* 11 (2020), S. 1–13.
[39] Glissant: *Poetics of Relation*, S. 5. Das Motiv des Sklavenschiffes als todbringende Gebärmutter ist in feministischen Ansätzen vielfach diskutiert worden. Saidiya Hartman arbeitet in kritischer Distanz zu männlichen Autoren der *Black Radical Tradition* heraus, inwiefern die Frage kolonialer Ausbeutung und des Nachlebens der Sklaverei nicht ungeschlechtlich verallgemeinerbar ist, son-

Abyss beschreibt die Versklavung und die *Middle Passage* als kollektive Erfahrung der schwindelerregenden Abgründigkeit, einer „experience of the abyss",[40] und es ist schließlich der Ozean, der die Erinnerung daran in sich trägt.

9 The liquid grave: Ozeanische Zeitlichkeit

In vielen dekolonialen, diasporischen, afrofuturistischen und -pessimistischen Ansätzen wird der Atlantik zum Medium, das das Andenken an diejenigen namenlosen Toten in sich birgt, die während der von Glissant beschriebenen transatlantischen Überfahrt über Bord geworfen wurden oder sich selbst ins Meer stürzten, um der Versklavung zu entgehen.[41] NourbeSe Philip bezeichnet den Ozean deswegen als „liquid grave"[42], Elizabeth M. DeLoughrey wiederum formuliert es so: „water is an element ‚which remembers the dead'."[43] In Ansätzen aus dem Bereich des *Black Feminism* von Christina Sharpe, Saidiya Hartman, Alexis Pauline Gumbs[44] oder Habiba Ibrahim[45] wird die Beschäftigung mit dem Ozeanischen vor diesem Hintergrund zur philologischen Trauerarbeit oder zur „wake work"[46], die den namenlosen Opfern der Sklaverei gedenkt, „the archive's silence"[47] in den Blick nimmt und dabei immer wieder eine Durcharbeitung epistemischer vergeschlechtlichter Gewaltstrukturen fordert. Viele dieser Theorien legen dabei nahe, dass angesichts der Geschichte der Sklaverei Zeit nicht vergeht, sondern sich akkumuliert[48], festsetzt, schichtet und die

---

dern vor dem Hintergrund weiblicher Reproduktionsarbeit und sexueller Gewalt betrachtet werden muss. Vgl. Saidiya Hartman: The Belly of the World. A Note on Black Women's Labors. In: *Souls* 18/1 (2016), S. 166–173; außerdem dies.: The Time of Slavery. In: *The South Atlantic Quarterly* 101/4 (2002), S. 757–777 sowie insbesondere Christina Sharpes Bezug auf Glissant in: Christina Sharpe: *In the Wake: On Blackness and Being*. Durham 2016, S. 73–83.
40 Glissant: *Poetics of Relation*, S. 5.
41 Vgl. Soyica Diggs Colbert: *Black movements: Performance and cultural politics*. New Brunswick 2017, S. 23–57; Ayesha Hameed: Black Atlantis. In: Henriette Gunkel/kara lynch (Hg.): *We Travel the Space Ways. Black Imagination, Fragments, and Diffractions*. Bielefeld 2019, S. 107–128; Rebecca Schneider: This Shoal Which Is Not One: Island Studies, Performance Studies, and Africans Who Fly. In: *Island Studies Journal* 15/2 (2020), S. 201–218.
42 M. NourbeSe Philip: *Zong!* Hartford 2008, S. 201.
43 Elizabeth M. DeLoughrey: Heavy Waters: Waste and Atlantic Modernity. In: *PMLA* 125/3 (2010), S. 703–712, hier: S. 704.
44 Alexis Pauline Gumbs: *Undrowned Black Feminist Lessons from Marine Mammals*. Oakland 2020.
45 Habiba Ibrahim: *Black Age: Oceanic Lifespans and the Time of Black Life*. New York 2021.
46 Sharpe: *In the Wake*, S. 13.
47 Saidiya Hartman: Venus in two Acts. In: *small axe* 26 (2008), S. 1–14, hier: S. 12.
48 Akkumulation ist auch für Hartman eine wesentliche Eigenschaft des Nachlebens der Sklaverei in der Gegenwart. Vgl. Saidiya Hartman: The Dead Book Revisited. In: *History of the Present* 6/2 (2016), S. 208–215, hier: S. 210.

Gegenwart immer wieder einholt.⁴⁹ Damit einher geht also eine spezifische Zeitlichkeit des Nachlebens. Der Ozean wird nicht nur von den „spectres of the atlantic"⁵⁰ bewohnt, sondern ist auch geprägt von einem bis in die Gegenwart fortdauernden atlantischen „Jetzt"⁵¹. Christina Sharpe benennt diesen Vorgang als „the past that is not past reappears",⁵² Glissant wiederum beschreibt die plötzliche Heimsuchung der Gegenwart wie ein kurzzeitiges Auftauchen von Seegras an der Meeresoberfläche.⁵³

Hinzu kommt überdies die mehr-als-menschliche zyklische Zeitlichkeit des Ozeans, die lineare teleologische Konzepte anthropozentrischer Zeitvorstellungen herausfordert. Sharpe verdeutlicht diesen Aspekt anhand der „residence time"⁵⁴, die die biologische Dauer bezeichnet, die ein menschlicher Körper benötigt, um sich vollständig im Ozean zu aufzulösen. Sie beträgt 260 Millionen Jahre. Dies bedeutet nichts anderes, als dass die Partikel all der im Ozean versunkenen Opfer Teil des ozeanischen Ökosystems werden, sich akkumulieren, sedimentieren und niemals gänzlich verschwinden – zumindest nicht im Horizont menschlicher Zeit.

In Akomfrahs Arbeit VERTIGO SEA vermischen sich nun diese Implikationen des kolonialen und mehr-als-menschlichen Nachlebens mit der schwindelerregenden Abgründigkeit des Ozeans, die hier mehr als nur ein Gedankenexperiment ist, um westliche Denkmuster zu hinterfragen, wie es die zu Beginn zitierte Melody Jue fordert. In der fluiden Medialität der Installation wird der Ozean stattdessen zum flüssigen Erinnerungsraum, dessen relationale Zeitlichkeit sowohl die Spuren, Geschichten und historischen Verflechtungen der kolonialen Moderne und seiner Opfer als auch unserer extraktiven Gegenwart in sich trägt. Was VERTIGO SEA so letztlich verdeutlicht ist dies: Das Ozeanische als „rehearsals of [...] losing ground"⁵⁵ ernst zu nehmen und nicht nur über, sondern mit ihm zu denken, heißt auch, dekoloniale Darstellungsweisen zu erproben, die die unsichtbare Verstrickung und Nachträglichkeit von Kolonialismus, Extraktivismus und *Racial Capitalocene* als Erschütterung bekannter Rezeptionsgewohnheiten erfahrbar machen und so eine Öffnung hin zu anderen Wissensordnungen ermöglichen. Zumindest für einen kurzen Moment des ozeanischen Schwindels.

---

49 Für eine weiterführende Analyse dieses Zusammenhangs zwischen Akkumulation und Zeitlichkeit im Nachgang von Walter Benjamin und bei Fred D'Aguiar, Edouard Glissant, Derek Walcott, M. NourbeSe Philip und Toni Morrison siehe: Ian Baucom: *Specters of the Atlantic: Finance Capital, Slavery, and the Philosophy of History*. Durham 2005. Hier insbesondere: S. 309–333.
50 Baucom: *Specters of the Atlantic*.
51 Derek Walcott: *Omeros*. New York 1990, S. 129–130.
52 Sharpe: *In the Wake*, S. 9.
53 Glissant: *Poetics of Relation*, S. 5.
54 Sharpe: *In the Wake*, S. 41.
55 Azoulay: *Potential History*, S. 36.

Literaturverzeichnis

Adamowsky, Natascha: *Ozeanische Wunder. Entdeckung und Eroberung des Meeres in der Moderne.* Paderborn 2017.
Allewaert, Monique: *Ariel's Ecology. Plantations, Personhood, and Colonialism in the American Tropics.* Minneapolis 2014.
Azoulay, Ariella Aïsha: *Potential History: Unlearning Imperialism.* London 2019.
Baader, Hannah/Wolf, Gerhard (Hg.): *Das Meer, der Tausch und die Grenzen der Repräsentation.* Zürich 2010.
Baucom, Ian: *Specters of the Atlantic: Finance Capital, Slavery, and the Philosophy of History.* Durham 2005.
Clarke, David: *Water and Art. A Cross-Cultural Study of Water as Subject and Medium in Modern and Contemporary Artistic Practice.* London 2010.
Boulbina, Seloua Luste: Decolonization. In: *Political Concepts* https://www.politicalconcepts.org/decolonization-seloua-luste-boulbina/ (letzter Zugriff: 16. Juni 2022).
D'Aguiar, Fred: *Feeding the Ghosts.* London 1998.
Demos, TJ: *Beyond the World's End. Arts of Living at the Crossing.* Durham 2020.
DeLoughrey, Elizabeth M.: Heavy Waters: Waste and Atlantic Modernity. In: *PMLA* 125/3 (2010), S. 703–712.
Diggs Colbert, Soyica: *Black Movements: Performance and Cultural Politics.* New Brunswick 2017.
Equiano, Olaudah: *The Interesting Narrative of the Life of Olaudah Equiano, Or Gustavus Vassa, The African – Written By Himself.* London 1789.
Fanon, Frantz: *Die Verdammten dieser Erde.* Frankfurt 2008.
Gilroy, Paul: *The Black Atlantic: Modernity and Double-Consciousness.* Cambridge 1993.
Gumbs, Alexis Pauline: *Undrowned Black Feminist Lessons from Marine Mammals.* Oakland 2020.
Glissant, Édouard: *Poetics of Relation.* Ann Arbor 1997.
Hameed, Ayesha: Black Atlantis. In: Henriette Gunkel/kara lynch (Hg.): *We Travel the Space Ways. Black Imagination, Fragments, and Diffractions.* Bielefeld 2019, S. 107–128
Haraway, Donna: *Staying with the Trouble.* Durham 2016.
Hartman, Saidiya: The Time of Slavery. In: *The South Atlantic Quarterly* 101/4 (2002), S. 757–777.
Hartman, Saidiya: Venus in two Acts. In: *small axe* 26 (2008), S. 1–14.
Hartman, Saidiya: The Belly of the World. A Note on Black Women's Labors. In: *Souls* 18/1 (2016), S. 166–173.
Hartman, Saidiya: The Dead Book Revisited. In: *History of the Present* 6/2 (2016), S. 208–215.
Hartocollis, Anemona: Images of Slaves Are Property of Harvard, Not a Descendant, Judge Rules. In: *The New York Times* (05.05.2022). https://www.nytimes.com/2021/03/04/us/harvard-slave-photos-renty.html (letzter Zugriff: 16. Juni 2022).
Ibrahim, Habiba: *Black Age: Oceanic Lifespans and the Time of Black Life.* New York 2021.
Jue, Melody: *Wild Blue Media: Thinking through Seawater.* Durham 2020.
Krauss, Rosalind: *The Optical Unconscious.* Cambridge, MA. 1993.
Klein, Bernhard/Mackenthun, Gesa (Hg.): *Sea Changes. Historicizing the Ocean.* New York 2004.
King, Tiffany Lethabo: Off Littorality (Shoal 1.0): Black Study Off the Shores of ‚the Black Body'. In: *Propter Nos* 3 (2019), S. 40–50.
Liboiron, Max: *Pollution is Colonialism.* Durham 2021.
Melville, Herman: *Moby Dick.* New York/London, 2. Aufl. 2002.
Mentz, Steve: *Shipwreck Modernity. Ecologies of Globalization, 1550–1719.* Minneapolis 2015.

Mignolo, Walter D.: Delinking. The Rhetoric of Modernity, the Logic of Coloniality and the Grammar of De-Coloniality. In: *Cultural Studies* 21/2–3 (2007).
Mignolo, Walter D.: *The Darker Side of Western Modernity: Global Futures, Decolonial Options*. Durham 2011.
Mbembe, Achille: *Kritik der schwarzen Vernunft*. Frankfurt 2018.
Philip, M. NourbeSe: *Zong!* Hartford 2008.
Povinelli, Elizabeth A.: The Ancestral Present of Oceanic Illusions: Connected and Differentiated in Late Toxic Liberalism. In: *e-flux Journal* 11 (2020), S. 1–13.
Proglio, Gabriele/Hawthorne, Camilla/Danewid, Ida et al. (Hg.): *The Black Mediterranean: Bodies, Borders and Citizenship*. London 2021.
Quijano, Anibal: Coloniality and Modernity/Rationality. In: *Cultural Studies* 21/2–3 (2007).
Schneider, Rebecca: This shoal which is not one: Island studies, performance studies, and Africans who fly. In: *Island Studies Journal* 15/2 (2020), S. 201–218.
Sharpe, Christina: *In the Wake: On Blackness and Being*. Durham 2016.
Siegert, Bernhard: Untergang eines Dampfbootes. Robert Carricks, William Suhrs, David Bulls und J.M.W. Turners „Rockets and Blue Lights" (1840–2003). In: *Texte zur Kunst* 29/114 (2019), S. 30–49.
Spivak, Gayatri Chakravorty/Harasym, Sarah: *The Post-Colonial Critic Interviews, Strategies, Dialogues*. New York/London 1990.
Starosielski, Nicole: *The Undersea Network*. Durham 2015.
Vergès, Françoise: Racial Capitalocene. In: https://www.versobooks.com/blogs/3376-racial-capitalocene (letzter Zugriff: 17. Juni 2022).
Walcott, Derek: The Sea Is History. In: *Collected Poems, 1948–1984*. New York 1987.
Walcott, Derek: *Omeros*. New York 1990.
Williams, Heathcote: *Whale Nation*. New York 1988.
Wilderson III, Frank B./Hartman, Saidiya: The Position of the Unthought. In: *Qui Parle* 13/2 (2003), S. 183–201.
Wilderson III, Frank B.: The Vengeance of Vertigo: Aphasia and Abjection in the Political Trials of Black Insurgents. In: *InTensions* 5 (2011), S. 1–41.
Wolf, Burkhardt/Bähr, Andreas/Burschel, Peter/Templer, Jörg (Hg.): *Untergang und neue Fahrt. Schiffbruch in der Neuzeit*. Göttingen 2020.
Wolf, Burkhardt: *Fortuna di mare: Literatur und Seefahrt*. Zürich 2013.

Filmverzeichnis

AGHDRA: Reg. Arthur Jafa. Video (Farbe, Sound), 85 Minuten. New York Gladstone Gallery 2021.
AN ECOSYSTEM OF EXCESS: Reg. Pınar Yoldas. Gefördert und zuerst gezeigt durch die Schering Stiftung. Berlin 2014.
4 WATERS. DEEP IMPLICANCY. Reg. Ferreira da Silva/Arjuna Neuman. 31 Minuten, 1-Kanal-Videoinstallation 2019.
THE PEARL BUTTON [EL BOTÓN DE NÁCAR]. Reg. Patricio Guzmán. Atacama Productions, Frankreich/Chile 2015.
VERTIGO SEA. Reg. John Akomfrah. 3-Kanal Videoinstallation. 48:30 Minuten. Smoking Dogs Films 2015.
WUTHARR, SALTWATER DREAMS. Reg. Karrabing Film Collective. 28.53 Minuten, 1-Kanal-Videoinstallation 2016.

Teil III: **Biologie**

Jamileh Javidpour
Wie aus einer „amerikanischen Schönheit" ein Albtraum wurde

Zusammenfassung: Die Neugier darauf, wie die Welt funktioniert, ist die Grundlage für alle großen wissenschaftlichen Überlegungen. Sehr oft sind wir jedoch mehr an endgültigen Antworten interessiert als an dem Weg dorthin. Wir wissen, wie Darwins Reise nach Südamerika half, seine Evolutionstheorie zu formen, aber wer war der Erste, der das Interesse geweckt hat und einen Gentleman-Naturforscher dazu brachte, sein Land für eine unbekannte Reise zu verlassen? Hier erzähle ich meine Geschichte darüber, wie mein Interesse an der Untersuchung eines Tieres geweckt wurde, das zu den zehn invasivsten Arten in Europa zählt.

Schlüsselwörter: Invasive Arten, Ostsee, Seewalnuss, *Mnemiopsis leidyi*

Ich werde oft gefragt: Was fasziniert Sie an der Arbeit mit Quallen? Ich antworte immer wieder, dass Quallen, obwohl sie zu den ältesten Tieren der Welt gehören, älter als die Dinosaurier, bis heute existieren und erforscht werden können. Es ist faszinierend, dass solch biologisch gesehen primitive Tiere wie die Quallen gleich mehrere Massenaussterben überlebt haben. Wir dürfen sie als Meister*innen der Evolution und Anpassung bezeichnen. Das ist es, was mich immer wieder motiviert, mich mit ihnen zu beschäftigen.

Mein ernsthaftes Interesse begann jedoch, als ich an einer iranischen Meeresstation im südlichen Kaspischen Meer meinen Master of Science in Meeresbiologie machte. In den 1990er Jahren entsprach die Hochschulausbildung für Studentinnen und Wissenschaftlerinnen nicht dem westlichen Standard. In Fächern wie den Meereswissenschaften, in denen es um Feldstudien ging und Forschungsreisen an Bord eines Schiffes unerlässlich waren, blieben wir im Vergleich zum Rest der Welt weit zurück. Uns war es nicht erlaubt, an Forschungskreuzfahrten teilzunehmen, was bedeutete, dass der Großteil der Studentinnen beschloss, ihre Arbeiten (und Interessen) auf Experimente im Labor zu beschränken. Manch eine Studentin mit Verbindungen zu einer Forschungseinrichtung besaß die Möglichkeit, männliche Kollegen um die Lieferung von Feldproben zu bitten. Proben selbst zu entnehmen, war uns verboten. Ich bildete da keine Ausnahme. Ich beschloss, in meiner Masterarbeit die Taxonomie von Fischen zu studieren und Fischmaterial zu identifizieren, das vor der Revolution im Iranischen Nationalmuseum in Teheran am Persischen Golf gesammelt wurde. Selbstverständlich arbeitete ich im Labor.

Das Kaspische Meer ist eines der ältesten und größten geschlossenen Gewässer der Welt, mit Brackwasser im Süden und nahezu Süßwasser im Norden. Es handelt sich um eine strategisch wichtige Region, da es über große Erdgas- und Erdölvorkommen verfügt. Zugleich gilt das Kaspische Meer auch als Schatzkammer der biologischen Vielfalt, da es eine Vielzahl endemischer Arten beherbergt, die sich über Millionen von Jahren in dieser besonderen Umgebung entwickelt haben. Darüber hinaus sind einige der kaspischen Arten von großem kommerziellem Wert, wie z.B. Störe, aus denen Kaviar gewonnen wird. Leider ist das Kaspische Meer seit langem einer starken anthropogenen Belastung ausgesetzt, die mit intensiver Öl- und Gasausbeutung, Überfischung, landwirtschaftlichen Aktivitäten, der Invasion von Arten, Tourismus und der Veränderung von Lebensräumen einhergeht. Diese kumulativen Auswirkungen haben zu einer auffälligen Verschlechterung des gesamten Ökosystems geführt. Gleichzeitig wurde die gesamte kaspische Umwelt mit einer neuen invasiven Art konfrontiert, einer Rippenqualle, der amerikanischen Meerwalnuss. Die Meerwalnuss war dabei nur das Symptom eines kranken Patienten, des Kaspischen Meers.

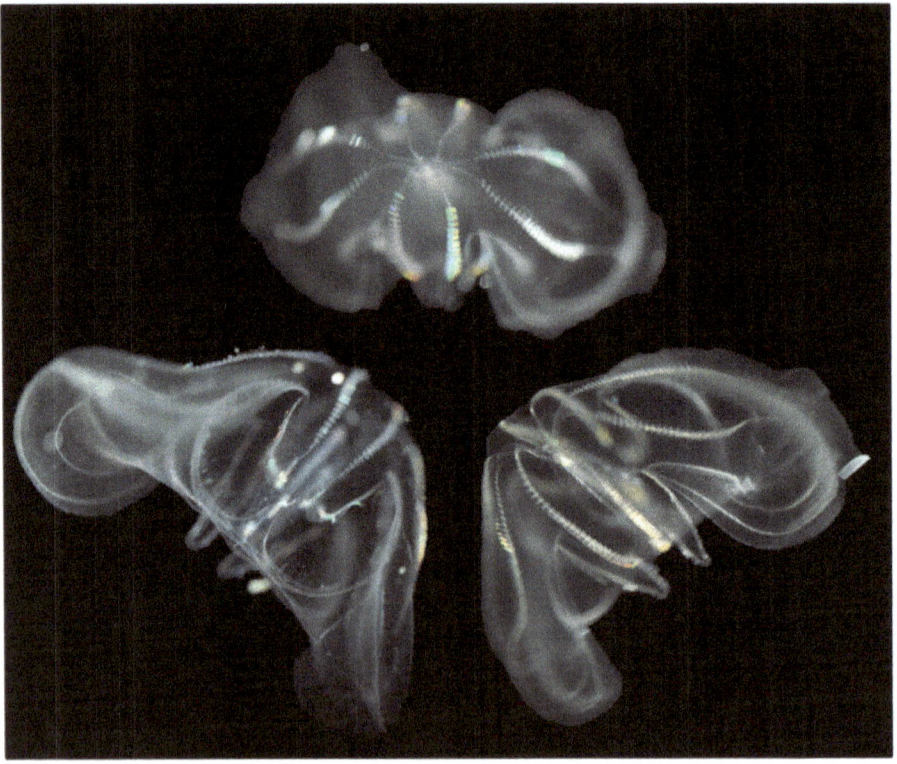

Abb. 1: Drei adulte *Mnemiopsis leidyi*.

Ihren Weg fand die Meerwalnuss in den späten 1980er Jahren von den amerikanischen Atlantikküsten zum Schwarzen Meer. Für die Invasion verantwortlich gemacht wurde das Ballastwasser von Frachtschiffen, das den Neuankömmling weit von seiner ursprünglichen Heimat entfernte. Die Seewalnuss breitete sich relativ schnell rund um den Globus aus. Innerhalb eines Jahrzehnts tauchte sie im Kaspischen Meer sowie in allen europäischen Meeren auf, mit zum Teil erheblichen negativen Auswirkungen auf das gesamte Ökosystem. Ich kann nicht beurteilen, ob es allgemein Trend ist, das leicht Zugänglichste für Fehler verantwortlich zu machen, die wir begangen haben. In unserer Geschichte wurde die Rippenqualle für den Kollaps des Ökosystems der Sardellenfischerei im Schwarzen Meer verantwortlich gemacht – zumindest, was die ersten Jahre nach ihrem Auftreten betrifft. Es bedurfte einiger Jahre, bis Wissenschaftler*innen aufzeigen konnten, dass Faktoren wie Überfischung, Missmanagement des Ökosystems und anhaltende Klimaveränderungen der Meerwalnuss eine neue Nische verschafft haben, innerhalb derer sie sich etablieren konnte. Ihre rasche Ausbreitung führte dazu, dass die Art im Jahr 2000 zu den 100 schlimmsten invasiven Arten der Welt gezählt wurde.[1] So firmierte die amerikanische Rippenqualle zu keinem gern gesehenen Gast. Zu Beginn des 21. Jahrhunderts wurde die invasive Meerwalnuss rund um das Kaspische Meer gesichtet, wo ich studierte. Ich erinnere mich, dass ich damals im TV einen Bericht über die neue invasive amerikanische Rippenqualle sah: Ein Fischer steckte seine Hand in einen Eimer, holte eine Handvoll gallertartigem und schleimigem Material heraus und sagte, dass diese „Kollegen" die Larven kleiner Fische fressen würden. Und ich verliebte mich auf den ersten Blick in dieses Wesen namens *Mnemiopsis leidyi*.

Die Meerwalnuss, *Mnemiopsis leidyi*, gehört zur Gruppe der *Ctenophoren*, auf Englisch „comb jellies", auf Deutsch Rippen- oder Kammquallen. Sie unterscheiden sich von den echten Quallen dadurch, dass sie acht Reihen kleiner, wimpernartiger Plättchen (Zilien) besitzen, die der Fortbewegung dienen. Claudia Mills von der University of Washington erklärt, warum diese Gruppe *Ctenophoren* genannt wird:

> Im amerikanischen Englisch wird der Name mit einem stummen „c" ausgesprochen, wie „teen-o-four" oder „ten-o-four". In den meisten europäischen Sprachen wird das vorläufige „c" ausgesprochen (als Silbe „ka"). *Ctenophoren* zeichnen sich durch acht Reihen von Flimmerhärchen aus, die der Fortbewegung dienen. Die Flimmerhärchen in jeder Reihe sind so angeordnet, dass sie einen Stapel von Kämmen bilden, die auch Kammplatten oder *Ctenes* genannt werden; der Name *Ctenophoren* stammt aus dem Griechischen und bedeutet „Kammträger.[2]

---

[1] Vgl. Sarah Lowe, Michael Browne, Souyad Boudjelas, Maj De Poorter: *100 of the World's Worst Invasive Alien Species. A Selection from the Global Invasive Species Database 2000.* In: https://portals.iucn.org/library/sites/library/files/documents/2000-126.pdf (letzter Zugriff: 01. Juli 2022).
[2] Claudia E. Mills: *Phylum Ctenophora: list of all valid species names.* In: http://faculty.washington.edu/cemills/Ctenolist.html (letzter Zugriff: 01. Juli 2022).

Die Gruppe umfasst über 200 verschiedene Arten, was vielleicht gerade einmal die Hälfte der uns bekannten *Ctenophoren* im Meer ausmacht, so Claudia Mills.[3] Einige von ihnen kommen nur in der Tiefsee vor, andere sitzen auf dem Meeresboden, und der Großteil der *Ctenophoren*, darunter auch die Meerwalnuss, ist in Küstengebieten zu finden. *Mnemiopsis leidyi* ist eines der berühmtesten Mitglieder der *Ctenophoren*, und das mit gutem Grund: Im Gegensatz zu anderen ihrer Art weist die Meerwalnuss eine beachtliche Anpassungsfähigkeit auf. Ihr natürliches Verbreitungsgebiet befindet sich von der argentinischen Küste im Südatlantik bis in den Norden Neuenglands. Die Meerwalnuss kann sowohl warme als auch kalte Wasserbedingungen tolerieren und kommt eine Zeit lang mit niedrigem Sauerstoffgehalt oder niedrigem pH-Wert zurecht. Die Meerwalnuss ist sehr genügsam, da sie sich von mikroskopisch kleinem Plankton bis hin zu Beutetieren, zehnmal größer als sie selbst, ernähren. Der Salzgehalt des Wassers spielt für sie keine große Rolle. Auch was die Fortpflanzung betrifft, sind Meerwalnüsse große Meister: Ein einziges Exemplar kann täglich hunderte – unter optimalen Bedingungen sogar tausende – von Larven produzieren. Viele Tiere brauchen ein weibliches und ein männliches Individuum, um Nachkommen zu zeugen. Kamm- bzw. Rippenquallen sind hermaphroditisch, d.h., ein Tier ist in der Lage, Sperma und Eizellen zu produzieren. Im Gegensatz zu vielen anderen Tieren können Meerwalnusslarven sexuell aktiv werden und weitere Larven produzieren. Die faszinierende Welt der Rippenquallen! Noch bizarrer wird es, wenn man sich anschaut, wie schnell sie die Meerwalnusslarve regenerieren kann: Schneidet man eine Larve in zwei Hälften, schließt sie die Wunde innerhalb von Sekunden und beginnt, innerhalb der nächsten zehn Tage, die andere Hälfte zu regenerieren. So ist es der Meerwalnuss möglich, sich, angekommen in einem für sie exotischen Lebensraum wie dem Kaspischen Meer oder der Ostsee, so rasant auszubreiten.

Meine Leidenschaft für die Arbeit an und mit der Meerwalnuss wurde Wirklichkeit, als ich ein Stipendium für ein Auslandsstudium erhielt. In meinem Brief an Prof. Ulrich Sommer vom Leibniz-Institut für Meereswissenschaften bekundete ich mein Interesse, an Quallen der Ostsee zu arbeiten, insbesondere an der Gruppe der *Ctenophoren*. Er antwortete im Scherz: Wenn Sie versprechen, keine der invasiven Rippenquallen mitzubringen. Ich kam in Kiel, einer Stadt nördlich von Hamburg, an und begann sofort mit einer wöchentlichen Probenahme in der Kieler Förde. Mir war schon damals bewusst, wie wichtig die Überwachung von Quallen ist. Zwei Jahre vergingen. Im Oktober 2006 holte ich wie üblich mein Netz heraus und entdeckte Neues: mehrere Exemplare einer Rippenqualle, die der Meerwalnuss sehr ähnlich sahen. Ich vermutete, es könnte sich um eine Art aus dem Kattegat oder dem Skagerrak handeln, die nur für mich neu wären. Aber, verdammt noch mal, sie sahen der *Mnemiopsis leidyi* überaus ähnlich. Ich traute meinem bisherigen Wissen über

---

3 Vgl. Claudia E. Mills: *Phylum Ctenophora*.

die Meerwalnuss nicht gänzlich und zog alle verfügbaren Quellen zu Rate, um sicherzugehen. Und ja, sie war es! *Mnemiopsis leidyi* in meinen Händen. Ich eilte zu Prof. Sommer und teilte ihm mit zittriger Stimme mit: „Uli, ich habe *Mnemiopsis leidyi* gefunden! Und zwar nicht nur eine, sondern viele …" Er schaute von seinem Computer auf, sah mich einige Sekunden lang an und sagte: „Scheiße!"

Dieser Fund ließ einigen Ostseeküstenmanager:innen, Fischereiverbänden und Meereswissenschaftler:innen den Atem stocken. Wir gaben auf allen Kanälen unzählige Interviews. Die Meerwalnuss wurde in allen europäischen Gewässern gesichtet: in der Nordsee, im Wattenmeer und in den nördlichen Mittelmeer-Küstengebieten. Doch entgegen unserer Erwartungen wirkte sich die Meerwalnuss nicht nennenswert auf die Fischpopulation in der empfindlichen Ostsee aus: Ihr Auftreten beschränkte sich auf den Spätsommer, so dass sich ihre Ausbreitung, aufgrund des geringen Salzgehalts innerhalb des Gebiets, weitgehend unter Kontrolle halten ließ. So kam es, und dies war die gute Nachricht, zu keinen Überschneidungen zwischen Fischjungtieren und Meerwalnüssen. Doch dies kann sich sehr schnell ändern: Denn der Klimawandel hat massive Auswirkungen auf die Verteilung der Arten. Wir können bereits beobachten, wie schnell sich *Mnemiopsis leidyi* an den Frühsommer oder das späte Frühjahr gewöhnt.

Derzeit setzen wir uns mit der Idee auseinander, aus der massenhaft vorhandenen Biomasse der invasiven Rippenqualle Produkte herzustellen. Die Idee ist, die Meerwalnuss zu sammeln und zu Düngemitteln für Kleingärtner:innen zu verarbeiten. Das Projekt wartet auf seine Finanzierung, wünschen Sie uns Glück! Wir können die „amerikanische Schönheit" namens *Mnemiopsis leidyi* nicht vermeiden, sie uns aber wohl möglich zunutze machen.

Literaturverzeichnis

Lowe, Sarah/Browne, Michael/Boudjelas, Souyad/De Poorter, Maj: 100 of the World's Worst Invasive Alien Species. A selection from the Global Invasive Species Database 2000. In: https://portals.iucn.org/library/sites/library/files/documents/2000-126.pdf (letzter Zugriff: 01. Juli 2022).

Mills, Claudia E.: Phylum Ctenophora: List of All Valid Species Names. In: http://faculty.washington.edu/cemills/Ctenolist.html (letzter Zugriff: 01. Juli 2022).

Abbildungen

Abb. 1: Drei adulte *Mnemiopsis leidyi*, aufgenommen von Sarah Kählert.

Sabine Holst
Fast nur aus Wasser

Zusammenfassung: Quallen, die zu über 95 Prozent aus Wasser bestehen, sind unterschätzte Lebewesen, denn sie besitzen beeindruckende Überlebensstrategien. Außer den im Wasser gut sichtbaren größeren Quallenarten, gibt es noch hunderte kleine Arten von Quallen, die den meisten Menschen unbekannt sind. Quallen fangen ihre Beute mit Hilfe von Gift enthaltenden Nesselkapseln, die zu den kompliziertesten Zellbildungen im Tierreich gehören. Zudem besitzen sie mit Kristallen gefüllte Zysten, die als Schweresinnesorgane dienen. Die freischwimmenden Quallen werden von winzigen, am Boden siedelnden Lebensstadien, den Polypen, erzeugt. In diesem Beitrag werden diese faszinieren Eigenschaften und Vermehrungsstrategien der Quallen anhand von fotografischen Abbildungen beschrieben.

Schlüsselwörter: Quallen, Medusen, Tentakel, Gift, Polypen, Strobilation, Ephyren, Nesselkapseln

Quallen, in der Fachsprache Medusen genannt, gehören zu den unbeliebtesten, aber vor allem zu den am meisten unterschätzten Lebewesen. Für die meisten Badegäste an den Meeresstränden sind sie nur lästig oder sogar gefährlich, während immer mehr Taucher die anmutige Schönheit der elegant im Wasser schwebenden Tiere entdecken. Es steckt noch so viel mehr dahinter! Aber die faszinierenden und spannenden Eigenschaften dieser Tiere kennen nur wenige. Wirklich bekannt sind den meisten Menschen nur die auffälligen, großen Quallen, die mit bloßem Auge gut im Wasser zu sehen sind. Von ihnen gibt es lediglich fünf Arten in der Nordsee, weltweit über 200 Arten.[1] Daneben gibt es noch Hunderte von unauffälligen, durchsichtigen kleinen Quallenarten, die „Hydromedusen"[2], die im Wasser kaum zu erkennen sind. Quallen bestehen zu über 95 Prozent aus Wasser.[3] Dennoch haben sie erstaunliche Vermehrungs- und Überlebensstrategien. Es würde mehrere Bücher füllen, alle bekannten Vermehrungsarten und Stadien in den unterschiedlichen Lebenszyklen der verschiedenen Quallenarten zu beschreiben. Und es gibt in der Welt der Quallen mit Sicherheit noch vieles mehr zu entdecken, was bisher komplett unbekannt ist. Ziel dieses Beitrags ist es lediglich, mit einer Auswahl an Bildern einen Eindruck von der Vielseitigkeit und den faszinierenden Eigenschaften der Quallen zu vermitteln, die

---
1 Vgl. Gerhard Jarms, André Morandini: *World Atlas of Jellyfish*. Hamburg 2019.
2 Peter Schuchert: *North-West European athecate hydroids and their medusae. Keys and notes for the identification of the species*. Synopses of the British Fauna (New Series) 59. London 2012.
3 Bekanntermaßen besteht auch der menschliche Körper hauptsächlich aus Wasser (bis zu 80 Prozent). Der Unterschied ist also nicht so groß, wie viele denken.

den meisten Menschen unbekannt sind. Um zu verstehen, was auf den Bildern zu sehen ist, werden sie im Folgenden in kurzen Texten erläutert. Detailliertere Informationen lassen sich in der genannten Fachliteratur finden.

Quallententakel

Die wohl unbeliebteste Quallenart an den nördlichen Küsten ist die Feuerqualle (*Cyanea capillata*) (Abb. 1). Mit einem Fangnetz aus meterlangen Tentakeln erbeutet sie kleine, im Wasser schwimmende Tiere (Zooplankton). Kommt die menschliche Haut mit den Tentakeln in Berührung, entstehen schmerzhafte Vernesselungen.[4] Auch andere Quallenarten in unseren Regionen, wie beispielsweise die Kompassqualle (*Chysaora hysoscella*) (Abb. 2), haben Tentakel, mit denen sie ihre Beute fangen. Aber ihr Gift ist für den Menschen nicht oder nur wenig spürbar, und nur empfindliche Menschen reagieren stärker darauf.

Nesselkapseln

Alle Quallen erbeuten ihre Nahrung mit Hilfe von Nesselkapseln (Abb. 3). Die Kapseln sind winzig (0,003 bis 0,1 mm) und werden in jeweils einer einzigen Zelle gebildet. Sie gehören zu den kompliziertesten Zellbildungen im Tierreich. Die Kapseln enthalten Nesselfäden und Gifte, die die Beute lähmen, bevor sie in den Mund gezogen wird. Berührt ein Beutetier die Tentakel der Qualle, schleudern die Nesselkapseln ihre harpunenartigen, mit Dornen besetzten Nesselfäden aus und das Gift wird in die Beute injiziert.[5] Nach ihrem Einsatz wird die Kapsel abgestoßen und durch eine neu gebildete Kapsel ersetzt. Mit dem Rasterelektronenmikroskop lassen sich die winzigen Dornen an den Nesselfäden erkennen (Abb. 4).

Polypen

Die meisten größeren Quallenarten (*Scyphozoa*) entwickeln sich über ein am Boden siedelndes, sehr kleines und unauffälliges Tier, den Polypen, der nur etwa 0,5 bis 3 Millimeter groß wird (Abb. 5). Er entsteht aus Larven, die die Quallen durch geschlechtliche Fortpflanzung produzieren und ins Wasser abgeben (Holst 2012a). Wie bei den Quallen, sitzen an den Tentakeln der Polypen Nesselkapseln, mit denen vorbeischwimmende Beute gefangen wird. An ihrer Ansatzstelle am Boden produzieren die Polypen in Chitin eingeschlossene Dauerstadien (Zysten) (Abb. 6), aus denen später weitere Polypen auswachsen können. Der Polyp wandert weiter und hinterlässt die Zysten am Boden. Es gibt noch andere Vermehrungsstrategien, bei denen Polypen sich teilen und so Klone ihrer selbst erzeugen.[6]

---

4 Vgl. Felix Hoffmann, Simon Jungblut, Sabine Holst, Gabriele Kappertz, Patrick Berlitz, Tobias Ohmann: *Therapieoptionen bei Vernesselungen durch Quallen an deutschen Küstengewässern. Notfall und Rettungsmedizin.* Berlin 2017, S. 403–409.
5 Vgl. Hoffmann, Jungblut, Holst, Kappertz, Berlitz, Ohmann: *Therapieoptionen bei Vernesselungen durch Quallen an deutschen Küstengewässern,* S. 403–409.
6 Vgl. Sabine Holst: Quallen an Nord- und Ostseeküste. In: *Biologie in unserer Zeit* 41/4 (2011), S 240–247.

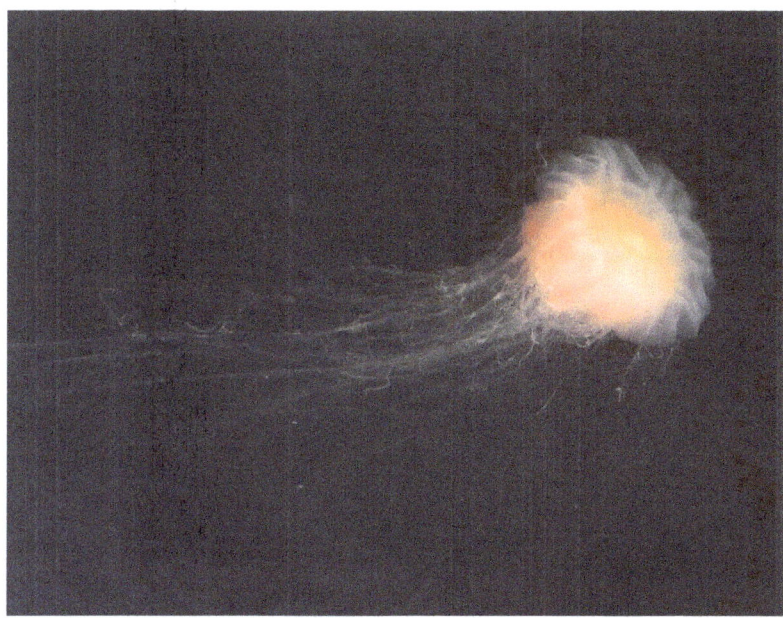

Abb. 1: Feuerqualle *Cyanea capillata* mit Tentakeln, die zum Beutefang mehrere Meter lang ausgestreckt werden können.

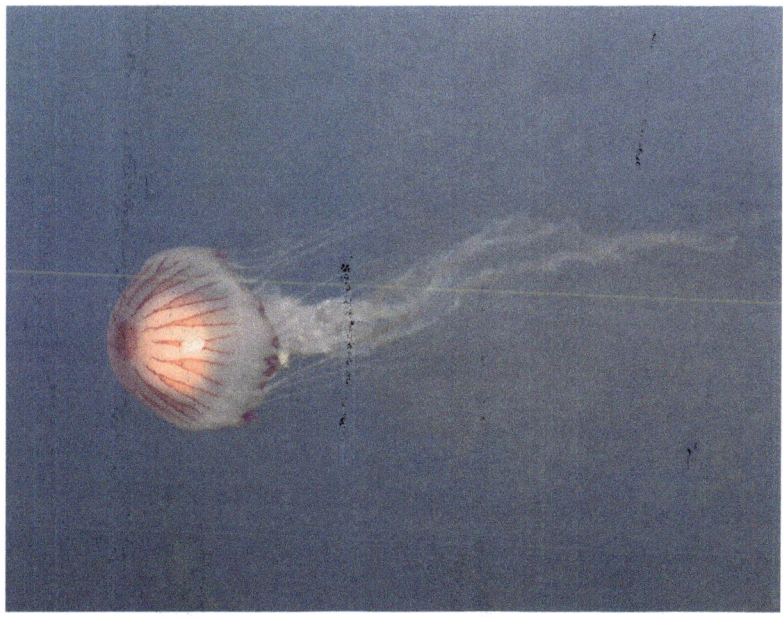

Abb. 2: Kompassqualle *Chrysaora hysoscella* mit langen dünnen Tentakeln und dickeren Mundfahnen, die die Beute zum Magen der Qualle transportieren.

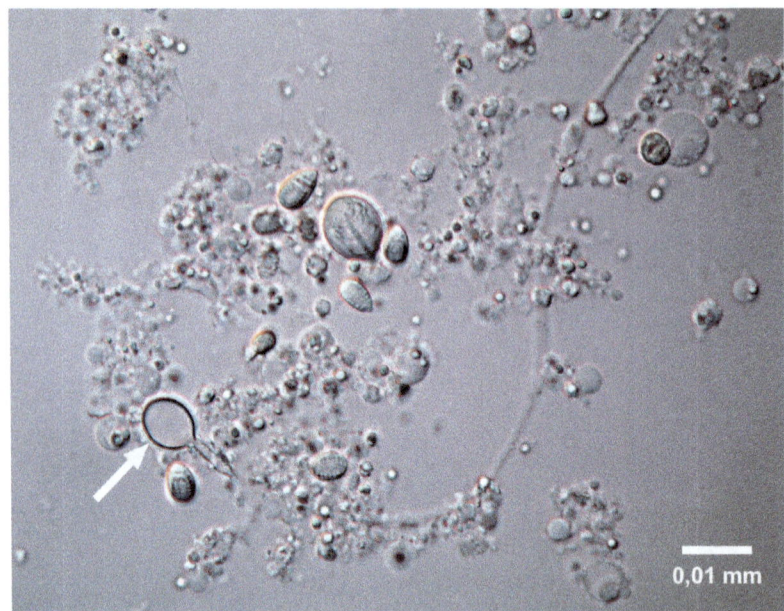

Abb. 3: Intakte Nesselkapseln mit darin aufgerollten Nesselfäden und eine entladene Kapsel (Pfeil). Lichtmikroskopische Aufnahme bei 1000-facher Vergrößerung.

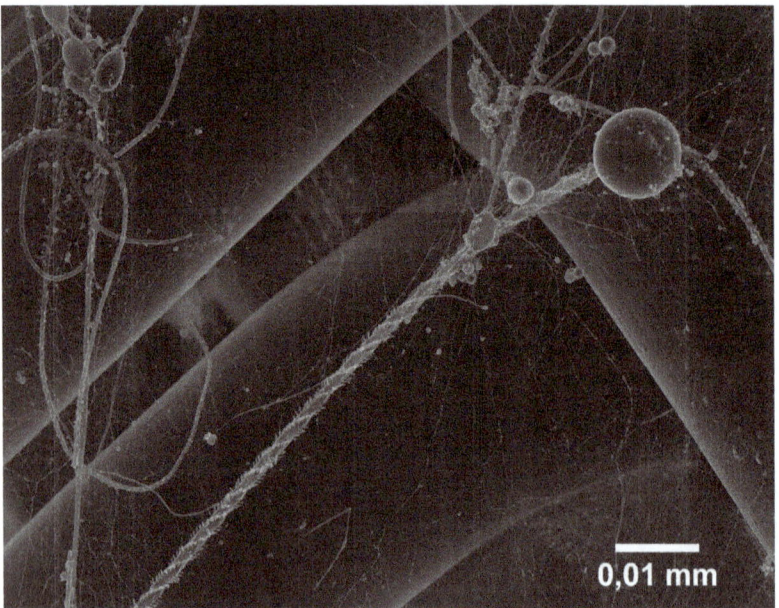

Abb. 4: Rasterelektronenmikroskopische Aufnahme von entladenen Nesselkapseln. Mittig ist ein Nesselfaden zu sehen, der mit spiralförmig angeordneten Dornen besetzt ist.

Fast nur aus Wasser — 181

Abb. 5: Am Boden siedelnde Polypen.

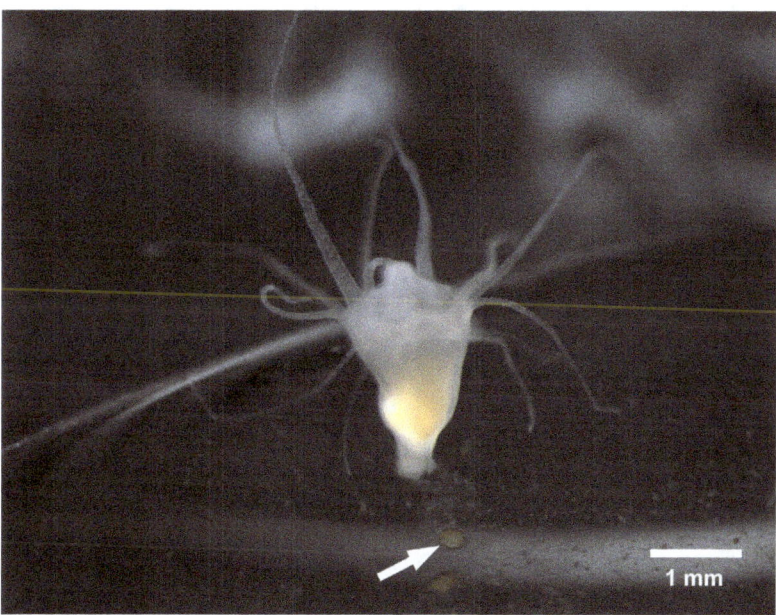

Abb. 6: Polyp von der Seite mit ausgestreckten Tentakeln und Zyste (Pfeil), aus der ein neuer Polyp auswachsen kann.

Strobilation

Zu den faszinierendsten Vermehrungsstrategien der Polypen gehört der Prozess der Quallenbildung, die Strobilation. Dabei bildet der Polyp eine Kette von winzigen Quallenanlagen, die sich nach und nach entwickeln und von der Kette lösen. Sie werden Ephyren genannt. Die Dauer der Strobilationsphase und die Anzahl der produzierten Ephyren hängen unter anderem von der Wassertemperatur ab.[7] Zu Beginn der Strobilationsphase entstehen die Ephyren übereinandergeschichtet am oberen Ende des Polypen (Abb. 7 links). Im späteren Stadium ist die oberste Ephyra am weitesten entwickelt (Abb. 7 Mitte, Abb. 8). Am Ende der Strobilationsphase (Abb. 7 rechts), nachdem sich bereits die meisten Ephyren von der Kette abgelöst haben, bildet der Polyp am unteren Ende wieder Tentakel aus. Der Polyp kann nach einer Regenerationsphase erneut strobilieren und mehrere Jahre überleben, in denen er immer wieder neue Quallen erzeugt.

Ephyren

Die Ephyren, die sich von der Strobilationskette ablösen und davonschwimmen, sind nur wenige Millimeter groß. Ausgestreckt sind sie sternförmig (Abb. 9), sie können sich aber auch zusammenziehen (Abb. 10). Die Miniquallen wachsen innerhalb einiger Wochen zu den großen Medusen heran.[8]

Statozyste und Statolithen

Quallen haben zwar kein Gehirn, aber verfügen über Nerven und Sinne. Auffällig sind die am Schirmrand zwischen den Randlappen liegenden Statozysten (Abb. 11), mit denen die Ephyren und Medusen ihre Lage im Wasser und die Schwimmrichtung nach oben oder unten wahrnehmen können. In den Statozysten der Medusen liegen winzige Kristalle (Abb. 12), deren Anzahl mit dem Wachstum der Qualle zunimmt.[9]

Hydromedusen

Die Quallen der Hydrozoa (Hydromedusen) sind in der Regel nur wenige Millimeter groß und deshalb den meisten Menschen unbekannt (Abb. 13). Wie die großen Medusen der Scyphozoa (Scyphomedusen), fangen auch die Hydromedusen ihre Beute mit Hilfe von Nesselkapseln an ihren Tentakeln. Einige Arten der Hydromedusen produzieren ihre Nachkommen durch Medusenknospen, die am Mund (Abb. 14) oder an den Tentakeln entstehen können.

---

7 Vgl. Sabine Holst: Effects of Climate Warming on Strobilation and Ephyra Production of North Sea Scyphozoan Jellyfish. In: *Hydrobiologia* 690 (2012b), S. 127–140.
8 Vgl. Sabine Holst: Morphology and Development of Benthic and Pelagic Life Stages of North Sea Jellyfish (Scyphozoa, Cnidaria) With Special Emphasis on the Identification of Ephyra Stages. In: *Marine Biology* 159 (2012a), S. 2707–2722.
9 Vgl. Anneke Heins, Ilka Sötje, Sabine Holst: Assessment of Investigation Techniques for Scyphozoan Statoliths, With Focus on Early Development of the Jellyfish *Sanderia malayensis*. In: *Marine Ecology Progress Series* 591 (2018), S. 37–56.

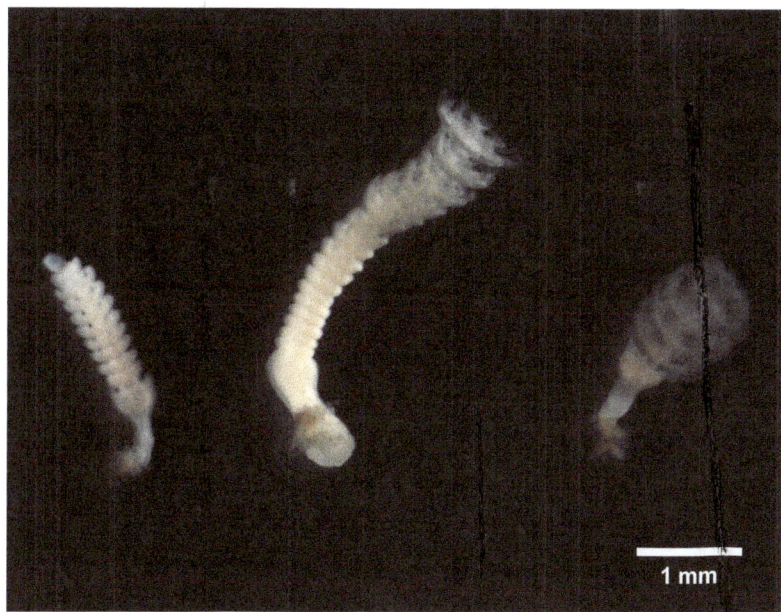

Abb. 7: Polypen in verschiedenen Phasen der Strobilation.

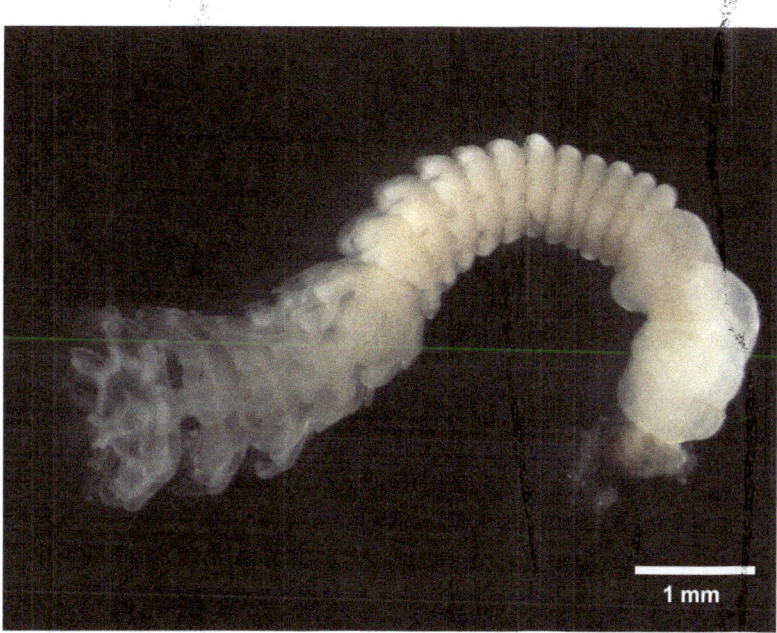

Abb. 8: Strobilationskette, bei der die Ephyre am Ende (links) am weitesten entwickelt ist und sich kurz vor der Ablösung befindet.

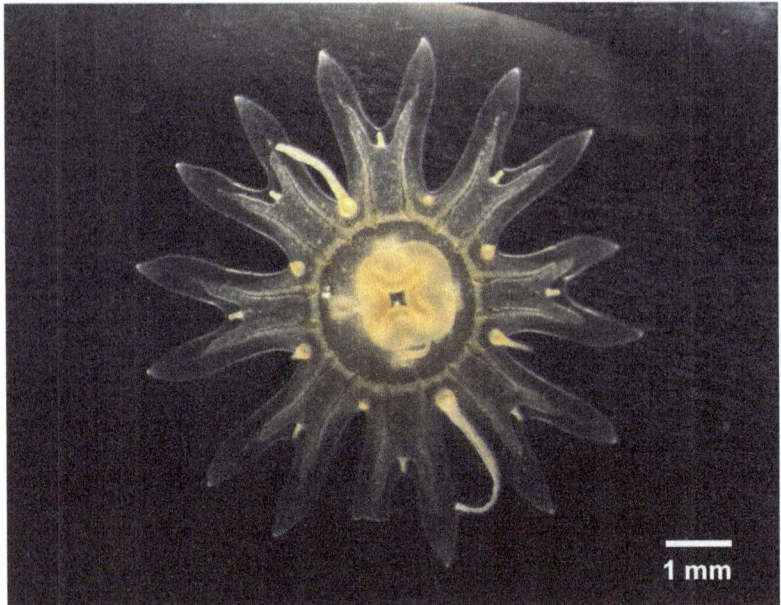

Abb. 9: Ephyre der Feuerqualle (*Cyanea capillata*).

Abb. 10: Ephyren der Kompassqualle (*Chrysaora hysoscella*).

Fast nur aus Wasser — 185

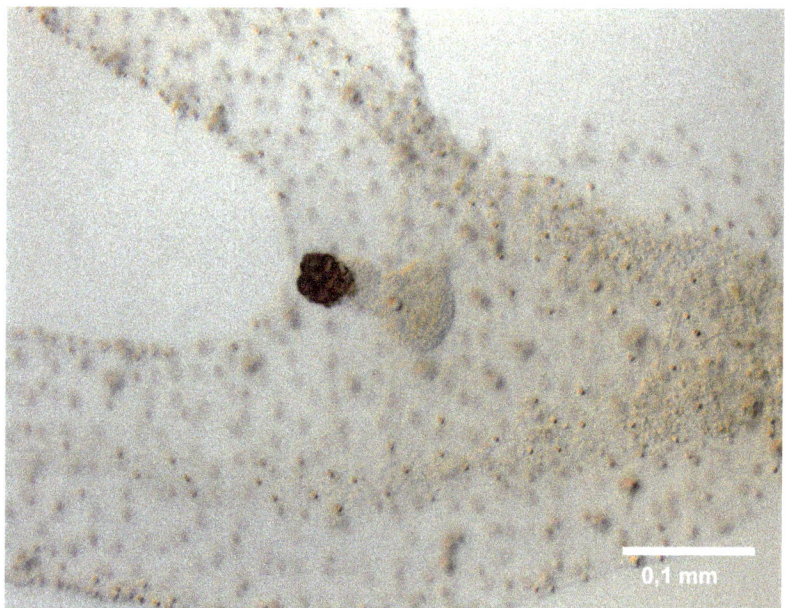

Abb. 11: Statozyste im Spalt zwischen den Randlappen am Schirmrand einer Ephyre.

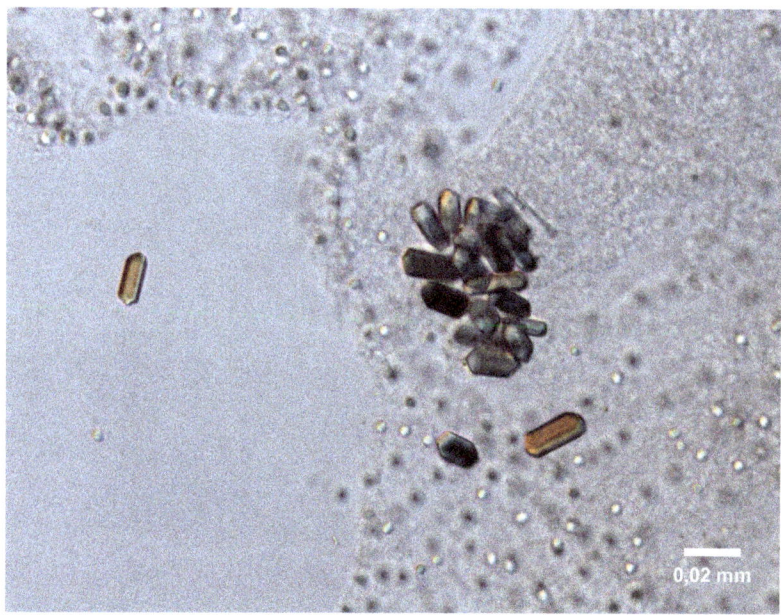

Abb. 12: Geöffnete Statocyste mit einzelnen Kristallen (Statolithen), die sich teilweise gelöst haben. (Die kleineren, reflektierenden Punkte sind Nesselkapseln).

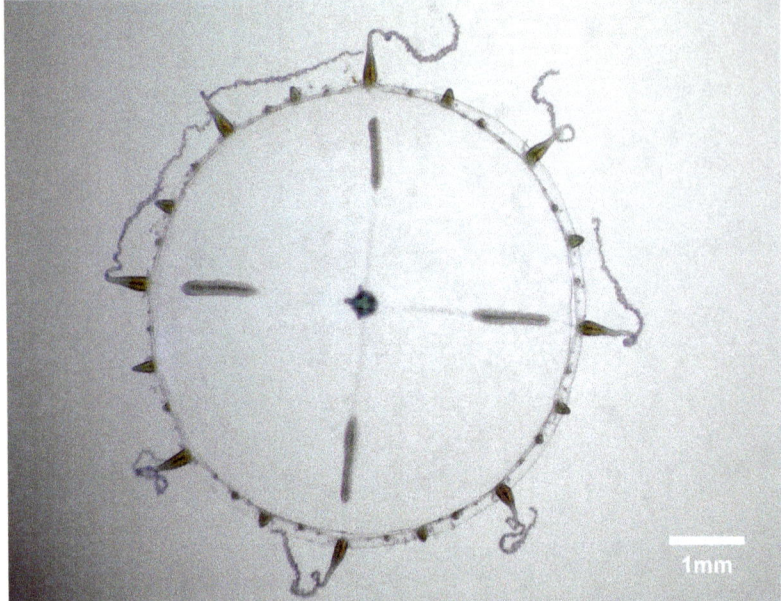

Abb. 13: Hydromeduse mit Tentakeln am Schirmrand.

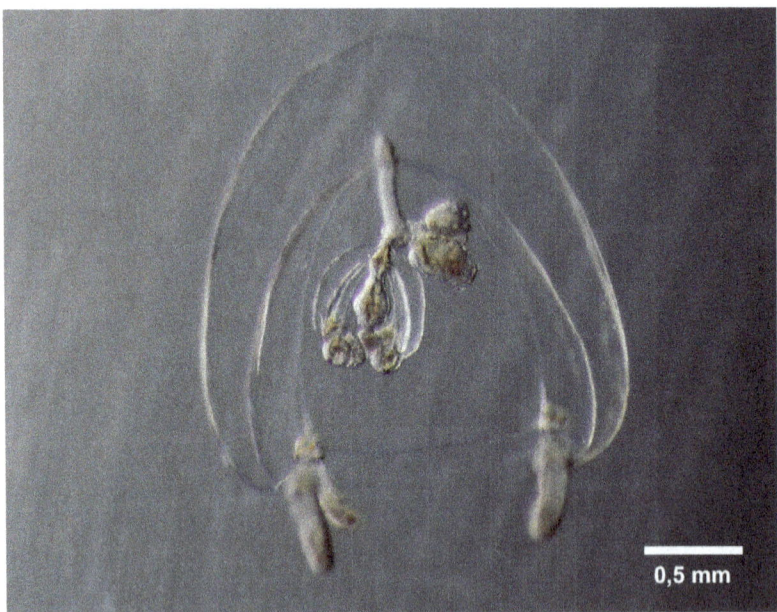

Abb. 14: Hydromeduse mit Medusenknospen am Mund (mittig).

Abb. 15: Kolonie von Hydrozoa-Polypen.

Abb. 16: Knospung einer Meduse (Pfeil) an einem Hydrozoa-Polypen.

Abb. 17: Schneckenhaus mit Einsiedlerkrebs.

Abb. 18: Hydrozoa-Polypen auf Schneckenhaus.

Hydrozoa-Kolonie und Medusenknopsung

Die Polypen der Hydrozoa kommen häufig in verzweigten Kolonien vor, in denen sie durch ein Geflecht aus Röhren miteinander verbunden sind (Abb. 15). Auch diese Polypen können Quallen produzieren. Sie entstehen aus Knospen, die sich seitlich am Polypen bilden (Abb. 16) und sich später ablösen und wegschwimmen.[10]

Einsiedlerkrebs als Verbreitungshilfe

Die meisten Polypenarten siedeln auf hartem Untergrund. Dieser kann auch unnatürlicher Art, wie beispielsweise aus Plastik oder Beton, sein.[11] Leere Muschelschalen sind bei den Polypen besonders beliebte Ansiedlungsflächen. Einige Polypen bevorzugen die leeren Schneckenhäuser, die von Einsiedlerkrebsen bewohnt werden (Abb. 17 und 18). Die Polypen, die sich selbst nicht fortbewegen können, nutzen die umherlaufenden Krebse für ihre Verbreitung.

Literaturverzeichnis

Heins, Anneke/Sötje, Ilka/Holst, Sabine: Assessment of Investigation Techniques for Scyphozoan Statoliths, With Focus on Early Development of the Jellyfish *Sanderia malayensis*. In: *Marine Ecology Progress Series* 591 (2018), S. 37–56.

Hoffmann, Felix/Jungblut, Simon/Holst, Sabine/Kappertz, Gabriele/Berlitz, Patrick/Ohmann, Tobias: Therapieoptionen bei Vernesselungen durch Quallen an deutschen Küstengewässern. In: *Notfall und Rettungsmedizin* 20 (2017), S. 403–409.

Holst, Sabine: Quallen an Nord- und Ostseeküste. In: *Biologie in unserer Zeit* 41/4 (2011), S. 240–247.

Holst, Sabine: Morphology and Development of Benthic and Pelagic Life Stages of North Sea Jellyfish (Scyphozoa, Cnidaria) With Special Emphasis on the Identification of Ephyra Stages. In: *Marine Biology* 159 (2012a), S. 2707–2722.

Holst, Sabine: Effects of Climate Warming on Strobilation and Ephyra Production of North Sea Scyphozoan Jellyfish. In: *Hydrobiologia* 690 (2012b), S. 127–140.

Jarms, Gerhard/Morandini, André: *World Atlas of Jellyfish*. Hamburg 2019.

Schuchert, Peter: North-West European Athecate Hydroids and Their Medusae. Keys and Notes for the Identification of the Species. In: *Synopses of the British Fauna (New Series)* 59. London 2012.

---

10 Vgl. Schuchert: *North-West European athecate hydroids and their medusae*.
11 Vgl. Holst: *Quallen an Nord- und Ostseeküste*, S. 240–247.

Stefan Curth
Alles ist eins

Von grenzenlosen Organismen und guten Gründen für den Artenschutz

Zusammenfassung: Auch wenn wir Menschen uns durch Medizin, Kultur und Technik im Alltag häufig entkoppelt von der Natur fühlen, sind wir doch immer mit ihr verbunden, werden von ihren Stoffen durchdrungen und den in ihr lebenden Organismen ebenso. Auch andere Tiere und Pflanzen stehen im ständigen stofflichen Austausch miteinander und gehen derart enge symbiotische oder parasitische Beziehungen ein, dass Grenzen zwischen einzelnen Individuen kaum noch auszumachen sind. Dieser Essay zeigt anhand von zahlreichen Beispielen, welche vielfältigen, organismenübergreifenden Verflechtungen es in der Natur gibt, wie Stoffe und Organismen sich im fließenden Übergang zueinander befinden und stellt dar, wie auch wir Menschen in diese Beziehungsnetze eingebunden sind. Er erklärt, warum wir Tiere und Pflanzen nicht nur um ihrer selbst Willen schützen sollten.

Schlüsselwörter: Endosymbiose, Parasitismus, Nahrungsnetze, Nahrungsketten, Stoffwechsel, Metabolismus, Toxine, Farbstoffe, Membranen, Zellen, Ökosystemleistungen

Atmen Sie ein! In diesem Moment strömt ein Luftgemisch aus etwa 78 Prozent Stickstoff, 21 Prozent Sauerstoff, von Kohlendioxid, Argon, Neon, Helium, Krypton und Wasserstoff in Ihre Lungen[1] – und das ist nur die gasförmige Seite. Neben diesen Gasen werden Wasser und zahllose mikroskopisch kleine Partikel eingeatmet, wie etwa Pflanzenpollen, Sporen von Pilzen, Moosen und Farnen, Viren, Bakterien und natürlich auch allerhand anderes organisches und anorganisches Material in Form von Staub (in der Stadt kann schon einmal eine Menge von 500.000 Partikeln pro Kubikmeter Luft zusammenkommen).[2] Atemluft kann auch Genmaterial von unseren Mitmenschen, von Katze, Hund oder einem anderen Haustier enthalten. Bei einem Besuch im Zoo oder in der Natur ist es sogar noch eine ganze Menge mehr Lebewesen, die wir in Form ihrer Gene in unsere Lungen aufnehmen. Jeder Atemzug – ein

---
[1] David R. Williams: Earth Fact Sheet – the NSSDCA. *NASA* (Dezember 2021). In: https://nssdc.gsfc.nasa.gov/planetary/factsheet/earthfact.html (letzter Zugriff: 31. März 2022).
[2] Frauke Fischer, Hilke Oberhansberg: *Was hat die Mücke je für uns getan? Endlich verstehen, was biologische Vielfalt für unser Leben bedeutet* [2020]. München 2021, S. 75.

Dschungel![3] Auch wenn wir Menschen uns durch Medizin, Kultur und Technik im Alltag häufig entkoppelt von der Natur fühlen, sind wir doch immer mit ihr verbunden, werden von ihren Stoffen durchdrungen und den in ihr lebenden Organismen ebenso – ob wir es nun wollen oder nicht. Dieser Beitrag will aufzeigen, welche vielfältigen, organismenübergreifenden Verflechtungen es in der Natur gibt, wie Stoffe und Organismen sich zum Teil im fließenden Übergang zueinander befinden, und darstellen, wie auch wir Menschen in diese Beziehungsnetze eingebunden sind.

1 „Das Tier ist ein Geschehnis" – der Organismus als Prozess

Die Körper von uns Menschen, von anderen Tieren und natürlich auch jene von Pflanzen befinden sich im ständigen stofflichen Austausch mit der Umwelt. Durch den körpereigenen Stoffwechsel sind wir, wie auch sie, in die Stoffkreisläufe der Natur eingebunden. Die eingangs erwähnte Atmung ist dafür nur ein Beispiel. Manche Stoffe nehmen wir instinktiv und gewollt auf, etwa in Form von Nahrung oder Atemluft, schlichtweg, weil sie uns am Leben erhalten. Andere durchdringen uns unwillkürlich und schaden uns mitunter sogar, wie z.B. Umweltgifte und strahlende Teilchen. Stoffe, die wir in uns aufnehmen, werden verschiedensten Prozessen zugeführt, die unter dem Begriff „Stoffwechsel" zusammengefasst werden und unentwegt in unserem Körper stattfinden. Über diese Prozesse werden sie entweder in den Organismus eingebaut, zu anderen Stoffen umgewandelt oder wegen ihrer schädlichen oder zumindest unbrauchbaren Natur wieder ausgeschieden. Auch wenn wir selbst uns als recht statisch erleben, befinden sich unsere Körper, angetrieben durch die verschiedensten Stoffwechselprozesse, im ständigen Auf- und Abbau und im steten Energieumsatz. Ja, unser Körper selbst befindet sich ständig im Fluss. So kommt es, dass selbst Hartstrukturen wie etwa unser Skelett, das uns eher unveränderlich erscheint, durch stetes Zellwachstum etwa alle zehn Jahre vollkommen erneuert ist.[4] Ziemlich gut beschrieb diesen Zustand der Prozesshaftigkeit von Organismen im Austausch mit ihrer Umwelt schon am Anfang des 20. Jahrhunderts der amerikanische Zoologe Herbert Spencer Jennings:

> Ein Organismus ist eine komplexe Masse von Materie, in welcher gewisse Prozesse stattfinden; das Aggregat oder System dieser Prozesse nennen wir Leben. Die Fundamentalprozesse sind

---

3 Christina Lynggaard, Mads Frost Bertelsen, Casper V. Jensen, Matthew S. Johnson, Tobias Guldberg Frøslev, Morten Tange Olsen, Kristine Bohmann: Airborne Environmental DNA for Terrestrial Vertebrate Community Monitoring. In: *Current Biology* 32/3 (2022), S. 701–707.
4 Ron Milo, Rob Phillips: *Cell Biology by the Numbers* (2015). In: bionumbers.org (letzter Zugriff: 2. März 2022), S. 331.

jene, die wir Stoffwechsel nennen, jedes Tier nimmt dauernd gewisse Stoffe auf, formt sie um und gibt sie weiter nach außen ab – bei diesem Prozess Energie gewinnend. Als Hilfsprozess neben dieser allgemeinen chemischen Umformung finden wir Verdauung, Kreislauf, Ausscheidung und ähnliches. Es ist von der allergrößten Bedeutung für das Verständnis des Benehmens der Organismen, sie vorzüglich als etwas Dynamisches – als Prozesse aufzufassen, eher denn als Struktur. Das Tier ist ein Geschehnis.[5]

Sehen wir uns einige dieser Stoffkreisläufe genauer an: Am leichtesten nachzuvollziehen ist sicher jener Kreislauf, der sich aus Nahrungsbeziehungen ergibt. Ganz am Anfang stehen die (autotrophen) Produzenten, also Pflanzen, die aus nichts weiter als Sonnenlicht, Kohlendioxid und Wasser Traubenzucker bilden und Biomasse aufbauen können. Diese wiederum wird von (heterotrophen) Konsumenten, z.B. einer Schmetterlingsraupe, aufgenommen und mit ihr Kohlenstoff, Stickstoff und natürlich die in der Nahrung enthaltene Energie. An diese Reihe können sich noch weitere Konsumentenebenen anschließen: Vogel frisst Raupe, Katze frisst Vogel. Irgendwann ist aber das Leben eines jeden Konsumenten, ob nun Raupe, Vogel oder Katze (und auch das der pflanzlichen Produzenten), einmal zu Ende, und die Destruenten, also totes Material zersetzende Organismen wie Pilze und Bakterien, treten auf den Plan. Diese bauen die aufgenommenen Stoffe in einer solchen Weise ab, dass die Ausgangsstoffe wieder freigesetzt und von Neuem von Produzenten aufgenommen werden können. Ein besonders beeindruckendes Beispiel für solche Zersetzungsprozesse ist ein sogenannter *whale fall* (Abb. 1). Verstirbt ein Wal auf offener See, wird der Kadaver oft nicht an Land gespült, sondern sinkt relativ schnell in große Meerestiefen von mehr als 1.000 Meter unter dem Meeresspiegel ab, ohne zuvor in Verwesung überzugehen. Ein so riesiger Kadaver bedeutet natürlich einen schlagartigen Eintrag von Nährstoffen in diese sonst eher kargen Lebensräume der Tiefsee. Schnell wird er von unterschiedlichsten Organismen besiedelt und zersetzt. Bakterienrasen bilden sich auf dem toten Wal, die wiederum andere Lebewesen ernähren. So entsteht durch den Kadaver ein eigenes kleines Ökosystem, das für 50 bis 100 Jahre fortbestehen kann.[6] Der Wal geht in Milliarden kleiner anderer Organismen auf.

Was sich für Nahrung darstellen lässt, funktioniert ebenso mit lebensspendendem Wasser. Besonders stark in den Wasserkreislauf der Natur eingebunden sind natürlich jene Organismen, die in diesem Medium leben, man denke nur einmal an Fische. Die Körper von Süßwasserfischen etwa nehmen permanent und unwillkürlich Wasser auf. Das liegt daran, dass die in den Fischkörpern gelösten Salze eine höhere Konzentration aufweisen als das umgebende Wasser. Damit nun aber die Zellen des Fisches nicht platzen, ist er ständig dazu gezwungen, Wasser auszuscheiden. Bei Salzwasserfischen ist es genau umgekehrt: Sie verlieren permanent

---

[5] Herbert Spencer Jennings (1868–1947), zitiert nach Jakob Johann von Uexküll: *Umwelt und Innenwelt der Tiere.* Berlin 1921.
[6] Crispin T.S. Little: The Prolific Afterlife of Whales. In: *Scientific American* 302/2 (2010), S. 78–85.

Wasser über Haut und Kiemen an das umgebende salzhaltige Wasser und müssen deshalb ständig trinken und stark konzentrierten Urin ausscheiden, damit ihre Körper nicht austrocknen.

Abb. 1: Ein toter Grauwal (Eschrichtius robustus) von 35 Tonnen ließ in 1.674 Meter Tiefe ein chemoautotrophes Ökosystem entstehen (Santa Cruz Basin, 2004). Auf dem Bild sind zwischen den Rippen des Wals Bakterienmatten, Muscheln (Vesicomyidae), Krabben (Galatheidae), Borstenwürmer (Polynoidae) und weitere Invertebraten zu sehen. Foto: Craig Smith, University of Hawaii, Public domain, via Wikimedia Commons.

Bei Wasserorganismen wie den Fischen mag die Einbindung in den Wasserkreislauf extrem erscheinen. Aber selbstverständlich sind alle Organismen abhängig von Wasser und somit Teil desselben Systems – und das nicht nur heute, sondern schon seit der Entstehung des Lebens auf der Erde, vor etwa 3,8 Milliarden Jahren.[7] Seit die Erde entstand, hat sich die Menge an Wasser auf unserem Planeten nämlich nicht verändert – weder ist Wasser hinzugekommen, noch ist es der Erde entwichen. Das

---

[7] Marie-Christine Maurel: Possible Traces and Clues of Early Life Forms. In: Georges Chapoutier, Marie-Christine Maurel (Hg.): *The Explosion of Life Forms: Living Beings and Morphology*. London 2021, S. 1–17.

bedeutet, dass die Wassermoleküle, die wir heute trinken, bereits durch diverse Lebensräume und Organismen vor uns geflossen sind – durch Mikroorganismen, durch Pflanzen, mal frei im Ozean, mal in der Luft und sehr sicher auch durch andere Tiere. Es könnte wohl kaum ein passenderes Bild für die Verbundenheit aller Organismen auf unserer Erde geben als der Kreislauf des Wassers!

Es gibt aber noch andere Beispiele dafür, wie Stoffe aus der Umwelt oder aus anderen Organismen im fließenden Übergang von einem Körper in den anderen wechseln. Besonders interessante Fälle für den Einbau fremder Moleküle in eigene Körper finden sich bei Gifttieren. Pfeilgiftfrösche (Dendrobatidae, Abb. 2), deren Hautsekret als hoch toxisch bekannt ist, wären sehr viel weniger giftig, wenn sie die Toxine nicht mit ihrer Nahrung (verschiedenen Arthropoden wie Milben oder Ameisen[8]) aufnehmen würden. Die Frösche selbst sind gegen das Gift unempfindlich und können es in ihrer Haut akkumulieren.[9] Wenn Pfeilgiftfrösche in menschlicher Obhut mit anderen Futtertieren ernährt werden, sind sie deswegen fast vollkommen harmlos. Auch die Raupen verschiedener Schmetterlingsarten konsumieren giftige Pflanzen, ohne sich selbst daran zu vergiften, und lagern die Toxine in ihre Körper ein. Für Fressfeinde werden sie dadurch ungenießbar. Die Raupen des Monarchfalters (*Danaus plexippus*) etwa ernähren sich von Seidenpflanzen (Asclepias) aus der Familie der Hundsgiftgewächse (Apocynaceae). Während die in ihnen enthaltenen Herzglycoside den Insekten nichts anhaben können, lassen sie die Raupe und den späteren Schmetterling bitter schmecken. Dieser bittere Geschmack sorgt dafür, dass Fressfeinde wie etwa Vögel die Falter als Futter meiden. Und es geht noch extremer: Statt lediglich die Gifte ihrer Opfer nachzunutzen, gehen manche Fressfeinde direkt zur Entwaffnung über. Nesseltiere (Cnidaria), zu denen Korallen und Quallen zählen, bilden Nesselzellen zur eigenen Abwehr aus. Diese enthalten ein mikroskopisch kleines Geschoss mit einem Neurotoxin, das Beutetiere lähmen und Fressfeinde schädigen kann und welches bei Berührung ausgelöst wird. Manche Fressfeinde der Nesseltiere wie etwa einige Plattwürmer (Plathelminthes) und Fadenschnecken (Aeolidida) haben allerdings Strategien entwickelt, diese Nesselzellen mitsamt des Toxins in sich aufzunehmen und zur Verteidigung in die eigene Haut einzubauen.[10] Hier werden also nicht nur Stoffe übernommen, sondern ganze Zellen gestohlen, weshalb diese Zellen im neuen Besitzer dann auch „Kleptocniden" (also gestohlene Nesselzellen) genannt werden.

---

8 Jenna R. McGugan, Gary Byrd, Alexandre Roland, Stephanie Caty, Nisha Kabir, Elicio Tapia, Sunia Trauger, Luis Coloma, Lauren O'Connell: Ant and Mite Diversity Drives Toxin Variation in the Little Devil Poison Frog. In: *Journal of Chemical Ecology* 42/6 (2016), S. 537–551.
9 John W. Daly, S. I. Secunda, H. Martin Garraffo, Thomas F. Spande, A. Wisnieski, John F. Cover: An Uptake System for Dietary Alkaloids in Poison Frogs (Dendrobatidae). In: *Toxicon* 32/6 (1994), S. 657–663.
10 Paul G. Greenwood: Acquisition and Use of Nematocysts by Cnidarian Predators. In: *Toxicon*. 54/8 (2010), S. 1065–1070.

Abb. 2: Pfeilgiftfrösche wie dieser Waldbaumsteiger (Oophaga sylvatica) nutzen die Toxine, die sie ihrer Nahrung entziehen, für die eigene Verteidigung. Sie nutzen also Moleküle, die von anderen Lebewesen hergestellt wurden. Foto: Philipp-Martin Schroeder.

Auch Farbstoffe werden von Tieren oft aus der Nahrung aufgenommen und in den eigenen Körper eingebaut. Flamingos etwa sind nur dann rosafarben, wenn sie entsprechende Farbstoffe (Carotinoide) über die Nahrung aufnehmen (Abb. 3). Diese besteht vor allem aus Kleinkrebsen. Die Farbstoffe werden anschließend in das eigene Gefieder eingelagert oder zu anderen Farbstoffen weiterverarbeitet. Auf diese Weise können die Vögel anderen Flamingos signalisieren, dass sie in der Lage sind, sich gut zu ernähren (und damit auch potentiell gute Versorger von Nachwuchs wären).[11] Werden sie in Zoos nicht mit carotinhaltigen Futtermitteln ernährt, ist die Färbung des Gefieders entsprechend blasser. Doch es gibt noch mehr Beispiele wie diese: Otterschädel verfärben sich interessanterweise lila, wenn sie zu viele Seeigel dieser Färbung fressen.[12] Auch die so prächtig gefärbten und vielfältig gemusterten Muscheln und Schnecken (Mollusca) sind häufig wohl nur deshalb so gefärbt, weil sie die Farbstoffe aus ihrer Umwelt (die z.B. von Algen produziert werden) in ihre

---

[11] Juan A. Amat, Miguel A. Rendón: Flamingo Coloration and Its Significance. In: Matthew J. Anderson (Hg.): *Flamingos, Behavior, Biology, and Relationship with Humans*. New York 2017, S. 77–95.
[12] Jenna N. Winer, S. M. Liong, Frank J. M. Verstraete: The Dental Pathology of Southern Sea Otters (Enhydra lutris nereis). In: *Journal of Comparative Pathology* 149/2–3 (2013), S. 346–355.

Schalen einbauen. Interessanterweise hat nach aktuellem Stand der Forschung für viele Spezies die Färbung des Gehäuses noch nicht einmal einen bestimmten Zweck. Für viele der Weichtiere sind die Pigmente ihrer Nahrung schlicht Abfallstoffe, die in die Schale ausgeschieden werden.[13]

Abb. 3: Flamingos (hier ein Kuba-Flamingo, Phoenicopterus ruber) nutzen die Farbstoffe aus ihrer Nahrung für die Färbung des eigenen Gefieders. Sie integrieren Teile ihrer Umwelt in den eigenen Körper. Foto: Denise Seimet.

Wie sehr wir Menschen in die Stoffkreisläufe der Natur eingebunden sind und von anderen Organismen profitieren, findet derzeit auch in den häufig diskutierten „Ökosystemleistungen" seinen Ausdruck. Dabei wird versucht, die Leistungen, die die Natur und ihre Organismen für uns erbringen, zu bemessen, ja unseren „Profit an der Natur" sogar in Geldwerte umzurechnen – sei es nun in Bezug auf die Bereitstellung von Nahrungsmitteln, die Produktion von Sauerstoff und das Reinigen von Luft und Wasser, die Aufbereitung von Böden, die Bestäubung für uns wichtiger Nahrungspflanzen oder die Bereitstellung von pharmazeutisch wirksamen Stoffen. Auch wenn die anthropozentrische Perspektive hier sicher kritisch zu hinterfragen ist (haben Lebewesen wirklich nur dann einen Wert und eine Daseinsberechtigung, wenn sie

---

13 Suzanne T. Williams: Molluscan Shell Colour. In: *Biological Reviews* 92/2 (2017), S. 1039–1058.

uns Menschen einen Nutzen bringen?), ist dies sicher ein argumentativ nützlicher Ansatz, um gerade jene zu überzeugen, die Naturdinge als für den Menschen oft überflüssig und nicht schützenswert ansehen. Der Wert der Ökosystemleistungen jedenfalls geht in Billionenhöhe – es ist also unmöglich, mit technischen Lösungen das zu ersetzen, was andere Organismen derzeit völlig umsonst für uns tun.

2 Verschwimmende Grenzen zwischen Organismen – Endosymbionten und Parasiten

Es sind aber nicht nur Stoffe, die wir in uns aufnehmen, manchmal sind es auch ganze Organismen, die kommen und gehen – oder uns dauerhaft besetzen. Teilweise sind sie in unserer Nahrung oder Atemluft enthalten. Körperöffnungen und Schleimhäute sind ständige Einfallstore, insbesondere für Bakterien und Viren aller Art, aber auch vielzellige Organismen wie etwa parasitische Würmer. Die meisten Eindringlinge werden durch Abwehrmechanismen unseres Körpers unschädlich gemacht und sofort wieder nach draußen transportiert. Andere hingegen sind gekommen, um zu bleiben. Ja, viele sind sogar schon von Geburt an ein Teil von uns, ohne dass wir uns darüber Gedanken machen würden. In unserem Darm etwa tummeln sich etwa 100 Billionen Bakterien. Unsere Körper hingegen bestehen gerade einmal aus halb so vielen Zellen.[14] Zellenmäßig sind unsere „Besatzer" also deutlich in der Überzahl! Und sie sind keineswegs alle gleich: Bis zu 1.000 Arten kann dieses Ökosystem in uns umfassen. Für jeden Menschen ist die Zusammensetzung individuell verschieden. Als sogenannte „Endosymbionten" sind die Bakterien so sehr in unsere Körper integriert, dass sie fast untrennbar mit uns verbunden und für uns von entscheidendem Nutzen sind: Eine intakte Darmflora schützt vor krankmachenden Keimen, die wir mit der Nahrung aufnehmen, da für Letztere dann schlichtweg kein Platz mehr ist. Wenn es unseren Darmbakterien aber nicht gut geht (etwa durch die Einnahme von Antibiotika oder ungesunde Essgewohnheiten), leidet nicht selten auch unsere Gesundheit. Die Wissenschaft glaubt im Mikrobiom unseres Verdauungssystems deshalb einen Schlüssel für verschiedene Krankheiten gefunden zu haben – von Adipositas bis zu diversen Autoimmunkrankheiten. Diese Erkenntnis ist Grundlage für ganz neue Therapien: Für Menschen, die an einem Reizdarmsyndrom leiden, werden beispielsweise Stuhlspenden gesunder Menschen eingesetzt – ein „Zuchtansatz" gesunder Bakterien, wenn man so will.[15] Was zunächst eklig klingt, kann nachweislich vielen Menschen helfen.

---

14 Fischer, Oberhansberg: *Was hat die Mücke je für uns getan?* S. 82.
15 Anna-Lena Laguna de la Vera: *Mikrobiota-Transfer bei Patienten mit Reizdarmsyndrom* (2020). In: https://edoc.ub.uni-muenchen.de/25527/2/Laguna_de_la_Vera_Anna-Lena.pdf (letzter Zugriff: 1. April 2022).

Das zeigt, dass für uns Menschen ein gesundes „Ich" gar nicht ohne „die Anderen", für die wir Lebensraum sind, möglich ist. Wie uns geht es auch vielen anderen Tieren, denen Bakterien auf vielfältige Weise dienen. Zum Teil sind diese sogar noch abhängiger von ihren einzelligen Bewohnern als wir: Termiten (Isoptera) beispielsweise könnten das Holz, das sie fressen, gar nicht verdauen, gäbe es da nicht symbiotische Bakterien und andere Einzeller in ihren Därmen, die Cellulose und Lignin für sie aufschließen können.[16] Auch Kühe und andere Wiederkäuer (Ruminantia) könnten gar nicht vom gefressenen Gras überleben, würden nicht symbiotische Bakterien ihre Mägen besiedeln. Tatsächlich ist es so, dass Kühe einen Großteil der Energie, die sie zum Leben benötigen, gar nicht aus Pflanzen direkt beziehen, sondern aus Bakterien. Wenn man so will, dient das Gras lediglich der Fütterung der Endosymbionten, die dann letztlich selbst der Kuh als Nahrung dienen.[17] Doch Ernährung ist nicht das einzige, was Bakterien leisten können. Den Kaulquappen des Schreifrosches (*Lithobates clamitans*) hilft das Mikrobiom, resistenter gegen Hitze und Kälte zu werden.[18] Und Zwergtintenfische (Sepiolidae) tragen symbiotische Bakterien in einem speziellen Organ ihrer Haut, die darauf spezialisiert sind, chemisch Licht zu produzieren – die Bakterien machen sie biolumineszent und helfen den Tieren bei der Camouflage oder dem Aussenden von Signalen an Artgenossen (Abb. 4). Im Gegenzug ernähren die Tintenfische ihre endosymbiotischen Bakterien mit Aminosäuren und versorgen sie mit Sauerstoff. Bakterien im Körper zu haben, ist also oft ein wirklicher Gewinn!

Beispiele für derlei obligate symbiotische Beziehungen lassen sich zuhauf in der Natur finden. Mitunter sind diese Beziehungen derart eng, dass sich kaum noch ein Organismus vom anderen trennen lässt. Beide Partner können dann nicht mehr ohne einander leben oder zumindest nicht, ohne negative Effekte auf die eigene Vitalität hinzunehmen. Flechten (Lichenes), die auch in der Stadt oft Mauern und Bäume überziehen, sind ein Verschmelzungsprodukt aus einer Alge oder einem Cyanobakterium und einem oder mehreren Pilzen. Die symbiotische Beziehung beider Partner ist dabei so eng, dass man nicht mehr beide Partner unterscheidet, sondern die Flechte als eigene Art ansieht. Pflanzen und Pilze tun sich aber auch andernorts zusammen. Sogenannte Mykorrhiza-Pilze wachsen um die Wurzeln von Bäumen und anderen Pflanzen herum und, je nach Spezies, auch in sie hinein.

---

16 Mohammad Ramin: *Isolation, Identification and In-vitro Fermentation Activity of Cellulolytic Bacteria from the Gut of Termites* (2008). In: http://psasir.upm.edu.my/id/eprint/10696/1/FP_2008_29_A.pdf (letzter Zugriff: 1. April 2022).
17 Sam Westreich: How does a 1.200 pound cow get enough protein? Everything that you learned about cows as a child is wrong. *Medium* (August 2018). In: https://medium.com/a-microbiome-scientist-at-large/how-does-a-1-200-pound-cow-get-enough-protein (letzter Zugriff: 2. März 2022).
18 Samantha S. Fontaine, Patrick M. Mineo, Kevin D. Kohl: Experimental depletion of gut microbiota diversity reduces host thermal tolerance and fitness under heat stress in a vertebrate ectotherm *bioRxiv* (2021). In: https://www.biorxiv.org/content/10.1101/2021.06.04.447101v1.full (letzter Zugriff: 31. März 2022).

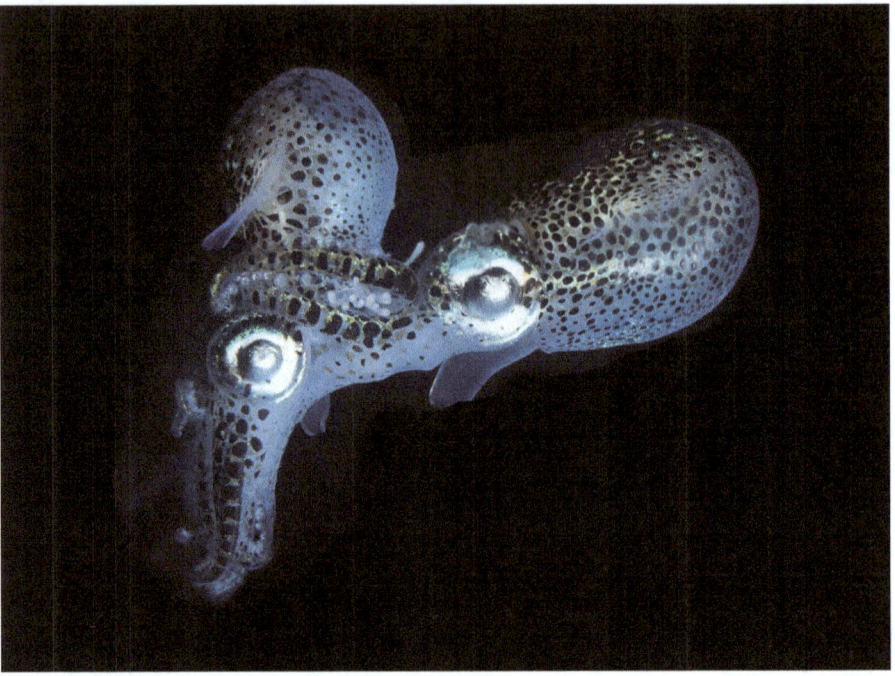

Abb. 4: Zwergtintenfische der Gattung Euprymna bei der Paarung. Die leuchtende Färbung der Haut wird von endosymbiotischen Bakterien erzeugt. Foto: Jinggong Zhang.

Letztere werden dann als Endomykorrhiza oder auch arbuskuläre Mykorrhiza (Glomeromycetes, Abb. 5) bezeichnet. Der Pilz versorgt in dieser Beziehung die Pflanze mit Salzen wie etwa Phosphat und Nitrat, die Pflanze den Pilz wiederum mit Zucker. Diese Versorgungsleistung ist durchaus beachtlich: In einem Buchenwald etwa dient ein Drittel der Photosynthese-Produkte allein der Ernährung der Mykorrhiza-Pilze![19]

An dieser Stelle darf nicht vergessen werden, dass Bäume oder Pflanzen allgemein an sich auch schon Verschmelzungsprodukte sind. In ihren Zellen tragen sie Chloroplasten, also jene nützlichen kleinen „Bioreaktoren", die es letztlich ermöglichen, aus Lichtenergie, Wasser und Nährsalzen Fruchtzucker und Biomasse aufzubauen (Abb. 6). Diese Bioreaktoren sind über eine endosymbiotische Beziehung zweier Einzeller sehr früh in der Evolution der Pflanzen entstanden, als an Bäume noch gar nicht zu denken war. Auch unsere eigenen Zellen und die aller anderen Tiere sind aus einer symbiotischen Verschmelzung hervorgegangen.

---

[19] David H. Jennings, Gernot Lysek: *Fungal Biology. Understanding the Fungal Lifestyle.* Oxford 1996, S. 39.

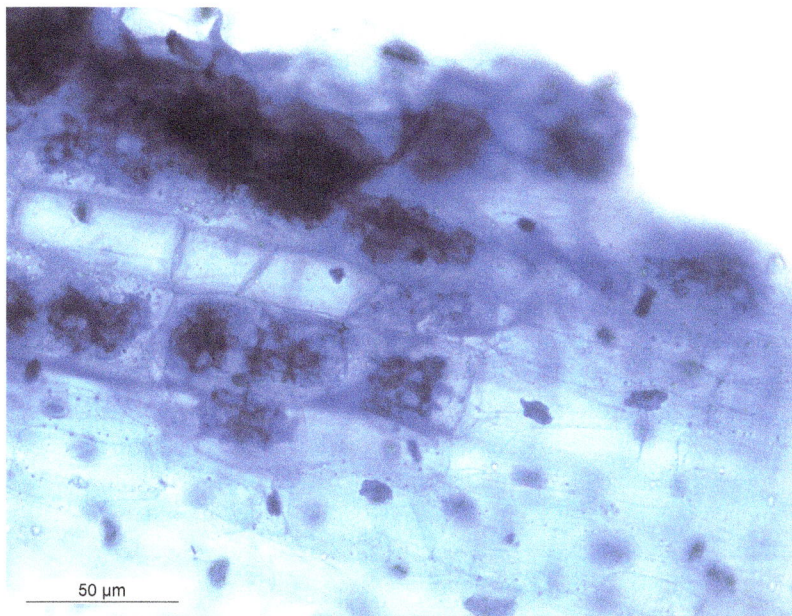

Abb. 5: Wurzelgewebe der Pferdebohne (Macrotyloma uniflorum) mit Arbuskeln und Hyphen eines vesikulär-arbuskulären Mykorrhiza-Pilzes. Foto: Rit Rajarshi, CC BY-SA 4.0, via Wikimedia Commons.

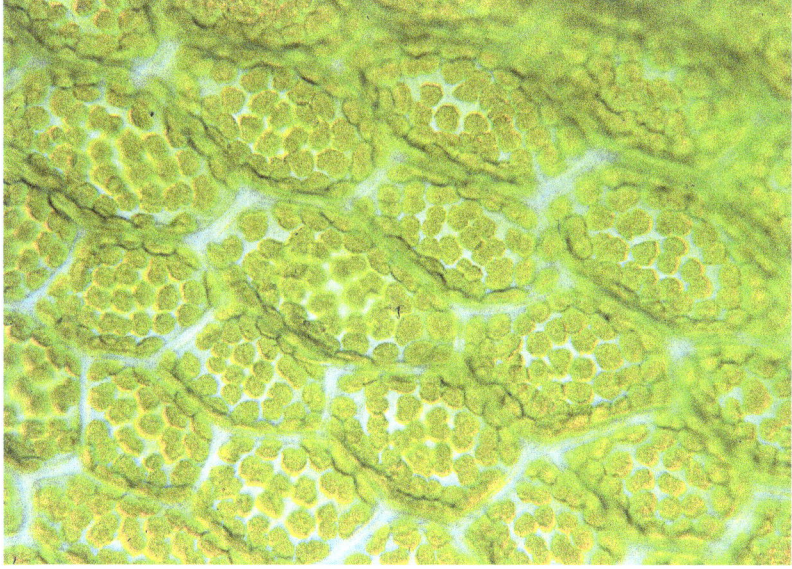

Abb. 6: Grüne Chloroplasten im Blattgewebe des Echten Sternmooses (Mnium stellare). Foto: Thomas Geier, Forschungsanstalt Geisenheim, CC BY-SA 3.0, via Wikimedia Commons.

Bis heute tragen unsere Zellen sogenannte „Mitochondrien" in sich, bei denen es sich letztlich um nichts anderes handelt als um einverleibte Einzeller. Heute versorgen diese „Kraftwerke der Zelle" unsere Körper mit Energie. Höheres Leben wäre ohne die symbiotische Beziehung zweier Einzeller, die die Entstehung von Mitochondrien zur Folge hatte, schlichtweg unmöglich gewesen.

Symbiotische Beziehungen erscheinen oft untrennbar, sind es in Ausnahmesituationen aber leider doch: Viele Korallen ernähren sich wie Pflanzen von Sonnenlicht, obwohl sie eigentlich Nesseltiere (Cnidaria) sind. Sie können das Sonnenlicht aber nicht selbst aufnehmen und verarbeiten, sondern sind erneut auf Endosymbionten, sogenannte Zooxanthellen, angewiesen (Abb. 7). Das sind photosynthetisch aktive Algen (meist Dinoflagellaten), die die Koralle via Photosynthese mit Nährstoffen versorgen. In diesem Prozess produzieren die Algen auch Sauerstoff, der in zu hohen Dosen allerdings toxisch für die Koralle ist. Und genau diese hohen Dosen an Sauerstoff werden dann produziert, wenn die Ozeane – dem Klimawandel sei Dank – immer wärmer werden. Die Folge: Die Korallen stoßen ihre Symbionten ab und verhungern langfristig. Das Resultat ist die sogenannte „Korallenbleiche", die ganze Korallenriffe betreffen kann und über kurz oder lang viele Tierarten bedroht, für die die Riffe ein wichtiger Lebensraum sind.[20]

Enge Beziehungen zwischen Organismen unterschiedlicher Arten, die einer Verschmelzung gleichkommen, sind nicht immer wechselseitig profitabel. Profitiert nur einer der beiden Partner, während der andere darunter zu leiden hat, werden sie unter dem Begriff „Parasitismus" zusammengefasst. Ist diese Beziehung derart eng, dass ein Organismus den anderen in sich aufnimmt, wird sie analog zur Endosymbiose als Endoparasitismus bezeichnet. Während der Wirt zwar ohne den Parasiten leben kann (und zwar sogar besser), ist der Parasit von seinem Wirt völlig abhängig. Als Beispiel soll hier der Wurzelkrebs *Sacculina carcini* vorgestellt werden (Abb. 8). Dieser Krebs ist kaum noch als Krebs erkennbar und existiert als wurzelartige Verzweigung in seinem Wirt, einer Krabbe. Dieses „Wurzelgeflecht" legt sich um Verdauungsorgane, Geschlechtsorgane und Muskulatur der Wirtskrabbe und ernährt so den Krebs. Von außen ist von diesem Parasiten lediglich ein sackförmiges Gebilde erkennbar, das die Fortpflanzungsorgane beinhaltet. Wir selbst (oder zumindest ein ganzes Drittel der Menschheit) tragen ähnlich invasive Parasiten in uns, ohne das zu merken: *Toxoplasma gondii*, ein weit verbreiteter Einzeller, lebt in unseren Gehirnen und kann bei Schwangeren einen negativen Einfluss auf die Entwicklung des Fötus haben. Im erwachsenen Menschen beeinflusst er die Psyche. Der Einzeller parasitiert eigentlich Mäuse und Katzen und landet eher zufällig in uns. In Mäusegehirnen befördert der Parasit ein riskantes Verhalten: Die Nager verlieren plötzlich die Angst vor Katzen und nähern sich ihnen sogar freiwillig.

---

20 Angela E. Douglas: Coral bleaching--how and why? In: *Marine pollution bulletin* 46/4 (2003), S. 385–392.

Abb. 7: Nesseltiere (Cnidaria) wie diese Krustenanemone (Zooanthus sp.) beziehen oftmals einen Großteil ihrer Nährstoffe von endosymbiontischen Zooxanthellen, welche in der Lage sind, Photosynthese zu betreiben. Foto: Julian Hecker.

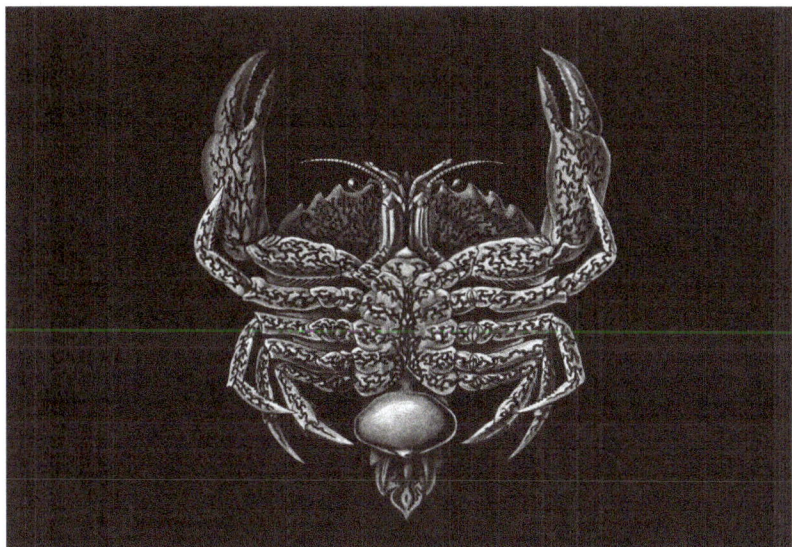

Abb. 8: Eine von dem Wurzelkrebs Sacculina carcini befallene Krabbe. Der Körper des Tieres besteht aus einem wurzelartigen Geflecht, das sich im Innern des Wirtes ausbreitet, und einem sackartigen Auswuchs am Hinterleib der Wirtskrabbe, der die Geschlechtsorgane enthält. Zeichnung aus Ernst Haeckel: Kunstformen der Natur, 1904. Public domain, via Wikimedia Commons.

Dies ist vom Parasiten so gewollt, um in den für seinen Lebenszyklus nötigen nächsten Wirt, die Katze, zu gelangen. Wird die Maus gefressen, hat der Parasit sein Ziel erreicht, kann sich weiterentwickeln und vermehren. Im Menschen, der eigentlich entwicklungsbezogen eine Sackgasse für *Toxoplasma* ist, bewirkt der Parasit interessanterweise eine ganz ähnliche Verhaltensänderung wie bei der Maus: Auch menschliche Träger des Parasiten neigen zu risikoaffinem Verhalten.[21]

Wenn man von derlei symbiotischen und parasitischen Beziehungen berichtet, erweckt das den Eindruck, als seien dies Sonderfälle in der Natur. Doch das Gegenteil ist der Fall: Tatsächlich verhält es sich so, dass kaum ein Organismus vollständig isoliert und unabhängig von anderen ist. Heute nimmt man an, dass unglaubliche 50 Prozent aller Lebewesen unserer Erde eine parasitische Lebensweise haben.

Ein Löwe allein kann schon 19 verschiedene Arten in und auf sich tragen (u.a. Vertreter der Nematoda, Alveolata, Acari)![22] Viele Parasiten sind aufgrund ihrer kryptischen Lebensweise jedoch noch gar nicht wissenschaftlich beschrieben oder entdeckt. Auch wenn es hier noch viel zu erforschen gibt, wissen wir bereits jetzt, dass Parasiten eine wichtige Stellung in Ökosystemen einnehmen und beispielsweise Populationsgrößen ihrer Wirte regulieren.[23]

3 Semipermeabel – von offenen Grenzen

Bei all der Grenzenlosigkeit – sei sie nun stofflicher oder organismischer Natur – darf nicht vergessen werden, dass die Abgrenzung gegen die Außenwelt und gleichzeitige räumliche Beschränkung biochemischer Prozesse im Inneren ursprünglich ein ganz entscheidender Schritt in der Erdgeschichte war, der die Entstehung von Leben überhaupt erst möglich machte. Nur in abgegrenzten Räumen ist der Ablauf chemischer Reaktionen möglich, ohne dass die Produkte derselben in der oft aggressiven und instabilen Umwelt sofort wieder zerfallen oder schlichtweg davonschwimmen, im Medium abgetrieben werden oder so reagieren, dass eine Darwin'sche natürliche Selektion gar nicht in Gang kommen kann. Diesen geschützten Raum kennen wir als Zelle, die bei allen Organismen von einer Zellmembran umge-

---

[21] Sumit K Matta, Nicholas Rinkenberger, Ildiko R. Dunay, L. David Sibley: Toxoplasma gondii Infection and Its Implications Within the Central Nervous System. In: *Nature Reviews Microbiology* 19/7 (2021), S. 467–480.
[22] Kathe E. Bjork, Gary A. Averbeck, Bert E. Stromberg: Parasites and Parasite Stages of Free-Ranging Wild Lions (Panthera leo) of Northern Tanzania. In: *Journal of Zoo and Wildlife Medicine* 31/1 (2000), S. 56–61.
[23] Colin J. Carlson, Skylar Hopkins, Kayce C. Bell, Jorge Doña, Stephanie S. Godfrey, Mackenzie L. Kwak, Kevin D. Lafferty, Melinda L. Moir, Kelly A. Speer, Giovanni Strona, Mark Torchin, Chelsea L. Wood: A Global Parasite Conservation Plan. In: *Biological Conservation* 250 (2020).

ben ist. Da eine solche Zellmembran aber allein schon ein erstaunlich komplexes Gebilde ist, muss es Vorläufer zu dieser gegeben haben, die ebenso als Reaktionsraum dienen konnten. Am wahrscheinlichsten sind hier ganz einfache Vesikel, die man sich als kleine ölige Bläschen vorstellen kann. Im Laufe der Evolution wurden die Zellen immer komplexer, schlossen sich zu Verbänden und ersten multizellulären Organismen zusammen, spezialisierten sich und wurden zu einzelnen Organen, die in einem Körper unterschiedliche Aufgaben übernehmen, die noch im Einzeller die einzelne Zelle übernehmen musste: Nahrungsaufnahme und -verarbeitung, Exkretion, Fortpflanzung, Reizwahrnehmung, Lokomotion. Eins blieb aber immer gleich: Die Abgrenzung der Zellen gegenüber der Außenwelt war nie vollständig. Die Zellmembranen blieben zu jedem Zeitpunkt der Evolution semipermeabel, also halbdurchlässig, für bestimmte Stoffe. Dies bringt uns wieder zum Anfang unserer Betrachtung zurück: Der Organismus kann nur im Austausch mit seiner Umwelt überleben, eine vollständige Isolation war in der Geschichte des Lebens zu keinem Zeitpunkt möglich.

4 Natur- und Artenschutz als Selbstschutz

Es gibt eine Vielzahl von Verflechtungen in der Natur, ob nun stofflicher oder organismischer Form – und wir sind mittendrin! Wir sind in vielfältiger Art und Weise mit anderen Organismen und auch mit unserer unbelebten Umwelt verbunden. Technik und Medizin konnten uns nicht von der Natur entkoppeln. Aber vielen unserer Cousins und Cousinen, den Tieren und Pflanzen unseres Planeten, geht es schlecht. Sie sehen sich mit vielfältigen Bedrohungen konfrontiert. Für die meisten dieser Bedrohungen – sei es nun der Klimawandel, Überfischung oder Wilderei (um nur einige zu nennen) – sind direkt wir Menschen verantwortlich. Nie zuvor war es so dringlich wie jetzt, unsere Verbundenheit mit der Natur anzuerkennen. Tun wir dies nicht, laufen wir Gefahr, ganze Ökosysteme zu verlieren, obwohl wir die Wechselwirkungen zwischen den Organismen, die in ihnen leben, gerade einmal im Ansatz verstanden haben. Wenn unser neues Bewusstsein für unsere Stellung inmitten anderer Lebewesen zu größeren Bemühungen führen würde, Arten vor dem Aussterben und Naturräume vor dem Verschwinden zu bewahren, wäre das ein großer Gewinn für unseren Planeten und die kommenden Generationen der menschlichen Spezies. Nicht nur weil Tiere und Pflanzen in ihrer über Jahrmillionen entstandenen Einzigartigkeit, ihren oft wundervollen oder wundersamen Anpassungen schon an sich schützenswert sind, sondern auch weil wir sie zu unserem eigenen Überleben dringend brauchen! Die Erde braucht uns nicht, aber wir brauchen sie – und all ihre Lebewesen, die auf ihr leben. Wir sind Natur.

Literaturverzeichnis

Amat, Juan A./Rendón, Miguel A.: Flamingo Coloration and Its Significance. In: Matthew J. Anderson (Hg.): *Flamingos, Behavior, Biology, and Relationship with Humans*. New York 2017, S. 77–95.

Bjork, Kathe E./Averbeck, Gary A./Stromberg, Bert E.: Parasites and Parasite Stages of Free-Ranging Wild Lions (Panthera leo) of Northern Tanzania. In: *Journal of Zoo and Wildlife Medicine* 31/1 (2000), S. 56–61.

Carlson, Colin J./Hopkins, Skylar/Bell, Kayce C./Doña, Jorge/Godfrey, Stephanie S./Kwak, Mackenzie L./Lafferty, Kevin D./Moir, Melinda L./Speer, Kelly A./Strona, Giovanni/Torchin, Mark/Wood, Chelsea L.: A Global Parasite Conservation Plan. In: *Biological Conservation* 250 (2020).

Daly, John W./Secunda, S. I./Garraffo, H. Martin/Spande, Thomas F./A. Wisnieski, John F. Cover: An Uptake System for Dietary Alkaloids in Poison Frogs (Dendrobatidae). In: *Toxicon* 32/6 (1994), S. 657–663.

Douglas, Angela E.: Coral Bleaching--How and Why? In: *Marine pollution bulletin* 46/4 (2003), S. 385–92.

Fischer, Frauke/Oberhansberg, Hilke: *Was hat die Mücke je für uns getan? Endlich verstehen, was biologische Vielfalt für unser Leben bedeutet* [2020]. München 2021.

Fontaine, Samantha S./Mineo, Patrick M./Kohl, Kevin D.: Experimental Depletion of Gut Microbiota Diversity Reduces Host Thermal Tolerance and Fitness Under Heat Stress in a Vertebrate Ectotherm *bioRxiv* (2021). In: https://www.biorxiv.org/content/10.1101/2021.06.04.447101v1.full (letzter Zugriff: 31. März 2022).

Greenwood, Paul G.: Acquisition and Use of Nematocysts by Cnidarian Predators. In: *Toxicon* 54/8 (2010), S. 1065–1070.

Jennings, David H./Lysek, Gernot: *Fungal Biology. Understanding the Fungal Lifestyle*. Oxford 1996. S. 39.

Laguna de la Vera, Anna-Lena: *Mikrobiota-Transfer bei Patienten mit Reizdarmsyndrom* (2020). In: https://edoc.ub.uni-muenchen.de/25527/2/Laguna_de_la_Vera_Anna-Lena.pdf (letzter Zugriff: 1. April 2022).

Little, Crispin T.S.: The Prolific Afterlife of Whales. In: *Scientific American* 302/2 (2010), S. 78–85.

Lynggaard, Christina/Bertelsen, Mads Frost/Jensen, Casper V./Johnson, Matthew S./Frøslev, Tobias Guldberg/Olsen, Morten Tange/Bohmann, Kristine: Airborne Environmental DNA for Terrestrial Vertebrate Community Monitoring. In: *Current Biology* 32/3 (2022), S. 701–707.

Matta, Sumit K/Rinkenberger, Nicholas/Dunay, Ildiko R./Sibley, L. David: Toxoplasma gondii Infection and It's Implications Within the Central Nervous System. In: *Nature Reviews Microbiology* 19/7 (2021), S. 467–480.

Maurel, Marie-Christine: Possible Traces and Clues of Early Life Forms. In: Georges Chapoutier/Marie-Christine Maurel (Hg.): *The Explosion of Life Forms: Living Beings and Morphology*. London 2021, S. 1–17.

McGugan, Jenna R./Byrd, Gary/Roland, Alexandre/Caty, Stephanie/Kabir, Nisha/Tapia, Elicio/Trauger, Sunia/Coloma, Luis/O'Connell, Lauren: Ant and Mite Diversity Drives Toxin Variation in the Little Devil Poison Frog. In: *Journal of Chemical Ecology* 42/6 (2016), S. 537–551.

Milo, Ron/Phillips, Rob: *Cell Biology by the Numbers* (2015). In: bionumbers.org (letzter Zugriff: 2. März 2022), S. 331.

Ramin, Mohammad: *Isolation, Identification and In-vitro Fermentation Activity of Cellulolytic Bacteria from the Gut of Termites* (2008). In: http://psasir.upm.edu.my/id/eprint/10696/1/FP_2008_29_A.pdf (letzter Zugriff: 1. April 2022).

Uexküll, Jakob Johann von: *Umwelt und Innenwelt der Tiere*. Berlin 1921.

Westreich, Sam: How does a 1.200 pound cow get enough protein? Everything that you learned about cows as a child is wrong *Medium* (August 2018). In: https://medium.com/a-microbiome-scientist-at-large/how-does-a-1-200-pound-cow-get-enough-protein (letzter Zugriff: 2. März 2022).

Williams, David R.: Earth Fact Sheet – the NSSDCA. *NASA* (Dezember 2021). In: https://nssdc.gsfc.nasa.gov/planetary/factsheet/earthfact.html (letzter Zugriff: 31. März 2022).

Williams, Suzanne T.: Molluscan Shell Colour. In: *Biological Reviews* 92/2 (2017), S. 1039–1058.

Winer, Jenna N./Liong, S. M./Verstraete, Frank J. M.: The Dental Pathology of Southern Sea Otters (Enhydra lutris nereis). In: *Journal of Comparative Pathology* 149/2–3 (2013), S. 346–355.

Teil IV: **Digitale Fluidität**

Kathrin Dreckmann
Dehumanize your bitch

Hybridität und Fluidität im Musikvideo

Zusammenfassung: Das Musikvideo, das sich aus unterschiedlichen Formen, Gattungen und Medien zusammensetzt, ist von seiner Anlage grundsätzlich durch Hybridität gekennzeichnet und ruft nach einer Auseinandersetzung mit den intermediären Verflüssigungen zwischen den Gattungen zwischen unterschiedlichen Medien, indem Medienkunst, Werbeclip und Filmzitate hybridisiert werden. Es werden feststehende Entitäten clipartig nebeneinandergestellt und Assoziationsräume ermöglicht, die in sich geschlossen Debatten berühren, die aktuell in der Medienkulturwissenschaft geführt werden. In diesem Beitrag geht es um die Frage, inwieweit insbesondere die Gattung des Musikvideos dazu einlädt, solche Mega-Metadiskurse zwischen *Posthuman Studies* und Mythologie-Exegese aufzurufen, so wie es Sevdaliza, The Carters, Janelle Monáe und Lil Nas X durch ihre Musikvideos ermöglicht haben.

Schlüsselwörter: Sevdaliza, Posthumanism, Fluidität, Gender, Musikvideo, Hybridität, flüssig

Wer sich mit der Fluidität als biologische Beschreibungskategorie in der Medienwissenschaft auseinandersetzt, gerät zwangsläufig an Fragenkomplexe, die in diesem Zusammenhang in der medienkulturwissenschaftlichen Medienökologie diskutiert werden. Unweigerlich führt kein Weg daran vorbei, sich mit Durchlässigkeiten, dem Verschwimmen unter intermedialen Bedingungen zwischen den Gattungen und Genres auseinanderzusetzen.[1] Selbstverständlich sind solche Debatten auch immer an Fragen der Interferenz gebunden. Wichtig ist hierbei, sich auf verschiedenen Ebenen zu überlegen, inwieweit hier Grenzen zwischen spezifischen Medien fluid sind. Selbstverständlich ist nun nicht nur auf der formalästhetischen Ebene zu diskutieren, wo Durchlässigkeiten, Verschwommenes und Verflüssigungen zwischen Medien unterschiedlicher Couleur zu erkennen sind, sondern es ist gleichzeitig auch auf der Produktionsebene von einem ästhetischen Programm zu sprechen. Will man auf ästhetische Programme, die formalästhetisch vorgegeben sind, rekurrieren, kommt man zwangsläufig auf den auch biologisch determinierten Begriff der Hybridität zu sprechen.

---

[1] „Fluidität *w*, Kerngröße einer Flüssigkeitseigenschaft (‚Fließvermögen') als Kehrwert der sog. dynamischen Viskosität oder Zähigkeit [...]. Membranfluidität." In: Doris Freudig, Katharina Arnheim (Hg.): *Lexikon der Biologie: In fünfzehn Bänden, sechster Band*. Heidelberg 2001, S. 19.

Hybridität ist wie das Fluide eine terminologische Beschreibungskategorie von biologischen Prozessen, die auf unterschiedlichen Austauschbewegungen zwischen Membranen und Zellkonstellationen des Austausches und infiltrierter Zusammensetzung beruhen:

> Fluidität, Parameter von Membranen, [beschreiben] das viskose Verhalten der Membran [...]. Die F. hängt vom Aufbau der Membran und besonders vom Phasenzustand der Liquide ab. Der Phasenzustand der Lipide ändert sich mit der Temperatur oder durch chemische Einwirkungen u.U. sprunghaft. Es wird angenommen, daß die Fluidität bei physiologischen Membranprozessen Fluidität, z.B. der Fusion, reguliert werden kann.[2]

Nimmt man diese biologische Definition metaphorisch zur Vorlage für mediale Prozesse, werden dort Zellaufbau, Osmose und Durchlässigkeit mit Blick auf semipermeable Austauschprozesse als intermediale Wechselwirkungen zweier Parteien garantiert.

Als eines der wohl am meisten durch Hybridität gekennzeichneten Medien gilt das Musikvideo. Jenseits seiner Entstehungsbedingungen lässt sich auch heute noch feststellen, dass das Musikvideo, ob es nun aus dem Kurzfilm oder der Clipästhetik des Werbefilms entstanden ist, sich auch heute noch aktueller Medienformate und -inhalte bedient und nicht nur auf formalästhetischer Ebene unterschiedliche Gattungen und Genres hybridisiert, indem es beispielsweise durch Clipästhetiken aus der Werbung oder synästhetische Konzepte des frühen Films eine spezifische Ästhetik erzeugt.

Die Gattung des Musikvideos lädt dazu ein, solche Mega-Metadiskurse aufzurufen. Das Musikvideo, das sich aus unterschiedlichen Formen, Genres, Gattungen und Medien zusammensetzt, ist von seiner Anlage her an sich durch Hybridität und fließende Übergänge gekennzeichnet. Demnach sind intermediale Bezüge zu anderen Gattungen, Genres und Formaten und ihre gegenseitige Durchdringung Teil des genealogischen Prozesses, ob vom Film aus gedacht oder vom Format einer clipästhetischen Verarbeitungsstrategie. Mathias Bonde Korsgaard, aber vor allem die Musikvideoforscherin Carol Vernallis[3] haben diesen Gedanken ausgearbeitet. Das Konzept der Hybridisation beschreiben beide in Musik und Video als konstitutives Element. Will man sich also mit der Genealogie des Musikvideos auseinandersetzen, können sehr gut biologische Metaphoriken des Biologischen in Anlehnung an Hybridität bemüht werden.

---

2 Friedrich W. Stöcker, Gerhard Dietrich: *Fachlexikon ABC Biologie: Ein alphabetisches Nachschlagwerk*. Frankfurt a. M. 1986, S. 281.

3 Vgl. Mathias Bonde Korsgaard: Music Video Transformed. In: John Richardson, Claudia Gorbman, Carol Vernallis (Hg.): *The Oxford Handbook of New Audiovisual Aesthetics*. New York 2013, S. 501–517, hier: S. 508.

1 Genealogische Hybridität des Musikvideos

Eine der ersten Anthologien, die Formen der Hybridisierung behandelt hat und die das Musikvideo zwischen Videoästhetik und Medienkunst verortete, wurde 1987 von Veruschka Bódy und Peter Weibel veröffentlicht. „Clip, Klapp, Bum. Von der visuellen Musik zum Musikvideo" gelang es, Arbeiten von Forschern (wie Dieter Daniels) zu versammeln, die bis heute mit der Erforschung des Musikvideos[4] verbunden sind und der Ästhetik, Geschichte und Theorie des Musikvideos im Zusammenhang mit audiovisueller und avantgardistischer Kunst widmen. Die Beiträge von Peter Weibel und Dieter Daniels sind in dieser Hinsicht besonders bemerkenswert: Sie haben die mediale Durchlässigkeit des Musikvideos von Anfang an als spezifisches Merkmal dieses noch damals jungen Mediums begriffen und es darüber hinaus aus einem Diskurs herausgelöst, der es ausschließlich mit kulturindustriellen Produktionsbedingungen in Verbindung brachte.[5] Dies war 1987 alles andere als üblich, wenn man sich andere zeitgenössische Positionen zum Medium Musikvideo anschaut: Sammlungen und Monographien aus der gleichen Zeit wählten einen wesentlich kritischeren Standpunkt und beleuchteten das Musikvideo nur als Produkt der Kulturindustrie.[6] Das Musikvideo ist in seiner ganzen Formenvielfalt ein sehr hybrides und durchlässiges Medium, das viel mehr ist als nur „illustrierte Musik", nämlich eine spezifische Kunstform zwischen verschiedenen Genres und Formaten – eine Tatsache, die sich erst viel später im wissenschaftlichen Forschungsdiskurs manifestiert hat. Carol Vernallis hat dies in ihren Arbeiten besonders deutlich gemacht und beschreibt diesen Paradigmenwechsel wie folgt:

> We used to define music video as a product of the record company in which images are put to a recorded pop song in order to sell the song. None of this definition holds anymore.[7]

---

4 Vgl. Veruschka Bódy, Peter Weibel (Hg.): *Clip, Klapp, Bum. Von der visuellen Musik zum Musikvideo*. Köln 1987.
5 Vgl. Peter Weibel: Von der visuellen Musik zum Musikvideo. In: Veruschka Bódy, Peter Weibel (Hg.): *Clip, Klapp, Bum. Von der visuellen Musik zum Musikvideo*. Köln 1987; sowie Dieter Daniels: Die Einfalt der Vielfalt – Ein fiktives Selbstgespräch. In: Veruschka Bódy, Peter Weibel (Hg.): *Clip, Klapp, Bum. Von der visuellen Musik zum Musikvideo*. Köln 1987.
6 Vgl. John Fiske: MTV: Post-Structural, Post-Modern. In: *Journal of Communication Inquiry* 10/1 (1968), S. 74–79; Ann E. Kaplan: *Rocking Around the Clock: Music Television, Postmodernism, and Consumer Culture*. New York 1987; Sanjek Russel: *American Popular Music Business in the 20th Century. The First Four Hundred Years, Volume III: From 1900–1984*. New York 1988; sowie Andrew Goodwin: From Anarchy to Chromakey. Developments in Music Television. In: ders. (Hg): *Dancing in the Distraction Factory: Music Television and Popular Culture*. Minneapolis 1992, S. 24–48; und Axel Schmidt, Klaus Neumann-Braun, Ulla Autenrieth (Hg.): *Viva MTV! reloaded: Musikfernsehen und Videoclips crossmedial*. Baden-Baden 2009.
7 Carol Vernallis: *Unruly Media: YouTube, Music Video, and the New Digital Cinema*. New York 2013, S. 208.

Tatsächlich lässt sich das Musikvideo nach wie vor als ein durchlässiges und unzuverlässiges Medium mit eigenen Genres und Strukturen sowie eigenen künstlerischen Ansprüchen beschreiben. Umso schwieriger ist es, eine einfache und allgemeine Definition von Musikvideo zu erarbeiten. Aus medienarchäologischer Sicht ist die Frage nach der Verbindung von Musik und Bild etwas, das es schon lange gibt und sogar bis ins 17. Jahrhundert zurückreicht, wenn man die damals aktuellen scharlatanisch-visionären Ideen des deutschen Jesuitenmönchs Athanasius Kircher betrachtet. Die ersten performativen Filme medientechnischen Ursprungs wurden 1904 von Thomas Alva Edison entwickelt, synästhetische Clip-Ästhetiken ohne Ton von Walter Ruttmann, Viking Eggeling, oder wurden in die von Oskar Fischinger entwickelte Werbung eingebaut. So gesehen war das Musikvideo immer auch Teil künstlerischer Avantgardebewegungen und ist mit diesen konstitutiv verbunden.[8] Dies eröffnet auch die Möglichkeit, Anknüpfungspunkte in der Filmgeschichte[9] sowie in der Geschichte der Clip-Ästhetik von den Soundies bis zur TV-Werbung zu suchen. Genau diese Bezüge sind es, die es erlauben, das Musikvideo bzw. den Clip schon sehr früh als künstlerisches bzw. hybrides Genre zu verstehen. Diese Beobachtungen decken sich auch mit bahnbrechenden Arbeiten zur Geschichte und Theorie des Musikvideos, die gerade die Hybridität des Mediums herausstellen und intermediale Verflüssigungen erkennen. So verweist insbesondere die Arbeit von Holly Rodgers auf die Mediengeschichte dieses Genres, wenn sie die hybriden und transmedialen Strukturen des Musikvideos zwischen Film, Video und Kunstmusik verortet[10], insbesondere in ihrer Arbeit „The Music and Sound of Experimental Film".[11]

Verweise auf andere Genres und deren transmediale Durchdringung sind also Teil eines genealogischen Prozesses, sei es das Denken ausgehend vom Film oder die Verarbeitung der Clip-Ästhetik, das alle Formen und Gattungen in sich vereint. Mathias Bonde Korsgaard entwickelt diesen Gedanken weiter, indem er von der „logic of remediation on many different levels" und dem „hybridized and intense stylistic expression" spricht, den er dem Musikvideo zuschreibt. Er hebt hervor: „Music videos routinely resemble other media forms, including silent cinema […], computer games […], Google's search engine […], concerts […], and others".[12] Wie Vernallis beschreibt er die Hybridisierung als konstitutiv für das Musikvideo.

Wenn es um die Frage der Hybridisierung zwischen Musikvideos und anderen Formaten geht – nicht nur historisch, sondern auch für die heutigen sozialen Medien

---

8 Vgl. Peter Weibel: *Von der visuellen Musik zum Musikvideo*; Ulrike Groos, Marks Müller: *Make It Funky. Crossover zwischen Musik, Pop, Avantgarde und Kunst*. Köln 1998; Siegfried Zielinski: *Zur Geschichte des Videorekorders*. Polzer 2010.
9 Vgl. Holly Rogers: *The Music and Sound of Experimental Film*. Oxford 2017.
10 Vgl. Holly Rogers: *Sounding the Gallery: Video and the Rise of Art-Music*. Oxford 2013.
11 Vgl. Rogers: *The Music and Sound of Experimental Film*.
12 Korsgaard: *Music Video Transformed*, S. 508.

und ihre Rezeptionspraktiken –, hat Korsgaard einen Zugang zum transformierten Musikvideo gefunden. Der daraus resultierende Medienmix, der immer auch unter den Bedingungen sich verändernder Rezeptions- und Produktionsweisen sichtbar wird, zeichnet das Musikvideo nach der Ära von MTV als eines aus, das durch veränderte Beziehungen zwischen Bild, Musik und Text neue audiovisuelle Formen ermöglicht.[13] Spätestens seit dem Beginn der YouTube-Ära ist das Musikvideo nicht mehr an die technologischen Rezeptionsmodi des Fernsehens gebunden, sondern transformiert sich unter dem Einfluss digitaler und sozialer Medien, die eine interaktive Beteiligung ermöglichen: „Music videos appear in new and unexpected media, interactive games, and iPhone apps. A dizzying array of user-based content ranges from vidding and remixes to mashups. It still makes sense to call all these ‚music videos'".[14]

Vernallis legt den Schwerpunkt eindeutig auf die Hybridisierung von Musikvideos und erinnert uns daran, dass Hybridisierung schon immer ein Merkmal von Musikvideos war:

> At the same time that we define music video inclusively and expansively, we may wish to restrict the focus. In the 30 years of music video, various sorts of 'canon' have emerged. We can see why it is useful to flag some musicians' and directors' bodies of work, as well as particular historical moments. It is hard to be rigorous about what exactly is within this genre, and what is an outlier.[15]

Vernallis vergleicht die Offenheit von Gattungsstrukturen sowie die Abhilfen mit Wittgensteins „ideas that genres are made up of family resemblances"[16] und berücksichtigt die Tradition des kurzen Clips, des Films und des Videos. Dies bezieht sich nicht nur auf die Genres, sondern auch auf die Inhalte, die oft historisch miteinander verbunden zu sein scheinen und in zeitgenössischen Produktionen zirkulieren. Bemerkenswert ist in diesem Zusammenhang, dass solche hybriden Strukturen auch in der popkulturellen Produktion häufig anzutreffen sind und dass einzelne Musikvideos oft auf das Genre und seine Geschichte verweisen. Es bilden sich also Verflüssigungen innerhalb hybrider Strukturen des Musikvideos, ganz gleich ob aus unterschiedlichen Gattungen, Formaten oder Genres.

So lässt sich sein Anfangspunkt sowohl in der Filmgeschichte als auch in der Geschichte der Clip-Ästhetik vom Soundie zum Werbeclip suchen. Genau diese medienarchäologischen Bezugnahmen auf die Gattungsgeschichte clipartiger Bewegtbildästhetiken sind es jedoch, die das Musikvideo bzw. den -clip schon sehr früh als ein künstlerisches, kommerziell erfolgreiches und auch durchlässiges Format haben begreifen lassen.

---

13 Vgl. Carol Vernallis: *Experiencing Music Video. Aesthetics and Cultural Context*. New York 2004, S. 44.
14 Vernallis: *Unruly Media: YouTube, Music Video, and the New Digital Cinema*, S. 208.
15 Vernallis: *Unruly Media: YouTube, Music Video, and the New Digital Cinema*, S. 209.
16 Vernallis: *Unruly Media: YouTube, Music Video, and the New Digital Cinema*, S. 209.

Während sich also die Hybridität als biologische Metapher für formale Zusammensetzungen des Musikvideos besonders eignet und das Durchlässige als Kennzeichen für das, was sich zwischen den Grenzen bewegt, verwendet werden kann, gibt es aber eine weitere Ebene. So zeigen sich solche Durchlässigkeiten auch auf inhaltlicher Ebene und werden durchaus in den Musikvideo reflektiert.

2 Fluide Genres, neue Gegenstände

Schon zu Beginn der Musikvideoindustrie sind die Durchlässigkeiten der Gattungen verdeutlicht worden. Zu denken ist an David Bowies *Jazzin for Blue Jean* (1984) oder Michael Jacksons *Thriller* (1982) und *Scream* (1995). Videos sind hier Kurzfilme, die die Gattung des klassischen kommerziellen Musikvideos sprengen, aber gleichzeitig voll in ihm aufgehen.

Dass dies auch heute noch gilt, zeigt sich in aktuellen Musikvideoproduktionen, deren Durchlässigkeit zu anderen Medien sehr prominent in Szene gesetzt wird. Ein aktuelleres Beispiel ist The Carters APESHIT (2018): Hier werden Kunstkanon, Black Empowerment und Clipästhetik zusammengeführt, wobei Beyoncé und Jay-Z in ihrer Zusammenschau einen eigenen Gestus ästhetischer Selbstermächtigungsstrategien entwickelt. Inhalt und Form verfließen ineinander, und ein umfänglicher eklektizistischer Stil zwischen Tableau Vivant des 18. Jahrhunderts, Afrofuturismus und europäischer Medien- und Popdiskursgeschichte entsteht. Ein weiteres Beispiel sind die Arbeiten von Janelle Monaé. Auch sie verwendet aktuelle kulturwissenschaftliche Theoriediskurse, um ihre Bildästhetik auf eine andere Ebene zu bringen. Vor allem auf dem Niveau einer theoretischen Aufarbeitung von posthumaner Subjekttheorie verhandelt sie sich selbst als Cyborg in einer dystopischen KI-Welt, in der sie als pansexuelle schwarze Frau ausgeschlossen scheint.[17] Die Donna Haraway'sche Cyborg-Theorie[18] und Mary Douglas' ethnologische Theorie „Purity and Danger"[19] spielen in ihrem Konzeptalbum DIRTY COMPUTER, der als Kurzfilm angelegt ist, eine zentrale Rolle und ist ohne queertheoretische Zukunftsvisionen nicht zu denken.[20] Es zeigen sich in solchen Konstellationen nicht nur formalästhetische

---

17 Vgl. Kathrin Dreckmann: „PYNK" beyond forests and thighs: Manifestations of Social Utopia in Current Music Video. In: Kathrin Dreckmann, Christofer Jost (Hg.): *Music Videos and Transculturality: Manifestations of Social Utopia?* Münster 2022 (im Druck).
18 Vgl. Haraway, Donna: *Die Neuerfindung der Natur: Primaten, Cyborgs und Frauen.* Frankfurt 1995.
19 Vgl. Mary Douglas: *Purity and Danger: An Analysis of Concept of Pollution and Taboo.* Routledge 1966.
20 Vgl. hierzu: Kathrin Dreckmann: Queer Curls, Gender Power and Platon: Eclectic Iconographies of Self-empowerment in Lil Nas X „Montero". In: Bettina Papenburg, Kathrin Dreckmann (Hg.): *Queer Pop.* Berlin 2023 (im Druck).

Durchlässigkeiten. Ist es ein Film, oder handelt es sich um viele einzelne Musikvideos? Gleichzeitig werden Theoriesubstrate kombiniert, die der Diskussion aktueller Medienkulturtheorien und der philosophischen Subjekttheorie folgen. Ähnlich ist es in dem Album Montero von Lil Nas X: in seinem Musikvideo zu MONTERO (CALL ME BY YOUR NAME) (2021) wird die Repräsentationslogik von weißen Schwulen mit der philosophischen Konzeption der „Kugelmenschen" von Platon[21] in Verbindung gesetzt, die als queere Theorie des Abendlandes aufgerufen und in einer imaginären schwul und fluid zusammengesetzten Rezeption einer christlichen Adam- und Eva-Ikonographie zusammengeführt wird.[22] Beim Betrachten des Videos verschwimmen Theorie und Gegenstand und werden innerhalb einer kurzen clipästhetischen Variation zu einer hybriden Aussagelogik zwischen 2000 Jahre alter Philosophiegeschichte und einer heteronormativen, restriktiven christlichen Vorstellungswelt. Es werden demnach Angebote gemacht, noch einmal über die Geschichte wie auch über Kanonisierungsprozesse nachzudenken. Lil Nas X ist schwul, ob die „Kugelmenschen" als erste queere Genderkonzeption betrachtet werden können, wird zumindest in die Diskussion eingebracht.

3 Fluidität und Hybridität im Werk von Sevdaliza

Ein weiteres Beispiel sind die Musikproduktionen der Künstlerin Sevdaliza. Auch sie schließt ihre Arbeit an theoretische Diskurse der Medienkulturwissenschaft an, wenn sie in dem Musikvideo „Human" Posthumanismus, Technologizität und postmoderne Theorie zusammendenkt. Eine „privileged anthropocentric position" wird signalisiert und bezieht dabei „multiplicity, flexibility, and openness of a contemporary notion of humanness that currently seems to be in flux"[23] mit ein. Deutlich wird in ihrem Video:

> in the new millennium, feminist theory might be said to have traveled toward postidentitarian models of inquiry' with a focus on ‚somatic life, affect, time, space, and materiality as organizing principles or concepts.[24]

---

21 Vgl. Platon, Rudolf Rufener: *Symposion: Griechisch-deutsch*. Düsseldorf 2002.
22 Vgl. Kathrin Dreckmann: „Black Queen and King": Iconographies of Self-empowerment, Canon and Pop in the Current Music Video. In: Kathrin Dreckmann, Elfi Vomberg (Hg.): *More than illustrated Music. Aesthetics of Hybrid Media between Pop, Art and Video*. London 2023.
23 Katharina Rost: Human*. Posthumanism and the Destabilizing of Identity Categories in Music Videos. In: Ralf von Appen, Mario Dunkel (Hg.): *(Dis-)Orienting Sounds – Machtkritische Perspektiven auf populäre Musik*. Bielefeld 2019, S. 133–152, hier: S. 133.
24 Nadine Ehlers: Identities. In: Lisa Disch, Mary Hawkesworth (Hg.): *The Oxford Handbook of Feminist Theory*. New York 2015. DOI: 10.1093/oxfordhb/9780199328581.013.18, S. 1.

Auch intersektionale Diskurse, wie sie von Kimberlé Crenshaw formuliert wurden, werden in diesem Video zusammengedacht: „As Cecilia Åsberg has stated, the feminist-inspired posthumanist theory discusses the shifting relationship between the human and the non-human (animal, machine, environment), natures and cultures, the popular and the scientific [...]."[25] Es geht also darum, die Gegenwart des Chthulucene (Donna Haraway) als eine neue, andere Perspektive auf Menschen der Erde (in Beziehung zu anderen, nicht als Herr über die Umwelt) als „de-centering of human beings" zu denken.[26] So heißt es bei Katharina Rost:

> Music videos that can be seen as referring to the topic of posthumanism could therefore be analyzed in their taking part in the negotiation of sociocultural values (for example of biotechnology, genetic engineering, animal rights, sustainability and ecological consciousness) and in the development of a different and more adequate ethics.[27]

Rost bezieht sich selbstverständlich auch auf theoretische Konzepte der Queer-Theoretikerin Sara Ahmed. So beschreibt Rost Ahmeds Theorie in deren Monographie *Orientations Matter* als „orientation matters because the way we perceive the world gives rise to the way that this world appears to us".[28] „Disorientation" ist für sie die „queer moments"[29], es geht ihr darum zu betonen, dass „Humanness" veränderbar ist. Rost legt fest, dass Identitätsmerkmale „such as gender, race, class, ethnicity, and ability, are of major importance"[30] von zentraler Bedeutung sind und Genderarten außerhalb der Kennzeichen sanktioniert wurden.

Wendet man das Konzept des „Posthumanismus" von Rosi Braidotti auf das Video an, wird deutlich, dass Musikvideos in ihrer ganzen hybriden Potentialität fragmentierte Welten abbilden können und damit neue Subjektivitätskonzepte offeriert werden. Das humane Subjekt wird überwunden und damit auch alte Binaritäten verabschiedet: „the posthuman condition is an assumption about the vital, self-organizing and yet non-naturalistic structure of living matter itself."[31] Posthumane Subjekte werden in Musikvideos neu gedacht. So fragt Katharina Rost, ob „[n]ew forms of subjectivity [are] depicted in music videos".[32] Durch die spezifische Subjektästhetik werden Kategorisierungen der Musikvideos mit Blick auf das Hinterfragen der zentralen Position des menschlichen Subjekts (Anthropozän) neu verhandelbar:[33]

---

25 Rost: *Human*. Posthumanism and the Destabilizing of Identity Categories in Music Videos*, S. 134.
26 Rost: *Human*. Posthumanism and the Destabilizing of Identity Categories in Music Videos*, S. 134.
27 Rost: *Human*. Posthumanism and the Destabilizing of Identity Categories in Music Videos*, S. 134.
28 Rost: *Human*. Posthumanism and the Destabilizing of Identity Categories in Music Videos*, S. 135.
29 Sara Ahmed: Orientations: Toward a Queer Phenomenology. In: *GLQ: A Journal of Lesbian and Gay Studies* (12/4) 2006, S. 543–574. Project MUSE muse.jhu.edu/article/202832, hier: S. 544.
30 Rost: *Human*. Posthumanism and the Destabilizing of Identity Categories in Music Videos*, S. 136.
31 Rosi Braidotti: *The Posthuman*. Cambridge 2013, S. 2.
32 Rost: *Human*. Posthumanism and the Destabilizing of Identity Categories in Music Videos*, S. 137.
33 Vgl. Rost: *Human*. Posthumanism and the Destabilizing of Identity Categories in Music Videos*, S. 138.

> [T]his paper is focused on the representation of posthumanism rather than on an aesthetic form or format that manifests itself as posthumanistic, the narrative, the figures and the imagery are at the center of the following thoughts and the following table.³⁴

Bemerkenswert ist, dass Mensch, Natur und Geschlecht hier ästhetisch aufgehoben werden. Verwiesen sei hier auf die Posthumanistinnen Rosi Briadotti und Karen Barad, die beispielsweise Michel Foucaults *Die Ordnung der Dinge* als Kritik des Humanismus und der klassischen philosophischen Anthropologie lesen. In beiden Werken wird deutlich, dass sie die Diskurse des Poststrukturalismus und der Postmoderne, aber auch des Feminismus über die Methode der Dekonstruktion einerseits fortsetzen, aber auch kritisieren.³⁵ Da Poststrukturalismus vorrangig Sprache als Text in den Blick nimmt (Barad) und der Feminismus nach Judith Butler auf den Menschen gerichtet sei, wie auch Briadotti herausstellt,³⁶ sei demnach auch der Poststrukturalismus dem Anthopozentrismus verhaftet und damit nicht in der Lage, die Dualität von Mensch und Natur hinter sich zu lassen. Im kritischen Posthumanismus ist der Mensch dabei im Zentrum der Überlegungen und theoretischen Konzeptionen und als Theorie an dieser Stelle ungeeignet, den Menschen hinter sich zu lassen.³⁷

Auf dieses philosophische Grundproblem haben die postfeministischen Denker*innen Katherine Hayles, Rosi Briadotti und auch Jack Halberstam reagiert und auf die philosophischen Konzepte von Gilles Deleuze und Félix Guattari verwiesen. Um das Dilemma einer noch an den Menschen ausgerichteten feministischen und poststrukturalistischen Theorie zu lösen, führen sie einen neuen Begriff, nämlich den der Liminalität ein und konzipieren ihn neu:³⁸

> This movement indicates that the posthuman individual engages in a type of evolution that ‚produces nothing other than itself' – that is, the connection made between self and other within and across time are always already a part of the posthuman subject, a temporal paradox that elucidates the posthuman being's simultaneous existence in the past, present and the future.³⁹

Zeitlichkeit ist bei Sevdaliza ebenso wie Janelle Monaé ein gewichtiger Aspekt. Die Trennung des Individuums von einer herrschenden Sozialordnung ermöglicht schließlich den Raum einer neuen sozialen Ordnung, in der alles möglich erscheint. Fluidität geht hier mit Liminalität zusammen. Indem sich die soziale Ordnung auf-

---

34 Rost: *Human*. Posthumanism and the Destabilizing of Identity Categories in Music Videos*, S. 138.
35 Vgl. Janina Loh: *Trans- und Posthumanismus zur Einführung*. Hamburg 2018, S. 132 f.
36 Vgl. Rosi Braidotti: *Posthumanismus: Leben jenseits des Menschen*. Frankfurt a. M. 2014, S. 43.
37 Vgl. Dreckmann: „PYNK" beyond forests and thighs: Manifestations of Social Utopia in Current Music Video.
38 Vgl. Kristen Lillvis: *Posthuman Blackness and the Black Female Imagination*. Georgia 2017, S. 3.
39 Lillvis: *Posthuman Blackness and the Black Female Imagination*, S. 3. Vgl. dazu auch Dreckmann: „PYNK" beyond forests and thighs: Manifestations of Social Utopia in Current Music Video.

löst, auch in ästhetischer Hinsicht, sind neue Figurationen des Individuums vorstellbar:

> The videos show or provoke disorientation in manifold ways. For example, it is not always possible to identify the creatures depicted clearly, so the usual schemes of knowing the world and being able to systematize it are unavailable.[40]

Laut Katharina Rost lassen sich Musikvideos in drei Kategorien unterteilen, und zwar die Hybride als Cyborgs, als Androids und Roboter oder als Mischwesen aus diesen Kategorien darstellen. Alle drei zielen auf eine Perspektive, bei der nämlich aus posthumaner Perspektive das Konzept der Intersektionalität auf nichtmenschliche Lebewesen und auf die Dynamik der (mehr oder weniger hierarchischen) Beziehungen zwischen zwei oder mehr Lebewesen und auch zwischen Menschen und der Erde ausgeweitet wird. Damit meint sie eben auch: „with all that belongs to it: animals, organisms, bacteria, minerals, soils, wind, oil, water, etc.)".[41]

Um sich also auf inhaltlicher Ebene den theoretischen Anliegen des Subjektdenkens zuzuwenden, wird im Zusammenhang mit posthumanen Diskursen Fluidität als beschreibendes und analytisches Konzept vorgeschlagen:

> From these observations, we can conclude that these music videos question the traditional understanding of identity, body, and familiarity/ normality as entities, that they show all of these aspects in their fragility and openness and thus participate in the negotiation of a posthuman ethics.[42]

Begriffskonstellationen werden neu gedacht und sind ohnehin jenseits vom teleologischen Geschichtsmodell und einem historischen Konzept von Humanismus zu verstehen: Identität wird dabei im Mainstream-Musikvideo und in diesem Medium als solchem verhandelbar. Rost hebt hervor, dass gerade Judith Butler die theoretische Grundlage bereitet hat, Musikvideos als Kunstwerke zu verstehen, die in der Lage sind, Hierarchien von Beziehungen in Frage zu stellen. Sie argumentiert, dass gerade in „Frames of War" das Leben sich nicht als Leben qualifiziert, oder als „not conceivable as lives within certain epistemological frames".[43] Butler verweist dabei auf eine Verhandelbarkeit von Kategorien wie menschlich oder das, was als „wertvolles Leben" bezeichnet wird oder auf das andere bezogen ist und *ad absurdum* geführt wird und damit die Offenheit der Begriffe demonstriert. Rost fasst es so zusammen:

---

40 Rost: *Human*. Posthumanism and the Destabilizing of Identity Categories in Music Videos*, S. 150.
41 Rost: *Human*. Posthumanism and the Destabilizing of Identity Categories in Music Videos*, S. 150.
42 Rost: *Human*. Posthumanism and the Destabilizing of Identity Categories in Music Videos*, S. 150.
43 Judith Butler: *Frames of War. When Is Life Grievable?* London/New York 2009, S. 1.

These works deal with the fundamental question of what it is that we consider human and what is excluded from this definition and is therefore moved into the sphere of the monstrous, the perverse and the deviant.[44]

Im Rahmen dieser Überlegungen sollen Sevdalizas Videoproduktionen nun etwas präziser beleuchtet werden.

4 Hybride Subjekte im Musikvideo

Es werden in dem Video „Human" von Sevdaliza spezifische Kategorien mit Bezug zum Posthumanismus und dem „de-centering" des menschlichen Subjekts aufgerufen. Im Zentrum einer noblen Pferdevorführhalle wird die Protagonistin als Zentaur dargestellt und tanzt einem auf der Tribüne platzierten männlichen Publikum (eine klassische Position des „male gaze") die Rhythmen des Songs vor. Sie ist leicht bekleidet, so dass auf diese Weise weibliche, sexualisierte Bewegungen thematisiert werden, während sie gleichzeitig objektifiziert und halb als Mensch, halb als Tier gezeigt wird. Auf diese Weise verknüpfen sich ein philosophisches Denken über das Hybride und binäre Kategorien zwischen Natur und Kultur zu einem gendertheoretischen Räsonieren zwischen Mann-Frau, Tier-Mensch, Natur-Kultur. Und schließlich sind es diese Kategorien, die im posthumanistischen Diskurs immer wieder neu debattiert werden und keine feststehenden Entitäten abbilden. Katharina Rost sagt dazu:

> I would argue that the term posthumanism describes a process rather than anything stable. Acknowledging hybridity in this sense means becoming open to unfamiliar forms of dual or plural and unfamiliar identities. Posthuman beings cannot therefore be determined by notions of identity that rely on identity as a stable, continuous, and clear entity.[45]

Hybridität als ästhetische Form und inhaltliche Figuration ermöglicht also auch inhaltlich neue Arten des Darstellens von Identität. Dies hat sicherlich mit der Kürze, aber vor allem der Möglichkeit des intermedialen und innerthematischen Zuschnitts zu tun. Dabei geht es um „Art music videos": „The latter is not surprising, since the topic of posthumanism most often entails an absence of realism and thus the musicians do not appear in the videos as themselves."[46]

Möglicherweise geht es also um eine Utopie oder um eine andere Vorstellungswelt, die möglich macht, wozu andere Formate so pointiert nicht in der Lage sind. Der Schnitt ermöglicht Auslassungen, die neu besetzt werden, und die Verknap-

---

[44] Rost: *Human*. Posthumanism and the Destabilizing of Identity Categories in Music Videos*, S. 150.
[45] Rost: *Human*. Posthumanism and the Destabilizing of Identity Categories in Music Videos*, S. 149.
[46] Rost: *Human*. Posthumanism and the Destabilizing of Identity Categories in Music Videos*, S. 145.

pung selbst ist im fragmentierten Narrativ angelegt. Im Narrativ eines Films können auch Offenheiten und Ambivalenzen formuliert sein. In einem kurzen Clip bleibt die Andeutung immer fragmentarisch und eröffnet einen weiten Interpretationsspielraum: „The videos show or provoke disorientation in manifold ways. For example, it is not always possible to identify the creatures depicted clearly, so the usual schemes of knowing the world and being able to systematize it are unavailable."[47]

Aber nicht nur die Posen-Körper-Interreferenztechniken der Videoclips bilden eine eigene spezifische Videoästhetik aneinander gebundener Inhaltsfragmente. Ob nun in den Musikvideos oder auch in Clipformaten der Videokunst: Bereits Bestehendes wird angeeignet, umgedeutet, gesampelt und zitiert. Der Fundus ist im Wesentlichen zusammengesetzt aus Elementen im Grenzgebiet von Bildender Kunst, Pop, Performance Art, Fotografie und trivialer Unterhaltungskultur, während sich die Videos auf bereits eigene und dadurch auf historisierende Eigenbilder selbstreferentiell beziehen können. Die Clips entstehen als ästhetische Gebilde mit spezifischen (inter-)medialen Gestaltungsprinzipien, unabhängig davon, ob sie als Werbeträger, Kurzfilm oder Kunstwerk eingesetzt werden. Die Vermittlung der Inhalte ist daran angepasst. Kurze Fragmente profilieren die Cliphaftigkeit, aber zugleich bilden sie auch Strukturen inhaltlicher Einzelverweise aus. Erzählt wird postmodern, aber zugleich wird die Zerstückelung der Welt überwunden, da eine neue und offene Geschichte geschildert wird.

Ähnlich verhält es sich im Sevdalizas Video SHAHMARAN (2018): In diesem Video, dessen Titel auf den türkischen Mythos von Shahmaran als Königin der Schlangen verweist, wird auf eine genealogische Mythologie des Queeren rekurriert. Die Legende entstammt der mündlich überlieferten kurdischen Literatur und ist wie folgt überliefert: Shahmaran wird halb als Frau und halb als Schlange dargestellt, ist allwissend und kann die Zukunft vorhersehen. Eines Tages trifft ein junger Mann in ihrer Höhle auf sie und verbringt einige Zeit mit ihr. Er verliebt sich in sie, muss jedoch zu seiner Familie zurückkehren. Shahmaran verabschiedet ihn und hinterlässt ein Erkennungszeichen auf seinem Rücken. Der Sultan erkrankt schwer. Sein Arzt weiß von der heilenden Wirkung des Fleisches der Shahmaran, doch ihr Versteck ist unbekannt. Nur der junge Mann kennt den Ort, an dem sie lebt. Der Arzt des Sultans erfährt von dem jungen Mann mit dem Zeichen der Shahmaran am Körper, der den Weg zu ihr kennt. Daraufhin verlangt er von allen jungen Männern, dass sie öffentlich und nackt baden. So findet er den gesuchten jungen Mann und zwingt ihn, das Versteck der Shahmaran zu verraten. Das Ende der Legende variiert: In manchen Versionen stirbt der Sultan, in anderen der Arzt. Allein der junge Mann überlebt immer und wird von Reue geplagt. In einigen Versionen versucht auch er das Fleisch der Schlange zu essen, um dadurch Selbstmord zu verüben. Aus Liebe überträgt Shahmaran jedoch ihre gesamte Weisheit durch das Fleisch auf den jun-

---

47 Rost: *Human*. Posthumanism and the Destabilizing of Identity Categories in Music Videos*, S. 150.

gen Mann. Auch Shahmaran überlebt nicht in allen Versionen. Gedeutet wird diese Perspektive auf den Mythos von queeren Aktivist*innen als wichtige Persona im Kampf gegen Diskriminierungsformen. „[they] see this mythical creature as embodying their own identity".[48] Weil die geschlechtliche Idenitität der Schlange nicht festgestellt ist, wird sie in der Rezeption als queer identifiziert:

> Appearing at the intersection between human and animal as ‚nonbinary' creatures, such mythical figures are not bound to distinct categories. As a result, members of trans communities in Turkey and elsewhere have embraced al-Buraq and Şahmeran to express their own queer identities.[49]

Gerade auf der Rezipient*innenseite werden queere Perspektiven auf den Mythos bemüht. Es geht also darum, in kurdischer Geschichte Bezüge zu der eigenen Identität herzustellen. Dies wurde auch politisch von Studierenden gesehen und politisch instrumentalisiert, die mit der Figur Shahmaran auf Diskriminierung und Rechte von Frauen hinwiesen.

> The Şahmeran poster that landed several university students under house arrest brings together many tense religious, cultural and political issues in Turkey today. Among other issues, the image of this hybrid figure was used to highlight a lack of freedom for women and discrimination against those who embrace diverse gender identities.[50]

Es handelt sich also sehr wohl um eine Perspektive auf (kurdische) Mythengeschichte, die im Zusammenhang mit fluidem Gender und Identität gedacht werden kann.[51]

In dem Video „Shahmaran" werden vor allem in der fluiden Zusammenschau auch hybride Momente zusammengefügt. Da sie selbst als Shahmaran, also als iranisches Mythenwesen erscheint und sie im „Reich der Toten" Bezug nimmt auf transatlantischen Sklav*innenhandel und afronautische Futurismen,[52] ist es ihr gegeben, nicht nur Frauenperspektiven einzunehmen. Sie spricht auch über schwarze Männlichkeit. Regisseur Adjei beschreibt das Video wie folgt:

---

48 Christiane Gruber: What the mystical figure of Shahmaran in Turkey represents and why activists use it. In: *The Conversation* (2021). https://theconversation.com/what-the-mythical-figure-of-sahmeran-in-turkey-represents-and-why-activists-use-it-155606. (Zugriff: 03. Juli 2022).
49 Gruber: *What the mystical figure of Shahmaran in Turkey represents and why activists use it.*
50 Gruber: *What the mystical figure of Shahmaran in Turkey represents and why activists use it.*
51 Vergleichbar wäre sicherlich die Auseinandersetzung einer queeren Lesart des Platonischen Kugelmenschen.
52 Katrin Köppert: Afro-Feministisches Fabulieren in der GEGENwart – und mit der Höhle. In: Marie-Luise Angerer, Naomie Gramlich (Hg.): *Feministisches Spekulieren. Genealogien, Narrationen, Zeitlichkeiten.* Berlin 2020, S. 220–236, hier: S. 233.

> It's the story of the black man, who continues life in a cycle of oppression. The modern chains on black men today are the aspirations of decadence, power, and success that create a false sense of autonomy and freedom. This leaves them victim of addictions to power and materialism.[53]

Verbindungslinien zwischen Weiblichkeit und Männlichkeit werden offenbar: „Da es sich bei der Odaliske um die Wiederkehr der Figur der Shahmaran handelt, stellt sich jedoch das Programm von Weiblichkeit um. Nicht nur, dass es sich bei Shahmaran um eine mythische Figur handelt, die eine hybride Kreatur aus Frau und Schlange darstellt, sie symbolisiert auch die Kraft der Höhle, die sich im Video unter ihr in Form des schwarzglänzenden Quadrats materialisiert. Im Mythos lebt Shahmaran in der Höhle. Ein aus ihrem Körper zubereiteter Trank kann Leben retten, solange es sich um das erste Wasser aus ihrer Hand handelt. Das zweite ist tödlich. Sie wiederum, die stirbt, um heilbringend sein zu können, pflanzt sich in ihrer Tochter fort und herrscht weiter über das Reich der Schlangen."[54] Es werden hier also auch ein Ausweg und eine Utopie formuliert, ebenso wie feststehende Entitäten miteinander korrespondieren, die in der kurdischen Mythologie gerade nicht als verhandelbar erscheinen.

> Obwohl der Protagonist am Ende verdurstet ist, eröffnet sich mithilfe der Referenz auf den Mythos eine Utopie, die für ihn zwar unerreichbar bleibt, aber aufscheinen lässt, dass sich abseits materialistischer und auch heteronormativer Vorstellungen eine Zukunft eröffnet. So formuliert die Parthenogenese der Shahmaran, also die eingeschlechtliche Fortpflanzung in der Tochter, ein Verwandtschaftsverhältnis, das sich vor der Folie der heteronormativen Reproduktion eher queer ausnimmt und auf den eingangs erwähnten Haraway'schen Slogan ‚Make Kin not Babies' verweist.[55] Insofern dieser die Neuformulierung gesellschaftlicher Prozesse und Verwandtschaftlichkeiten an die Frage eines anderen Umgangs mit Ressourcen knüpft, lässt sich Shahmaran nicht nur als neue Verwandtschaftsverhältnisse generierende Hybridtechnologie verstehen, sondern als Figur des nicht auf Konsum beruhenden Gesellschaftsvertrags.[56]

Bemerkenswert ist in jedem Fall, dass eine Verhandelbarkeit der Begriffe möglich erscheint, was mit Blick auf mythologische Figurationen geschieht. Es ist sehr erstaunlich, dass gerade die Offenheit der Antike und der Rückbezug auf sie in der Clipästhetik des Videos Entitäten reflektieren lassen. Es wird durch die Clipästhetik noch einmal neu angesetzt: Bildzitate lassen Raum, über Genealogie noch einmal neu nachzudenken, und Epistemologie wird reflektiert.

---

53 Katrin Köppert: *Afro-Feministisches Fabulieren in der GEGENwart – und mit der Höhle*, S. 233.
54 Katrin Köppert: *Afro-Feministisches Fabulieren in der GEGENwart – und mit der Höhle*, S. 234.
55 Donna J. Haraway: Anthropocene, Capitalocene, Plantationocene, Chthulucene: Making Kin. In: *Environmental Humanities* 6/1 (2015), S. 159–165. Hier: S. 161. Doi: https://doi.org/10.1215/22011919-3615934 (Zugriff: 01. Juli 2022).
56 Katrin Köppert: *Afro-Feministisches Fabulieren in der GEGENwart – und mit der Höhle*, S. 234.

Hybridität wird hier auf jeden Fall zu einer Frage der Form, die wiederum in ihrer Durchlässigkeit zur Frage des Genres wird. Gleichzeitig werden innerhalb der Clipästhetik Inhalte mit Blick auf kulturgeschichtlich kanonisierte mythologische Referenzen mit neuen Fragen der Identitätspolitik kombiniert. Mit Blick auf Bowie oder Madonna erscheinen solche Perspektiven hybrider eklektizistischer Videoproduktionen nicht neu, auch ist die die Frage nach Geschlechtlichkeit auch bei Madonnas „Vogue" (1990) oder Bowies Produktionen zu seinen Alter Egos Major Tom, Ziggy Stardust oder Aladine Sane immer auch schon in den frühen 1980er Jahren Teil der Auseinandersetzung mit der sozial konstruierten Geschlechtsstereotypen gewesen. Neu an aktuellen Produktionen wie denen von Sevdaliza, The Carters oder Janelle Monaé ist der Umstand, dass Selbstvergewisserungen im Kontext der überlieferten Kulturgeschichte und aktueller Kulturphilosophie vorgenommen werden. Monaé hybridisiert ästhetisch *Tableau vivant*-Sequenzen des 18. Jahrhunderts, Cyber-Punk-Ästhetik der 1980er Jahre und Filmgeschichte der 1920er Jahre, kombiniert diese Praxis aber mit fluid zusammengeführten immer noch im Theoriediskurs aktuell diskutierten postfeministischen Theorien der Gegenwart. Auch Lil Nas X bewegt sich im Gebiet zwischen Theoriegeschichte und Philosophie. Er zitiert in seinem Video „Montero" Platons Kugelmenschen und die christliche Ikonographie einer biblischen Entstehungsgeschichte und besetzt sie neu.[57] „The Carters" bemühen den Kanon der europäischen Kunstgeschichte im Pariser Louvre und interpretieren das Bildkonvolut europäischer Provenienz neu.[58] Europäische Kanonbildungen in Theorie und Praxis aufzugreifen hat eine Tradition im Musikvideo. Das Herbeibemühen türkischer Mythologie bildet bei Sevdaliza einen Grenzfall und ist unmittelbar mit Fluidität verknüpft, die sie als Gender-Kategorie mit der Ästhetik ihrer Videos verbindet. Sevdaliza sagt selbst:

> This is what I find so interesting about discovering music that is from 30 years ago and placing it in a current environment. The context is still so accurate. I think about all the visionaries we know, but I'm always dreaming about the visionaries we will never know.[59]

Fragt man Sevdaliza nach Fluidität, wird deutlich, dass sie Fluidität als geschlechtliche Identitätsfiguration wahrnimmt und dies kritisch betrachtet:

> I never made a target audience to focus on, but I get so many messages from young women, young men, young trans, L.G.B.T.Q.I. – every person, identity, whatever – asking about my fluidity: how I present my body and my work and how I play with different gender identities. A lot

---

[57] Vgl. hierzu: Dreckmann: *Queer Curls, Gender Power and Platon: Eclectic Iconographies of Self-empowerment in Lil Nas X „Montero"*.
[58] Vgl. hierzu: Dreckmann: *„Black Queen and King": Iconographies of Self-empowerment, Canon and Pop in the Current Music Video*.
[59] Ann Binlot: Musician Sevdaliza Escapes Expectations with Curator Beatrix Ruf. In: *Document Journal* (Februar 2018). In: https://www.documentjournal.com/2018/02/musician-sevdaliza-escapes-expectations-with-curator-beatrix-ruf/ (Zugriff: 03. Juli 2022).

of these people tell me that they are surprised that I haven't chosen a stereotype. I'm not saying that people who represent a stereotype aren't that – I think they are – but I feel myself [to be] more fluid. There were periods in my life where I was discriminated against because I had more masculine features. When I used to train, I'd be using heavy weights and I became very muscled. What did people tell me? ‚You look like a man.' Now I'm in a period of my life where I like to wear feminine clothing, and I like to be soft and dance and do yoga. It is difficult for people to accept fluidity in human beings. They want to categorize you and pin you down and tell you what you are.[60]

Fluidität wird hier mit Hybridität und Ästhetik zusammengeführt und ist offenbar auf Produktions- wie auch auf der Rezeptionsseite mit Assoziationen geschlechtlicher Fluidität verknüpft. Aber mehr noch als Gender-Reflektionen tauchen in diesem Video Durchlässigkeiten auf, die anthropologische Konzepte und humanistische Entitäten grundsätzlich in Frage stellen. In dem Video „Human" werden solche Auflösungen deutlich, wenn sie sich als Mensch-Tier-Gestalt wie ein Zentaur auf Hufen in einer noblen Reiterhalle präsentiert. Der „Male-Gaze", mit lechzenden Männern in Szene gesetzt, stellt sich die Frage, ob sie zum Objekt oder zum Tier wird und sich gleichzeitig als Frau inszeniert. Inszenierungen wie in „Everything is Everything" erinnern an KI-Inszenierungen von Björks ALL IS FULL OF LOVE (1999).

5 Hybride Intermedialität

Weitere Beispiele lassen sich finden, die wie Sevdaliza Fluidität mit Mythologie verknüpfen. CELLOPHANE (2019) von FKA Twigs ist ein solches Beispiel. In der Ästhetik des Videos wird vor allem der Ikarus-Mythos in den Vordergrund einer Verschmelzung gerückt, der übrigens auch in „Apeshit" das Werden und Fallen symbolisiert. Die Selbstbezüglichkeit der Protagonistin ist als ein ewiger Kreislauf inszeniert, bis sie in den Schlamm fällt, was ebenso ein wichtiger mythologischer Kontext zwischen Werden und Ordnung ist. Python als Schlange Python wird im Homerischen Hymnos als weiblicher Drachen dargestellt,[61] bei Ovid ist der Python aus fauligem Schlamm[62] und dem übriggebliebenen Schleim der Deukalionischen Flut entstanden und wird von Apollo mit 1000 Pfeilen getötet.[63] In diesem Fall ist der Name nicht Typhon, sondern Delphos („Gebärmutter"). Der Name Typhon wird von dem unter den Strahlen der Sonne verfaulenden „pytesthai" hergeleitet.[64]

---

60 Ann Binlot: *Musician Sevdaliza Escapes Expectations with Curator Beatrix Ruf.*
61 Vgl. Homer: Homeric Hymns 3 To Apollo. In: Martin L. West (Hg.): *Homeric Hymns. Homeric Apocrypha. Lives of Homer.* Loeb Classical Library 496. Cambridge, MA 2003, S. 95–100, V. 300–372.
62 Vgl. Ovid: *Metamorphoses, Volume I, Book 2.* Cambridge, MA 1916, S. 33–35, V. 438–451.
63 Vgl. Homer: *Homeric Hymns 3 To Apollo*, S. 99, V. 355–370.
64 Vgl. Homer: *Homeric Hymns 3 To Apollo*, S. 99–101, V. 361–375.

Die homerische Hymne an Apollon identifiziert ihn mit Echidna. Es geht hier also um das Werden. Denn Schlamm als Gemisch, das zwischen feinkörnigem Feststoff und geringer Flüssigkeitsansammlung Flüssigkeit fein zerteilt, kann die Grundlage für fruchtbares Leben bilden. So formulierte 1908 Raoul Heinrich Francé in *Das Leben der Pflanze*:

> Die großen Geheimnisse der Natur verbergen sich im Unscheinbaren, Unästhetischen, im Schlamm, in der faulenden Infusion, im Mist. Es ist wie eine Mahnung, daran zu denken, was wir eigentlich sind.[65]

Auch steht „Fäulnis" im Zusammenhang mit der griechischen Mythologie, sie ist die Wurzel für den Namen des Orakels, den Beinamen des Gottes und den Titel der Priesterin, der Pythia. Sie verkündet in Delphi das Orakel des Apollon. Als Herkules die Weissagungen des Orakels in Frage stellte und ihm die verlangte Antwort versagt blieb, kam Apollo der Priesterin zur Hilfe. Pythia hat demnach prophetische Fähigkeiten.[66]

In der ältesten Fassung des Mythos, dem Homerischen Hymnos,[67] tötet Apollon einen weiblichen Drachen (δράκαινα), den Hera als Wächter für ihren Sohn Typhaon eingesetzt hatte. Auch hier wird ein Diskurs zwischen Geschlecht, Werden und Aneignung geführt. Ist sie wirklich Priesterin geworden oder ‚nur' Inspiration für die Pythischen Spiele, wonach vor allem Kunst und Muse im Vordergrund standen? Denn der vier Tage alte Apollon tötete den Python aus Rache für die Verfolgung der Mutter. Es heißt, dass nach dieser Tat Apollon zum Andenken Pythons die Pythischen Spiele begründete. Nach Plutarch geht jedoch auch das delphische Fest Septerion auf die Tötung des Python zurück.[68] Apollon soll den Python unter dem Omphalos begraben haben.[69] Die Aussage dieser Szene bleibt ambivalent wie die griechische Mythologie selbst, während die Figur, die aus dem Schlamm geboren wird, Weissagung, Tod, Muse und Fortgang vermittelt. Ob diese Szene auf die griechische Mythologie verweist oder Bezüge zur kurdischen Mythologie aufweist, bleibt offen: Für die Analyse aktueller Musikvideos werden solche Fragenkomplexe nicht mehr als absurd oder assoziativ abgetan werden können. Identität wird in einen Zusammenhang mit Mythologiegeschichte gebracht, ein Fragezusammenhang, der intermediär gewachsen ist und neue theoretische Wege für einen (wie auch immer gearteten) Mainstream eröffnet. Queerness zwischen Kugel-

---

[65] Raoul Heinrich Francé: *Das Leben der Pflanze, Band 3*. Stuttgart 1908, S. 12.
[66] Vgl. Homer: *Homeric Hymns 3 To Apollo*, S. 95–99, V. 300–375.
[67] Vgl. Homer: *Homeric Hymns 3 To Apollo*, S. 99, V. 356–374.
[68] Vgl. Plutarch: *Moralia, Volume IV*. Loeb Classical Library 305. Cambridge, MA 1936, S. 185, V 293c.
[69] Vgl. Marcus T. Varro: *On the Latin Language, Volume I: Books 5–7*. Loeb Classical Library 333. Cambridge, MA 1938, S. 287, V. 17.

mensch, kurdischer Mythologie und Schlamm? Ohne die Exegese der Antike lässt sich nicht auflösen, welche Rolle die in Schlamm geborene Python für die Fortentwicklung und Interpretation mythologischer Gottesgeschichten spielt, was im Fach der Medienkulturgeschichte bislang jedoch unthematisiert geblieben ist.

6 Fazit und Ausblick

Zuletzt stellt sich nun die Frage, inwieweit insbesondere die Gattung des Musikvideos dazu einlädt, solche Mega-Metadiskurse zwischen *Posthuman Studies* und Mythologie-Exegese aufzurufen, so wie es Sevdaliza, The Carters, Janelle Monáe und Lil Nas X durch ihre Musikvideos ermöglicht haben. Das Musikvideo, das sich aus unterschiedlichen Formen, Gattungen und Medien zusammensetzt, ist von seiner Anlage grundsätzlich durch Hybridität gekennzeichnet und ruft nach einer Auseinandersetzung mit den intermediären Verflüssigungen zwischen den Gattungen zwischen unterschiedlichen Medien, indem Medienkunst, Werbeclip und Filmzitate hybridisiert werden. Andererseits werden feststehende Entitäten clipartig nebeneinandergestellt und Assoziationsräume ermöglicht, die in sich geschlossen Debatten berühren, die aktuell in der Medienkulturwissenschaft geführt werden. Das Besondere daran ist, dass ein Diskurs darum in der Tat stattfindet, aber aufgrund der hohen philosophischen Flughöhe und des marketingtechnischen Produktionszusammenhangs nie selbst als Anklage strukturell geführter Debatten wahrgenommen werden wird. Ausschließlich das Künstlerische wird sichtbar. Demnach sind intermediale Bezüge zu anderen Gattungen, Genres und Formaten und ihre gegenseitige Durchdringung Teil des genealogischen Prozesses, ob sie vom Film aus gedacht oder vom Format einer clipästhetischen Verarbeitungsstrategie als durchlässig markiert worden sind. Bemerkenswert ist der neuere Bezug zu Theoriediskursen der Medienkulturwissenschaft, die Videos eines solchen Formats nicht nur wissenschaftlich operationalisierbar machen, sondern sie zugleich zu einem ernstzunehmenden Bestandteil medienkulturwissenschaftlicher Theoriepraxis werden lassen.

Das Musikvideo ist also in der Form genau der Ort, an dem unterschiedliche historische Praktiken und Ästhetiken zusammenlaufen, sich intermedial, intertextuell und theoretisch bedingen und an dem sich zugleich Entitäten auf medienphilosophische Weise hinterfragen lassen. Insofern ist die Gattung des Musikvideos Teil eines post-postmodernen Diskurses, dessen Zitationspraktiken Erzählungen post-postmoderner Erzählpraktiken über Subjektdenken, Kanon und Humanismus ermöglichen.

Literaturverzeichnis

Ahmed, Sara: Orientations: Toward a Queer Phenomenology. In: *GLQ: A Journal of Lesbian and Gay Studies* (12/4) 2006, S. 543–574.

Ahmed, Sara: Orientations Matter. In: Diana H. Coole/Samantha Frost (Hg.): *New Materialisms: Ontology, Agency, and Politics*. Durham/London 2010, S. 234–258.

Åsberg, Cecilia: The Timely Ethics of Posthumanist Gender Studies. In: *Feministische Studien 1* (2013), S. 7–12.

Braidotti, Rosi: *The Posthuman*. Cambridge 2013.

Braidotti, Rosi: *Posthumanismus: Leben jenseits des Menschen*. Frankfurt a. M. 2014.

Butler, Judith: *Frames of War. When Is Life Grievable?* London/New York 2009.

Binlot, Ann: Musician Sevdaliza Escapes Expectations with Curator Beatrix Ruf. In: *Document Journal* (Februar 2018). https://www.documentjournal.com/2018/02/musician-sevdaliza-escapes-expectations-with-curator-beatrix-ruf/ (Zugriff: 03. Juli 2022).

Bódy, Veruschka/Weibel, Peter (Hg.): *Clip, Klapp, Bum. Von der visuellen Musik zum Musikvideo*. Köln 1987.

Daniels, Dieter: Die Einfalt der Vielfalt – Ein fiktives Selbstgespräch. In: Veruschka Bódy/Peter Weibel (Hg.): *Clip, Klapp, Bum. Von der visuellen Musik zum Musikvideo*. Köln 1987.

Douglas, Mary: *Purity and Danger: An Analysis of Concept of Pollution and Taboo*. Routledge 1966.

Dreckmann, Kathrin: „PYNK" beyond forests and thighs: Manifestations of Social Utopia in Current Music Video. In: Kathrin Dreckmann/Christofer Jost (Hg.): *Music Videos and Transculturality: Manifestations of Social Utopia?* Münster 2022 (im Druck).

Dreckmann, Kathrin: Queer Curls, Gender Power and Platon: Eclectic Iconographies of Self-empowerment in Lil Nas X „Montero". In: Bettina Papenburg/Kathrin Dreckmann (Hg.): *Queer Pop*. Berlin 2023 (im Druck).

Dreckmann, Kathrin: „Black Queen and King": Iconographies of Self-empowerment, Canon and Pop in the Current Music Video. In: Kathrin Dreckmann/Elfi Vomberg (Hg.): *Aesthetics of Hybrid Media between Pop, Art and Video*. London 2023.

Ehlers, Nadine: Identities. In: Lisa Disch/Mary Hawkesworth (Hg.): *The Oxford Handbook of Feminist Theory*. New York 2016, S. 346–366.

Fiske, John: MTV: Post-Structural, Post-Modern. In: *Journal of Communication Inquiry* 10 (1), S. 74–79.

Francé, Raoul Heinrich: *Das Leben der Pflanze, Band 3*. Stuttgart 1908.

Freudig, Doris/Arnheim, Katharina: *Lexikon der Biologie: In fünfzehn Bänden, sechster Band*. Heidelberg 2001.

Goodwin, Andrew: From Anarchy to Chromakey. Developments in Music Television. In: ders. (Hg): *Dancing in the Distraction Factory: Music Television and Popular Culture*. Minneapolis 1992, S. 24–48.

Groos, Ulrike/Müller, Markus: *Make It Funky. Crossover zwischen Musik, Pop, Avantgarde und Kunst*. Köln 1998.

Gruber, Christiane: What the Mystical Figure of Shamaran in Turkey Represents and Why Activists Use It. In: *The Conversation* (2021). https://theconversation.com/what-the-mythical-figure-of-sahmeran-in-turkey-represents-and-why-activists-use-it-155606 (Zugriff: 03.07.2022).

Haraway, Donna: *Die Neuerfindung der Natur: Primaten, Cyborgs und Frauen*. Frankfurt 1995.

Haraway, Donna: Anthropocene, Capitalocene, Plantationocene, Chthulucene: Making Kin. In: *Environmental Humanities* 6/1 (2015), S. 159–165. Doi: https://doi.org/10.1215/22011919-3615934 (Zugriff: 01. Juli 2022).

Homer: Homeric Hymns 3 To Apollo. In: Martin L. West (Hg.): *Homeric Hymns. Homeric Apocrypha. Lives of Homer.* Loeb Classical Library 496, https://www.loebclassics.com/view/LCL496/2003/volume.xml. Cambridge 2003.
Kaplan, Ann E.: *Rocking Around the Clock: Music Television, Postmodernism, and Consumer Culture.* New York 1987.
Korsgaard, Mathias Bonde: Music Video Transformed. In: John Richardson/Claudia Gorbman/Carol Vernallis: *The Oxford Handbook of New Audiovisual Aesthetics.* New York 2013.
Köppert, Katrin: Afro-Feministisches Fabulieren in der GEGENwart – und mit der Höhle. In: Marie-Luise Angerer/Naomie Gramlich (Hg.): *Feministisches Spekulieren. Genealogien, Narrationen, Zeitlichkeiten.* Berlin 2020, S. 220–236.
Lillvis, Kristen: *Posthuman Blackness and the Black Female Imagination.* Georgia 2017.
Loh, Janina: *Trans- und Posthumanismus zur Einführung.* Hamburg 2018.
Ovid: *Metamorphoses, Volume I, Book II.* Loeb Classical Library 42, https://www.loebclassics.com/view/ovid-metamorphoses/1916/pb_LCL042.3.xml?rskey=qTzXhQ&result=2, Cambridge, MA 1916.
Platon/Rudolf Rufener: *Symposion: Griechisch-deutsch.* Düsseldorf 2002.
Plutarch: *Moralia, Volume IV.* Loeb Classical Library 305. Cambridge, MA 1936.
Russel, Sanjek: *American Popular Music Business in the 20th Century. The First Four Hundred Years, Volume III: From 1900–1984.* New York 1988.
Rogers, Holly: *Sounding the Gallery: Video and the Rise of Art-Music.* Oxford 2013.
Rogers, Holly: *The Music and Sound of Experimental Film.* Oxford 2017.
Rost, Katharina: Human*. Posthumanism and the Destabilizing of Identity Categories in Music Videos. In: Ralf von Appen/Mario Dunkel (Hg.): *(Dis-)Orienting Sounds – Machtkritische Perspektiven auf populäre Musik.* Bielefeld 2019, S. 133–152.
Schmidt, Axel/Neumann-Braun, Klaus/Autenrieth, Ulla (Hg.): *Viva MTV! reloaded: Musikfernsehen und Videoclips crossmedial.* Baden-Baden 2009.
Stöcker, Friedrich W./Dietrich Gerhard: *Fachlexikon ABC Biologie: Ein alphabetisches Nachschlagwerk.* Frankfurt a. M. 1986.
Varro, Marcus T.: *On the Latin Language, Volume I: Books 5–7.* Loeb Classical Library 333, https://www.loebclassics.com/view/LCL333/1938/volume.xml. Cambridge, MA 1938.
Vernallis, Carol: *Experiencing Music Video.* New York 2004.
Vernallis, Carol: *Unruly Media: YouTube, Music Video, and the New Digital Cinema.* New York 2013.
Weibel, Peter: Von der visuellen Musik zum Musikvideo. In: Veruschka Bódy/Peter Weibel (Hg.): *Clip, Klapp, Bum. Von der visuellen Musik zum Musikvideo.* Köln 1987.
Zielinski, Siegfried: *Zur Geschichte des Videorekorder.* Potsdam 2010.

Audiovisuelle Quellen:

BJÖRK: Full of Love, 2007. *YouTube:* https://www.youtube.com/watch?v=u0cS1FaKPWY (letzter Zugriff: 03. Juli 2022).
FKA twigs: Cellophane, 2019. *YouTube:* https://www.youtube.com/watch?v=YkLjqFpBh84 (letzter Zugriff: 03. Juli 2022).
Lil Nas X: Montero (Call Me by Your Name), 2021. *YouTube:* https://www.youtube.com/watch?v=6swmTBVI83k (letzter Zugriff: 03. Juli 2022).
Madonna: Vogue, 1990. Music Video Available Online. *YouTube:* https://www.youtube.com/watch?v=GuJQSAiODql (letzter Zugriff: 03. Juli 2022).
Sevdaliza: Human, 2016. *YouTube:* https://www.youtube.com/watch?v=9t7SclAXoQw (letzter Zugriff: 03. Juli 2022).

Sevdaliza: SHAHMARAN, 2018. *YouTube:* https://www.youtube.com/watch?v=2uMsLPlPfJo (letzter Zugriff: 03. Juli 2022).
The Carters: APESHIT (OFFICIAL VIDEO), 2018. *YouTube*: https://www.youtube.com/watch?v=kbMqWXnpXcA (letzter Zugriff: 03. Juli 2022).

Songs

Bowie, David (1984): *Jazzin' for Blue Jean*.
Jackson, Michael (1982): *Thriller*.
Jackson, Michael (1995): *Scream*.

Bastian Schramm
Mediale Tieftauchgänge

Die Verflüssigung künstlerischer Produktivität in Klara Hobzas Projekt *Diving Through Europe*

Zusammenfassung: Das Werk der Künstlerin Klara Hobza ist geprägt von einem spielerischen Umgang mit den drei wichtigen Pfeilern, die das System Kunst tragen: dem*der souveränen Künstler*in, dem autonomen, authentischen Kunstwerk und den ausstellenden Institutionen. In diesem Beitrag wird untersucht, wie die Künstlerin insbesondere das Medium YouTube in ihrem auf mehrere Dekaden angelegten Projekt *Diving Through Europe* (seit 2009) produktiv macht, um dabei nicht nur das Konzept künstlerischer Subjektivität und die im System Kunst selbstverständlich vorausgesetzten Subjektivierungsprozesse zu destabilisieren, sondern auch Formen künstlerischer Produktivität allgemein vom souverän schaffenden Subjekt abkoppelt, für eine performative Rezeption öffnet und dabei gleichsam verflüssigt. Das Korpus der Untersuchung wird durch sechs Videos gebildet, die von der Künstlerin auf YouTube hochgeladen wurden und den eigentlichen Kern des Projektes *Diving Through Europe* ausmachen. Sie werden einer Analyse unterzogen und in einen kunstwissenschaftlichen Kontext eingebettet. Dabei werden sie in einen Bezug zum restlichen Werk der Künstlerin sowie dessen Rezeption gesetzt.

Schlüsselwörter: Klara Hobza, YouTube, Digital, Video, Performativität, Performance, zeitgenössische Kunst, Künstler, Autonomie

> Hello, my name is Klara Hobza! I plan to dive through Europe. I'm about to enter here, at the North Sea. [...] So I'd like to enter the river, just there, at the foot of the North Sea. And then I'm gonna dive up the river, until I hit the Rhine river. And I dive up the Rhine rive until I hit the Main river in Mainz in Germany. Then I take the Main river until I hit the Main-Danube-Channel. Then I take the Danube river all the way, all the way, all the way until I hit Constanţa. So this is Diving Through Europe.[1]

Mit diesen lakonisch gesprochenen Sätzen erklärt die Künstlerin Klara Hobza im 2013 auf der Plattform YouTube hochgeladenen Video DIVING THROUGH EUROPE – PART 1: INTRODUCTION (2013)[2] ein geradezu irrwitziges Vorhaben: das Durchtauchen des beinahe gesamten europäischen Kontinents entlang seiner Wasserwege.

---

[1] Klara Hobza: Diving Through Europe – Introduction, TC: 00:00:14
[2] Im Rahmen dieses Beitrages werden die Titel genutzt, die von der Künstlerin für die Publikation auf YouTube verwendet werden. Die Galerie, die Hobza vertritt, gibt auf ihrer Internetseite zum Teil anderslautende Titel an. Dort findet sich auch eine Übersicht aller bisherigen Ausstellungen, in

Abb. 1: Klara Hobza, Diving Through Europe – Introduction, 2013. Videostill.

Im Video ist Hobza vor der Kulisse des Piers zu sehen, der bei Hoek van Holland in die Nordsee führt. Während sie spricht, wird der Pier vom Wasser der Nordsee umbrandet. Die Künstlerin hält dabei die Ausrüstung, mit der sie sich für die Reise gewappnet hat, zum Teil in den Händen; in ihren anderen Teilen ist sie tableau-artig um sie herum angeordnet. Neben dem Taucheranzug mit Brille, den sie am Körper trägt, gehören Pressluftflasche, Schwimmflossen und eine 1,5 Liter umfassende Coca-Cola-Flasche, die mit leuchtend roter Flüssigkeit gefüllt und mit einem Faden am Taucheranzug der Künstlerin befestigt ist, zu den Gegenständen, mit denen sie sich gerüstet hat.

Das Video endet mit dem Aufbruch in Richtung Nordsee. Es ist zu sehen, wie die Künstlerin sich auf das Ende des Piers zubewegt, wo sie nochmals ihre Ausrüstung prüft. Es bildet in dieser Hinsicht den Auftakt des von der Künstlerin skizzierten Vorhabens und ist dabei, wie bereits Stefanie Böttcher in einem Essay zu dem Projekt festgestellt hat,[3] programmatisch: Wasser als das bestimmende Element der Reise ist zu sehen. Unstet drängt es sich ins Bild, stellenweise anscheinend so ge-

---

denen das Projekt oder Teile davon präsentiert wurden. Vgl. https://soycapitan.de/artists/klara-hobza/ (letzter Zugriff: 3. Mai 2022).

3 Vgl. Stefanie Böttcher: Im Tiefenrausch: Europa durchtauchen. In: dies. (Hg.): *Klara Hobza. Early Endeavors.* Berlin 2012, S. 183–186, hier: S. 183.

waltsam, dass mehrere Schnitte nötig sind, um die Botschaft der Künstlerin in Gänze zu zeigen. Bereits jetzt baut sich eine Spannung zwischen dem unbändigen Wasser und der Entschlossenheit der Künstlerin auf, die sich im Mittelpunkt des Videos präsentiert – gut vorbereitet und zweckmäßig ausgestattet. Das Video endet nach einer Abblende auf Schwarz mit einem Cliffhanger: „Coming up next: Part 2: The Great Entry", lässt eine Texteinblendung verlauten.

1 Diving Through YouTube?

Die Künstlerin begleitet ihre Reise, die unter dem Projekttitel *Diving Through Europe* steht und auf eine Dauer von 25 bis 30 Jahren angelegt ist,[4] nicht nur in Videos. Vielmehr kann die Reise als Inspiration für eine ganze Reihe von medialen Materialisierungen verstanden werden, in denen die Künstlerin diese noch vor dem oben beschriebenen Auftakt vorzubereiten und sie dann später zu dokumentieren beginnt. So inszeniert sich die Künstlerin auf einer Fotografie von 2010 – drei Jahre bevor das erste Video auf YouTube hochgeladen wurde – als Kartographin.[5] Der Plan, den sie auf diesem Bild mit Kugelschreiber auf Papier anfertigt, ist ebenso Teil von Ausstellungen geworden wie ausgedruckte bzw. ausbelichtete Videostills, wissenschaftlich anmutende Schaubilder, Bleistiftzeichnungen und verschiedene skulpturale Arbeiten, die in ihrer Materialität Bezug auf den geplanten Tauchgang und dessen Vorbereitung nehmen.[6] Diesen, in ihrer Materialität sehr unterschiedlichen Versatzstücken steht gegenüber, was die Künstlerin als den eigentlichen Kern[7] der Arbeit bezeichnet: Unter dem Nutzerinnennamen *TheHobza* hat sie bisher sechs Videos ihrer Reise auf YouTube hochgeladen.

---

[4] Vgl. Charlotte Hollbach: Tauchgang durch Europa. Klara Hobza über ihre ungewöhnliche Durchquerung des Kontinents. In: *monopol – Magazin für Kunst und Leben* (4. Dezember 2012), https://www.monopol-magazin.de/tauchgang-durch-europa (letzter Zugriff: 20. Mai 2022).
[5] Vgl. Klara Hobza: Diving Through Europe 2010–ca. 2035. In: Stefanie Böttcher (Hg.): *Klara Hobza. Early Endeavors*. Berlin 2012, S. 29.
[6] Die erste große institutionelle Ausstellung der Arbeit *Diving Through Europe* fand 2012 im Künstlerhaus Bremen unter dem Ausstellungstitel *Erste Anzeichen der Schwerelosigkeit* statt. Ein Katalog der gezeigten Arbeiten befindet sich im Anhang der Publikation zur Ausstellung. Vgl. Hobza 2012, 194 f. Zuletzt waren die bisher erschienenen Videos und weitere Arbeiten aus dem Zyklus 2022 in der Kunsthalle Bielefeld unter dem Titel ZUSTAND: DURCHLÄSSIG. Klara Hobza DEM WASSER FOLGEN (Prolog) zu sehen. Vgl. https://www.kunsthalle-bielefeld.de/index.php/ausstellungen/ruckblick/zustand-durchlassigklara-hobzadem-wasser-folgen-prolog29-01-2215-05-22/ (letzter Zugriff: 18. Mai 2022).
[7] Zu dieser Aussage vgl. Kasper Bech Dyg: Klara Hobza On *Diving Through Europe*. In: *Lousiana Channel* (2014), https://channel.louisiana.dk/video/klara-hobza-diving-through-europe, TC: 00:03.05f (letzter Zugriff: 20. Mai 2022).

Gregory Volk hat Hobzas Arbeitsweise mit Bezugnahme auf ihre performative Arbeit *New Millenium Paper Airplane Contest* (2008) auf paradoxe Weise charakterisiert:

> In dieser Arbeit Hobzas steckt ein Element fröhlicher, fast kindlicher Begeisterung: wie ein temperamentvolles Kind, das sich am endlosen Strand vergnügt und dem starken Wind seine Spielzeugflugzeuge entgegenwirft. Doch steckt auch ein Element sachlicher Präzision und eigensinnigen Eifers darin: Hobza versucht wieder und wieder, eine schwierige Herausforderung zu meistern, wie es Generationen von Erfindern vor ihr getan haben.[8]

Volk stellt Hobza gleichzeitig in eine Tradition quasi-wissenschaftlicher Exploration und Innovation, betont jedoch zur gleichen Zeit, dass die Motivation für ihre Arbeiten nicht in erster Linie in einem Drang zur Herstellung von objektiv und intersubjektiv gültigem Wissen zu suchen ist, sondern in einer „fast kindliche[n]" Befähigung zur Selbstaffektion durch die als „endlos"[9] (ebd.) charakterisierte Außenwelt. Diese Beobachtung erscheint angesichts einer Jahrhunderte zurückreichenden Tradition der Abwertung weiblicher künstlerischer Produktion zum Ausdruck einer gegenüber dem Ideal der objektiven Genialität des Mannes minderwertigen Subjektivität[10] zunächst problematisch. Dennoch lässt sie Volk zu einer produktiven Feststellung kommen: Obwohl das Werk Hobzas auch in „Galerien und Museen"[11] ausgestellt werde, sei nicht die Produktion von nachgeordneten Objekten entscheidend für das Verständnis ihres Werkes; stattdessen mache die „komplexe Auseinandersetzung mit der Welt um sie herum"[12] den eigentlichen Kern ihrer künstlerischen Arbeit aus. Damit begründet Volk die Tatsache, dass die Künstlerin besonders häufig „im und am Wasser"[13] sowie in anderen Räumen zu finden sei, die entweder als natürlich und grenzenlos konnotiert erscheinen oder als Rückzug von der allgemeinen Alltagswelt verstanden werden könnten.

Während diese Perspektive für den vorliegenden Beitrag auch für die Untersuchung des Projektes *Diving Through Europe* übernommen werden kann, soll gleichzeitig eine Präzisierung bzw. Erweiterung vorgenommen werden. Dies ist notwendig, da Volks Analyse zwar eine Diskussion des Werks anhand von Themenfeldern ermöglicht, die im Kontext der Kunstwissenschaft geläufig sind (wie z.B. das Verhältnis zwischen Künstlerin, Werk und Rezeption), dabei jedoch nicht das Paradox auflösen kann, dass insbesondere *Diving Through Europe* trotz der oben skizzierten

---

[8] Gregory Volk: Fünf Kapitel für Klara Hobza. In: Stefanie Böttcher (Hg.): *Klara Hobza. Early Endeavors*. Berlin 2012, S. 171–182, hier: S. 172.
[9] Volk: *Fünf Kapitel*, S. 172.
[10] Vgl. Verena Krieger: *Was ist ein Künstler? Genie – Heilsbringer – Antikünstler*. Köln 2007, S. 129.
[11] Volk: *Fünf Kapitel*, S. 174.
[12] Volk: *Fünf Kapitel*, S. 174.
[13] Volk: *Fünf Kapitel*, S. 174.

Diagnose nicht als Live-Ereignis, sondern zweifelsfrei in erster Linie als eine Form medial gespeicherter künstlerischer Produktivität aufzufassen ist.

Der spezifische Medieneinsatz im Werk Hobzas – im Falle von *Diving Through Europe* insbesondere der Plattform YouTube – wurde bisher kaum diskutiert, weshalb dieser Missstand kaum verwundern kann. Von dieser Lücke ausgehend lautet die zentrale Frage, der dieser Beitrag nachspürt, ob sich die Verwendung von YouTube als Medium künstlerischer Produktivität im Kontext von *Diving Through Europe* in dem zuvor skizzierten Modell von explorativer künstlerischer Subjektivität einerseits und deren nachträglicher Repräsentation im Werk andererseits adäquat verorten lässt. Anschließend daran wird die Frage gestellt, ob das YouTube-Video im Kontext der besprochenen Arbeiten nicht vielmehr ein Medium für das von Volk diagnostizierte Primat der prozessualen und „komplexen Auseinandersetzung"[14] mit der Außenwelt darstellt.

Ausgehend von der Aussage, dass es sich bei den auf YouTube hochgeladenen Videos um den eigentlichen Kern des Projektes handele, lässt sich die These aufstellen, dass das im nächsten Video vollzogene Eintauchen in das brandende Wasser der Nordsee nicht nur den Beginn des skizzierten Tauchgangs durch Europa markiert, sondern im übertragenen Sinne auch ein Eintauchen in eine mediale Sphäre darstellt, das es der Künstlerin ermöglicht, ihre künstlerische Subjektivität zu destabilisieren, beziehungsweise gleichsam zu verflüssigen und auf prozessuale Weise produktiv zu machen. Die im Internet verfügbaren Videos wären dabei nicht als nachgeordnete und neutrale Dokumentationen der künstlerischen Performance zu verstehen, die dann im Durchtauchen Europas bestehen würde. Vielmehr soll vermutet werden, dass Hobza YouTube als eines in seiner Materialität den zu durchtauchenden Wassermassen ähnliches Medium gebraucht, von dem sie sich im Vollzug ihres Vorhabens tragen und umspülen lässt. Damit würde das Vorhaben, Europa zu durchtauchen, zur gleichen Zeit auch zu einem Tieftauchgang in die undurchsichtigen Gründe der Plattform, in denen Subjektivität in den Strömungen ästhetischer und struktureller Konventionen produktiv destabilisiert wird und stattdessen eine Form künstlerischer Produktivität etabliert wird, die nicht eine durch das souverän schaffende Künstler*innensubjekt abgesicherte Produktion von dem Schaffensakt distanzierten Kunstwerken zum Ziel hat, sondern ein an Nähe und Erfahrung ausgerichtetes, medial wirksames Environment entstehen lässt.

---

14 Volk: *Fünf Kapitel*, S. 174.

2 Künstlerische Produktion als Ästhetisierung von Subjektivität

In seinem Artikel zum Begriff „Künstler" im Nachschlagewerk Grundbegriffe der Kunstwissenschaft diagnostiziert Arne Karsten für den Kontext der zeitgenössischen Kunst, dass dem objektbasierten Kunstwerk und dessen Marktwert als Endprodukt künstlerischer Produktivität der sinnstiftende Charakter abgehe und an dessen Stelle zunehmend die Persönlichkeit der Künstler*innen getreten sei, „die aufgrund ihrer schöpferischen Potenz und oftmals provozierenden Selbstinszenierung eine Auratisierung erfahren hat".[15]

Diese Diagnose liefert zwar einen wichtigen Hinweis für die Analyse der spezifischen Praxis Hobzas, bei der sich die Künstlerin in den Mittelpunkt der eigenen medialen Inszenierung stellt. Dennoch muss an dieser Stelle darauf hingewiesen werden, dass das Ideal der „schöpferischen Potenz"[16] mindestens seit 1800 vor allem mit den künstlerischen Stereotypen von Innerlichkeit und gesellschaftlicher Isolation in Verbindung gebracht wurde[17] – zwei Punkte, die bei der von Karsten diagnostizierten „Auratisierung"[18] sicher eine wichtige Rolle spielen, die aber auf die Arbeit Hobzas kaum zutreffen können, denn diese sei ja, wenn man den Einschätzungen Gregory Volks folgt, dediziert auf das Außen orientiert.

Hobzas Praxis lässt sich daher augenscheinlich in Anknüpfung an das im 18. Jahrhundert bei Étienne Diderot formulierte Ideal des genialen (in diesem Fall noch explizit männlich verstandenen) Künstlers interpretieren, der als eine äußeren Eindrücken zugewandte Person geschildert wird, die „von allen Dingen Empfindungen erfährt, interessiert ist an allem, was in der Natur existiert, keine Idee bekommt, ohne das in der Seele ein Gefühl erregt wird".[19]

Dem*der Künstler*in kommt in dieser Hinsicht eine beinahe mediale Funktion zu: Er*Sie steht mit der umgebenden Welt in einem intimen epistemologischen Verhältnis und ist andererseits Vermittler*in ebendieser Erkenntnis, die in einem nachgeordneten Schöpfungsakt in eine rezipierbare Werkform überführt wird.

Diese frühe Konzeption künstlerischer Produktion bleibt bis heute anschlussfähig: als Motivation für das ungewöhnliche Projekt rekurriert Hobza tatsächlich auf ihre persönliche Lebenserfahrung. Sie stellt das es als einen Versuch dar, „Europa neu

---

15 Arne Karsten: Künstler. In: Stefan Jordan, Jürgen Müller (Hg.): *Grundbegriffe der Kunstwissenschaft*. Ditzingen 2018, S. 189–193, hier: S. 192.
16 Karsten: *Künstler*, S. 192.
17 Vgl. Krieger: *Künstler*, S. 44.
18 Karsten: *Künstler*, S. 192.
19 Étienne Diderot: *Encyclopédie où dictionnaire raisonné de sciences, des arts et des métiers mis en ordre et publié par Diderot et quant à la partie mathématique par d'Alembert*, Bd. 7. Paris 1757, S. 582–584. Zitiert nach Krieger: *Künstler*, S. 37.

begreifen zu lernen".[20] Laut dem von der Künstlerin in einem Interview und auch in anderen schriftlichen Publikationen entwickelten Erzählmuster unternahm sie nach einem längeren Aufenthalt in den USA eine Zugfahrt von Berlin nach Pilsen – die nebenbei bemerkt einen Besuch bei der eigenen Großmutter zum Ziel hatte und damit auch ganz praktisch eine Reise in die eigene Vergangenheit bedeutete[21] – entlang verschiedener Flüsse. „I started to wonder, how does it look down there, inside that river?", schreibt sie in einem Aufsatz zur Arbeit.[22] Aus dieser zunächst banalen Frage entwickelte sich dann offensichtlich nach und nach ein größeres Interesse, auf Grundlage dessen sie im Nachgang die Route identifizierte, die die Inspiration für den Tauchgang lieferte. Im oben bereits zitierten Interview verweist sie auf das vermeintlich unglaubliche Potential der „kanalisierten, gelenkten Flüsse in Europa und was um die Flüsse herum an Geschichte, Legenden und Kriegen sich ergeben hat"[23] (Hollbach 2012). Diese Geschichten erklärt sie gewissermaßen zu dem, was sie unter der Wasseroberfläche erspähen will. Im Ausstellungskatalog schreibt sie darauf aufbauend:

> Europe's immense density of history, which is a very violent one, the constant push and pull of borders, its myths and legends – I think I stumbled upon a goldmine waiting to be excavated.[24]

In einem Video-Interview erwähnt sie darüber hinaus präzisierend die Vielzahl von historischen Schichten, die sich im Bett europäischer Flüsse überlagerten, womit immer deutlicher wird, dass ihr Projekt nicht nur ein ‚Tauchgang durch Europa' ist, sondern auch als eine quasi-archäologische Untersuchung sedimentierter Geschichte[25] verstanden werden soll. Hobza gibt sich also den Anschein einer Forscherin, die ausgehend von einem zunächst persönlichen Interesse versucht, größere Zusammenhänge in den Blick zu nehmen und diese zu erschließen.

Vor allem in den 2010er Jahren hat sich aufgrund von strukturellen Veränderungen in der Ausbildung von Künstler*innen[26] vor dem Hintergrund von Begriffen wie „künstlerische Forschung" bzw. „artistic research" ein größeres Interesse für eine Engführung von künstlerischen und wissenschaftlichen Erkenntnismethoden herausgebildet. Anke Haarmann sieht dies als einen Beleg dafür, dass auch in der Vergangenheit bereits von einer epistemologischen Funktion der Kunst ausgegangen worden sei, bei der der Erkenntnisgehalt „den Werken innewohnt".[27] Dabei sei jedoch vor allem die „ästhetische Erfahrung der Betrachtenden"[28] in den Mittelpunkt gestellt

---

20 Hollbach: *Tauchgang durch Europa*.
21 Vgl. Hobza: Diving Through Europe, S. 29.
22 Hobza: Diving Through Europe, S. 29
23 Hollbach: *Tauchgang durch Europa*.
24 Hobza: Diving Through Europe, S. 29.
25 Vgl. Bech Dyg: *Klara Hobza*, TC: 00:00.56
26 Vgl. Anke Haarmann: *Artistic Research: eine epistemologische Ästhetik*. Bielefeld 2020, S. 13–14.
27 Haarmann: *Artistic Research*, S. 27.
28 Haarmann: *Artistic Research*, S. 27.

worden und nicht die „ästhetische Praxis des Herausarbeitens":[29] ein Missstand, der dadurch behoben werden könne, künstlerische Praxis als Forschung zu begreifen, um damit den Fokus auf die Praxis künstlerischer Produktivität zu richten.[30]

Ob Hobzas spezifische Herangehensweise als Forschung verstanden werden kann, soll an dieser Stelle nicht entschieden werden, dennoch bildet dieser Zusammenhang eine wichtige Dimension der Frage nach der Bedeutung des Medieneinsatzes, die in diesem Beitrag bearbeitet werden soll.

Es ist möglich, die verschiedenen Texte, Installationen, Fotografien und Zeichnungen unter dem Projekttitel *Diving Through Europe* in Publikationen, Galerien und Museen als Zeugnisse oder Dokumente der vorgeordneten Unternehmungen bzw. zum Teil auch als Re-Inszenierungen zu verstehen, die symbolisch für bestimmte Erfahrungen oder Sachverhalte stehen und deren Rezeption durch ein Publikum als eine Form der Vermittlung von im Werk sedimentierter Erfahrung verstanden werden könnten. Dabei darf jedoch nicht übersehen werden, dass die gezeigten Objekte keine quasi-archäologischen Artefakte darstellen, die von der Künstlerin ‚ausgegraben' und im Stile einer natur- bzw. kulturhistorischen Forschungsmission zurück in die Jetztzeit überführt wurden. Vielmehr erhebt sich die Künstlerin, wie oben bereits beschrieben, zur zentralen Handlungsinstanz des Projektes, das im Video-Untertitel auch als „an endeavor"[31] bezeichnet und dabei in eine Tradition explorativer Unternehmungen durch heldenhafte Entdecker*innen gestellt wird. Die bevorstehende Reise ist dabei in der Tradition autobiographischer Schilderungen über Entdeckungsreisen, wie sie z.B. aus dem Alpinismus bekannt sind,[32] offensichtlich gleichermaßen eine Entdeckungsreise als auch eine Begegnung mit dem Selbst. So bemerkte bereits Stefanie Böttcher, dass das Durchtauchen Europas keinen Reiz für die Künstlerin hätte, wenn der Umsetzung des Projektes nicht auch „die Möglichkeit des Aufgebens oder das Einschlagen von Abwegen"[33] gegenüberstünden. Böttcher beschreibt dies als eine „Mischung aus Zielstrebig- und

---

29 Haarmann: *Artistic Research*, S. 28.
30 Vgl. Haarmann: *Artistic Research*, S. 28.
31 Der Begriff der Unternehmung bzw. des „endeavor" ist im Werk Hobzas häufiger zu finden. Auch eine Publikation anlässlich zweier Ausstellungen im Künstlerhaus Bremen und im Skulpturenmuseum Glaskasten in Marl trägt den Titel *Early Endeavors*. Der Begriff hat in der englischen Sprache eine Konnotation, die auf Entdeckungsreisen im Kontext von See- oder Raumfahrt verweist. So trug das Segelschiff von James Cook den Namen „Endeavour", ein Name der zuvor und danach auch noch für andere Schiffe der Royal Navy vergeben wurde. Auch das Kommandomodul der Apollo 15-Mission der amerikanischen Raumfahrtbehörde NASA trug in Anknüpfung an diese Tradition den Namen „Endeavor" (amerikanische Schreibweise). Vgl. https://www.nasa.gov/mission*pages/apollo/missions/apollo15.html (letzter Zugriff: 19. Mai 2022).
32 Vgl. Michael Ott: Alleingang. Alpinismus und Automedialität. In: Jörg Dünne, Christian Moser (Hg.): *Automedialität. Subjektkonstitution in Schrift, Bild und neuen Medien*. München u.a. 2008, S. 241–259, hier: S. 245–246.
33 Böttcher: *Im Tiefenrausch*, S. 184.

Nachgiebigkeit",[34] die auch als radikale Prozessualität verstanden werden könnte, bei der sich der tatsächliche Verlauf der Reise erst während dieser entspinnt – trotz aller Vorbereitung. Das Tempo der Umsetzung des Unternehmens soll sich laut Hobza entsprechend nicht an von außen gesetzten Kriterien orientieren: „I thought it could go faster, but I wanted to take my time and do it at my own pace, following an artistic rhythm rather than an efficient one".[35] Hier wird deutlich, dass gerade der Fokus auf das eigene Tempo und die eigene Erfahrung die Reise zu einer künstlerischen Beschäftigung und weniger zu einer Forschungsarbeit macht, die an der Produktion von objektivierbarem Wissen interessiert wäre.

Der zentrale Schwerpunkt aller Arbeiten liegt daher auf der körperlichen Selbstwahrnehmung der Künstlerin während der Vorbereitung und des Vollzuges der selbst gestellten Aufgabe. So verweist die Arbeit *Hypoxic Training* (2011), die aus einer Schaumstoff-Schwimmhilfe besteht, die in verschieden lange Streifen geschnitten wurde, auf die zunehmende Lungenkapazität der Künstlerin während der Vorbereitung auf die Aufgabe. Die Arbeit *Von Köln nach Bonn* (2011), bestehend aus einem pyramidalen Turm von 19 Pressluftflaschen, verweist auf die Menge an Sauerstoff, die die Künstlerin voraussichtlich für den zwischen Köln und Bonn liegenden Abschnitt ihrer Reise benötigen wird.[36]

Diese Arbeiten fügen sich dabei problemlos in die vorrangig auf der Präsentation von Objekten beruhenden Logik des Systems Kunst ein. Mit dem oben und in Anlehnung an die Ausführungen Anke Haarmanns herausgearbeiteten, als traditionelle Auffassung künstlerischer Erfahrungsvermittlung charakterisierten Verhältnis, bei dem die Künstlerin als Vermittlerin der Erfahrung vom Akt der Rezeption ferngehalten wird, lassen sich die Arbeiten durchweg als Formen abgelagerter Selbsterfahrung verstehen, die dann in Objekten materialisiert und als scheinbar autonome Gegenstände in die Obhut des Galerieraums überführt wurden. In ihnen lassen sich die von der Begegnung mit dem Element Wasser ergebenden Herausforderungen nachvollziehen. Die dabei vermittelten Erfahrungen sind jedoch bereits mehrfach von dem performativen Akt des Tauchgangs, beziehungsweise der Vorbereitung darauf entfernt. Ihrer Entstehung geht zunächst ein künstlerischer Reflexionsprozess voraus, und auch in der Rezeption bilden sich eine Meinung oder ein Verhältnis zur Arbeit erst in der erneuten Reflexion der gemachten Erfahrung im Prozess der Rezeption.

Doch wie bereits zuvor ausgeführt wurde, lässt sich das Projekt Hobzas nicht nur in Gestalt der nachgeordneten Objekte nachvollziehen. Den Kern der Arbeit stellen vielmehr die auf YouTube hochgeladenen Videos dar, die daher nun genauer in den Blick genommen werden sollen.

---

34 Böttcher: *Im Tiefenrausch*, S. 184.
35 Hobza: DIVING THROUGH EUROPE, S. 42–45.
36 Hobza: DIVING THROUGH EUROPE, S. 42–45.

3 „Broadcast Yourself" – Subjektivierungsmaschine YouTube

Die Auswahl der Plattform YouTube als alternativer Verbreitungsweg für die Videos aus dem Kontext von *Diving Through Europe* scheint – dieser Eindruck drängt sich bereits mit dem ersten Video auf – eng mit einer Logik der Selbstdarstellung verbunden, die die Plattform mit dem Slogan „Broadcast Yourself" bis 2010 zu ihrem Firmenmotto erklärte.[37]

Dieser schreiben Kathrin Peters und Andrea Seier ein natürliches Potential für „media-based self-referentiality"[38] zu. Die in diesem Kontext stattfindenden Prozesse der Selbstmediation seien dabei nicht nur eng verbunden mit der Entstehung von Subjektivität, sondern vielmehr eine Vorbedingung für diese. Die spezifischen, sich im Medium YouTube herausbildenden Subjektivitäten seien daher auf das Engste mit den Konventionen des Mediums verschränkt.

Medienpraxis auf YouTube lässt sich vor diesem Hintergrund am ehesten als eine Form der automedialen Praxis deuten. Dagegen war mit dem Begriff der Autobiographie in der Vergangenheit zumeist ein instrumentales Medienverständnis verbunden, nach dem u. a. die Schrift als Medium als „ein bloßes Werkzeug für die Darstellung des eigenen bios" zu interpretieren ist.[39] Mit der Verwendung des Begriffes der Automedialität soll laut Christian Moser und Jörg Dünne der Tatsache Rechnung getragen werden, dass ein medialer Bezug zum Selbst, seiner Handlungsmacht und seiner Geschichte als „konstitutives Zusammenspiel von medialem Dispositiv, subjektiver Reflexion und praktischer Selbstbearbeitung"[40] zu verstehen ist. Medialer Selbstbezug ist in dieser Hinsicht nicht als eine Nacherzählung vorgängiger Ereignisse zu verstehen, vielmehr konstituiert sich das referenzierte Subjekt der Erzählung erst im Prozess der medialen Einschreibung.

Am Beispiel von Tanzvideos haben Kathrin Peters und Andrea Seier gezeigt, inwiefern sich die Handlungsmacht des handelnden Selbst auf YouTube in der Interaktion von eigener Performance, dem Videobild, den inneren Funktionslogiken der

---

[37] Im Rahmen einer Überarbeitung des Corporate-Designs wurde der Slogan 2010 von seiner prominenten Position auf der Startseite von *YouTube* entfernt, vgl. Harry McCracken: YouTube Gets a Makeover. In: *PC World* (21. Januar 2010), www.pcworld.com/article/187403/youtube*gets*a*makeover.html. Archiviert unter: https://web.archive.org/web/20180607044539/https://www.pcworld.com/article/187403/youtube*gets*a*makeover.html (letzter Zugriff: 20. Mai 2022).
[38] Vgl. Kathrin Peters, Andrea Seier: Home Dance: Mediacy and Aesthetics of the Self on YouTube. In: Pelle Snickars, Patrick Vonderau (Hg.): *The YouTube Reader*. Stockholm 2009, S. 187–203, hier: S. 187.
[39] Christian Moser, Jörg Dünne: Allgemeine Einleitung. Automedialität. In: Jörg Dünne, Christian Moser (Hg.): *Automedialität. Subjektkonstitution in Schrift, Bild und neuen Medien*. München u. a. 2008, S. 7–18, hier: S. 11.
[40] Moser, Dünne: *Automedialität*, S. 13.

Plattform sowie Bildern von bereits existierenden Performances herausbildet und darüber hinaus plurale Selbst-Referenzen erzeugt und multipliziert, die in ein (pop-) und medienkulturelles Archiv zurückfließen.[41] Plattformen wie YouTube lassen sich damit zum einen als am Individuum ausgerichtete Subjektivierungsmaschinen begreifen, die durch ihre referenzielle Matrix die Vermittlung hochgradig ausdifferenzierter Selbstbilder ermöglichen. Zum anderen verliert das einzelne Video als quasi-materieller Träger solcher Subjektivierungsprozesse durch den lebendigen und netzwerkartigen Charakter derartiger Webarchive stark an Bedeutung. Videos existieren auf YouTube kaum im Singular, sie sind zum Beispiel als Teile von Reihen, als Vlogs oder als Reaktionsvideos als plural, hochgradig referenziell und volatil zu begreifen.

Robert Sweeny charakterisiert die daraus entstehende Form der Identität im Internet passenderweise als „networked identity",[42] die in ihrer charakteristischen Beschaffenheit nicht von ihrer Entstehung im Kontext von sozialen Medien getrennt werden könne, da die vernetzte Relationalität der Plattformen diese Form der Identität erst ermögliche. Besonders interessant ist die Tatsache, dass er diese Entwicklung insbesondere für den Zusammenhang des Systems Kunst produktiv macht. Dabei weist er darauf hin, dass soziale Medien durch ihre Funktionsweise Selbstverständlichkeiten, wie „the authenticity of the art object, the authorship of the artist and the authority of the museum/gallery system",[43] in Frage stellten. Eine solche Infragestellung lässt sich im Wesentlichen auf die wichtige Rolle der Individualität und Persönlichkeit der Künstler*innen-Figur für das System der zeitgenössischen Kunst und die Generierung von symbolischem und materiellem Kapital zurückführen, die weiter oben bereits mit Verweis auf die Diagnose von Arne Karsten festgestellt wurde.

Dass das System Kunst mitsamt seiner Institutionen die Infragestellung dieser tradierten Kategorien nicht unbedingt begrüßt, führte Geert Lovink und Sabine Niederer 2020 zu der Feststellung, es existiere ein Schisma zwischen „art-that-makes-it-into-the-museum" und „mainstream online video culture".[44] Auch nach über einem Jahrzehnt der Koexistenz sei es nicht gelungen, den „potentially revolutionary shift in the production and distribution",[45] den Plattformen wie YouTube möglich machten, für den Kontext der Videokunst nutzbar zu machen – deren Öffnung für das neue Medium habe nicht stattgefunden. Vielmehr sei eine streng bewachte Grenze zwischen den beiden Welten entstanden: auf der einen Seite die

---

41 Vgl. Peters, Seier: *Home Dance*, S. 201.
42 Robert W. Sweeny: There's No 'I' in YouTube: Social Media, Networked Identity and Art Education. In: *International Journal of Education through Art* 5 (2 und 3), S. 201–212, hier: S. 202.
43 Sweeny: *There is no I*, S. 201.
44 Geert Lovink, Sabine Niederer: Video Vortex and the Promise of Online Video Art. In: Geert Lovink, Andreas Treske: *Video Vortex Reader III: Inside the YouTube Decade*. Amsterdam 2020, S. 19–29, hier: S. 21.
45 Lovink, Niederer: *Video Vortex*, S. 21.

Hochkultur, das Galeriewesen und Künstler*innen, auf der anderen Seite Unterhaltungskultur, der Browser und die restliche Menschheit.[46]

Eine solche Grenzziehung kann kaum verwundern, ist doch die Autonomie des Systems Kunst trotz aller Versuche zur Herbeiführung einer Einheit von Kunst und Leben einer der wichtigsten Faktoren bei der differenzvermittelten Selbstabsicherung gegenüber der alltäglichen Lebenswelt. Gerade für den von Geert Lovink und Sabine Nieder aufgerufenen Kontext der Videokunst ist dies ein Konfliktfeld, das sich seit dem Aufkommen von Video im Kunstkontext in den 1960er Jahren aufgetan hat.

Aus einer späteren Perspektive lässt sich feststellen, dass ab Mitte der 1960er Jahre ein regelrechter Video-Hype stattgefunden hat und Video bis spätestens Ende der 1970er Jahre „in der Kunstszene und auf dem Kunstmarkt mit all seinen hegemonialen Institutionen und Medien"[47] integriert wurde.[48] Dafür war es jedoch zwingend notwendig, Video aktiv vom massenmedialen Fernsehen abzukoppeln und in den Kontext der Kunst zu überführen und abzugrenzen.[49]

Bis auf Ausnahmen haben eine Rezeption von Videokunst im Fernsehen und damit eine Annäherung an den Alltag oder eine Medienkritik im Medium trotz der technischen Nähe von Video und Fernsehen nicht stattgefunden. Videokunst war vor allem dort erfolgreich, wo sie es ermöglicht hat, Prozessualität und Performativität von Kunstformen wie Happening und Performance, die eigentlich als Protest gegen den Warencharakter von Kunstwerken im Kunstmarkt entstanden sind, „heim in den Warenkosmos des Kunstmarktes und die Dauerhaftigkeit der Kunst"[50] (Grasskamp 2010, 61) zu holen, wie es Walter Grasskamp 1979 formulierte.[51]

---

46 Lovink, Niederer: *Video Vortex*, S. 21.
47 Karin Bruns, Claudia Richarz: Elektronische Einschreibungen auf dem Körper – neue Medien und elektronische Kunst: und Frauen! In: Slavko Kacunko (Hg.): *Theorien der Videokunst. Theoretikerinnen 1988–2003*. Berlin 2018. S. 127–150, hier: S. 134.
48 Mit dem 1990 erstmals erschienenen Text „Elektronische Einschreibungen auf dem Körper – neue Medien und elektronische Kunst:und Frauen!" lässt sich feststellen, dass genau dieser Prozess, in dessen Verlauf ein Platz für das Medium Video im System Kunst etabliert wurde, dazu führte, dass eine große Zahl von weiblichen Künstler*innen die Möglichkeiten des Mediums Video für sich entdecken konnte, weil es durch die Instabilität seines Dispositivs noch nicht als von Männern dominiert empfunden wurde und es damit möglich erschien, spezifisch weibliche Ausdrucksformen zu etablieren; vgl. Bruns, Richarz: *Elektronische Einschreibungen*, S. 134–137.
49 Der Gedanke einer solchen Rekontextualisierung wurde in der Frühzeit von Video häufig debattiert. So warnte Willi Bongard noch 1977 in einem Beitrag zur Zeitschrift *art aktuell*, dass „der Versuch, dieses Medium unabhängig vom Fernsehen im Kunstkontext zu verselbstständigen und im Galeriebereich zu etablieren, wahrscheinlich als gescheitert angesehen werden muß", zitiert nach Christoph Blase: Vergessene Videos und vergessene Apparate. In: ders., Peter Weibel: *Record Again! 4jahrevideokunst.de Teil 2*. Ostfildern 2010, S. 16–32, hier: S. 16–17.
50 Walter Grasskamp: Video in Kunst und Leben – Teil 1 [1979]. In: Christoph Blase, Peter Weibel (Hg.): *Record Again! 40jahrevideokunst.de Teil 2*. Ostfildern 2010, S. 60–67, hier: S. 61.
51 Video führte darüber hinaus vielmehr zu einer erneuten Spaltung zwischen politischem, am Alltag ausgerichteten Engagement und dem System Kunst: Denn in Abgrenzung zum Kunstbetrieb

Die Nutzbarkeit von neuen Medien im Kunstkontext ist, so lässt sich schlussfolgern, eng mit der Tatsache verknüpft, dass das System Kunst bis heute erstens nicht ohne eine strukturelle Abgrenzung zur Alltagswahrnehmung und zweitens ohne ausstellbare Objekte als nachgeordnete Produkte künstlerischer Subjektivität nicht denkbar ist. Selbst performative Arbeiten müssen in irgendeiner Form materiell abgesichert werden, um zirkulierbar zu werden und dauerhaft rezipierbar zu bleiben.

Die Möglichkeit einer direkten Sendung des Selbst, wie es der Slogan „Broadcast Yourself" (s.o.) in Bezug auf YouTube verspricht, klingt mit Rückbezug auf die von Arne Karsten festgestellte zunehmende Auratisierung der Person des*der Künstler*in eigentlich als ideale Voraussetzung, um im Kontext der zeitgenössischen Kunst zu reüssieren. Dass ein breiter Einsatz bisher nicht stattgefunden hat, lässt sich mit Blick auf das oben Ausgeführte vor allem darauf zurückführen, dass die funktionelle Logik von YouTube zwar die Persönlichkeit ihrer Nutzer*innen als zentrale diskursregulierende Instanzen in den Mittelpunkt stellt, dies jedoch auf Kosten der Identität und Abgrenzbarkeit des Einzelvideos als vermarktbares Kunstwerk geschieht. Dessen Individualität wird durch die referenzielle Verweislogik des Netzwerkes abgeschwächt. Ein YouTube-Video aus dem Kontext der Plattform in den Galerieraum zu überführen bedeutet, es auf künstliche Weise seinem angestammten Platz im Gesamtorganismus des Netzwerkes zu entreißen und es gleichsam trocken zu legen.

Dabei geht auch die besondere Rezeptionssituation der sozialen Medien verloren: Während eine Arbeit im Galeriekontext sich automatisch eher an eine breite Öffentlichkeit richtet, Aspekte des Raumes einbezieht[52] und eine gemeinsame Rezeption ermöglicht, ist die Ansprache auf YouTube eine dediziert private. Auf dem heimischen Computerbildschirm, dem Tablet oder Smartphone laufen neben konventionellen Formaten wie Videotagebüchern und Vlogs speziell auf dieses Verhältnis der Nähe abgestimmte Formate wie ASMR-Videos, die nicht nur der Kommunikation von Informationen dienen, sondern direkt auf die Evokation körperlich spürbarer Effekte beim virtuellen Gegenüber abzielen und dieses dabei auch direkt als vereinzeltes Individuum vor dem Bildschirm ansprechen.

Solche Formen bilden dabei keine singulären Phänomene, sondern sind am ehesten als Endpunkte auf einer kontinuierlichen Skala medialer Intimität zu verstehen, deren anderes Ende wahrscheinlich die ideologische Objektivität dokumentarischer Formate darstellt. Es kann also konstatiert werden, dass YouTube und

---

konstituierte sich ab den 1970er Jahren vor allem in Westdeutschland in Form von Videoinitiativen eine emanzipatorische Bürger*innenbewegung, die das Konzept eines „Nahsehens" gegen das hegemonial wahrgenommene Fernsehen setzte, vgl. Grasskamp: *Video in Kunst und Leben*, S. 60–61.

52 Eine wichtige Debatte, die sich aus dem Einzug von Video in museale Räume ergab, war die Frage, inwiefern das Video selbst oder auch die installative Anordnung im Kunstraum Teil der künstlerischen Arbeit sind. Vgl. Katharina Ammann: *Video Ausstellen. Potenziale der Präsentation*. Bern 2009.

vergleichbare Plattformen für die Rezeption einen Modus großer Nähe etablieren, der sich dann nicht zuletzt auch in der technischen Umsetzung spiegelt. Neben dem bewussten Einsatz von besonders empfindlichen Mikrofonen bzw. besonders großen Verstärkungsfaktoren bei der Umsetzung von ASMR-Videos ist der Einsatz von Action-Camcordern, zum Beispiel von der Marke *GoPro*, ein besonders augenfälliges technisches Mittel, um eine möglichst große Nähe zum Geschehen und zum zentral gesetzten Selbst der YouTuber*innen zu ermöglichen. Damit wird es auch möglich, YouTube als eine Rezeptionsanordnung zu verstehen, die auf die Entstehung möglichst großer Intimität ausgerichtet ist. Der soziale Aspekt, der durch die Option zum Kommentar und zur Affirmation („Like") gegeben ist, wird besonders im Fall von YouTube durch die Intensität der sinnlichen Erfahrung oft deutlich zurückgedrängt.

Wenn die auf YouTube hochgeladenen Videos als eigentlicher Kern des Projektes *Diving Through Europe* zu verstehen sind, stellt sich die Frage, welche Funktion den oben besprochenen Objekten, Zeichnungen, Fotografien und Videostills zukommt, die bereits in vielen Ausstellungen gezeigt wurden. Sie lässt sich am besten in ihrer Umkehrung beantworten: indem man sich den auf YouTube hochgeladenen Videos zuwendet.

4 Wasser marsch! – Die Flutung des Mediums als künstlerische Strategie

„This is totally ridiculous"[53], beschwert sich eine nasale Stimme, die von irgendwo kommt, während pixelige Meeresgischt gegen die Kameralinse brandet und sich gleich mit großer Kraft wieder zurückzieht. Dabei wird von ihr auch die mit roter Flüssigkeit gefüllte Coca-Cola-Flasche mitgerissen, die oben bereits erwähnt wurde. Der an ihr befestigte Faden scheint irgendwo hinter der Kamera befestigt zu sein und damit in gerader Linie gleichzeitig auf die Betrachtenden vor dem Bildschirm zu zeigen, als auch in das mit der Kamera identische künstlerische Subjekt zurückzuführen, das uns vor dem Bildschirm diese dramatische Perspektive ermöglicht. Damit wird bereits der bestimmende Modus der Videos aus dem Projekt *Diving Through Europe* deutlich: die Verknüpfung von sinnlicher und medialer Immersion durch das Zusammenspiel von Medientechnik und Außenwelt.

Zwei Einstellungen später ist dann Klara Hobza in Tauchausrüstung zu sehen. Ihre Stimme ist zunächst aus dem Off zu hören, aber nun deutlich entschiedener: „But now we are confident, well, I am confident, that I can start my Diving Through Europe, finally."[54] Es sind vorbeifahrende Schiffe zu sehen. Die zweite Hälfte des

---

53 Klara Hobza: Diving Through Europe – Part 2, TC: 00:00:42.
54 Klara Hobza: Diving Through Europe – Part 2, TC: 00:00:54.

Satzes spricht die Künstlerin in die Kamera, während sich im Hintergrund hartes Sonnenlicht auf der Wasseroberfläche bricht und tanzt. Dann ist sie wieder im Wasser zu sehen, Wellen rollen auf sie zu. Schon bald wechseln sich die Außenaufnahmen, die von der Kaimauer aus gefilmt sind, mit Aufnahmen ab, die offensichtlich mit einer Action-Kamera gefilmt werden, die – wie wir nun wissen – am Kopf der Künstlerin befestigt ist. Unser gemeinsamer Blick gleitet zunächst unter die Wasseroberfläche, dann über den schlammigen Bodengrund. Schmutz wird aufgewirbelt. Geräusche von aufsteigenden Luftblasen kommen hinzu. Dann wieder eine Aufnahme vom Hafenbecken, langsame elektronische Musik vermischt sich mit den Wind- und Wassergeräuschen. Dann wieder ein Schnitt zurück in die Ego-Perspektive: Hände greifen in den Bodengrund, untersuchen diesen.

Abb. 2: Klara Hobza: DIVING THROUGH EUROPE – PART 2: THE GREAT ENTRY, 2013. Videostills.

In einem Beitrag über die technischen Bedingungen von YouTube schreibt Sean Cubitt, dass bei der Einteilung von YouTube-Videos in gute oder schlechte die Inhalte kaum eine Rolle spielten: Im Internet fänden sich selbst für Themen, die extremen Nischen angehörten, noch immer Interessent*innen. Was ein Video schlecht mache, sei jedoch viel einfacher zu bestimmen: „Slow download. Too much fuzz in the image or the soundtrack. Stutter. Technical qualities are what make a bad video. Things that go wrong, like using a pine green title on a black background".[55] YouTube-Videos müssen, um gut zu sein, also bestimmten technischen Qualitätsstandards und damit auch den Konventionen von Sichtbarkeit und Klarheit entsprechen.

Während Hobza, wie oben festgestellt, vor Beginn der Reise ein Interesse an der in den Flüssen sedimentierten Geschichte Europas formuliert hatte und sich die Assoziation einer Entdeckungsreise aufdrängte, wird bei einer Sichtung des zweiten Videos der Reihe recht schnell deutlich, dass das Entdecken im Sinne eines an der Kategorie der Sichtbarkeit orientierten Enthüllens historischer Zeugnisse zunächst auf die lange Bank geschoben werden sollte – denn offensichtlich ist unter Wasser kaum etwas zu sehen. Bei den Aufnahmen, die den eigentlichen Tauchgang durch

---

[55] Sean Cubitt: Codecs and Capability. In: Geert Lovink, Sabine Niederer (Hg.): *Video Vortex Reader. Responses to Youtube*. Amsterdam 2008, S. 45–52, hier: S. 45.

die Untiefen des Hafenbeckens zeigen, erscheint das gesamte Bild zwischenzeitlich in Grün-, dann in Gelb-, Braun- und Ockertönen, und im trüben, zum Teil schlammigen Wasser sind höchstens grobe Formen auszumachen, die an der Kamera vorbeigleiten. In den Aufnahmen vom Hafenbecken ist zunächst noch die mit roter Flüssigkeit gefüllte Flasche an der Wasseroberfläche zu sehen. In der nächsten Einstellung sucht die Kamera in einem Schwenk neugierig das Hafenbecken ab – von der Taucherin ist nichts mehr zu sehen, sie scheint bereits aus dem Blickfeld geschwommen zu sein, untergetaucht, verschwunden. Wieder wird die eigene Erwartungshaltung durch einen Cliffhanger auf die Probe gestellt, so heißt es am Ende: „Coming up next: Part 3: Europoort". Abblende auf Schwarz.

Dass durch seinen Titel bereits eine Katastrophe verheißende Video DIVING THROUGH EUROPE – CHAPTER 4: DER TOTALE HORROR (2015) kommt zwar ohne die sprachliche Darstellung einer solchen aus, kann aber durchaus als videographisches Zeugnis gelesen werden. Zu Beginn des Videos wird Hobza mit einer Karte vor dem Hintergrund einer breiten Wasserstraße und einem Hafen gezeigt, dieser wird kurz darauf durch einen Fingerzeig auf einer in Nahaufnahme gefilmten Karte als Hafen von Rotterdam verifiziert. Hobza scheint ihr Ziel zunächst zu beobachten, bevor sie dann wiederum in voller Tauchmontur in das Hafenbecken eintaucht. Auch diesmal ist unter Wasser nicht viel zu sehen, die Sicht ist außerordentlich schlecht. Hin und wieder ragt die Hand der Künstlerin in das Bild, ohne diese würde jeder Sinn von Maßstab verloren gehen. Die Farbe des Bildes bietet eine grobe Orientierung über die Tiefe und Bewegungsrichtung. Wenn Hobza aufwärts taucht, entsteht ein Farbverlauf von hell nach dunkel, taucht sie abwärts, kräuseln sich nach oben steigende Luftblasen vor der Kamera. In einem langsamen Rhythmus wechselt die Künstlerin zwischen Phasen des Auf- und Abtauchens. Dann kommt es plötzlich zu einem Bruch: Die Künstlerin taucht aus dem Wasser, der bewölkte Himmel wird kurz sichtbar, laute Rufe ertönen. Dass etwas Unvorhergesehenes passiert ist, lässt sich nur erahnen. Jemand ruft laut ihren Namen, scheinbar um sie zu warnen. Die Panik der Künstlerin ist dann fast körperlich spürbar, vermittelt sich aber ausschließlich über das Zusammenspiel von Farben, der Bewegung unter Wasser sowie den Geräuschen und der Musik, die wie ein organischer Puls anmutet.

Ausgehend von der Norm optimaler Sichtbarkeit sind diese Bilder sicher schlecht. Doch gerade in der Suspendierung des optischen Sinns und in der Negierung der bereits etymologisch im Begriff „Video" (video = lat. „ich sehe") angelegten Programmatik des Mediums steckt hier eine Öffnung, die sehr viel mit der durch den genutzten Action-Camcorder bedingten Ego-Perspektive des Videos zu tun hat. Während eine voyeuristische Projektion des Blickes in das Außen in den Momenten extrem schlechter Sicht unmöglich wird, entsteht eine selbst mit Bezug auf die Konventionen von YouTube extreme Intimität, in der sich die Sicht der Künstlerin und diejenige der Rezipient*innen gleichsam übereinanderlegen. Unter Metern von Wasser, tief in dem kalten und trüben Medium des Tauchgangs, wird das Videobild zu einem direkten Effekt des Eintauchens, und untergründige Verbindungen tun sich auf. Bild und Ton werden zu einem Kanal für eine äußerst heterogene, fast haptische Erfahrung, in der sich die eigene Betrachter*innenposition mit der der Künstlerin, deren Atem und Bewegungen unter Wasser über den akustischen Kanal zu hören sind, zu doppeln scheint. In Anlehnung an Laura Marks lässt sich vermuten, dass diese Art der Nutzung des Mediums Video auf eine haptische Rezeption abzielt, da sie nicht auf optische Distanzierung aus ist, sondern auf die Vermittlung eines heterogenen Zusammenspiels verschiedener Sinneswahrnehmungen.[56]

In dieser Hinsicht lassen sich dieses und andere Videos aus der Reihe nicht als ein aus der Erfahrung der Künstlerin abgeleitetes und dann durch einen materiellen Reflexionsprozess distanziertes Kunstobjekt verstehen. Vielmehr aktualisiert es bei jedem Rezeptionsvorgang wieder die Momente des Durchtauchens, des Versagens der visuellen Orientierung und die Erfahrung von Nähe im Wasser. Auch wenn die hochgeladenen Videos längst nicht ausschließlich aus solchen Momenten bestehen, machen diese Szenen deutlich, inwiefern die Künstlerin sich nicht nur ganz buchstäblich mit dem Durchtauchen Europas befasst, sondern wie sie ihre eigene Erfahrung dabei thematisiert. Während sie die Grenzen der eigenen Fähigkeiten auslotet und sich von ihrer Neugierde durch die Gewässer ziehen lässt, erprobt sie zugleich auch die Grenzen medialer Repräsentation und der vorgesehenen Verbindungen zwischen Kunstwerk, Medien und künstlerischer Subjektivität. Das oben beschriebene vierte Video der Reihe endet mit einem Abbruch der Aktion. Das nachfolgende Video DIVING THROUGH EUROPE – CHAPTER 5: DELFSKANAL (2015) beginnt damit, dass die Protagonistin die Zuschauenden aus dem Off direkt anspricht. Sie erläutert, dass es im vorherigen Video beinahe zu einer Kollision mit einem Containerschiff gekommen sei und die Gedanken, die ihr dabei durch den Kopf gegangen seien. Auch das Trauma, das diese Situation hinterlassen hat, wird thematisiert: Sie habe sich für Monate nicht mehr mit dem aufgenommenen Material beschäftigen können. Im Video kommt es dann zu einer Wendung.

Noch in einem Hotelzimmer legt sie wieder den bereits bekannten Taucheranzug an. Mit angezogenen Schwimmflossen watschelt sie entengleich in den Fahrstuhl und betätigt nach kurzer Überlegung den Knopf für die Fahrt in die Etage -1. Es geht wieder abwärts, der Tauchgang geht weiter.

Viel mehr als eine auf das Außen hin orientierte Forschungsreise entpuppt sich die Unternehmung der Künstlerin immer mehr als eine Form der medienvermittelten Selbstaffektion. Es geht weniger um die Produktion von Wissen über die durchtauchten Flüsse als um das Erlebnis der weitreichenden Suspendierung formalisierbarer sinnlicher Zugänge im Moment des Eintauchens: Der medial aufgezeichnete Tauchgang wird dann zu einer Selbstpraxis, die nicht auf Identität oder festgelegte Subjektivität abzielt, sondern zu einem obsessiven Tiefenrausch, bei der die technische Medialität des Videos auf YouTube der Künstlerin ermöglicht, eins mit dem Wasser zu werden und sich selbst als Teil der trüben Unterwasserwelt zu verstehen.

---

56 Vgl. Laura U. Marks: *Touch: Sensuous Theory and Multisensory Media*. Minneapolis 2002, S. 133.

Abb. 3: Klara Hobza, DIVING THROUGH EUROPE – CHAPTER 5: DELFSKANAL, 2015. Videostill.

Die Reihe der bisher hochgeladenen Videos endet mit DIVING THROUGH EUROPE – CHAPTER 6: DELFT (2015). Während hier ein häufiger Wechsel zwischen Innen- und Außenperspektive stattfindet, drängt sich der Eindruck auf, einem wilden Tier zu folgen, das sich im Gewirr der Kanäle von Delft verirrt hat. Ständig kreuzen Schiffe den Weg der Künstlerin, an einer Stelle stört sie durch ihr Auftauchen mehrere Kanufahrer*innen auf dem Kanal, die unbeholfen versuchen, ihr den Weg zu weisen. Das Video endet damit, dass Hobza den Kanal scheinbar desorientiert verlässt; wie ein Fisch, der an Land gespült wurde, bricht sie auf dem Marktplatz von Delft kraftlos zusammen. Einige Passant*innen werden auf die hilflose Taucherin aufmerksam, die in dieser Umgebung wie ein Lebewesen aus einer anderen Welt wirkt. Sie tragen Hobza zurück ins Wasser, wo sie gleich wieder zum Leben erwacht und den Tauchgang fortsetzt. Der Rest des Videos besteht wieder aus Unterwasseraufnahmen aus der Ego-Perspektive. Am Ende steht die Ankündigung des nächsten Videos: „Coming up next: Chapter 7: Nieuwe Maas".

Auch wenn das Video nicht das Ende des Projektes *Diving Through Europe* darstellt, ist es doch ein weiterer Höhepunkt: Hobza scheint immer mehr zum Teil des Elements zu werden, dessen Durchtauchen sie sich vorgenommen hat. Ohne Wasser kann sie nicht mehr leben und das Video erlaubt ihr, selbst zu einem Unterwasserlebewesen zu werden und sich selbst als Funktion des Außen zu verstehen.

So wird es möglich *Diving Through Europe* als eine Form der Anti-Subjektivierung zu verstehen. Im Sinne der Konventionen der Plattform YouTube sind diese Videos damit tatsächlich nicht von hoher Qualität, denn statt dem Motto „Broadcast Yourself" und damit dem Gebot zur Selbstdarstellung zu folgen, nutzt Hobza das Medium vielmehr, um eben diesen Zwang zur medialen Selbstdarstellung zu dekonstruieren und damit Prozesse der Subjektivierung zu suspendieren. Damit treten die Videos in ein Reibungsverhältnis mit den Konventionen des Mediums YouTube, in denen eben eine solche Verwendungsmöglichkeit auch angelegt ist, die aber ansonsten selten bewusst verwirklicht wird. Es ist dieses Reibungsverhältnis, das den Videos wieder einen Kunststatus im Sinne einer konzeptionellen Distanzierung von der Alltagswelt sichert: Sowohl die Zuschauer*innenzahlen als auch die Like-Angaben sind außerordentlich gering, kommentiert wurden die Videos bislang nicht. Sie werden offensichtlich als Kunst rezipiert, als Eindringlinge auf der Plattform YouTube.

Abb. 4: Klara Hobza, Diving Through Europe – Chapter 6: Delft, 2015. Videostill.

5 Der Tauchgang als Erfahrung – ein Fazit

In diesem Beitrag wurde der Versuch angestellt, den Mediengebrauch im Projekt *Diving Through Europe* der Künstlerin Klara Hobza zu analysieren. Dazu wurde anhand von Aussagen der Künstlerin und einer Durchsicht der bisher verfassten Literatur zu den Arbeiten Klara Hobzas festgestellt, dass das Projekt zwar eine große Vielfalt an materiellen Kunstobjekten hervorgebracht hat, der eigentliche Kern des

Projektes aber in einer Reihe von Videos besteht, die die Künstlerin auf der Plattform YouTube hochgeladen hat.

Es konnte nachgezeichnet werden, dass der Figur des*der Künstler*in innerhalb der institutionellen Ordnung der (zeitgenössischen) Kunst eine zentrale Rolle zukommt und nicht nur eine enge und gegenseitig zur Stabilisierung beitragende Verbindung zum materiellen Kunstwerk besteht, sondern das der Selbstinszenierung der Persönlichkeit von Künstler*innen ein zunehmend höhere Bedeutung zukommt.

Nach der Beschäftigung mit den sechs auf YouTube hochgeladenen Videos liegt nun der Schluss nahe, dass die Künstlerin das Medium des YouTube-Videos nutzt, um durch die produktive Bezugnahme auf die Konventionen des Mediums und des Systems Kunst eine weitgehende Verflüssigung der oben skizzierten Ordnung künstlerischer Produktivität zwischen den drei Polen Künstler*in, Kunstwerk, Ausstellungssituation zu erreichen. Darin besteht auch die Antwort auf die zu Beginn formulierte Forschungsfrage, die in Anlehnung an die Diagnose von Gregory Volk formuliert wurde. Tatsächlich wird YouTube weder zu einem neutralen Dokumentationsmedium für Hobzas „komplexe Auseinandersetzung mit der Welt",[57] noch ist das YouTube-Video als von der Künstlerin distanziertes Ausstellungsobjekt zu verstehen. Vielmehr entsteht in der medialen Praxis ein komplexes Integrationsfeld, in dem erst aus dem Zusammenspiel von Medientechnik, künstlerischer Performance und Rezeption Bedeutung entsteht.

Im Verlauf der hier besprochenen Videos wandelt sich die Rolle der Künstlerin von einer distanzierten und interessengeleiteten Forscherin zu einem Teil der von ihr selbst erschaffenen ästhetisch-epistemologischen Anordnung. Sie taucht dabei nicht nur unter der Trennlinie zwischen Künstlerin und Kunstwerk hindurch, sondern lenkt die von ihr durchtauchten Flüsse gleichsam in das Medium YouTube um, das dabei zugleich zu einer Alternative zu den institutionalisierten Räumen der Kunstwelt avanciert.

Damit geht auch eine Destabilisierung der künstlerischen Subjektivität einher: Die Künstlerin Klara Hobza wird im Vollzug ihrer medialen Performance immer mehr zu einer getriebenen Unterwasserkreatur. Mit dem Namen *TheHobza* taucht sie abwechselnd aus den Untiefen unter der bewegten und schimmernden Oberfläche der Plattform YouTube oder im medial gefluteten Kunstraum auf und reicht uns ihre gleichsam noch nasse Hand, mit der sie uns in die Tiefe zieht und zugleich nach unserer Aufmerksamkeit greift – der wichtigsten Währung in Zeiten der Vermarktbarkeit jeder noch so kleinen Affektregung auf Social-Media-Plattformen.

Im Zuge der beschriebenen Destabilisierung der zentralen, durch den Bezug zu materiellen Artefakten abgesicherten, hegemonialen Funktionen des Künstler*innen- bzw. Forscher*innensubjektes entwickelt die Künstlerin eine subversive

---

57 Volk: *Fünf Kapitel*, S. 174.

Komplizinnenschaft mit dem flüssigen Medium ihrer Tauchgänge, in denen sie das reizvolle Klischee abenteuerlicher wissenschaftlicher Explorationen[58] mit den Potenzialen zeitgenössischer Medientechnik kurzschließt. Sie ermöglicht dadurch eine alternative Nutzung des sonst allzu habituell genutzten Mediums YouTube und damit – um zum Anfang des Beitrages zurückzukommen – eine Erfahrung des Scheiterns gegenüber den utopischen, selbstgesteckten Zielen, die den formellen Rahmen des Projektes bilden. Dieses Scheitern ist jedoch zugleich – das konnte gezeigt werden – äußerst produktiv.[59]

Literaturverzeichnis

Ammann, Katharina: *Video Ausstellen. Potenziale der Präsentation*. Bern 2009.

Bech Dyg, Kasper: Klara Hobza on Diving Through Europe. In: *Lousiana Channel* (2014), https://channel.louisiana.dk/video/klara-hobza-diving-through-europe (letzter Zugriff: 20. Mai 2022).

Blase, Christoph: Vergessene Videos und vergessene Apparate. In: ders./Peter Weibel: *Record Again! 4jahrevideokunst.de Teil* 2. Ostfildern 2010, S. 16–32.

Böttcher, Stefanie: Im Tiefenrausch: Europa durchtauchen. In: dies. (Hg.): *Klara Hobza. Early Endeavors*. Berlin 2012, S. 183–186.

Bruns, Karin/Claudia Richarz: Elektronische Einschreibungen auf dem Körper – neue Medien und elektronische Kunst: und Frauen! In: Slavko Kacunko (Hg.): *Theorien der Videokunst. Theoretikerinnen 1988*–2003. Berlin 2018. S. 127–150.

Cubitt, Sean: Codecs and Capability. In: Geert Lovink/Sabine Niederer (Hg.): *Video Vortex Reader. Responses to Youtube*. Amsterdam 2008, S. 45–52.

Diderot, Étienne: *Encyclopédie où dictionnaire raisonné de sciences, des arts et des métiers mis en ordre et publié par Diderot et quant à la partie mathématique par d'Alembert*, Bd. 7. Paris 1757, S. 582–584.

---

[58] Dieses Vermögen der Arbeit Hobzas wurde in der Vergangenheit bereits durch die Tatsache verdeutlicht, dass ihr Projekt DIVING THROUGH EUROPE auch Teil des experimentellen Ausstellungsprojekt *Oceanomania – Souvenirs des Mers Mystérieuses* wurde. Dieses wurde vom Künstler Marc Dion am *Nouveau Musée National de Monaco* verwirklicht und setzt künstlerische Arbeiten mit naturhistorischen Fundstücken aus der Sammlung des Museums in Beziehung, vgl. Mark Dion, Sarina Basta, Nouveau Musée National de Monaco (Hg.): *Oceanomania: Souvenirs Des Mers Mystérieuses*. London 2011.

[59] Es ist darüber hinaus auch möglich, die Arbeit Hobzas in eine Tradition der feministischen Videokunst zu rücken. So schreiben Karin Bruns und Claudia Richarz über Ulrike Rosenbach, dass sie die „Multifunktionalität der Künstlerin als Produzentin, Kunstobjekt und Rezipientin dazu benutzt, über das Verhältnis von weiblicher Körpersprache, Darstellung von Frauen in der Kunst(geschichte) und dem Kunstbetrieb als Institution zu reflektieren", Bruns und Richarz: *Elektronische Einschreibungen*, S. 135. Laut Ulrike Pezold gehe es bei ihrer eigenen Nutzung des Mediums Video um „die Aufhebung der Trennung von Modell und Maler, von Subjekt und Objekt, Bild und Abbild", Bruns, Richarz: *Elektronische Einschreibungen*, S. 136.

Dion, Mark/Sarina Basta/Nouveau Musée National de Monaco (Hg.): *Oceanomania: Souvenirs Des Mers Mystérieuses*. London 2011.

Grasskamp, Walter: Video in Kunst und Leben – Teil 1 [1979]. In: Christoph Blase/Peter Weibel (Hg.): *Record Again! 40jahrevideokunst.de Teil 2*. Ostfildern 2010, S. 60–67.

Haarmann, Anke: *Artistic Research: eine epistemologische Ästhetik*. Bielefeld 2020.

Hobza, Klara: Diving Through Europe 2010–ca. 2035. In: Stefanie Böttcher (Hg.): *Klara Hobza. Early Endeavors*. Berlin 2012, S. 27–60.

Hollbach, Charlotte: Tauchgang durch Europa. Klara Hobza über ihre ungewöhnliche Durchquerung des Kontinents. In: *monopol – Magazin für Kunst und Leben* (4. Dezember 2012), https://www.monopol-magazin.de/tauchgang-durch-europa (letzter Zugriff: 20. Mai 2022).

Karsten, Arne: Künstler. In: Stefan Jordan/Jürgen Müller (Hg.): *Grundbegriffe der Kunstwissenschaft*. Ditzingen 2018, S. 189–193.

Krieger, Verena: *Was ist ein Künstler? Genie – Heilsbringer – Antikünstler*. Köln 2007.

Lovink, Geert/Sabine Niederer: Video Vortex and the Promise of Online Video Art. In: Geert Lovink, Andreas Treske: *Video Vortex Reader III: Inside the YouTube Decade*. Amsterdam 2020, S. 19–29.

Marks, Laura U.: *Touch: Sensuous Theory and Multisensory Media*. Minneapolis 2002.

McCracken, Harry: YouTube Gets a Makeover. In: *PC World* (21. Januar 2010), www.pcworld.com/article/187403/youtube*gets*a*makeover.html. Archiviert unter: https://web.archive.org/web/20180607044539/https://www.pcworld.com/article/187403/youtube*gets*a*makeover.html (letzter Zugriff: 20. Mai 2022).

Moser, Christian/Jörg Dünne: Allgemeine Einleitung. Automedialität. In: Jörg Dünne/Christian Moser (Hg.): *Automedialität. Subjektkonstitution in Schrift, Bild und neuen Medien*. München u.a. 2008, S. 7–18.

Ott, Michael: Alleingang. Alpinismus und Automedialität. In: Jörg Dünne/Christian Moser (Hg.): *Automedialität. Subjektkonstitution in Schrift, Bild und neuen Medien*. München u.a. 2008, S. 241–259.

Peters, Kathrin/Andrea Seier: Home Dance: Mediacy and Aesthetics of the Self on YouTube. In: Pelle Snickars/Patrick Vonderau (Hg.): *The YouTube Reader*. Stockholm 2009, S. 187–203.

Sweeny, Robert W.: There's No 'I' in YouTube: Social Media, Networked Identity and Art Education. In: *International Journal of Education through Art* 5 (2 und 3): 201–212.

Volk, Gregory: Fünf Kapitel für Klara Hobza. In: Stefanie Böttcher (Hg.): *Klara Hobza. Early Endeavors*. Berlin 2012, S. 171–182.

Videos

DIVING THROUGH EUROPE – INTRODUCTION. Klara Hobza [TheHobza]. YouTube, 2013. https://www.youtube.com/watch?v=Irdq4Wc9nFw (letzter Zugriff: 20. Mai 2022).

DIVING THROUGH EUROPE – PART 2: THE GREAT ENTRY. Klara Hobza [TheHobza]. YouTube, 2013. https://www.youtube.com/watch?v=F*KqiOfMxTE (letzter Zugriff: 20. Mai 2022).

DIVING THROUGH EUROPE – PART 3: EUROPOORT. Klara Hobza [TheHobza]. YouTube, 2013. https://www.youtube.com/watch?v=8Cw6kqHxJ8Q (letzter Zugriff: 20. Mai 2022).

DIVING THROUGH EUROPE – PART 4: DER TOTALE HORROR. Klara Hobza [TheHobza]. YouTube, 2013. https://www.youtube.com/watch?v=AYoxs6U70kU (letzter Zugriff: 20. Mai 2022).

DIVING THROUGH EUROPE – CHAPTER 5: DELFSKANAL. Klara Hobza [TheHobza]. YouTube, 2015. https://www.youtube.com/watch?v=bR1Nh3cXXb0 (letzter Zugriff: 20. Mai 2022).

DIVING THROUGH EUROPE – CHAPTER 6: DELFT. Klara Hobza [TheHobza]. YouTube, 2015. https://www.youtube.com/watch?v=h5a1zXwgdEU (letzter Zugriff: 20. Mai 2022).

Dennis Niewerth
Die Flüssigkeit des Unflüssigen

Spitzfindigkeiten zur Metaphorik digitaler Kulturen

Zusammenfassung: Digitale Medien fließen nicht – ihre formale Logik ist eine der diskreten Zustände, zwischen denen es keine sanften Übergänge gibt – kein ‚Dazwischen' also, das ja das Wesen fluider Bewegung wäre. Wie passt das zu dem kulturellen Umstand, dass wir uns das Funktionieren digitaler Technik doch immer wieder in sprachlichen Bildern der Verflüssigung erklären wollen? Der Beitrag kontrastiert diese Metaphorik mit den Realien der digitalen Flüssigkeitssimulation (u.a. in den Ingenieurwissenschaften, der Filmindustrie, in Computerspielen) und identifiziert ‚Fluidität' nicht etwa als eine vorgefundene Wesensart von Computertechnik, sondern als eine kulturelle Programmatik, die ihr unter großem Aufwand und mit enormer Findigkeit immer wieder aufs Neue eingeschrieben wird.

Schlüsselwörter: Fluidsimulation, Flüssigkeitsmetaphern, Medienästhetik, Strömungsmechanik, Computerspiele, Spezialeffekte, Virtualität

1 Einleitung: Metapher und Programm

Die Geistes- und Kulturwissenschaften tun sich mit dem Sprechen über das Digitale schwer. Schlimmer noch: Sie haben im Grunde gar kein Vokabular dafür, das ‚Eigentliche' digitaler Datenverarbeitung überhaupt zu benennen.[1] Dieses Eigentliche nämlich – was Computer *eigentlich* sind und was sie *eigentlich* tun, wenn sie Software prozessieren – ist in natürlicher, erfahrungsweltlicher Sprache kaum zu beschreiben. Natürliche Sprache ist aber das Medium, in dem Geisteswissenschaftler*innen sich sowohl ihrer Fachöffentlichkeit als auch dem Rest der Welt mitteilen – und so kundig sie im Umgang mit digitaler Technik individuell auch sein mögen, trägt eine jede ihrer Artikulationen über die technische Seite von Digitalisierungsphänomenen doch das Risiko der Verflachung, womöglich bis hin zur Verfälschung, in sich.

Typischerweise umgehen sie diese potentielle Peinlichkeit, in dem sie sich nicht am formalistisch-funktionalen digitaler Technologien abarbeiten, sondern an ihrem In-Erscheinung-Treten in unserer Kulturwelt und dessen Auswirkungen auf ihre

---

[1] Die Digital Humanities bilden hier zumindest ihrem Bestreben nach die große methodische Ausnahme, weil sie digitale Methoden nicht nur beschreiben, sondern anwenden und das Programmieren im Methodenrepertoire der Geistes- und Kulturwissenschaften verankern wollen. Auch digitale Humanisten stehen aber natürlich vor der Herausforderung, das, was sie in Programmiersprachen tun, in natürlicher Sprache erklären können zu müssen.

kommunikativen Prozesse. Ihr Verständnis von ‚Digitalisierung' entspricht darin der Lesart Sherry Turkles, die in ihrer Monographie *Life on the Screen* bereits 1995 die Verdrängung einer „Kultur der Berechnung" durch eine „Kultur der Simulation" diagnostizierte: Spätestens mit der Markteinführung des ersten Apple Macintosh-Computers im Jahre 1984 begann eine sich an grafischen Interfaces entlanghangelnde Bedienbarkeitsrevolution, in deren Zuge sich das tatsächliche ‚Programmieren' vom zentralen (und oft einzigen) Modus der produktiven Interaktion mit Computersystemen zu einer Spezialist*innenqualifikation entwickelte, während die zuvor praktisch gar nicht denkbare Figur der Laien-Nutzer*in nur mehr über Bildlichkeiten mit dem abstrakten, formallogischen System des Rechners interagierte.[2]

In Kulturen der Simulation ist das ‚Wirkliche' hinter der digitalen Datenverarbeitung kein ontologisches Problem mehr, sondern ein funktionales: Wenn etwas ‚läuft', dann ist es auch real, bzw. die Frage, ob wir im Umgang mit Interfaces möglicherweise einem Trugbild erliegen, stellt sich überhaupt nicht im erfolgreichen und zielführenden Vollzug einer Interaktion, die auf ein tiefergehendes Verständnis für die Vorgänge ‚unter der Haube' des Interfaces (die Architektur der Hardware, den binären Code oder die Programmiersprachen, in denen Software geschrieben wird) gar nicht angewiesen zu sein scheint. Turkle spricht hier von der Gewöhnung der Nutzer*innen an eine „opake Technologie"[3], deren sinnfälligste Verkörperung sie im 1983 erstmals auf dem Commodore 64 eingesetzten und dann vor allem durch den Macintosh popularisierten *Desktop*-Prinzip erkennt, das den physischen Arbeitsplatz zur Metapher für den digitalen machte:[4] Programme und Dateien ließen sich wie Papierdokumente auf einer Tischplatte herumschieben und ablegen, Informationen konnten in *files* gespeichert und diese ihrerseits in *folders* archiviert werden, was nicht mehr benötigt wurde, landete im ‚Papierkorb' usw.. Diese gesamte, der physischen Arbeitswelt entlehnte Systematik hatte und hat freilich sehr wenig damit zu tun, wie ein PC auf der Hardwareebene Information vorhält und prozessiert. Der Desktop hat nicht vor, uns als Anwender*innen die innere Logik des Computers zu erklären, sondern er etabliert ein Regime des Datenabrufs und der Datenverarbeitung, welches nur auf unserer Seite des Bildschirms einen Mehrwert hat.

Diese Turkle'sche Perspektive sicherlich nicht zu Unrecht einnehmend, sprechen die Geisteswissenschaften gemeinhin gerade nicht über das Eigentliche von Computertechnik, sondern über ihr Virtuelles – Nutzer*innen sind keine Programmierer*innen und erleben ihre Computer in ihren mannigfaltigen Erscheinungsformen vom neonbeleuchteten, schreibtischfüllenden Gaming-PC über Smartphones und Tablets aller Größen- und Leistungsklassen bis hin zu immer dezenteren *wearables*

---

[2] Vgl. Sherry Turkle: *Das Leben im Netz. Identität in Zeiten des Internet* [1995]. Übers. von Thorsten Schmidt. Reinbek bei Hamburg 1999, S. 26–28.
[3] Vgl. Turkle: *Leben im Netz*, S. 32–34.
[4] Vgl. Turkle: *Leben im Netz*, S. 32–33.

explizit nicht als *aktuelle* Rechen-, sondern als *virtuelle* Meta-Maschinen, die über Interfaces ganz situativ zu all dem werden können, als das wir sie gerade benutzen wollen.[5] Insofern sind die visuellen Metaphern, derer sich solche Interfaces bedienen, auch niemals nur *be-*, sondern stets auch *vor*schreibend – eben: *programmatisch*. Dies lässt jeden Wunsch nach einer Durchdringung solcher Oberflächen in Richtung einer vermeintlichen Tiefe der ihnen zugrundeliegenden Mathematik nahezu hinderlich für ein Verständnis ihrer kulturellen Wirkung erscheinen und verführt dazu, die Interfaces schlicht als eine Gegebenheit hinzunehmen, ihre technischen Virtualitäten also als aktuelle Ausdrucksformen der Kulturwelt zu akzeptieren. Das Interface kanalisiert die Fähigkeit einer Computerarchitektur, abstrakte Signale zu prozessieren, in menschliche Erfahrungsrealitäten.

Die Gefahr eines solchen ‚auf dem Bildschirm' verharrenden Blickes ist indes eine Blindheit für die Eigendynamiken, die solche Metaphernsysteme entfalten können – sowohl in der menschlichen Lebenswelt, der sie entgegenkommen sollen, als auch auf der Ebene einer Technik, deren innere Logik nicht unbedingt mit jener deckungsgleich ist, die unsere Sprache ihr auferlegen will.

2 Fluide Medien und liquide Kulturen?

Dass unsere Rede von ‚Digitalisierung' in Metaphoriken des Flüssigen gekleidet ist und diese bisweilen bis an ihre Belastbarkeitsgrenzen strapaziert werden, ist eine beinahe triviale Feststellung. Im Umgang mit digitalen Medien werden wir immer wieder sprachlich in fluiden Zuständen verortet, wozu insbesondere Zustände des fluiden Bewegtseins gehören: Wir *surfen* im Web, wir *streamen* Videos und Musik, wir speichern unsere Daten in *clouds* oder teilen sie mittels des *BitTorrent*-Protokolls (wörtlich ja eines „Sturzbachs" von Informationseinheiten), wir verlangen nach möglichst vollständiger *Immersion* in Computerspielen usw.[6] Der Cyberspace-Pionier und -Theoretiker Marcos Novak charakterisierte bereits Anfang der 1990er Jahre digitale Medienumgebungen als „liquide Architekturen" und beschrieb damit ihr permanentes und dynamisch-prozedurales Sich-Konstituieren um das Verhalten ihrer Nutzer*innen herum.[7] Jörg Blumtritt, Benedikt Köhler und Sabria David erhe-

---

[5] Stefan Münker definiert vor diesem Hintergrund den allzu oft sehr beliebig verwendeten Virtualitätsbegriff im Zusammenhang mit digitaler Technik als „die (digital realisierte) Fähigkeit, etwas als etwas zu gebrauchen, das es (eigentlich) nicht ist". Stefan Münker: Virtualität. In: Alexander Roesler, Bernd Stiegler (Hg.): *Grundbegriffe der Medientheorie*. Paderborn 2005, S. 244–250, hier: S. 244.
[6] Vgl. Dennis Niewerth: Heiße Töpfe. Digital Humanities und Museen am Siedepunkt (Museums and the Internet (MAI)-Tagung 2013). In: https://mai-tagung.lvr.de/media/mai_tagung/pdf/2013/Niewerth-DOC-MAI-2013.pdf (letzter Zugriff: 25. Oktober 2021).
[7] Marcos Novak: Liquid Architectures in Cyberspace. In: Michael L. Benedikt (Hg.): *Cyberspace. First Steps*. Cambridge, MA 1991, S. 225–254.

ben in ihrer „Declaration of Liquid Culture" aus dem Jahre 2012 die Liquidität zum kulturellen Leitprinzip der ‚offenen Marschwiesen' der Postmoderne in den Bereichen der politischen Entscheidungsfindung (*liquid democracy*), der sozialen Selbstverortung (*liquid identity*), des Wirtschaftens und Konsumierens (*liquid economy*), der wissenschaftlichen Wahrheitsproduktion (*liquid science*), der Kunst (*liquid art*) und schließlich der Verwischung zwischen körperlichem und verdatetem Selbst (*liquid dataism*).[8] Besonders der erste Aspekt – *liquid democracy* – stieß als Vorstellung einer Mischform von direkter und indirekter Demokratie mittels digitaler Abstimmungswerkzeuge bei der deutschen Piratenpartei auf große, wenngleich im restlichen bundesrepublikanischen Politikbetrieb wenig folgenreiche Resonanz.[9]

Lev Manovich verwendet das englische Adjektiv *liquid* in seiner Monographie *The Language of New Media* als ein Synonym für die *variability* digitaler Medientechnologien:[10] Anders als in der klassischen Schriftkultur sind Inhalte ihren Medien hier nicht länger eingraviert – sie fließen nur mehr durch sie hindurch und sind dabei interaktiv, hypermedial, updatefähig und skalierbar.[11] Wissen, so scheinen Fluiditätsmetaphern insinuieren zu wollen, ist im Kontext digitaler Medien nicht monumental, sondern prozedural, nicht monosituiert, sondern allgegenwärtig – und vor allen Dingen: nicht statisch, sondern immer in Bewegung. Dabei implizieren sie zugleich, dass dies schlicht ihre funktionale Wesensart sei, dass also jeder soziale oder kulturelle Prozess im Zuge seiner Computerisierung zugleich seine Verflüssigung erfahre. ‚Flüssigkeit' ist aber mitnichten ein Zustand, der in den physikalischen Vorgängen digitaler Systeme angelegt wäre. Deren innere Logik nämlich ist prinzipiell eine der Diskontinuität – und in kaum einem Zusammenhang zeigt sich dies so deutlich wie in der tatsächlichen Zusammenführung von Computersoftware und Liquidität, nämlich der digitalen Flüssigkeitssimulation.

3 Das Fluide rechnen

Wasser, so behauptet Hartmut Böhme in der Einleitung zu seiner 1988 erschienenen *Kulturgeschichte des Wassers*, habe für den Großteil der Kulturgeschichte ein „absolutes Phänomen"[12] dargestellt, außerhalb dessen sich kein Teilbereich des menschlichen Lebens habe abspielen können – nicht das nackte Leben einzelner und ihrer

---

8 Vgl. Jörg Blumtritt, Benedikt Köhler, Sabria David: Declaration of Liquid Culture (2012). In: http://memeticturn.com/lqct/Declaration_of_Liquid_Culture.pdf (letzter Zugriff: 25. Oktober 2021).
9 Vgl. https://wiki.piratenpartei.de/Liquid_Democracy (14. Juni 2019, letzter Zugriff: 25. Oktober 2021).
10 Vgl. Lev Manovich: *The Language of New Media*. Cambridge, MA 2002, S. 36.
11 Vgl. Manovich: *Language of New Media*, S. 38.
12 Hartmut Böhme: Umriß einer Kulturgeschichte des Wassers. Eine Einleitung. In: ders. (Hg.): *Kulturgeschichte des Wassers*. Frankfurt a.M. 1998, S. 7–42, hier: S. 8.

durstigen Leiber, nicht die Entwicklung von Zivilisationen. Die Neuzeit deutet Böhme vor diesem Hintergrund auch als einen Prozess der Entfremdung der Menschheit vom Wasser und der Zerstückelung seines gesamten Phänomenbereichs in die funktionalisierten Individualbegrifflichkeiten der modernen Natur- und Ingenieurwissenschaften auf Kosten der „Symbolwelten", die sich einst mit ihm verbunden hätten.[13] Diese Symbolqualitäten wiederum verortet Böhme allerdings nicht etwa in Abstraktionen, sondern in der konkreten Physikalität von Wasser als Flüssigkeit:

> Ursache für die Unerschöpflichkeit des Wassers als Reservoir kultureller Symbolwelten ist der Reichtum und die Evidenz seiner Erscheinungen. Wasser tritt aus der Erde als Quelle, bewegt sich als Fluß, steht als See, ist in ewiger Ruhe und endloser Bewegtheit das Meer. Es verwandelt sich zu Eis oder zu Dampf, es bewegt sich aufwärts durch Verdunstung und abwärts als Regen, Schnee oder Hagel; es fliegt als Wolke. Es ist der Samen, der die Erde befruchtet. Es spritzt, rauscht, sprüht, gurgelt, gluckert, wirbelt, stürzt, brandet, rollt, rieselt, zischt, wogt, sickert, kräuselt, murmelt, spiegelt, quillt, tröpfelt, brandet … Es ist farblos und kann alle Farben annehmen […] Es ist formlos, passt sich jeder Form an; es ist weich, aber stärker als Stein.[14]

Fluidität als eine Ansammlung objektivierbarer physikalischer Phänomene und Fluidität als eine Ansammlung von kulturellen Zeichen und Bedeutsamkeiten (und somit natürlich auch: potentiellen Metaphoriken) hängen also unmittelbar zusammen. Dabei scheint es in besonderem Maße die *Formlosigkeit* des Wassers zu sein (und mit ihr zusammenhängend seine Fähigkeit, unterschiedlichste Formen anzunehmen), die Physik und Semiotik gleichermaßen vor Herausforderungen stellt. In der Physik zumindest lässt sich diese Qualität benennen: nämlich als die *Deformierbarkeit* von Fluiden.

Die Bewegungen starrer Körper lassen sich grundsätzlich anhand von zwei Bewegungsformen beschreiben, nämlich der *Translation* und der *Rotation*. Bei einer Translation bewegen sich alle innerhalb eines Körpers benennbaren geometrischen Punkte mit gleicher Geschwindigkeit entlang zueinander paralleler Vektoren, womit ihre Relativgeschwindigkeit bei null bleibt. Schiebt man z.B. das vorliegende Buch auf einer Tischplatte umher, so verändert sich zwar die Position des Buches im Raum, nicht aber die relative Position der Buchstaben zueinander.[15] Bei einer Rotationsbewegung gilt dasselbe, allerdings bewegen sich hier die Einzelpunkte innerhalb eines Körpers mit gleicher Winkelgeschwindigkeit um eine gemeinsame Achse. Weil in starren Körpern also die Bewegung jedes einzelnen Punktes die Bewegung jedes anderen Punktes abbildet, ist ihr Bewegungszustand zu jedem Zeitpunkt mit genau zwei Vektoren – je einem für beide Bewegungsformen – komplett abzubilden.[16]

---

13 Vgl. Böhme: *Umriß*, S. 11–12.
14 Böhme: *Umriß*, S. 13.
15 Eingeräumt sei, dass dieses buchstäblich naheliegende Beispiel ein wenig hinkt, denn die Papierseiten des vorliegenden Buches unterliegen der Weichkörperphysik und sind insofern natürlich auch deformierbar, wenngleich in geringerem Maße als ein Fluid.
16 Constantine Pozrikidis: *Fluid Dynamics*. New York 2009, S. 2.

In Flüssigkeitsmengen können sich einzelne Punkte hingegen mit unterschiedlichen Geschwindigkeiten in unterschiedliche Richtungen bewegen. Sie verfügen daher über einen weiteren Bewegungstypus in Form der *Deformation*, oder präziser: Fluide wie Flüssigkeiten und Gase können im Gegensatz zu starren Festkörpern der Deformation nicht widerstehen (oder tun dies nur sehr begrenzt, soweit es ihre *Viskosität* bzw. innere Reibung zulassen). Will man diese Dynamiken beschreiben, so benötigt man ein ganzes Vektorfeld.[17]

Ein solches Feld kann immer nur eine Annäherung an die reale Komplexität eines bewegten Fluids darstellen. Geometrische Punkte sind nulldimensional, haben also keine Ausdehnung – in einem Körper ließe sich dementsprechend eine unendliche Anzahl von Punkten definieren, deren Bewegungen man in jeden infinitesimal kurzen Abschnitt des beobachteten Zeitraums verfolgen müsste. An dieser Stelle kann es kein reibungsloses Zusammenfinden von Fluidität und Digitalität geben. Der Grundzustand des Flüssigen ist die Formlosigkeit und die Basiskategorie seiner Beschreibung daher nicht die *Position*, sondern die *Geschwindigkeit*. Flüssigkeiten können mathematisch nicht in Kategorien von ‚Hier-oder-Dort' gedacht werden, sondern nur in kontinuierlicher räumlicher Veränderung über die Zeit hinweg.

Im formallogischen Kosmos des Digitalen ist ein solches ‚Dazwischen', in dem Fließzustände sich ja ganz wesentlich als solche zu erkennen geben, nicht vorgesehen. Das ist in der ‚Fingerzahl', die ihm wortursprünglich zugrunde liegt, schon angezeigt: Digitalität funktioniert in diskreten Zahlenwerten und ebenso diskreten Zeitschritten, denn sie reiht Sequenzen von in sich stillstehenden Zuständen aneinander.[18] Das ‚fluide' Paradigma digitaler Kulturen basiert insofern ganz zentral auf einem Zusammenspiel fortschreitend immer leistungsfähigerer Hardware auf der einen und ebenso fortschreitend immer weiter verbesserter Software auf der anderen Seite: Das Digitale für seine Nutzer*innen zum Fließen zu bringen, heißt ganz praktisch, aufeinanderfolgende diskrete Zustände mit einer solchen Geschwindigkeit zu erzeugen, dass die Diskontinuität unter deren zeitlicher Wahrnehmungsschwelle bleibt. Ganz plastisch zeigt sich dies in Computerspielen, in denen eine funktionierende Echtzeit-Interaktion zwischen Programm und Spieler*in voraussetzt, dass Einzelbilder oder *frames* in ausreichend schneller Frequenz (typischerweise mindestens 30, besser 60 oder mehr pro Sekunde) auf den Bildschirm gebracht werden, um ein Abreißen der Feedback-Schleife von Steuerungseingaben (z.B. einer Mausbewegung), Bildgebung (z.B. einer Bewegung der Kamera in einem Ego-Shooter) und erneuter Reaktion auf die nun veränderte Spielsituation zu verhindern.[19]

---

17 Pozrikidis: *Fluid Dynamics*, S. 2.
18 Vgl. Bernhard J. Dotzler: Analog/Digital. In: Alexander Roesler, Bernd Stiegler (Hg.): *Grundbegriffe der Medientheorie*. Paderborn 2005, S. 9–16, hier: S. 9–10.
19 Vgl. Thomas Y. Yeh, Petros Faloutsos, Glen Reinman: Enabling Real-Time Physics Simulation in Future Interactive Entertainment. In: *Sandbox '06. Proceedings of the 2006 ACM SIGGRAPH Symposium on Videogames*, S. 71–81, hier: S. 71.

Digitale Flüssigkeitssimulation muss sowohl den Raum, in dem sich eine Flüssigkeit bewegt, als auch die Zeit, in der diese Bewegung stattfindet, zu funktional abgeschlossenen und somit prozessierbaren Einheiten operationalisieren. Es ist offensichtlich unmöglich, die individuellen Pfade jedes einzelnen Moleküls in einer Flüssigkeitsmenge zu beschreiben. Stattdessen unterteilen simulatorische Modelle sie in sogenannte ‚Parzellen', anhand derer eine ‚Nettobewegung' beschrieben werden soll, die sich aus ihren jeweilgen Vektoren und den Geschwindigkeiten ergibt, mit denen sie sich entlang dieser bewegen.[20]

Computermodellen für Fluiddynamiken liegt typischerweise einer von zwei Ansätzen zugrunde. Die *Eulersche* Methodik – die zuweilen auch als „feld"- oder „rasterbasiert" bezeichnet wird – beruht auf den 1757 veröffentlichten Strömungsgleichungen Leonhard Eulers. Hier wird ein mit einem Fluid ausgefüllter Raumabschnitt in ein Raster von Zellen unterteilt, die statisch und somit in ihrer Position unveränderlich sind. Über die Zeit variabel sind jedoch ihre Eigenschaften wie Dichte, Temperatur und Druck sowie selbstverständlich auch die Geschwindigkeit und Fließrichtung der Flüssigkeit innerhalb jeder einzelnen Parzelle. Das *Lagrangesche* oder auch „partikelbasierte" Verfahren geht den umgekehrten Weg und lehnt sich damit an den 1788 publizierten Formalismus zur Beschreibung beschleunigter Systeme des französischen Physikers Joseph-Louis Lagrange an. Hier sind die Parzellen im Gegensatz zum feldbasierten Ansatz nicht statisch – sie können also durch eine auf sie einwirkende Kraft in Bewegung versetzt werden und diesen Impuls auch durch Kollisionen an ihre Nachbarn weitergeben.[21]

In beiden Fällen bedingt die Parzellierung die *räumliche Auflösung* einer solchen Simulation: Je feiner die Flüssigkeit unterteilt wird, je kleiner also die individuellen Parzellen sind und je größer ihre Zahl, desto genauer kann die Simulation ihr Strömungsverhalten bei Einwirkung einer äußeren Kraft beschreiben. Eine ähnliche Entscheidung muss auf der Zeitebene getroffen werden – nämlich die, wie viele Einzelzustände innerhalb einer beschriebenen Bewegungsdauer berechnet werden sollen und können. Dies wäre die *zeitliche Auflösung*. Wenn z.B. eine 10-sekündige Strömungsbewegung mit einer Bildfrequenz von 60 *frames* pro Sekunde visualisiert werden soll, müssten innerhalb dieser zehn Sekunden mindestens 600 Einzelzustände simuliert werden, um die angestrebte visuelle Fluidität der Bewegung auf dem Bildschirm für einen menschlichen Betrachter zu gewährleisten. Das vermeintliche Fließen, die vermeintliche Formlosigkeit der simulierten Flüssigkeit sind dann allerdings eben Artefakte einer Wechselwirkung zwischen der digitalen Bildgebung und den Beschränkungen unserer optischen Wahrnehmung, bei der

---

20 Vgl. Pozrikidis: *Fluid Dynamics*, S. 2–3.
21 Vgl. Michael J. Gourlay: Fluid Simulation for Video Games (Part 1, Revision vom 29.11.2020). In: https://github.com/mijagourlay/VorteGrid/wiki/01:-Introduction-to-Fluid-Dynamics (letzter Zugriff: 3. November 2021).

tatsächlich jeder diskrete Zustand individuell benennbar, adressierbar und visualisierbar ist. Im Gegensatz zu einem physischen Fluid gibt es in seiner digitalen Simulation sowohl eine räumliche als auch eine zeitliche Schwelle, unterhalb derer keine Dynamiken mehr stattfinden. Alle Modelle, auf deren Basis digitale Fluidsimulation möglich wird, sind also notwendigerweise reduktionistisch – allerdings auf durchaus signifikant voneinander unterschiedliche Arten. Es geht dementsprechend bei den verwendeten Vereinfachungen und Annäherungen niemals um ein ‚ob‘, sondern nur um ein ‚wie‘ – und damit auch um die Spuren einer menschlichen Autorschaft in mathematischen Beschreibungen von Naturphänomenen durch eine Priorisierung bestimmter funktionaler Größen über andere.

4 Anwendungsfälle und Reduktionen

Das kann nicht nur das raumzeitliche Auflösungsvermögen eines Simulationsansatzes betreffen, sondern auch zur Idealisierung ganzer Eigenschaften von Flüssigkeiten führen. Eine der gängigsten Vereinfachungen ist etwa die Annahme der Inkompressibilität – also des Umstands, dass die Dichte eines Fluids insgesamt als positionsunabhängig konstant behandelt werden kann. Dies ist für die meisten Fluide tatsächlich unproblematisch, solange die beschriebenen Strömungsdynamiken nicht ca. 30 Prozent der Schallgeschwindigkeit übersteigen (was aber in Anwendungsbereichen wie der Luftfahrttechnik leicht erreicht werden kann).[22]

Die vollständigste mathematische Beschreibung für Flüssigkeitsdynamiken liefern die sogenannten Navier-Stokes-Gleichungen. Dieses komplexe System von Differentialgleichungen wurde in den Jahren 1822 und 1845 – jeweils voneinander unabhängig – vom französischen Ingenieur Claude Navier und dem irischen Physiker George Gabriel Stokes als Impulsgleichungen für newtonsche Fluide formuliert. Es setzt dabei voraus, dass sich die lokalen Merkmale und Verhaltensweisen eines Fluids über größere Areale mitteln lassen und es also als ein Kontinuum beschrieben werden kann.[23] Nichtsdestoweniger konfrontieren die Navier-Stokes-Gleichungen auch moderne, industrielle Computersysteme mit teilweise exorbitanten Rechenlasten und sind je nach Anwendungsfall womöglich nicht in ihrer vollen Komplexität auf verfügbarer Hardware aufzulösen. Die Frage, auf welche Komplexitätsebenen man in solchen Situationen verzichten kann, muss dann anhand jener beantwortet werden, was mit einer Strömungssimulation genau erzielt werden soll.

Ein entscheidender Faktor kann es sein, ob eine Echtzeitinteraktion wie im zuvor angeführten Videospiel-Beispiel überhaupt erforderlich ist. Das muss ja keines-

---

[22] Mohammed Gad-El-Hak: Fluid Mechanics from the Beginning to the Third Millenium. In: *International Journal of Engineering Education* 14/3 (1998), S. 177–185, hier: S. 180.
[23] Gad-El-Hak: *Fluid Mechanics*, S. 179.

wegs der Fall sein. So müssen digitale Spezialeffekte in Filmen nur einmal gerendert werden, um dann immer wieder abgespielt werden zu können. Als eine Schlüsselszene für computergenerierte Flüssigkeiten im Film seien hier der Einschlag eines Meteoriten in den Atlantik und die anschließende Überflutung New Yorks aus dem Katastrophenfilm *Deep Impact* von 1998 genannt. Verantwortlich für dieses visuelle Spektakel war u.a. der Effektkünstler Christopher Horvath, der zum damaligen Zeitpunkt gerade beim 1975 von George Lucas gegründeten Unternehmen *Industrial Light & Magic* (ILM) angeheuert hatte. In einem zwanzig Jahre später mit seinem Fachkollegen Ian Failes für dessen Blog geführten Interview erinnert sich Horvath an den Arbeitsprozess hinter einer etwa vier Sekunden dauernden Einstellung, die das Hereinbrechen der Flutwelle über Manhattan aus der Vogelperspektive zeigt – die Herausforderung war hier die Bewegung des Wassers um Hindernisse in Form von Hochhäusern herum und schließlich über sie hinweg. Auf Basis eines voxelbasierten Navier-Stokes-Verfahrens konnten über mehrere Wochen hinweg die benötigten 67 Einzelbilder erzeugt werden, aus denen sich die bis heute eindrucksvolle Sequenz zusammensetzt.[24] Die Filmindustrie erkauft sich solche Rechenzeiten nicht nur mit entsprechend hohen Stromrechnungen, sondern auch mit der Verwandlung ‚neuer' in ‚alte' Medien.

Insbesondere in der Mobilitätstechnik kann man – wenn es beispielsweise um die Stabilität des Flugverhaltens von Flugzeugen, die Geschwindigkeit von Zügen oder die Treibstoffeffizienz von Automobilen unter variablen Umweltbedingungen geht – so natürlich nicht vorgehen. Hier kommen die sogenannten *Computational Fluid Dynamics* (CFD; im Deutschen: Numerische Strömungsmechanik) bereits seit den 1960er Jahren zur Anwendung – in dreidimensionaler Form erstmals bei der Firma *Douglas Aircraft*, wo man darauf hoffte, teure Versuche in Windkanälen überflüssig machen zu können.[25] CFDs werden typischerweise nicht als Fluidsimulationsmethoden im engeren Sinne behandelt, weil sie fast ausschließlich im ingenieurwissenschaftlich-kommerziellen Bereich zur Anwendung kommen, hier sehr spezifische und begrenzte physikalische Szenarien simulieren und nicht auf irgendeine Form von wie auch immer geartetem visuellem ‚Realismus' abzielen, sondern auf Abstraktionen und Visualisierungen von andernfalls unsichtbaren Funktionsvariablen, etwa durch Falschfarben.[26] Selbst bei so spezifischen Zielsetzungen und unter Verwendung extrem leistungsstarker Hardware bleiben aber Vereinfachungen unausweichlich.

---

[24] Vgl. Ian Failes: Remembering this Killer ILM Shot from Deep Impact (6. Mai 2018). In: https://vfxblog.com/deepimpact-2 (letzter Zugriff: 4. November 2021).
[25] Vgl. John L. Hess, A.M.O. Smith: Calculation of Potential Flow About Arbitrary Bodies. In: *Progress in Aerospace Sciences* 8 (1967), S. 1–138.
[26] Vgl. John D. Anderson, Jr.: Basic Philosophy of CFD. In: John F. Wendt (Hg.): *Computational Fluid Dynamics. An Introduction*. Berlin/Heidelberg 2009, S. 3–14.

Da bei CFD wesentlich die Interaktion zwischen Körpern und dem sie umgebenden fluiden Milieu im Zentrum steht, wird die Betrachtung fast immer auf sogenannte ‚Grenzschichten' konzentriert. Die 1904 von dem Physiker Ludwig Prandtl der Öffentlichkeit vorgestellte Grenzschichttheorie ist eine Kernannahme der Aerodynamik und in der Strömungsmodellierung eine unschätzbar wichtige Ergänzung zu den Navier-Stokes-Gleichungen: Demnach kann bei der Bewegung eines Festkörpers durch ein Fluid die Viskosität außerhalb eines begrenzten Areals um den Körper herum weitgehend vernachlässigt werden, sofern dieses Fluid über eine ausreichend hohe Reynolds-Zahl verfügt (also Strömungen in ihm relativ schnell von la-laminaren zu turbulenten übergehen).[27] In einer Fluidsimulation mit einem auf diese Reibungen gerichteten Erkenntnisinteresse können deshalb Turbulenzphänomene außerhalb dieser Grenzschicht stark vereinfacht und somit Rechenlasten erheblich gemindert werden. Überhaupt sind gerade Turbulenzen ausgesprochen schwierig zu modellieren und in vielen Strömungsmodellen nur schwach abgebildet.[28] CFD-Verfahren, die hiermit umzugehen versuchen, sind etwa die *Reynolds-Averaged Navier-Stokes Equations*,[29] bei denen Turbulenzen über längere Zeiträume gemittelt werden, und die *Large Eddy Simulation*, die kleinere Turbulenzen gezielt herausfiltert, um Rechenkapazitäten für größere (und somit in ihren Auswirkungen gravierende) freizuhalten.[30]

Das Thema der Videospiele und der mit ihnen einhergehenden Herausforderung der Echtzeit-Interaktion wurde bereits angeschnitten, und tatsächlich ist ‚echte' Fluidsimulation in Spielen immer noch eine Ausnahme. Grafikengines für Spiele (Games) arbeiten in einem komplizierten ästhetisch-ludischen Spannungsfeld, das nicht nur fluid-, sondern allgemein physiksimulatorische Funktionalitäten sowohl ausbremst als auch mitunter begünstigt. Wie der Spieleentwickler Chris Hecker festgestellt hat, haben Games industriellen und wissenschaftlichen Anwendungen gegenüber einen entscheidenden Vorteil bei der Simulation physikalischer Abläufe: Sie unterliegen gar nicht dem Anspruch, diese absolut einwandfrei abbilden zu müssen. Die ‚Physik' von Videospielen entspringt letztlich der Willkür ihrer Programmierer*innen und muss nur den Situationen genügen, die Spieler*innen tatsächlich in ihnen erleben können. Ein Formel-Eins-Rennspiel benötigt ein Physiksystem, welches das Verhalten von Formel-Eins-Wagen simuliert – es muss nicht auch das von Flugzeugen und Segelbooten nachbilden können. Zusätzlich geht es

---

27 Vgl. Gad-El-Hak: *Fluid Mechanics*, S. 181.
28 Vgl. Gad-El-Hak: *Fluid Mechanics*, S. 182.
29 Vgl. Jan Vierendeels, Joris Degroote: Aspects of CFD Computations with Commercial Packages. In: In: John F. Wendt (Hg.): *Computational Fluid Dynamics. An Introduction*. Berlin/Heidelberg 2009, S. 305–328, hier: S. 324.
30 Jochen Fröhlich, Wolfgang Rodi: Introduction to Large Eddy Simulation of Turbulent Flows (2002). In: https://tu-dresden.de/ing/maschinenwesen/ism/psm/ressourcen/dateien/mitarbeiter/froehlich/publications/Froehlich_Rodi_Cambridge_2002.pdf?lang=de (letzter Zugriff: 5. November 2021).

in Games laut Hecker nicht um eine ‚realistische' Nachbildung der physikalischen Welt, sondern um ein Erlebnis von „Konsistenz": Die Spielwelt muss sich nicht exakt wie die physische Welt verhalten, aber ihre Regeln müssen schlüssig, wiedererkennbar und schnell zu erlernen und reproduzierbar sein.[31] Das erleichtert natürlich den Umgang mit Vereinfachungen erheblich.

Zugleich aber erschweren andere Faktoren die Einführung von Fluidsimulation in Spielumgebungen. Zwar entwickelt sich einerseits Grafikhardware für Endnutzer rasant und ist aufgrund des hohen Parallelisierungsgrades jüngster GPUs auch sehr für die Berechnung von Fluiddynamiken geeignet,[32] andererseits aber bestehen Spiele stets aus weit mehr als nur einer Physikengine. Sie sind komplexe Gebilde aus Subsystemen, mit denen Spielende durch den Flaschenhals der digitalen Bilderzeugung hindurch interagieren müssen – die Spielphysik ist nur eines davon, andere wären z.B. die künstliche Intelligenz, die auf das Spieler*innenverhalten reagieren muss, oder ein adaptives Soundsystem, das dynamisch Geräusche und Musik der Spielsituation anpasst. All diesen Subsystemen müssen ausreichende Ressourcen zur Verfügung stehen, um in jedem Dreißigstel oder Sechzigstel einer Sekunde die nötige Information für das nächste Einzelbild bereitstellen zu können.[33] Dementsprechend können sich Games nicht – wie Tricktechnik von ILM oder die Strömungssimulationen der Flugzeugindustrie – völlig auf die Berechnung von Flüssigkeitsdynamiken konzentrieren. Rechnerisch teure Fluidsimulation findet man in Games nur selten – und, wenn ja, dann meistens hochgradig lokalisiert. Der Egoshooter *Metro: Last Light* aus dem Jahre 2013 beispielsweise verwendet das vom Grafikkartenhersteller Nvidia entwickelte *smoothed particle hydrodynamics*-Verfahren, um stimmungsvolle Dampf- und Nebeleffekte zu generieren.[34]

Interessanterweise nutzen Spiele, in denen Wasser in der Spielewelt allgegenwärtig ist bzw. die wesentlich im Wasser stattfinden – von *Bioshock*, dem Klassiker des Egoshooter-Genres aus dem Jahre 2007, über jüngere Beispiele wie das Action-Adventure *Abzû* von 2016, das Survival-Game *Subnautica* von 2018 oder das Piraten-Multiplayerspiel *Sea of Thieves* aus demselben Jahr – gerade aus diesem Grund

---

31 Vgl. Chris Hecker: Physics in Computer Games. In: *Communications of the ACM* 43/7 (2000), S. 35–39, hier: S. 36.
32 Vgl. Mark J. Harris: Fast Fluid Dynamics Simulation on the GPU (2004). In: https://developer.nvidia.com/gpugems/gpugems/part-vi-beyond-triangles/chapter-38-fast-fluid-dynamics-simulation-gpu (letzter Zugriff: 4. November 2021).
33 Vgl. Micah J. Best, Alexandra Feodorova, Ryan Dickie, Andrea Tagliasacchi, Alex Couture-Beil, Craig Mustard, Shane Mottishaw, Aron Brown, Zhi Feng Huang, Xiaoyuan Xu, Nasser Ghazali, Andrew Brownsword: Searching for Concurrent Design Patterns in Video Games. In: *Proceedings of the 15th International Euro-Par Conference on Parallel Processing 2009*, S. 912–913.
34 Vgl. Andrew Burnes: Metro: Last Light Graphics Breakdown & Performance Guide (13. Mai 2013). In: https://www.nvidia.com/en-us/geforce/news/metro-last-light-graphics-breakdown-and-performance-guide (letzter Zugriff: 5. November 2021).

praktisch nie echte, starke Fluidmodelle. Sie arbeiten stattdessen mit einer gewissen Anzahl von visuellen Hilfsmitteln, um mit deutlich geringerer Rechenlast teils sehr effektiv den Eindruck realistischer Wasserumgebungen zu erzeugen: von Shader- und Transparenzebenen über dynamische Gischt in Form einfacher Partikeleffekte bis hin zu Techniken, die überhaupt nicht auf der Grafikebene funktionieren, sondern vielmehr die akustische Ausgestaltung betreffen, die Haptik der Steuerung und das spezifische Ineinandergreifen von Gameplay und Narrativ.[35] Wenn die Spielfigur in *Abzû* auf einer Strömung gleitend durch die rauschhafte Spielwelt rast und dabei von einem orchestralen Soundtrack begleitet wird oder der spielerische Fortschritt in *Subnautica* darin besteht, in immer dunklere und rätselhaftere Tiefen eines unerforschten Meeresplaneten abzutauchen, dann ist das Flüssige hier kein Problem mehr, das seiner technischen Lösung harrt, sondern vielmehr: das Paradigma eines Syntheseversuchs zwischen abstrakter Technizität und kulturellen Erlebnisdimensionen, die ausdrücklich nicht das Technische thematisieren.

5 Schluss und Ausblick

Dies führt uns abschließend zurück zu den Eingangsüberlegungen dieses Beitrages zur Willkürlichkeit von Interfaceerscheinungen und deren Abgelöstsein von der darunterliegenden Hardware und ihrer formalen Logik. Fluidität ist keine natürliche und folgerichtige *Aktualität* des Digitalen, sondern vielmehr eine *Virtualität* unseres kulturellen Verhältnisses zu digitalen Medien. Entsprechend ist sie zugleich auch ein programmatischer Entwurf für unser Leben mit der Computertechnik, den wir dieser immer wieder aufs Neue durch findige Programmierung auferlegen und der gerade dort brüchig und somit sichtbar wird, wo die abstrakte Funktionalität des Rechners in kulturelle Praktiken der Sichtbarmachung von Abstraktionen eingebunden wird.

Fluidsimulationen sind für die Metaphoriken digitaler Kulturen eben deshalb eine so interessante Nagelprobe, weil sie einerseits Naturphänomene des Fließens und Wirbelns vornehmlich beschreibend nachahmen, dabei in ihrer Bildgebung aber letztlich immer kulturelle Artefakte bleiben. Dieses Moment des Artifiziellen ist zugleich jenes einer menschlichen Autorschaft und der damit verbundenen Absichten und Vorannahmen, welche sich weniger darin äußern, was ein simulatorisches Modell *tut*, als vielmehr darin, was es eben *nicht* zu leisten imstande ist. Fluidmodelle bezeichnen einen medialen Ort, an dem sich unser Digitalitätsbegriff seiner eigenen Metaphorik stellen muss.

---

[35] Vgl. Dennis Niewerth: Dive! Dive! Dive! Virtuelle (Unter-)Wasserwelten zwischen Beklemmung, Tiefenrausch und Umsetzbarkeit. In: Christian Huberts, Sebastian Standke (Hg.): *Zwischen | Welten. Atmosphären im Computerspiel*. Glückstadt 2014, S. 223–261, hier: S. 236–242.

Die interessante Frage ist hier womöglich gar nicht die, ob dieses Sich-Stellen-Müssen ein erfolgreiches ist, ob also digitale Technik die Versprechen der Metaphern einlösen kann, die man ihr funktional einzuschreiben versucht. Viel aufschlussreicher ist jene nach der Performanz eben dieser Einschreibungen: Wie weit gehen wir und welche Mühen machen wir uns, um sicherzustellen, dass Technologien sich Metaphoriken entsprechend verhalten, die ihrer formalen Logik eigentlich überhaupt nicht entsprechen wollen?

Womöglich ist es die Paradigmatik der Formlosigkeit, unter der Digitalität und Fluidität kulturell zusammenfinden – sofern wir diese Formlosigkeit nicht als einen Mangel an Spezifität, sondern als Chance auf kulturelle Artikulationen verstehen. Solche Artikulationen sind in einer Kultur der Simulation niemals gänzlich von ihren Medien bestimmt, aber ebensowenig jemals gänzlich von deren technischen Implikationen abzulösen. Sie sind letztlich die Ergebnisse von Strategien, die es beschreibbar zu machen gilt – und diese *Be*-Schreibungsarbeit kann erst da beginnen, wo der *vor*-schreibende Charakter der Sprache begriffen wurde, in der sie unweigerlich stattfinden muss.

Literaturverzeichnis

Anderson, John D.: Basic Philosophy of CFD. In: John F. Wendt (Hg.): *Computational Fluid Dynamics. An Introduction*. Berlin/Heidelberg 2009, S. 3–14.

Best, Micah J./Feodorova, Alexandra/Dickie, Ryan/Tagliasacchi, Andrea/Couture-Beil, Alex/Mustard, Craig/Mottishaw, Shane/Brown, Aron/Huang, Zhi Feng/Xu, Xiaoyuan/Ghazali, Nasser/Brownsword, Andrew: Searching for Concurrent Design Patterns in Video Games. In: *Proceedings of the 15th International Euro-Par Conference on Parallel Processing 2009*, S. 912–913.

Blumtritt, Jörg/Köhler, Benedikt/David, Sabria: Declaration of Liquid Culture (2012). In: http://memeticturn.com/lqct/Declaration_of_Liquid_Culture.pdf (letzter Zugriff: 25. Oktober 2021).

Böhme, Hartmut: Umriß einer Kulturgeschichte des Wassers. Eine Einleitung. In: ders. (Hg.): *Kulturgeschichte des Wassers*. Frankfurt a.M. 1998, S. 7–42.

Burnes, Andrew: Metro: Last Light Graphics Breakdown & Performance Guide (13.05.2013). In: https://www.nvidia.com/en-us/geforce/news/metro-last-light-graphics-breakdown-and-performance-guide (letzter Zugriff: 05. November 2021).

Dotzler, Bernhard J.: Analog/Digital. In: Alexander Roesler/Bernd Stiegler (Hg.): *Grundbegriffe der Medientheorie*. Paderborn 2005, S. 9–16.

Failes, Ian: Remembering this Killer ILM Shot from Deep Impact (6.5.2018). In: https://vfxblog.com/deepimpact-2/ (letzter Zugriff: 04. November 2021).

Fröhlich, Jochen/Rodi, Wolfgang: Introduction to Large Eddy Simulation of Turbulent Flows (2002). In: https://tu-dresden.de/ing/maschinenwesen/ism/psm/ressourcen/dateien/mitarbeiter/froehlich/publications/Froehlich_Rodi_Cambridge_2002.pdf?lang=de (letzter Zugriff: 05. November 2021).

Gad-El-Hak, Mohammed: Fluid Mechanics from the Beginning to the Third Millenium. In: *International Journal of Engineering Education* 14/3 (1998), S. 177–185.

Gourlay, Michael J.: Fluid Simulation for Video Games (Part 1, Revision vom 29.11.2020). In: https://github.com/mijagourlay/VorteGrid/wiki/01:-Introduction-to-Fluid-Dynamics (letzter Zugriff: 03. November 2021).

Harris, Mark J.: Fast Fluid Dynamics Simulation on the GPU (2004). In: https://developer.nvidia.com/gpugems/gpugems/part-vi-beyond-triangles/chapter-38-fast-fluid-dynamics-simulation-gpu (letzter Zugriff: 04. November 2021).

Hecker, Chris: Physics in Computer Games. In: *Communications of the ACM* 43/7 (2000), S. 35–39.

Hess, John L./Smith, A.M.O.: Calculation of Potential Flow About Arbitrary Bodies. In: *Progress in Aerospace Sciences* 8 (1967), S. 1–138.

Manovich, Lev: *The Language of New Media*. Cambridge, MA 2002.

Niewerth, Dennis: Heiße Töpfe. Digital Humanities und Museen am Siedepunkt (Museums and the Internet (MAI)-Tagung 2013). In: https://mai-tagung.lvr.de/media/mai_tagung/pdf/2013/Niewerth-DOC-MAI-2013.pdf (letzter Zugriff: 25. Oktober 2021).

Niewerth, Dennis: Dive! Dive! Dive! Virtuelle (Unter-)Wasserwelten zwischen Beklemmung, Tiefenrausch und Umsetzbarkeit. In: Christian Huberts/Sebastian Standke (Hg.): *Zwischen | Welten. Atmosphären im Computerspiel*. Glückstadt 2014, S. 223–261.

Novak, Marcos: Liquid Architectures in Cyberspace. In: Michael L. Benedikt (Hg.): *Cyberspace. First Steps*. Cambridge, MA 1991, S. 225–254.

Pozrikidis, Constantine: *Fluid Dynamics*. New York 2009.

Turkle, Sherry: *Das Leben im Netz. Identität in Zeiten des Internet* [1995]. Übers. von Thorsten Schmidt. Reinbek bei Hamburg 1999.

Vierendeels, Jan/Degroote, Joris: Aspects of CFD Computations with Commercial Packages. In: John F. Wendt (Hg.): *Computational Fluid Dynamics. An Introduction*. Berlin/Heidelberg 2009, S. 305–328.

Yeh, Thomas Y./Faloutsos, Petros/Reinman, Glen: Enabling Real-Time Physics Simulation in Future Interactive Entertainment. In: *Sandbox '06. Proceedings of the 2006 ACM SIGGRAPH Symposium on Videogames*, S. 71–81.

Christian Schulz und Ann-Kathrin Allekotte
Fluide Medialität oder mediale Fluidität?

Eine kurze Geschichte des Social-Media-Feeds

Zusammenfassung: Eine der wichtigsten Komponenten der derzeitigen digitalen Kommunikation ist unzweifelhaft der Feed. Er ist meistens nicht nur die Startseite beim Öffnen von sozialmedialen Applikationen oder Anwendungen, sondern gewissermaßen das konstante nicht-konstante Interface, über das User*innen innerhalb sozialer Medienplattformen agieren und sich informieren. Die Konstitution der Feeds, mit denen wir konfrontiert werden, ist zurückzuführen auf das Verhältnis von medial (oft unbewusst) erfahrener Fluidität in der alltäglichen Nutzungspraxis und fluider Medialität auf (infra-)struktureller Ebene, wie in diesem Beitrag argumentiert wird. Es handelt sich also um ein fluides Zusammenspiel technischer, algorithmischer und auf dem Verhalten der User*innen beruhender Bedingungen, das von den sozialen Medienplattformen gleichermaßen angeleitet und provoziert wird wie auch von den Handlungen der Nutzer*innen abhängig ist und zur Grundvoraussetzung neuester sozialmedialer Applikationen geworden ist. Darüber hinaus knüpft der Social-Media-Feed historisch aber auch an im Kontext des Internets populäre Fließmetaphern an, wie er diese gleichzeitig aber auch radikal in Frage stellt bzw. neue hervorzubringen vermag und damit (infra-)strukturell auf einen Wandel hin zu fluider Medialität im Kontext sozialer Medien verweist, wie im Beitrag anhand einer kurzen Mediengeschichte des Feeds gezeigt wird.

Schlüsselwörter: Fluidität, fluide Mediale, Feed, Social Media, Facebook, TikTok, Fließmetaphorik, Surfen, User*in

1 Abtauchen – Einleitung

Eine der wichtigsten Komponenten der derzeitigen digitalen Kommunikation ist unzweifelhaft der Feed. Er ist in der Regel nicht nur die Startseite beim Öffnen von sozialmedialen Applikationen oder Anwendungen, sondern gewissermaßen das konstante nicht-konstante Interface, über das Nutzer*innen innerhalb sozialer Medienplattformen agieren und sich informieren. Mit „konstant nicht-konstant" ist das technische Dispositiv des Feeds, das Interface mit seinen Möglichkeiten gemeint, die es den User*innen zur Interaktion bietet und das zunächst, d.h. bis zum nächsten Software-Update durch die jeweilige Plattform, beständig bleibt, wohingegen sich der uns präsentierende Inhalt bei jedem Zugriff auf die Applikation, jedem Interagieren innerhalb dieser, ändert. Zurückzuführen ist dies auf das Verhältnis von medial (oft unbewusst) erfahrener Fluidität in der alltäglichen Nutzungspraxis und fluider Medialität auf (infra-)struktureller Ebene, wie dieser Beitrag argumentieren möchte. Also ein fluides Zusammenspiel technischer, algorithmischer und auf dem Verhalten der User*innen basierender Bedingungen, das von den sozialen Medienplattformen gleichermaßen angeleitet und provoziert wird, wie auch von den Handlungen der Nutzer*innen abhängig ist und zur Grundkonstituente neuester sozialmedialer Applikationen geworden ist. Ziel dieses Zusammenspiels – zumindest auf Seiten der Plattformen – ist die geballte Aufmerksamkeit der User*innen und das dadurch verlängerte Verweilen in der App, was sich in monetärer Hinsicht als profitabel für die Plattformen erweist, da mehr Zeit in der App gleichzeitig mehr personalisierte Daten der User*innen bedeutet, die sich den Werbetreibenden entsprechend verkaufen lassen. Gleichzeitig unterstützen die User*innen, obgleich häufig unbewusst, ganz direkt mit detaillierten Angaben zu ihrer Person und ihren Vorlieben im Profil sowie indem sie bspw. Prominenten, Institutionen, Marken und Nachrichtenkanälen folgen eine Kategorisierungslogik bzw. die Analyse konkreter Zielgruppen. An diese lassen sich im Zuge dessen ebenfalls maßgeschneiderte Inhalte („Content") heranführen, die diese User*innen wiederum aufgrund ihrer (vermeintlichen) Passgenauigkeit länger in der App verweilen lassen – so zumindest die Idealvorstellung aus Sicht der sozialen Medienplattformen. Theoretisch lässt sich hieran zwar zum einen eine in den Praktiken erfahrbare und zu verortende mediale Fluidität hinsichtlich der Konstitution dieser sozialmedialen Anwendung festmachen, weil die den User*innen präsentierten Inhalte schon bei der nächsten Aktualisierung des Feeds (und das meint in der Regel ein konstantes Weiterbenutzen einer Applikation) schlicht nicht mehr über diesen erreichbar sind, weil sie gewissermaßen im Strom des Flusses untergegangen sind. Zum anderen knüpft der Social-Media-Feed historisch aber auch an im Kontext des Internets populäre Fließmetaphern an, wie er diese gleichzeitig aber auch radikal in Frage stellt bzw. neue hervorzubringen vermag und damit (infra-)strukturell auf einen Wandel hin zu fluider Medialität im Kontext sozialer Medien verweist. Mit Bezug auf diese fluide Medialität erscheint der Feed gleichermaßen als Teil von deren Ursache, wie er selbst auch als Symptom dieser zunehmend verflüssigten Medialität daherkommt. Dies soll im Folgenden an einer kurzen Geschichte des Social-Media-Feeds exemplifiziert werden.

Zunächst wird ausgehend von der sich in der zweiten Hälfte der 1990er Jahre im Rahmen von „Geek"- und „Nerd"-Diskursen zu verortenden Geschichte des Begriffes „Feed" und sich zeitgleich popularisierender Fließmetaphern wie dem „Surfen" ein Konnex zu den informationstechnischen Vorläufern solcher Feeds geschlagen, wie sie mehr oder weniger prominent in RSS, der Tech-News-Webseite *Slashdot* oder dem Bookmarking-Dienst *Digg* in Erscheinung treten. Anschließend wird über die Implementierungsgeschichte des News Feeds bei *Facebook* der Bogen zur Algorithmisierung von Social-Media-Feeds geschlagen, wie dies besonders der EdgeRank-Algorithmus symbolisiert. Ausgehend von der damit einhergehenden „Verflüssigung" statischer User*innen-Interfaces an Front- und Backend und einem damit einhergehenden „sich treiben lassen" auf Ebene der Nutzer*innen, soll schließlich im dritten Teil des Beitrags die Zuspitzung zentraler Funktionsprinzipien von algorithmisierten Feeds am Beispiel der populären App *TikTok* in den Fokus rücken. Der dortige „For You"-Feed lässt sich gewissermaßen als Verflüssigung der Verflüssigung oder gar als „Sog" beschreiben und stellt damit nicht nur das sozialmediale Organisationsprinzip des Feeds selbst in Frage, sondern markiert auf theoretischer Ebene gleichsam die bereits angedeutete Parallelbewegung von medialer Fluidität auf der Nutzungsebene und einem sich (infra-)strukturell vollziehenden Wandel hin zu einer fluiden Medialität auf Seiten der Plattformen.

2 Ein kurzer Tauchgang in die Mediengeschichte des Feeds

2.1 „Im Internet surfen" und die Ursprünge des Feeds

Fließmetaphern bestimmen nicht nur aktuelle Diskurse der Informationsgesellschaft, beruhend auf der Vorstellung,

> „dass mit der algorithmischen Programmierbarkeit der digitalen Medien alles miteinander verschaltet und verhängt, in permanentem Fluss, grenzüberschreitend und variabel ist und damit die ideologischen und technischen Voraussetzungen für eine neue Phase des globalen Kapitalismus mit dessen Kennzeichen von Vernetzung. Mobilität, Flexibilität und Kapitalfluss geschaffen sind".[1]

Vielmehr ermöglichen Begriffe wie Stream, Flow, Deep Dive[2] oder eine Vielzahl weiterer liquider sprachlicher Metaphern einerseits ein Beschreiben der gegenwärtigen Verfasstheit digitaler Interfaces, durch die im Content-Fluss navigiert wird. Andererseits erweisen sie sich gerade im Kontext digitaler Kommunikation und unserer Positioniert- und Involviertheit innerhalb der uns zur Verfügung stehenden Dispositive in sozialen Medien als erkenntnisstiftend verdeutlichen Metaphern doch die Relation, in der ihre Nutzer*innen zum Signifikat stehen.

Geht es um das Fluide im Kontext des Internets, ist oder vielmehr war die sicherlich prominenteste Fließmetapher das „Surfen". „Im Internet surfen" wurde von der US-amerikanischen Bibliothekarin Jean Armour Polly 1992 erstmals in einem gleichnamigen und programmatischen Text verwendet[3] und nahm damit die Metaphorik des Fluiden, ursprünglich ein physikalischer Begriff für Gase und Flüs-

---

[1] Yvonne Volkart: *Fluide Subjekte. Anpassung und Widerspenstigkeit in der Medienkunst*. Bielefeld 2006, S. 13.
[2] Für einen Tieftauchgang bei YouTube siehe hierzu den Beitrag von Bastian Schramm in diesem Band.
[3] Jean Armour Polly: Surfing the Internet: An Introduction. *Netmom.com* (März 1992). In: https://www.netmom.com/images/pdf/surfing_the_internet.pdf (letzter Zugriff: 28. Mai 2022).

sigkeiten, als ein in medien- und kulturwissenschaftlichen Diskursen reflektiertes Phänomen bereits Anfang der 1990er Jahre quasi *avant la lettre* von heute gängiger Fließmetaphorik für mensch-mediale Verbindungen vorweg. Mehr als ein Jahrzehnt später beschrieben der Germanist Matthias Bickenbach und der Medienwissenschaftler Harun Maye das Surfen im Internet als „bewusste Navigationsbewegung", mit dem „Wissenswege (‚Knowledge Trails') immer wieder neu und anders" genutzt werden können.[4] Sie sehen in den u.a. in den Medienwissenschaften gebräuchlichen Fließmetaphoriken „nicht nur eine Metapher für das taktische Verhalten in den Strudeln der Information, sondern auch – und darauf kommt es an – die intelligentere Form des Umgangs mit den Risiken, Chancen und Wagnissen des Informationszeitalters"[5] sowie den Anlass zu einer Frage nach der Art und Weise der Mediennutzung. Was in diesen Definitionen also mitschwingt, ist nicht nur ein zielgerichtetes und souveränes Navigieren innerhalb medialer Fluidität, sondern vielmehr auch ein (selbst-) bewusster Umgang von Nutzer*innen mit dem Medium Internet an sich. Seltsam altertümlich mutet die Metapher vor diesem Hintergrund nichtsdestotrotz an, wenn man sich gegenwärtige Diskurse in und um soziale Medienplattformen vor Augen führt, wo besonders auf einem affektiven Organisationsprinzip beruhende Social-Media-Feeds häufig als Ursache von sogenannten „Fake News", sogenannter „Hate Speech" oder vermeintlichen „Filter Bubbles" verstanden werden. Den Nutzer*innen wird damit gleichsam aber auch diese Entscheidungshoheit über das zielgerichtete Navigieren zugunsten von vermeintlich alles steuernden und manipulierenden Algorithmen wieder abgesprochen. Das Fluide in Gestalt der souveränen Surf-Metapher also „markiert zuerst ein Ideal der Medien – ihr reibungsloses Funktionieren – zugleich aber auch dessen Labilität", wie Bickenbach und Maye hervorheben.[6] Gleichzeitig verhält es sich nach ihrer Ansicht so, dass das allzu Flüssige jedoch keine Kontur gewinnt und es vielmehr „zerfließt, überflutet" und einen „reißenden Strom" oder Sog bildet, sprich die Medialität selbst also fluide wird.[7] Ebendiese Entwicklung markiert der Social-Media-Feed vielleicht so anschaulich wie keine andere Internet-Technologie, denn selbst bei Googles einflussreichem PageRank-Algorithmus handelt es sich, zumindest am Frontend des Interface, noch um ein (vermeintlich) souveränes Navigieren in einer relativ statischen Anordnung, in der sich die auf der Benutzer*innenoberfläche präsentierten Suchergebnisse gewissermaßen nur durch das eigene Handeln verändern (indem etwa die zweite Seite der angezeigten Suchergebnisse aufgerufen wird).

---

4 Vgl. Matthias Bickenbach, Harun Maye: *Metapher Internet. Literarische Bildung und Surfen*. Berlin 2009, S. 19.
5 Bickenbach, Maye: *Metapher Internet*, S. 19.
6 Bickenbach, Maye: *Metapher Internet*, S. 17.
7 Bickenbach, Maye: *Metapher Internet*, S. 17.

2.2 „FEED"

In ebenjene Zeit des PageRanks (*Google* wurde 1998 gegründet) fällt dann auch die historisch erste Verwendung des Begriffes „Feed". Der Begriff des „Feed" lässt sich hierbei auf das gleichnamige Online-Magazin (*FEED*) zurückführen, das eines der ersten seiner Art war und von Stefanie Syman und Steven Johnson 1995 ins Leben gerufen wurde. Dieses Online-Magazin, das die beiden Gründer*innen „irgendwo zwischen Essay und Konversation"[8] ansiedelten, war entgegen der Gewohnheiten von Leser*innen nicht um die Inhalte, sondern rund um das Format der jeweiligen Artikel organisiert. Dialoge etwa wurden demnach unabhängig von ihrer Thematik Dialogen zugeordnet und nicht etwa den anderen Rubriken wie „Feedline" oder „Document" (Abb. 1), was viele „Mainstream-Nutzer*innen" damals vor Herausforderungen stellte.[9]

Interessant ist nun aber der Umstand, dass Syman und Johnson mit ihrem Konzept nicht nur bereits Kommentare der User*innen unter ihren Beiträgen in den unterschiedlichen Rubriken ermöglichten.[10] Vielmehr haben sie zu einem ähnlichen Zeitpunkt, als User*innen anfingen, ihre über den Mosaic-Browser favorisierten Webseiten über die eigene Homepage mit anderen Internet-Nutzer*innen zu teilen,[11] dieses Prinzip weitergedacht und mit ihrem Konzept einer an den User*innen ausgerichteten Personalisierung von Inhalten bereits antizipiert, was heute selbstverständlich für zahlreiche Web-Anwendungen in Form von automatisierten Empfehlungsdiensten ist. Denn wie sich Johnson in einem Interview mit der News-Webseite *Wired* 1998 äußerte: „Readers could come in and say, ‚OK, I'm interested in these particular themes', and a script would custom-build the article for you."[12] Genau darum handelte es sich auch bei den ersten Feeds, die zunächst einmal nichts anderes waren als ein personalisiertes Datenformat, mit dem Nutzer*innen regelmäßig und je nach persönlichen Präferenzen über bestimmte Updates informiert werden konnten, seien dies nun Nachrichtenartikel, Postings oder Fotos und Videos. Dementsprechend können die ersten direkten Vorläufer von Social-Media-Feeds in sogenannten „RSS-Readern" ausgemacht werden, die nur unwesentlich später nach Johnsons Aussagen das Licht der Welt erblickten.

---

8 Vgl. Susanne Baller: Abschied von Gutenberg. In: *Der Spiegel* 1. März 1997, https://www.spiegel.de/spiegel/spiegelspecial/d-8672820.html (letzter Zugriff: 14. April 2022).
9 Vgl. Steve Silberman: FEED Reinvents Itself. *Wired Magazine* (Oktober 1998). In: https://www.wired.com/1998/09/feed-reinvents-itself/ (letzter Zugriff: 14. April 2022).
10 Steven Johnson: *Interface Culture: Wie neue Technologien Kreativität und Kommunikation verändern* [1997]. Stuttgart 1999, S. 148.
11 Megan Sapnar Ankerson: *Dot-Com Design: The Rise of a Usable, Social, Commercial Web*. New York 2018, S. 58.
12 Steven Johnson: *Interface Culture*, S. 148.

Abb. 1: Startseite des Online-Magazins FEED am 12. Januar 1998.

2.3 RSS

Unter RSS, das für „Rich Site Summary" ebenso wie für „Really Simple Syndication" stehen kann,[13] versteht man ein Format, das für die Syndikation unterschiedlicher Nachrichtenmeldungen von verschiedenen Seiten zuständig ist. Dies kann sowohl

---

[13] Dave Winer wies in einem Blog-Eintrag von 2002 darauf hin, dass „RSS" kein Akronym ist und es daher keinen Konsens darüber gibt, wofür „RSS" nun eigentlich stehe. Siehe Dave Winer: RSS 0.91. *backend.userland.com* (2002). In: http://backend.userland.com/rss091# (letzter Zugriff: 14. April 2022).

große und einschlägige News-Webseiten wie etwa *Wired* als auch eher auf Communities basierende Homepages oder Weblogs umfassen.[14] Häufig werden RSS-Reader deshalb auch als News-Aggregatoren bezeichnet. Das Kürzel RSS ist hierbei jedoch ein Überbegriff für mindestens zwei verschiedene, aber parallel existierende Formate. Das erste Format in der Version 0.90 wurde von Netscape im März 1999 veröffentlicht und war vergleichsweise komplex zu handhaben, so dass im Juli desselben Jahres eine einfacher zu benutzende Version (0.91) nachgeschoben wurde.[15] Das zweite Format von „UserLand" um Blog-Pionier Dave Winer wurde ein gutes Jahr später im Juni 2000 veröffentlicht, basierte im Wesentlichen auf der Version 0.91 von Netscape und sollte unter anderem als Grundlage für verschiedene Feed-Reader-Applikationen in Weblogs dienen. In technischer Hinsicht unterscheiden sich die beiden Formate nicht wesentlich: Es werden Artikel einer Webseite oder deren Kurzbeschreibungen gespeichert und in maschinenlesbarer Form im Rahmen einer XML-Datei bereitgestellt, die aber lediglich den strukturierten Inhalt, darüber hinaus aber keine zusätzlichen Informationen wie Layout etc. enthält.[16] Vor allem im Kontext von Weblogs, aber auch von Nachrichtenseiten erfreute sich RSS reger Beliebtheit, so dass selbst *Google* im Oktober 2005 einen eigenen Google Reader auf RSS-Basis ausrollte, der allerdings im Juli 2013 seinen Dienst einstellte, und es zwischenzeitlich auch bezüglich *Facebook* entsprechende Gerüchte hinsichtlich eines eigenen RSS-Readers gab.[17]

2.4 Slashdot

Neben den Entwicklungen rund um den RSS-Feed entstand etwa zur selben Zeit mit der Tech-News-Seite *Slashdot.org*, die 1997 vom damals 21-jährigen Programmierer Rob Malda gegründet wurde und „News for Nerds on the Stuff that Matters" bereitstellte, ein weiterer für heutige Social-Media-Feeds wichtiger Baustein. Hierbei konnten User*innen über ein entsprechendes Submission-Fenster verlinkte Artikel mit einer Kurzbeschreibung einreichen und so einen Vorschlag machen, welche Stories auf *Slashdot.org* erscheinen sollen. Anschließend wurden die Einreichungen

---

14 Vgl. Mark Pilgrim: What Is RSS? *XML.com* (Dezember 2002). In: https://www.xml.com/pub/a/2002/12/18/dive-into-xml.html, (letzter Zugriff: am 14. April 2022).
15 Für einen chronologischen Überblick der verschiedenen RSS-Versionen siehe RSS Advisory Board: Specification History. *RSSboard* In: https://www.rssboard.org/rss-history (letzter Zugriff: 14. April 2022).
16 Vgl. Dave Winer: RSS 0.91.
17 Vgl. Ingrid Lunden: API Code Could Point to Facebook Building an RSS Reader. *Techcrunch* (Juni 2013). In: https://techcrunch.com/2013/06/13/api-code-could-point-to-facebook-building-an-rss-reader/ (letzter Zugriff: 14. April 2022).

dann von einem neunköpfigen Team um Rob Malda geprüft.[18] Obwohl der Slogan „News for Nerds", wie Michael Stevenson betont hat, ein wenig irreführend war und es in den Diskussionen und Debatten auf der Seite in erster Linie um Linux und Open-Source-Software-Projekte ging, ist für die Geschichte des Social-Media-Feeds insbesondere ein Feature von zentralem Interesse, das *Slashdot.org* von Anfang 1998 bis ins Jahr 1999 hinein entwickelte und schließlich implementierte: eine Art automatisiertes Moderations-System.[19]

Dieses Moderations-System, das noch um ein Tagging-System ergänzt wurde, war jedoch nur möglich, weil *Slashdot.org* allen registrierten User*innen eine User-ID zugewiesen hatte. Aktive und registrierte User*innen wurden dabei mit einer „Persistent ID" ausgestattet, wodurch das Verhalten der eingeloggten User*innen beständig nachverfolgt werden konnte. Das heißt: Relativ „schwache" Daten über User*innen wie eine IP-Adresse oder die jeweiligen Usernamen wurden so durch genauere Informationen wie Login-Statistiken, die Anzahl der geposteten Kommentare, Zeitzonen und andere personalisierte Informationen ersetzt, was nicht zuletzt zu Unmut bei einem Teil der Slashdot-Leser*innen geführt hat.[20] Mittels dieser so erworbenen Informationen wurden zunächst 25 sogenannte „Power-User" („typical slashdotters") mit einem entsprechenden „alignment" identifiziert, die als Moderator*innen ausgewählt wurden und fortan mit einem eigens von Malda programmierten Credit-System, auf das nur die Moderator*innen Zugriff hatten, Punkte auf einer Skala von eins (schlechteste) bis fünf (beste) für Kommentare vergeben konnten.[21] Auch stand in diesem Zuge ab September 1999 ein sogenanntes Metamoderations-System zur Verfügung, bei dem die Bewerteten die Bewertungen durch die Moderator*innen als „fair" oder „unfair" bewerten konnten. Im Grunde etablierte Slashdot damit eine Art „Peer-to-Peer-Review"-System für den Content von Nutzer*innen, dessen Grundlage einerseits eine Form der Personalisierung war, mit denen die Moderator*innen ausgewählt wurden. Andererseits stellte dieses System bereits eine frühe Form des kollaborativen Filterns dar, auf das im Folgenden noch zurückzukommen sein wird. Darüber hinaus diente dieses Content-Moderations-System auch als Ausgangspunkt für ein Reputationssystem, denn schon nach kurzer Zeit, als die Anzahl der Kommentare infolge von mehr Nutzer*innen stieg, wurde auch die Anzahl der Moderator*innen auf 400 erhöht und zudem ein kumulativer Comment-Score eingeführt.[22] Dieser kumulative Comment-Score, der auch mit einer

---

[18] David Kushner: The Slashdot supremacy. In: *IEEE Spectrum* 44/11 (2007), S. 34–38, hier: S. 37.
[19] Michael Stevenson: Slashdot, Open News and Informated Media. Exploring the Intersection of Imagined Futures and Web Publishing Technology. In: Wendy Hui Kyong Chun, Anna Watkins Fisher, Thomas Keenan (Hg.): *New Media, Old Media: A History and Theory Reader*. London 2016, S. 616–630, hier: S. 618.
[20] Stevenson: *Slashdot, open news and informated media*, S. 618
[21] David Kushner: *The Slashdot supremacy*, S. 37.
[22] David Kushner: *The Slashdot supremacy*, S. 37.

Umbenennung des „alignments" in ein „Karma-Level" einherging, wurde fortan zur Zuschreibung für alle registrierten User*innen und diente gewissermaßen als Attribut für die Reputation der Nutzer*innen. Auch ein automatisiertes Vorauswahl-Tool wurde im Zuge dessen installiert, um potentiell geeignete Moderator*innen bereits im Voraus zu filtern.[23] Mit diesen Aspekten der Personalisierung und eines damit einhergehenden Trackings, des kollaborativen Filterns sowie vor allem einem Reputationssystem mit kumulativem Comment-Score waren bereits 1999 drei wesentliche Bestandteile von Feeds bei *Slashdot.org* in rudimentärer Form vorhanden. Es darf gleichwohl nicht vergessen werden, dass die Organisation von *Slashdot.org* nach wie vor ein Top-Down-Modell war und Malda beziehungsweise das Team um ihn herum letztlich bestimmten, welche Artikel und Links präsentiert wurden, was einige Nutzer*innen nicht unbedingt als demokratisch empfanden und zudem das Arrangement noch relativ statisch erscheinen ließ.

2.5 Digg

Eben diesen Aspekt einer Demokratisierung adressierte der 2004 von Kevin Rose gegründete Bookmarking-Dienst *Digg*. Als Ausgangspunkt diente bei *Digg* in gewisser Weise auch das Tracking. Dies betraf allerdings nicht nur den Dienst, sondern auch die User*innen konnten sich erstmals untereinander befreunden, womit für sie sichtbar war, welche Geschichten und Artikel von diesen eingereicht, kommentiert oder bewertet wurden. Hier wurde dem kollaborativen Filtern also ein sozialer Filterungsprozess vorgelagert, der in rudimentärer Form bereits den Social Graph von *Facebook*, also das Mapping von Beziehungen im Backend, antizipierte.[24] Allerdings war dieser Aspekt weitestgehend auf das Frontend beschränkt, auf dem die Nutzer*innen die Aktivitäten (Votes, Kommentare, eingereichte Beiträge) ihrer Freund*innen für die Dauer von 48 Stunden verfolgen konnten. Im Backend scheint nämlich nichtsdestotrotz kein systematisches Mapping dieser Relationen von Nutzer*innen zueinander erfolgt zu sein, wofür unter anderem eine Studie der Informatikerin Kristina Lerman spricht, die sich mit Hilfe des offenen API-Zugangs[25] das

---

23 David Kushner: *The Slashdot supremacy*, S. 37.
24 Vgl. Kristina Lerman: Social Information Processing in Social News Aggregation. In: *IEEE Internet Computing* 11/6 (2007), S. 16–28.
25 Unter einem „Application Programming Interface" (API) versteht man eine Programmierschnittstelle, die von den Entwickler*innen einer bestimmten Software potentiell für andere, mitunter extern programmierte Software-Teile anbindungsfähig gemacht worden ist. So ist es im Kontext sozialer Medienplattformen, zumindest bis zu den im Zuge des *Cambridge Analytica*-Skandals einsetzenden weitreichenden Restriktionen solcher Zugänge, üblich gewesen, dass über derartige APIs sogenannte „Third-Party-Entwickler*innen" kleine Add-Ons oder spielerische Erweiterungen für einen bestimmten Dienst oder eine Anwendung programmieren konnten (etwa bis 2020 das populäre Spiel *Farmville* für Facebook).

Backend und den Empfehlungsalgorithmus von *Digg* genau angesehen hat.[26] Für die Geschichte des Social-Media-Feed ist hier besonders interessant, dass *Digg* neben dem quantitativen Aspekt der Votes, bei dem ein gewisser Schwellenwert von Einreichungen der Nutzer*innen überschritten werden musste, um für die Auswahl der Frontpage in Frage zu kommen, bereits eine zeitliche Ebene mitimplementiert wurde. Es ging hierbei darum, wie viel Zeit seit der Einreichung vergangen ist und wie die Interaktion der Nutzer*innen in diesem Zeitraum mit einem Beitrag der Freund*innen war (Votes, Kommentare etc.), was nicht nur bereits eine zentrale Komponente des späteren Facebook News Feeds antizipierte, wie im nächsten Abschnitt gezeigt werden wird. Vielmehr wurden die Beiträge von Freund*innen dann auch häufiger auf die Startseite einzelner Nutzer*innen gespült. Es gab also nicht nur personalisierte Startseiten, auch war der quantitative Aspekt (insbesondere Votes) nicht mehr der allein ausschlaggebende Beweggrund, einen Beitrag auf der Frontpage zu platzieren, gleichwohl er natürlich nach wie vor der zentrale Faktor war. Diese Änderung im Algorithmus von *Digg* geschah in erster Linie als Reaktion auf das sich zunehmend um sich greifende Verhalten von Nutzer*innen, den allein nach quantitativen Parametern operierenden Algorithmus mit reziproken Upvotes zu hintergehen und gegenseitig die eigenen Beiträge auf die Startseite zu bringen.[27] *Digg* hat seit der Gründung 2004 also die erstmals mit Slashdot eingeführten Parameter der Personalisierung, des kollaborativen Filterns und eines damit einhergehenden Reputationssystems automatisiert, gleichzeitig aber die Organisation im Backend nicht nur nach quantitativen Parametern ausgerichtet. Mit dieser Gemengelage wären eigentlich alle Parameter für ein systematisches Mapping von sozialen Relationen der Nutzer*innen im Backend, sprich einen Social Graph, gegeben, was aber aus nicht näher zu definierenden Gründen unterblieb. Nichtsdestotrotz hat man bei *Facebook* diese Entwicklungen genau studiert, denn *Facebook* hat mit der Entwicklung seines News Feed genau jenen Aspekt des systematischen Mappings sozialer Relationen adressiert und mit dem Social Graph umgesetzt, weil dieser im Backend nicht nur die Voraussetzung für die Funktionsweise des News Feed darstellt. Auch hat er maßgeblich zu einer medial erfahrbaren Fluidität auf Nutzungsebene beigetragen.

---

26 Vgl. Kristina Lerman: Social Information Processing in Social News Aggregation.
27 Reziproke Versuche, Algorithmen zu beeinflussen, gehen im Kontext des Internets mindestens bis zum PageRank zurück, bei dem dieses Prinzip via sogenannter Linkfarmen mit Webseiten, die gegenseitig aufeinander verweisen, gewissermaßen automatisiert wurde. Eine aktuellere Ausprägung findet sich etwa in den „Follow4Follow"- oder „Like4Like"-Praktiken von Instagram-Nutzer*innen, die mit entsprechenden Werkzeugen solche reziproken Versuche der Einflussnahme auf den Algorithmus mitunter ebenfalls automatisiert vornehmen. Siehe zu diesen Praktiken im Kontext des PageRank auch Theo Röhle: *Der Google-Komplex. Über Macht im Zeitalter des Internets*. Bielefeld 2010, S. 129.

3 „Sich treiben lassen" im *Facebook*-News Feed

Facebook führte auf der Grundlage des Social Graph im Backend den News Feed offiziell im Jahr 2006 ein. Allerdings handelte es sich anfänglich beim News Feed noch um eine relativ statische Angelegenheit, da er mehr oder weniger aus einer chronologisch zusammengestellten „Pinnwand" bestand, die – obgleich schon von Anzeigen durchzogen – noch nicht auf einem algorithmischen Organisationsprinzip beruhte. Dies änderte sich im Jahr 2009, als mit der Einführung des „Like"-Buttons auch die statische und chronologische Pinnwand hin zu dynamisch-fluiden und auf Algorithmen basierenden Sortier- und Klassifikationsverfahren umgestellt wurde.[28] Die Algorithmisierung oder Verflüssigung des News Feed ist demnach einerseits untrennbar verknüpft mit der Einführung des Like-Buttons. Andererseits kann der News Feed aber auch als Dienst für die Nutzer*innen beschrieben werden, der am Frontend des Interface als „Informationszentrale" von *Facebook* fungiert, in der alle möglichen Informationen von, über und für die User*innen gesammelt, aggregiert und prozessiert werden.[29] Im Prinzip führt *Facebook* damit die vom Bookmarking-Dienst *Digg* erprobten und bereits implementierten Parameter eines auf kollaborativem Filtern beruhenden Reputationssystems und der Personalisierung fort, bzw. es verfeinert diese Verfahren der Personalisierung mittels des Like-Buttons am Frontend und Verfahren des maschinellen Lernens im Backend noch, da im Unterschied zu *Digg Facebook* mit dem Social Graph und einem systematischen Mapping von Relationen der Nutzer*innen unter- und zueinander auf eine ganz andere Infrastruktur zurückgreifen kann. Die Zusammenstellung des News Feeds funktioniert dann zunächst maßgeblich durch sogenannte „Edges" in ebenjenem Social Graph, die eben durch Likes, aber auch Kommentare oder andere Interaktionen mit Nutzer*innen erzeugt werden und so einen Relevanzwert ermitteln. Nicht zuletzt deswegen ist der auf diesem Prinzip fußende Algorithmus auch als „EdgeRank" bezeichnet worden. Ursprünglich sind es mindestens drei unterschiedliche Komponenten, die den EdgeRank hauptsächlich beeinflusst haben, wie Taina Bucher in einem zentralen Aufsatz aus dem Jahr 2012 festgestellt hat:

---

[28] Die Einführung des News Feed und des „Like"-Buttons erfolgte auch durch das durch die breitenwirksame Einführung des Smartphones (beginnend mit Apples iPhone 2007) zunehmend schwerer gewordene Tracking von Nutzer*innen, das zuvor besonders durch sogenannte „Cookies" sichergestellt wurde. Dieser Aspekt kann hier jedoch sowohl aus Gründen der Kohärenz als auch wegen des begrenzten Platzes nicht weiterverfolgt werden. Ausführlicher sind diese Verflechtungen dargestellt in Christian Schulz: *Infrastrukturen der Anerkennung. Eine Theorie sozialer Medienplattformen*. Universität Paderborn: Dissertation 2022.
[29] Markus Krajewski: *Der Diener. Mediengeschichte einer Figur zwischen König und Klient*. Frankfurt a. M. 2010, S. 155.

- *Affinität*: Im originären News-Feed-Patent von 2006 ist in diesem Zusammenhang auch von „affinity engine" die Rede.[30] Hier steht in erster Linie das Verhältnis zwischen den User*innen im Vordergrund. Besonders die Interaktionen, sei es ein Like, eine private Nachricht oder auch nur ein Profilaufruf, werden hier gewichtet.
- *Gewichtung*: Jedem Edge wird abhängig von der Art der Handlung ein unterschiedliches Gewicht gegeben. Nicht jede Handlung von User*innen wird also gleich gewichtet. So ist ein Kommentar zum Beispiel in dieser Hinsicht wertvoller als ein Like.
- *Zeit*: Hier kommt es darauf an, wie aktuell der Edge ist. Ältere Beiträge werden dabei als weniger wichtig eingestuft als neuere.[31]

Diese drei Faktoren werden multipliziert und ermitteln je nach Beitrag einen unterschiedlichen EdgeRank. Konkret heißt dies, dass bei einem Beitrag zunächst einmal die Anzahl und die Art und Weise (in erster Linie also Like oder Kommentar) der auf den Beitrag reagierenden Personen beziehungsweise Freund*innen wichtig sind. Auch deren Verhältnis zu derjenigen Person, die den Beitrag geteilt hat, und der Zeitpunkt des Teilens sind wichtige Bestandteile. Auch wenn die Funktionsweise des EdgeRank-Algorithmus wohl schwerlich auf diese drei Faktoren beschränkt gewesen sein dürfte, ist hier zunächst einmal entscheidend, dass mit diesem Prinzip der Berechnung von Edges Personen ein Wert zugeschrieben wird, der situativ und von Person zu Person differiert. Das heißt: Bestimmte Personen oder Freund*innen zählen mehr als andere. Dieses Prinzip der Kategorisierung via „relevancy score" hat in den Folgejahren zwar einige Veränderungen und Ergänzungen erlebt.[32] Allerdings gilt nach wie vor: Je höher der Score, desto höher sind das Ranking und desto größer die Wahrscheinlichkeit, dass ein bestimmter Beitrag in den Feed eines bestimmten Users oder einer bestimmten Userin gespült wird.[33] Hierbei gewichtet *Facebook* nun etwa nicht mehr automatisch alle Fotos oder Videos höher wie noch zur Einführung des algorithmischen Organisationsprinzips des Feed 2009.[34] Viel-

---

30 Vgl. Andrew Bosworth, Chris Cox: *Providing a Newsfeed based on User Affinity for Entities and Monitored Actions in a Social Network Environment*. US Patent No. 8402094B2. In: www.google.com/patents/US8402094 (letzter Zugriff: 14. April 2022).
31 Taina Bucher: Want to be on the top? Algorithmic Power and the threat of invisibility on Facebook. In: *New Media & Society* 14/7 (2012), S. 1164–1180, hier: S. 1167.
32 Will Oremus: Who Controls Your Facebook Feed. *Slate* (Januar 2016). In: http://www.slate.com/articles/technology/cover_story/2016/01/how_facebook_s_news_feed_algorithm_works.html (letzter Zugriff: 14. April 2022).
33 Jason Kincaid: EdgeRank: The Secret Sauce That Makes Facebook's News Feed Tick. *Techcrunch* (April 2010). In: https://techcrunch.com/2010/04/22/facebook-edgerank/ (letzter Zugriff: 14. April 2022).
34 Dies hängt damit zusammen, dass Fotos eine zentrale Rolle beim Aufbau des Social Graph gespielt haben und die Foto-Funktion entsprechend von *Facebook* in den Vordergrund gerückt

mehr sollen ganz im Sinne der Personalisierung und Verflüssigung, wenn User*innen ein bestimmtes Foto oder Video anklicken, ihnen dementsprechend ähnliche Fotos oder Videos im Feed angezeigt werden. Wenn bestimmte Textbeiträge angeklickt werden, sollen den Nutzer*innen zudem möglichst Texte derselben Sorte oder ähnliche Inhalte in den News Feed gespült werden.[35] Wendy Chun hat genau dieses Prinzip der „Homophilie" historisch in den Blick genommen und problematisiert.[36] Hier handelt es sich um ein Prinzip aus der Netzwerkforschung, das davon ausgeht, dass Ähnlichkeiten im ausgespielten Content einerseits für mehr Screentime bei den Nutzer*innen sorgen und andererseits genau durch dieses Prinzip mehr Verbindungen zwischen User*innen eingegangen werden und das ganze Arrangement potentiell verflüssigt werden kann.[37] Dies heißt nicht, dass damit die Kriterien des EdgeRanks fortan nicht mehr greifen und keine Rolle mehr spielen. So ist in einem Ende 2010 von *Facebook* eingereichten Patent zum News Feed ausdrücklich neben dem „affinity module" u.a. auch ein „action store" gelistet, der eben sämtliche Handlungen der User*innen aufzeichnet.[38] In diesem Patent heißt es: „The actions recorded in the action store may be farmed actions, which are performed by a user in response to the social networking system providing suggested choices of actions to the user."[39] Ergänzt wird dieser „action store" von einem auf maschinellem Lernen basierenden „predictor module", das auf Grundlage individueller Aktivitäten der Nutzer*innen einen entsprechend personalisierten Output kreiert und den User*innen im Feed präsentiert.[40] Ausgehend von den individuellen Handlungen der Nutzer*innen, werden für jeden einzelnen Account verschiedene multiple „predictor modules" erstellt, die mögliche zukünftige Aktivitäten von User*innen berechnen sollen.[41] Die entscheidende Neuerung, die mit der Umstel-

---

wurde. Siehe hierzu auch Roland Meyer: *Operative Porträts. Eine Bildgeschichte der Identifizierbarkeit von Lavater bis Facebook*. Konstanz 2019, S. 392–395.
35 Siehe auch Victor Luckerson: Here's How Facebook's News Feed Actually Works. *Time Magazine* (Juli 2015). In: https://time.com/collection-post/3950525/facebook-news-feed-algorithm/ (letzter Zugriff: 14. April 2022).
36 Vgl. Wendy Hui Kyong Chun: Queering Homophily: Muster der Netzwerkanalyse. In: *Zeitschrift für Medienwissenschaft* 2 (2018), S. 131–148.
37 Chun: *Queering Homophily*; siehe kritisch hierzu auch Wendy Hui Kyong Chun: *Discriminating Data: Correlation, Neighbourhoods, and the New Politics of Recognition*. Cambridge 2021.
38 Vgl. Yun Fang Juan, Ming Hua: *Contextually Relevant Affinity Prediction in a Social Networking System*. U.S. Patent Application Nr. 2012/0166532 A1. In: https://patentimages.storage.googleapis.com/f9/68/e0/d073cd78feb848/US20120166532A1.pdf (letzter Zugriff: 14. April 2022).
39 Hua: *Contextually Relevant Affinity Prediction in a Social Networking System*, S. 3.
40 Hua: *Contextually Relevant Affinity Prediction in a Social Networking System*, S. 3.
41 Vgl. Akos Lada, Meihong Wang, Tak Yan: How Machine Learning Powers Facebook's News Feed Ranking Algorithm. *Facebook Engineering* (Januar 2021). In: https://engineering.fb.com/2021/01/26/ml-applications/news-feed-ranking/ (letzter Zugriff: 14. April 2022); siehe zu multiplen Machine Learning-Modulen auch Adrian Mackenzie: *Machine Learners. Archaeology of a Data Practice*. Cambridge 2017, S. 22.

lung auf maschinelles Lernen nun einhergeht, ist, dass also verschiedene Wahrscheinlichkeitsmodelle berechnet werden, die verschiedene künftige Aktivitäten der Nutzer*innen antizipieren und in Abhängigkeit von deren bisherigen Verhalten (Likes, Kommentare, „Gefällt mir"-Angaben, Videos etc.) und je nach getroffener Entscheidung wählen, welches dieser Modelle ausgespielt wird, sprich welche Beiträge in welcher Reihenfolge dann im Feed präsentiert werden.[42] Dieses Verfahren des maschinellen Lernens nennt sich „Random Forest",[43] und es baut in dieser Form der Implementierung direkt auf dem Ansatz des kollaborativen Filterns beziehungsweise einem darauf basierenden Clustering auf.[44] Zum Einsatz kommt es gerade deshalb, weil es den genauesten Klassifikator bei großen Datenmengen darstellt.[45] Das heißt übertragen: Man hat es hier genau genommen nicht nur mit einem News-Feed-Algorithmus von *Facebook* zu tun, sondern es werden für jeden Account multiple Feeds berechnet, die in Abhängigkeit des früheren Verhaltens auf der Plattform zusammengestellt und je nach situativem Handeln der Nutzer*innen entsprechend ausgespielt werden. Für jeden ausgespielten Feed existieren parallel also auch weitere nicht ausgespielte Modelle, womit es sich ein bisschen so verhält wie in Schrödingers berühmtem Gedankenexperiment: Es existieren also neben dem zuerst nach dem Einloggen ausgespielten Modell potentiell mehrere Feed-Varianten parallel. Erst wenn der oder die User*in in der gerade ausgespielten Variante agiert, wird eine den jeweiligen Handlungen durch den oder die Nutzer*in entsprechende neue Version ausgespielt, die dann wiederum auf diesen Modellen und den Folgehandlungen der Nutzer*innen basierende weitere Modelle berechnet und so weiter und so fort. Um diese Berechnungen möglichst präzise zu gestalten, greift man seit 2019 auch ganz konkret auf Befragungen der Nutzer*innen zurück, die in den Optionen jedes Beitrags etwa angeben können, ob sie weniger thematisch ähnlich gelagerte Beiträge präsentiert bekommen wollen.[46] Mit zusätzlichen Plattformfunktionen wie zum Beispiel den 2011 eingeführten „Lebensereignissen" (etwa die Geburt eines Kindes, Heirat oder das Antreten einer neuen Arbeitsstelle) gingen über die Jahre zudem Veränderungen an den Kriterien der Gewichtung von Edges einher. In einem weiteren Patent von *Facebook*, das 2012 eingereicht wurde, lässt sich zum Beispiel folgende Passage entdecken:

---

[42] Vgl. Akos Lada, Meihong Wang, Tak Yan: *How Machine Learning Powers Facebook's News Feed Ranking Algorithm*.
[43] Siehe einführend hierzu Ethel Apaydin: *Machine Learning: The New AI*. Cambridge 2016, S. 77–80.
[44] Vgl. Ajesh A, Jayashree Nair, Jijin PS: A Random Forest Approach for Rating-based Recommender Systems. In: *International Conference in Computing, Communication and Informatics (ICACCI)* 2016, S. 1292–1296.
[45] Vgl. A, Nair, PS: *A Random Forest Approach for Rating-based Recommender Systems*, S. 1292–1296.
[46] Vgl. Ramya Sethuraman, Jordi Vallmitjana, Jon Levin: Using Surveys to Make News Feed More Personal. *About Facebook* (Mai 2019). In: https://about.fb.com/news/2019/05/more-personalized-experiences/ (letzter Zugriff: 14. April 2022).

To address issues of scalability and efficiently expending computing resources, a social networking system provides a snapshot of databases for modules to process. Recent changes in a user's personal life, such as an engagement, birth of a child, moving across the country, graduating from college, and starting a new job, can be collected and inferred from these snapshots on social networking systems. Content items related to these life events may be prioritized in a ranking of news feed stories selectively provided to users to ensure that the most relevant information is consumed first, in one embodiment.[47]

Interessant hierbei ist nicht nur, dass *Facebook* dies auch die Möglichkeit zur Intervention eröffnet, gezielt neue Funktionen über den News Feed zu bewerben, wie zum Beispiel das „Erinnerungen"-Feature, worauf Taina Bucher hingewiesen hat.[48] Vielmehr werden durch solche Features in erster Linie genauere Datenprofile der User*innen ermöglicht, die gerade für die multiplen „predictor modules" und den darauf aufbauenden personalisierten Output von Interesse sind. Diese Daten, die im Patent schlicht als „broadcast data" und „communication data" bezeichnet werden, sind schließlich die Trainingsdaten für die auf maschinellem Lernen basierenden Module, deren Output auch für Ad-Targeting"-Algorithmen von großem Interesse ist, wie ein weiteres Patent diesbezüglich nahelegt.[49] Unter „broadcast data" fallen hierbei sämtliche Daten, die in erster Linie das eigene Profil betreffen, das heißt die Anzahl der Fotos, die in einem bestimmten Zeitraum gepostet wurden, die Anzahl der Posts, die über Drittanbieter-Apps oder Verknüpfungen wie etwa der Dating-App *Tinder* oder auch *Instagram* in einem bestimmten Zeitraum getätigt wurden.[50] Darüber hinaus fallen hierunter auch Standortdaten der User*innen. Unter „communication data" werden alle Daten gelistet, die die Anzahl der vergebenen Likes von Nutzer*innen in einem bestimmten Zeitraum oder die Anzahl der von diesen geschriebenen Kommentare in einem bestimmten Zeitraum betreffen.[51] Die drei Faktoren des EdgeRank-Algorithmus *Affinität*, *Gewichtung* und *Zeit*, wie sie von Bucher betont wurden, spielen also bis heute zwar nach wie vor Schlüsselrollen bei der Berechnung der Edges. Allerdings ist, wie die vorgestellten Auszüge aus den Patenten sowie die Äußerungen von Seiten des Facebook-Engineering-Teams zeigen, das System des News Feeds mit den auf maschinellem Lernen basierenden „predictor modules" wesentlich kleinteiliger und fluider geworden. Mit dieser zu-

---

[47] Luu, Francis: *Providing a Multi-Column Newsfeed of Content on a Social Networking System*. US Patent Application Nr. 2013/0332523, S. 2. In: www.google.com/patents/US20130332523 (letzter Zugriff: 14. April 2022).
[48] Taina Bucher: *If…Then: Algorithmic Power and Politics*. Oxford 2018, S. 80.
[49] Paul Adams, Carol Chia-Fan Pai: *Grouping and Ordering Advertising Units Based on User Activity*. US Patent Application No. 2013/0179271. In: https://patents.google.com/patent/US20130179271 (letzter Zugriff: 14. April 2022).
[50] Yun Fang Juan, Ming Hua: *Contextually Relevant Affinity Prediction in a Social Networking System*, S. 4.
[51] Juan, Hua: *Contextually Relevant Affinity Prediction in a Social Networking System*, S. 4.

nehmenden Fluidität des Feeds, die eine gewisse Dynamik und „Liveness" gleichsam impliziert wie suggeriert, gewinnt der temporale Aspekt zunehmend an Bedeutung.[52] Dies korrespondiert einerseits auf der gemeinhin nicht sichtbaren, infrastrukturellen Ebene mit einer schwerpunktmäßigen Verschiebung von Sammeln und Aggregieren hin zum kontinuierlichen Prozessieren von Daten, womit die Übertragung und Prozessierung in medialer Hinsicht in wesentlichen Aspekten zusammenfallen und eine Art „real-time-processing" modelliert wird. Nicht zuletzt deshalb scheint es dringend geboten, die gerade mediengeschichtlich bislang doch eher randständige Position des Prozessierens stärker in den Vordergrund zu rücken.[53] Andererseits artikuliert sich dieses vermeintliche Prozessieren in Echtzeit auf den graphischen Benutzer*inneoberflächen in bestimmten Handlungsaufforderungen, die den Nutzer*innen ein beständiges „Jetzt" suggerieren, wie etwa das berühmte „Was machst du gerade?" („What's on your mind?") direkt nach Login bei *Facebook*, das neuere und ursprünglich von *Snapchat* stammende Story-Format oder auch die informationstechnisch auf Kontinuität ausgelegte Organisation des Feeds mit seinen regelmäßigen kurzen Berechnungsphasen zeigen, in denen die jeweiligen „predictor modules" gewählt werden. Allerdings ist diese erfahrene Verflüssigung in Form der „Real-Time" nicht nur medientechnisch vermittelt und somit immer schon produziert, sondern, obwohl es bestimmte Annäherungstendenzen innerhalb des Plattformgefüges gibt (etwa durch plattformübergreifende Features), je nach Plattform und jeweiliger Funktion auch unterschiedlich ausgestaltet beziehungsweise moduliert.[54] Diese Real-Time oder Verflüssigung macht am Frontend des Interfaces zwar schnell keinen wahrnehmbaren Unterschied mehr für die Nutzer*innen, da das Fluide unabhängig von den jeweiligen Inhalten zum Dauerzustand der Plattform avanciert ist, der Feed also gewissermaßen unendlich ist und sich die Nutzer*innen darin treiben lassen können. Das heißt auch: Likes können jederzeit, sofern man eingeloggt ist, in „Echtzeit" wahrgenommen werden. Allerdings bezieht sich diese Fluidität immer nur auf temporäre Datenzustände, womit sie im eigentlichen Sinne auch nicht als echtzeitlich, sondern als reaktiv und somit als maßgeblich auf die Reaktion von Nutzer*innen angewiesen bezeichnet werden muss. Insofern geht es bei algorithmischen Medien, wie sie Feeds darstellen, für die Plattformen auch weniger um Echtzeit im Sinne eines „Jetzt", obgleich dies von den Nutzer*innen anfänglich so wahrgenommen werden mag, als vielmehr um die damit einhergehende und von den User*innen als unbewusst fluid erfahrene Medialitätserfahrung. Dies ändert sich jedoch mit TikTok.

---

52 Vgl. Karin van Es: *The Future of Live*. Cambridge 2016, insbesondere S. 132–142.
53 Vgl. Hartmut Winkler: *Prozessieren. Die dritte, vernachlässigte Medienfunktion*. Paderborn 2015.
54 Siehe hierzu auch Esther Weltevrede, Anne Helmond, Carolin Gerlitz: The Politics of Real-time. A Device Perspective on Social Media Platforms and Search Engines. In: *Theory, Culture & Society* 31/16 (2014), S. 125–150.

4 „Der Sog" – TikToks *For You*-Page

TikTok ist eine Social-Media-App des chinesischen Konzerns *Bytedance* und war im Jahr 2021 die weltweit am meisten heruntergeladene App in Apples App Store. Charakteristisch für die App sind in erster Linie kurze Videoclips und deren oft karaoke- oder memeartiger Charakter sowie in technischer Hinsicht der oftmals als erster „AI-Feed" beworbene „For You"-Feed der App.[55] Auch wenn Letzteres Marketingsprache ist und der Feed in technischer Hinsicht mitnichten so revolutionär ist, wie dies von *Bytedance* oft behauptet wird, ist in Bezug auf eine von den Nutzer*innen als fluid erfahrene Medialität eine Sogwirkung dieser spezifischen Interface-Anordnung nichtsdestotrotz kaum von der Hand zu weisen. Hierzu ist es in theoretischer Hinsicht zunächst wichtig, das Interface nicht als eine in Front- und Backend, also ein nicht zugängliches Innen und ein für alle erfahrbares Außen, getrennte Entität zu begreifen, sondern vielmehr als „Schwelle" zu definieren.[56] In einer solchen Konzeption des Interface als Schwelle, die der News Feed bei *Facebook* gewissermaßen schon angedeutet hat, sind Front- und Backend, Innen und Außen, also nicht mehr trennscharf voneinander zu unterscheiden. Vielmehr handelt es sich um eine Zone, die zwar über eine Innen- und Außenseite verfügt, aber zu gleichen Teilen die Existenz eines unbestimmten oder ambivalenten Raums anerkennt, der einem permanent aufeinander bezogenen Wechselspiel von Nutzer*innen und Algorithmen und damit einer prozessualen Konstituierung von Plattforminfrastruktur gleicht, die in der Nutzungspraxis überhaupt erst Entitäten wie Nutzer*innen und Algorithmen hervorzubringen vermag.[57] Diese Perspektive ist wichtig, weil sich nur so die spezifische Dynamik des „For You"-Feed von TikTok adäquat greifen lässt. Dieser Feed speist sich zunächst einmal aus einem kombinatorischen Filter-Verfahren, das sowohl auf inhaltsbasierte wie auch auf kollaborative Filtertechniken zurückgreift und damit zunächst an die von *Facebook* erprobte Technologie des EdgeRanks anknüpft.[58] In einem von *Bytedance* angemeldeten Patent aus dem Jahr 2015 heißt es diesbezüglich:

---

[55] Connie Chan: When AI is the Product: The Rise of AI-based Consumer Apps. *Andreesen Horowitz* (Dezember 2018). In: https://a16z.com/2018/12/03/when-ai-is-the-product-the-rise-of-ai-based-consumer-apps/ (letzter Zugriff: 14. April 2022).
[56] Christian Schulz, Tobias Matzner: Feed the Interface. Social-Media-Feeds als Schwellen. In: *Navigationen. Zeitschrift für Medien- und Kulturwissenschaften: Filter(n) – Geschichte, Ästhetik, Praktiken* 20/2 (2020), S. 147–164.
[57] Schulz, Matzner: *Feed the Interface*, S. 155.
[58] Siehe zu diesem kombinatorischen Filter-Verfahren auch Dietmar Jannach, Markus Zanker, Alexander Felfernig, Gerhard Friedrich: *Recommender Systems: An Introduction*. Cambridge 2011, S. 124–142.

> The method includes: acquiring one or more interest label dictionaries of one or more registered users on an information client and one or more first objects having followed relationship with the one or more registered users on the information client in a social platform [...].⁵⁹

An diesem Auszug wird deutlich, dass *Bytedance* innerhalb von TikTok das Verhalten von etablierten Nutzer*innen („registered users"⁶⁰) mit Blick auf die jeweiligen Inhalte miteinander abgleicht und darüber hinaus auch diese Reaktionen der etablierten Nutzer*innen auf einen bestimmten Content wiederum mit den ersten Reaktionen von neuen Nutzer*innen („newly registered users") vergleicht. Dies geschieht ebenso beim Abgleich des Verhaltens der neu registrierten Nutzer*innen untereinander, denn weiter heißt es in dem Patent:

> [...] constructing an interest model, acquiring one or more second objects having followed relationship with one or more newly registered users on the information and reading relationship information between the one or more newly registered users and the one or more second objects.⁶¹

Neben dem Rückgriff auf ein für die Feeds von sozialen Medienplattformen nicht unübliches kombinatorisches Filter-Verfahren also, bestehend aus inhaltsbasiertem und kollaborativem Filtern, geht aus diesen Patentpassagen aber in erster Linie hervor, dass es *Bytedance* mit TikTok vor allem darum geht, einen sogenannten „Interest Graph" („interest model") aufzubauen.⁶² Hierfür und gerade auch, um das Problem des sogenannten „kalten Starts"⁶³ in der App adressieren zu können, geht *Bytedance* allerdings einen Schritt über die gemeinhin übliche und oben anhand von *Facebooks* EdgeRank beschriebene Funktionsweise von Social-Media-Feeds

---

59 Yiming Zhang, Tao Chen, Huanhuan Cao, Lixin Luo: *Method and device for social platform-based data mining*. US Patent No. 10360230 (Juli 2015). In: https://patents.justia.com/patent/10360230 (letzter Zugriff: 14. April 2022), o. S.
60 Für die passive Nutzung von TikTok mussten Nutzer*innen viele Jahre keinen registrierten Account besitzen.
61 Yiming Zhang, Tao Chen, Huanhuan Cao, Lixin Luo: *Method and device for social platform-based data mining*, o. S.
62 Beim Interest Graph handelt es sich im Gegensatz zum Social Graph um ein Mapping der Interessennetzwerke von Nutzer*innen und nicht um eine Darstellung der Relationen zwischen ebenjenen. Obwohl die beiden Verfahren sich damit in der Vorgehensweise ähneln und es auch zu Überschneidungen kommen kann, unterscheiden sie sich mit Blick auf den Output nichtsdestotrotz fundamental. Siehe auch Ray Valdes: The Competitive Dynamics of the Consumer Web: Five Graphs Deliver a Sustainable Advantage. *Gartner* (Juli 2012). In: https://www.gartner.com/en/documents/2081316 (letzter Zugriff: 14. April 2022).
63 Hierbei handelt es sich um ein zentrales Problem im Bereich des maschinellen Lernens, das schlicht besagt, dass keine Schlussfolgerungen über User*innen oder andere Items getroffen werden können, wenn ein Mangel an Daten vorliegt. Übertragen auf den Feed ist damit ebenjener Mangel an User-Daten für die Erstellung eines personalisierten Feeds gemeint ist, wenn die Nutzer*innen die App zum ersten Mal öffnen.

hinaus. Dieser Aspekt manifestiert sich dann in erster Linie auf den graphischen Benutzeroberflächen der Nutzer*innen von TikTok, die in gewisser Weise an Snapchats hochdynamisches Selfie-Interface anknüpfen, dies aber mit einem extrem fluiden algorithmischen Empfehlungssystem verbinden, wobei dieses die Parameter des kombinatorischen Filterns um ein graphenbasiertes Filtern erweitert und im Zuge dessen auch auf einen selbstlernenden Algorithmus zurückgreift.[64] Dieser sogenannte „Interest Graph Self-learning Algorithm" sattelt zum einen auf einer Berechnung der Gewichtung der jeweiligen individuellen Interessen der Nutzer*innen auf und schreibt deren (Nicht-)Handlungen bestimmte Werte zu. Zum anderen werden die Interessen der verschiedenen Gruppen von Nutzer*innen (wie im Patent zum Beispiel „registered users" oder „newly registered users") miteinander abgeglichen und darauf aufbauend ein Relevanzwert für bestimmte Interessensgruppen berechnet. Diese beiden Prozesse beginnen laut dem *Bytedance*-Patent direkt nach dem Öffnen der App und dem damit einhergehenden Start eines Clips. Von diesem Zeitpunkt an werden sämtliche Handlungen der User*innen algorithmisch abgetastet, was sowohl explizit über die Ebene des User Interface und die von den Nutzer*innen vollzogenen Handlungen in diesem als auch implizit über die nicht ausgeführten Handlungen von Nutzer*innen (etwa wenn der ein oder andere Clip mehrmals wiederholt wird, ohne dass eine Handlung vorgenommen wird) oder gar latentem Tracking via Smartphone-Kamera geschieht. Gerade deshalb kann das Interface von TikTok auch als eine vollends dynamisierte Schwelle ohne eindeutig definierbare Grenzen zwischen Innen und Außen gelten, was bedeutet, dass Feed und Interface, Front- und Backend, Handlungen und Nicht-Handlungen gewissermaßen koinzidieren und gar nicht mehr getrennt voneinander betrachtet werden können. Die eigentümliche Verwunderung der User*innen, wenn diese beim erstmaligen Gebrauch der App feststellen, dass sie sich in einem Feed befinden, verdeutlicht dies wohl am eindringlichsten. Laut Patenttext wird bei der Zusammenstellung dieses Feeds für jede Handlung der Nutzer*innen in TikTok eine Gewichtung vorgenommen. So gibt es zum Beispiel für einen Like den Score 1, für das Wischen zum nächsten Clip den Score -0,2 und für das Hinzufügen zu den Favoriten den Score 5.[65] Zu gleichen Teilen werden jedoch auch die nicht vollzogenen Handlungen in der Rezeption der Nutzer*innen als positives Signal (Score 0,2) gewichtet. Wenn also in der alltäglichen Verwendung der App ein*e Nutzer*in die App

---

64 Vgl. Shanshan Yu, Yufeng Ma: A Personalized Recommendation Algorithm Based on Interest Graph. In: *The 2nd International Conference on Systems and Informatics ICSAI* (2014), S. 933–937. Zum graphenbasierten Filtern siehe auch Ziqi Wang, Yuwei Tan, Ming Zhang: Graph-based Recommendation on Social Networks. In: *Web Conference APWEB*, 12th International Asia-Pacific (2010), S. 116–122; Kritisch hierzu Wendy Hui Kyong Chun: *Discriminating Data: Correlation, Neighbourhoods, and the New Politics of Recognition.*
65 Vgl. Yiming Zhang, Tao Chen, Huanhuan Cao, Lixin Luo: *Method and Device for Social Platform-Based Data Mining.*

öffnet und keinerlei Handlungen als Reaktion auf den abgespielten Clip vornimmt, wird dies bei mehrmaliger Wiederholung des Clips als ein fast ebenso positives Signal gewertet wie beispielsweise ein vergebener Like. Zudem kommen, wie der Informatiker Eugene Wei betont hat, bei einer aktiven Nutzung von TikTok (und hier besonders im Rahmen der Selfie-Filter-Anwendungen) mit einer sogenannten „Vision AI" bis zu einem gewissen Grad auch Tracking-Verfahren zum Einsatz: Bezogen sind sie auf das Gesicht und die dabei ausgeführten Gesten der Nutzer*innen, erfasst durch auf Augmented-Reality-Technologien basierenden Filteranwendungen.[66] Letzteres soll in erster Linie Aufschluss über die Stimmungen von Nutzer*innen geben und fällt in den Bereich des „Affective Computing".[67] All diese sich aus den im- und explizit vollzogenen (Nicht-)Handlungen der User*innen speisenden Signale im Feed beziehungsweise auf dem Interface dienen daher als Input für jenen „Interest Graph Self-learning Algorithm", der mit fortschreitender Nutzungsdauer beziehungsweise jedem weiteren Öffnen der App durch die Nutzer*innen einen umso genaueren Interest Graph von diesen generieren kann.[68]

Auf einer theoretischen Ebene bedeutet dies, dass zwar einerseits und infolge des extrem feinfühligen Abtastens der von den Nutzer*innen (nicht) ausgeführten Handlungen auf dem User Interface von TikTok mehr Input-Parameter für den Algorithmus generiert werden als etwa beim EdgeRank von *Facebook*. Auf der anderen Seite öffnet sich, nicht zuletzt durch das Problem des Kaltstarts, aber auch ein Raum der Unsicherheit oder Vagheit auf Seiten der Plattform. Denn bevor der am Interest Graph ausgerichtete und in der Öffentlichkeit oft so hochgepriesene selbstlernende Algorithmus überhaupt zum Einsatz kommen kann, werden bereits auf Grundlage des etablierten kombinatorischen Filterverfahrens Nutzer*innen entsprechend ihrer Ähnlichkeit und hinsichtlich von Vorlieben kategorisiert. Infolgedessen werden dann mögliche erste Clips für Nutzer*innen ausgespielt, die TikTok zum ersten Mal öffnen. Bis hierhin entspricht dieses Verfahren den Prozessen, wie sie auch beim EdgeRank zum Einsatz kommen. Allerdings ist der Raum der Unsicherheit, und damit der Anteil der zu erbringenden Antizipation auf Seiten von TikTok und deren Entwickler*innen, durch den fehlenden sozialen Graphen im Backend erst einmal wesentlich höher als bei anderen Plattformen, die auf einem ebensolchen Social Graph beruhen. Denn mit einem solchen werden nicht nur entsprechende Informationen wie persönliche Vorlieben der Nutzer*innen markiert. Vielmehr können auch und gerade die real-weltlichen Beziehungen zwischen verschiedenen Nutzer*innen

---

66 Vgl. Eugene Wei: Seeing Like an Algorithm. *Remains of the Day Blog* (September 2020). In: https://www.eugenewei.com/blog/2020/9/18/seeing-like-an-algorithm (letzter Zugriff: 14. April 2022).
67 Vgl. Rosalind W. Picard: *Affective Computing*. Cambridge 2000. Für eine kritische Einordnung siehe Bernd Bösel: Affective Computing, In: Kevin Liggieri, Oliver Müller (Hg.): *Mensch-Maschine-Interaktion. Handbuch zu Geschichte – Kultur – Ethik*. Stuttgart 2019, S. 223–225.
68 Vgl. Shanshan Yu, Yufeng Ma: A Personalized Recommendation Algorithm Based on Interest Graph, S. 933–937.

hiermit genauer bestimmt werden, obgleich es sich auch hier immer nur um Annäherungen in Form von an Wahrscheinlichkeiten gekoppelte Zuschreibungen handelt. Auf den ersten Blick handelt es sich bei TikTok zum Zeitpunkt des erstmaligen Öffnens der App also noch um getrennte Entitäten, User*innen auf der einen und Feed beziehungsweise Algorithmus/Plattform auf der anderen Seite, weil eben noch keine Aktivitäten von Seiten der Nutzer*innen in diesem dynamischen Arrangement stattgefunden haben. Bei genauerer Betrachtung und unter Einbeziehung der Funktionsweise des algorithmischen Systems, wie es sich mit Rekurs auf die obigen Patentauszüge zumindest ansatzweise rekonstruieren lässt, gestaltet sich das Zusammenspiel aber komplexer. Eben durch das Problem des Kaltstarts infolge eines fehlenden sozialen Graphen und den Verzicht auf das Abfragen von Präferenzen der User*innen beim erstmaligen Öffnen der App durch die Plattform und einem daraus entstehenden einseitigen Mangel an Informationen sind die Entwickler*innen auf eine möglichst dynamische und fluide Interface-Anordnung angewiesen, um die Nutzer*innen nicht wieder allzu schnell aus der App zu vertreiben. Denn das Problem, das hier im Hintergrund steht, ist genau genommen nicht nur der Mangel an Informationen über Relationen von Nutzer*innen untereinander oder das Verhältnis von Nutzer*innen zu bestimmten Inhalten. Vielmehr spitzt sich dieses ohnehin in Zusammenhang mit Empfehlungsdiensten vorhandene Problem, das mit Blick auf die Netzwerkforschung auch als „Link-Prediction" diskutiert wird,[69] noch einmal zu. Denn im Falle von TikTok müssen nicht nur potentielle Relationen von bestimmten Nutzergruppen zueinander oder zu bestimmten Inhalten antizipiert werden. Es stellt sich viel grundlegender die Frage, wer diese Nutzer*innen überhaupt sind – auch und gerade durch den Umstand, dass für die Nutzung von TikTok und eines personalisierten Feed nicht zwingend eine Registrierung in der App oder über das Web Interface notwendig ist.

TikTok hat also zu Beginn dieses hochdynamischen Prozesses im Rahmen der Feed-Interface-Relation keinerlei Informationen darüber, wer die neuen Nutzer*innen sind, sondern die diesen angezeigten Inhalte müssen vielmehr aus den oben aus dem Patent destillierten und beschriebenen Abgleichverfahren des kombinatorischen Filters antizipiert werden. Denn es werden den User*innen zu Beginn der App-Nutzung mitnichten einfach nur die populärsten Videos angezeigt.[70]

---

[69] Siehe Jun Zhu, Bei Chen: Latent Feature Models for Large-Scale Link Prediction. In: *Big Data Analytics* 2–3 (2017), S. 1–11.
[70] Zwar ist es durchaus zutreffend, wie verschiedene Testläufe mit unterschiedlichen Smartphones zeigen, dass auch hier Metriken wie Follower*innen und Likes eine Rolle spielen; so lag etwa die niedrigste Zahl an Follower*innen des entsprechenden Accounts eines beim erstmaligen Öffnen der App angezeigten Clips bei 40,2k Follower*innen. Allerdings variieren nicht nur die Zahlen hinsichtlich der Follower*innen und Likes stark, sondern auch der Content der zuerst angezeigten Clips war sehr heterogen (von einer Werbeparodie für Smartphones über die für TikTok üblichen Lip Sync-Performances bis hin zu comedy-lastigem Inhalt), so dass hier keine allgemeingültigen Aussagen

Das heißt, die Schwelle die bei den Nutzer*innen und dem intuitiv-immersiven Interface durch den sprichwörtlichen „Kickstart" und das direkte Ausspielen von Inhalten im Feed sehr niedrig gehalten wird, türmt sich bei TikTok zunächst einmal umso höher auf, weil der Anteil der antizipierten Vorlieben von Nutzer*innen zu diesem frühen Zeitpunkt einen vermeintlich nicht zu unterschätzenden Unsicherheitsfaktor birgt, der im schlimmsten Fall die Nutzer*innen nach wenigen Minuten wieder von der Plattform vertreibt. Diese Unsicherheit wird mit fortschreitender Dauer, die die Nutzer*innen im Feed verbringen, allerdings in rasantem Tempo wieder verringert, denn fortan übernimmt der selbstlernende Algorithmus die Regie und füttert den zuvor initial mit einem sich aus dem kombinatorischem Filter-Verfahren ausgestatteten Interest Graph mit immer neuen Inputparametern der Nutzer*innen, die unmittelbar wieder für die Kuratierung der nächsten Clips herangezogen werden, und so weiter und so fort. Das heißt, die Nutzer*innen und das Algorithmische sind bei TikTok nicht nur ständig aufeinander angewiesen. Vielmehr gleichen die Anordnung der Feed-Interface-Relation bei TikTok und das Zusammenlaufen der einzelnen Komponenten in der Schwelle des Interface, bestehend aus einer intuitiv-immersiven grafischen Benutzer*innenoberfläche und dem mit dieser verknüpften hochdynamischen und selbstlernenden Algorithmus, einem permanenten A/B-Testing-Verfahren[71], in dem sich gewissermaßen das von *Facebook* gesetzte Prinzip der Funktionsweise des Feed noch einmal verflüssigt und in einem extrem dynamischen und immersiven User*innen-Interface mündet. Denn empfindet ein*e Nutzer*in einen Clip als unpassend, wischt diese*r einfach direkt zum nächsten Clip und verändert den entsprechenden Interest Graph mit einem Score von -0,2, was sich unmittelbar auf die nächsten im Feed ausgespielten Clips auswirkt. Aus Plattformsicht handelt es sich damit nicht nur um ein kleinteiligeres und genaueres System als die demgegenüber nun fast schon als statisch zu bezeichnende Entscheidungsbaum-Architektur. Vielmehr wird mit dem „For You"-Feed aus der oben konstatierten Verflüssigung in Form des Facebook News Feed auch eine Art Sog oder Strudel, aus dem sich die Nutzer*innen nur noch schwerlich befreien können, was die zuvor bereits mit dem News Feed erfahrene Fluidität für

---

zur Auswahl getroffen werden können. Es handelt sich aufgrund der stark variierenden Metriken jedenfalls nicht um die populärsten Clips der Plattform, gemessen an Like- oder Follower*innen-Zahlen. Insofern ist es wahrscheinlich, dass bei der jeweiligen Kuratierung der Feeds beim erstmaligen Öffnen auch Parameter wie das tagesaktuelle Engagement mit bestimmten Clips oder bestimmte Trends eine Rolle spielen, die sich nicht zwingend in Metriken abbilden lassen. Siehe auch Christian Schulz, Tobias Matzner: Feed the Interface, S. 157.

71 Bei einem A/B-Test handelt es sich um ein bekanntes Verfahren aus dem Bereich der Software-Entwicklung, bei dem randomisiert einer Gruppe von Nutzer*innen eine Version A eines Programms oder Anwendung ausgespielt wird und deren Reaktionen anschließend mit den Reaktionen einer anderen Gruppe von Nutzer*innen auf Version B abgeglichen werden. Damit soll herausgefunden werden, welche der beiden Versionen für Nutzer*innen besser funktioniert.

die Nutzer*innen in quasi immersiver Weise nochmals zuspitzt. Insofern ist hier aus der für die Nutzer*innen erfahrbaren medialen Fluidität zu gleichen Teilen ein gewissermaßen institutionalisiertes System fluider Medialität geworden, als dessen unverzichtbarer Teil zwar ein Abtauchen der Nutzer*innen in den Sog gelten kann. Nichtsdestotrotz ist Fluidität damit auch eine Grundkonstituente für die neuesten Entwicklungen im Bereich sozialmedialer Infrastruktur geworden.

5 Auftauchen – Schluss

Der „reißende Strom" oder Sog, von dem Bickenbach und Maye in ihrem Beitrag über die heute veraltete Internet-Metapher des „Surfens" sprechen, scheint mit TikTok und dessen „For You"-Feed also genau den Punkt zu markieren, an dem das Mediale selbst nun vollends fluide geworden ist, in dem Sinne, dass die Fluidität zu einem wesentlichen Bestandteil einer sozialmedialen Infrastruktur geworden und nicht mehr nur einer (unbewussten) medialen Fluiditätserfahrung der Nutzer*innen zuzurechnen ist, wie das die eine vermeintliche „Echtzeit" suggerierende Anordnung des Facebook News Feeds noch auszeichnet. Am Beispiel der hier in aller Kürze nachgezeichneten Geschichte des Social-Media-Feeds wurde eben diese Bewegung von eher statisch anmutenden graphischen Benutzer*innenoberflächen, wie sie noch kennzeichnend für das Internet Ende der 1990er Jahre waren, hin zu einem fluid-immersiven User*innen-Interface, wie es eben TikTok zu eigen ist, nachgezeichnet. Zunächst wurden hierzu mit dem Online-Magazin *FEED*, dem RSS-Format, der Tech-News-Seite *Slashdot* sowie dem Bookmarking-Dienst *Digg* vier zentrale Vorläufer von Feed-Technologien ausgemacht, die das „Surfen" vereinfacht haben. Während „FEED" und RSS in erster Linie als frühe Formen von Personalisierungsverfahren gelten können, erweiterten *Slashdot* und *Digg* diese Personalisierung zusätzlich um erste Tracking- und kollaborative Filter-Verfahren, wobei insbesondere *Digg* für eine erste Algorithmisierung dieser Technologien steht. Mit der Einführung des Facebook News Feed 2006 und vor allem dessen Umstellung auf ein algorithmisches Organisationsprinzip im Zuge der Implementierung des „Like"-Buttons 2009 wurden diese von *Digg* erprobten Verfahren der Algorithmisierung, gerade was die Organisation im Backend mit dem Social Graph betrifft, erstmals verflüssigt und gestalteten sich nicht mehr allzu statisch. Obgleich innerhalb dieser Anordnung die Rankingkriterien auf stabile Kategorien (Affinität, Gewichtung, Zeit) angewiesen sind, steht im Backend für jede*n Nutzer*in bereits eine Vielzahl an ausspielbaren Feeds bereit, die in Abhängigkeit von den zuvor getätigten Handlungen der jeweiligen Nutzer*innen auf dem User-Interface ausgespielt werden. Damit einher geht eine Echtzeiterfahrung für die User*innen, die sich als (unbewusst) erfahrene mediale Fluidität beschreiben lässt. Mit TikTok und dessen „For You"-Feed dynamisierte sich diese von *Facebooks* EdgeRank eingeleitete Entwicklung nochmals deutlich, weshalb ein kombinatorisches Filterverfahren, bestehend aus inhaltlichem und kollaborativem Filtern, nunmehr nur den Ausgangspunkt darstellt und nachfolgend statt einer Entscheidungsbaum-Architektur (wie noch beim News Feed) nun ein selbstlernendes Modell des maschinellen Lernens zum Einsatz kommt. Damit gleicht die Anordnung des TikTok'schen „For You"-Feeds im Grunde einer permanenten Verflüssigung. Bei diesem werden ganz nach dem Prinzip „trial and error" den Nutzer*innen in einem reißenden Strom beständig neue Clips präsentiert und sowohl deren vollzogene wie auch nicht vollzogene Handlungen (etwa wenn nicht zum nächsten Clip weitergewischt wird) auf Seiten des selbstlernenden Modells ausgewertet und in Windeseile wieder in den am User-Interface entstehenden Sog zurückgeleitet, womit im Grunde die Medialität selbst fluide geworden ist. Das Prinzip der fluiden Medialität ist damit zu einem zentralen Parameter sozialmedialer Infrastruktur geworden.

Literaturverzeichnis

A, Ajesh/Nair, Jayashree/PS, Jijin: A Random Forest Approach for Rating-based Recommender Systems. In: *International Conference in Computing, Communication and Informatics (ICACCI)* 2016, S. 1292–1296.

Adams, Paul/Pai, Carol Chia-Fan: *Grouping and Ordering Advertising Units Based on User Activity*. US Patent Application No. 2013/0179271. In: https://patents.google.com/patent/US20130179271 (letzter Zugriff: 14. April 2022).

Ankerson, Megan Sapnar: *Dot-Com Design: The Rise of a Usable, Social, Commercial Web*. New York 2018.

Apaydin, Ethel: *Machine Learning: The New AI*. Cambridge 2016.

Baller, Susanne: Abschied von Gutenberg. In: *Der Spiegel*. 1. März 1997, https://www.spiegel.de/spiegel/spiegelspecial/d-8672820.html (letzter Zugriff: 14. April 2022).

Bickenbach, Matthias/Maye, Harun: *Metapher Internet: Literarische Bildung und Surfen*. Berlin 2009.

Bösel, Bernd: Affective Computing, In: Kevin Liggler/Oliver Müller (Hg.): *Mensch-Maschine-Interaktion. Handbuch zu Geschichte – Kultur – Ethik*. Stuttgart 2019, S. 223–225.

Bosworth, Andrew/Cox, Chris: *Providing a Newsfeed based on User Affinity for Entities and Monitored Actions in a Social Network Environment*. US Patent No. 8402094B2. In: www.google.com/patents/US8402094 (letzter Zugriff: 14. April 2022).

Bucher, Taina: Want to be on the top? Algorithmic Power and the threat of invisibility on Facebook. In: *New Media & Society* 14/7 (2012), S. 1164–1180.

Bucher, Taina: *If...Then: Algorithmic Power and Politics*. Oxford 2018.

Chan, Connie: When AI is the Product: The Rise of AI-based Consumer Apps. *Andreesen Horowitz* (Dezember 2018). In: https://a16z.com/2018/12/03/when-ai-is-the-product-the-rise-of-ai-based-consumer-apps/ (letzter Zugriff: 14. April 2022).

Chun, Wendy Hui Kyong: Queering Homophily: Muster der Netzwerkanalyse. In: *Zeitschrift für Medienwissenschaft* 2 (2018), S. 131–148.

Chun, Wendy Hui Kyong: *Discriminating Data: Correlation, Neighbourhoods, and the New Politics of Recognition*. Cambridge 2021.

Jannach, Dietmar/Zanker, Markus/Felfernig, Alexander/Friedrich, Gerhard: *Recommender Systems: An Introduction*. Cambridge 2011, S. 124–142.

Johnson, Steven: *Interface Culture: Wie neue Technologien Kreativität und Kommunikation verändern*. Stuttgart 1999 [zuerst 1997].
Juan, Yun Fang/Hua, Ming: *Contextually Relevant Affinity Prediction in a Social Networking System*. U.S. Patent Application Nr. 2012/0166532 A1. In: https://patentimages.storage.googleapis.com/f9/68/e0/d073cd78feb848/US20120166532A1.pdf (letzter Zugriff: 14. April 2022).
Kincaid, Jason: EdgeRank: The Secret Sauce That Makes Facebook's News Feed Tick. *Techcrunch* (April 2010). In: https://techcrunch.com/2010/04/22/facebook-edgerank/ (letzter Zugriff: 14. April 2022).
Krajewski, Markus: *Der Diener. Mediengeschichte einer Figur zwischen König und Klient*. Frankfurt a. M. 2010.
Kushner, David: The Slashdot supremacy. In: *IEEE Spectrum* 44/11 (2007), S. 34–38.
Lada, Akos/Wang, Meihong/Yan, Tak: How machine learning powers Facebook's News Feed ranking algorithm. *Facebook Engineering* (Januar 2021). In: https://engineering.fb.com/2021/01/26/ml-applications/news-feed-ranking/ (letzter Zugriff: 14. April 2022).
Lerman, Kristina: Social Information Processing in Social News Aggregation. In: *IEEE Internet Computing* 11/6 (2007), S. 16–28.
Luckerson, Victor: Here's How Facebook's News Feed Actually Works. *Time Magazine* (Juli 2015). In: https://time.com/collection-post/3950525/facebook-news-feed-algorithm/ (letzter Zugriff: 14. April 2022).
Lunden, Ingrid: API Code Could Point To Facebook Building An RSS Reader. *Techcrunch* (Juni 2013). In: https://techcrunch.com/2013/06/13/api-code-could-point-to-facebook-building-an-rss-reader/ (letzter Zugriff: 14. April 2022).
Luu, Francis: *Providing a Multi-Column Newsfeed of Content on a Social Networking System*. US Patent Application Nr. 2013/0332523, S. 2, In: www.google.com/patents/US20130332523 (letzter Zugriff: 14. April 2022).
Mackenzie, Adrian: *Machine Learners. Archaelogy of a Data Practice*. Cambridge 2017.
Meyer, Roland: *Operative Porträts. Eine Bildgeschichte der Identifizierbarkeit von Lavater bis Facebook*. Konstanz 2019.
Oremus, Will: Who Controls Your Facebook Feed. *Slate* (Januar 2016). In: http://www.slate.com/articles/technology/cover_story/2016/01/how_facebook_s_news_feed_algorithm_works.html (letzter Zugriff: 14. April 2022).
Picard, Rosalind W.: *Affective Computing*. Cambridge 2000.
Pilgrim, Mark: What Is RSS? *XML.com* (Dezember 2002). In: https://www.xml.com/pub/a/2002/12/18/dive-into-xml.html, (letzter Zugriff: am 14. April 2022).
Polly, Jean Armour: Surfing the Internet: An Introduction. *Netmom.com* (März 1992). https://www.netmom.com/images/pdf/surfing_the_internet.pdf (letzter Zugriff: 28. Mai 2022).
Röhle, Theo: *Der Google-Komplex. Über Macht im Zeitalter des Internets*. Bielefeld 2010.
RSS Advisory Board: Specification History. *RSSboard* In: https://www.rssboard.org/rss-history (letzter Zugriff: 14. April 2022).
Schulz, Christian/Matzner, Tobias: Feed the Interface. Social-Media-Feeds als Schwellen. In: *Navigationen. Zeitschrift für Medien- und Kulturwissenschaften: Filter(n) – Geschichte, Ästhetik, Praktiken* 20/2 (2020), S. 147–164.
Schulz, Christian: *Infrastrukturen der Anerkennung. Eine Theorie sozialer Medienplattformen*. Universität Paderborn: Dissertation 2022.
Sethuraman, Ramya/Vallmitjana, Jordi/Levin, Jon: Using Surveys to Make News Feed More Personal. *About Facebook* (Mai 2019). In: https://about.fb.com/news/2019/05/more-personalized-experiences/ (letzter Zugriff: 14. April 2022).

Silberman, Steve: FEED Reinvents Itself. *Wired Magazine* (Oktober 1998). In: https://www.wired.com/1998/09/feed-reinvents-itself/ (letzter Zugriff: 14. April 2022).

Stevenson, Michael: Slashdot, Open News and Informated Media: Exploring the Intersection of Imagined Futures and Web Publishing Technology. In: Wendy Hui Kyong Chun/Anna Watkins Fisher/Thomas Keenan (Hg.): *New Media, Old Media: A History and Theory Reader*. London 2016, S. 616–630.

Valdes, Ray: The Competitive Dynamics of the Consumer Web: Five Graphs Deliver a Sustainable Advantage. *Gartner* (Juli 2012). In: https://www.gartner.com/en/documents/2081316 (letzter Zugriff: 14. April 2022).

van Es, Karin: *The Future of Live*. Cambridge 2016.

Volkart, Yvonne: *Fluide Subjekte. Anpassung und Widerspenstigkeit in der Medienkunst*. Bielefeld 2006.

Wang, Ziqi/Tan, Yuwei/Zhang, Ming: Graph-based Recommendation on Social Networks. In: *Web Conference APWEB*, 12th International Asia-Pacific (2010), S. 116–122.

Wei, Eugene: Seeing Like an Algorithm. *Remains of the Day Blog* (September 2020). In: https://www.eugenewei.com/blog/2020/9/18/seeing-like-an-algorithm (letzter Zugriff: 14. April 2022).

Weltevrede, Esther/Helmond, Anne/Gerlitz, Carolin: The Politics of Real-time: A Device Perspective on Social Media Platforms and Search Engines. In: *Theory, Culture & Society* 31/16 (2014), S. 125–150.

Winer, Dave: RSS 0.91. *backend.userland.com* (2002). In: http://backend.userland.com/rss091# (letzter Zugriff: 14. April 2022).

Winkler, Hartmut: *Prozessieren. Die dritte, vernachlässigte Medienfunktion*. Paderborn 2015.

Yu, Shanshan/Ma, Yufeng: A Personalized Recommendation Algorithm Based on Interest Graph. In: *The 2nd International Conference on Systems and Informatics ICSAI* (2014), S. 933–937.

Zhang, Yiming/Chen, Tao/Cao, Huanhuan/Luo, Lixin: *Method and Device for Social Platform-Based Data Mining*. US Patent No. 10360230 (Juli 2015). In: https://patents.justia.com/patent/10360230 (letzter Zugriff: 14. April 2022).

Zhu, Jun/Chen, Bei: Latent Feature Models for Large-Scale Link Prediction. In: *Big Data Analytics* 2–3 (2017), S. 1–11.

Abbildungen

Abb. 1: Startseite des Online-Magazins FEED am 12. Januar 1998, https://web.archive.org/web/19980112211750/http://www.feedmag.com (letzter Zugriff: 14. April 2022).

Autor*innenverzeichnis

Dr. Natascha Adamowsky ist Medien- und Kulturwissenschaftlerin und hat seit 2020 den Lehrstuhl für Medienkulturwissenschaft mit dem Schwerpunkt Digitale Kulturen an der Universität Passau inne. Zuvor war sie Professorin für Medienwissenschaft im Bereich der Digitalen Medientechnologien an der Universität Siegen, Professorin und Leiterin des Instituts für Medienkulturwissenschaft an der Albert-Ludwigs-Universität Freiburg sowie Professorin für Kulturwissenschaftliche Ästhetik am Institut für Kulturwissenschaft der Humboldt Universität zu Berlin. Ihre Arbeitsschwerpunkte liegen in den Bereichen kulturwissenschaftlicher Digitalitätsforschung, medienwissenschaftlicher Spielkulturforschung, Medienästhetik und Wissenskultur, sowie Medientechnik und -geschichte.

Ann-Kathrin Allekotte, M.A., ist wissenschaftliche Mitarbeiterin am Institut für Medien- und Kulturwissenschaft der Heinrich-Heine-Universität in Düsseldorf. Sie studierte Medien- und Kulturwissenschaft sowie Medienkulturanalyse in Düsseldorf sowie an der University of California Davis (USA) und an der Universiteit Utrecht (Niederlande). In ihrem Dissertationsprojekt beschäftigt sie sich mit dem Musikvideo und gegenwärtigen Kurzvideoformaten als Möglichkeitsräume subversiver Narrative sowie Verhandlungen des Politischen.

Dr. Matthias Bickenbach ist Professor für neuere deutsche Literatur am Institut für deutsche Sprache und Literatur I der Universität zu Köln. Zahlreiche Publikationen zur Literatur des 18.–21. Jahrhunderts wie zur Geschichte und Praxeologie der Medien, u.a. *Metapher Internet. Literarische Bildung und Surfen.* Berlin 2009. Er ist Mitherausgeber des *Historischen Wörterbuchs des Mediengebrauchs.* 3 Bde. Köln, Weimar, Wien 2014-–2022.

Dr. Stefan Curth studierte an der Friedrich-Schiller-Universität Jena Biologie und Englisch auf Lehramt und promovierte 2018 im Fach Zoologie. Er ist Kurator für die Sammlung und Ausstellung im Aquazoo Löbbecke Museum Düsseldorf, einer Einrichtung, die Naturkundemuseum, Aquarium und Zoo in sich vereint und jährlich über 400.000 Gäste empfängt.

Dr. Kathrin Dreckmann ist Studienrätin im Hochschuldienst am Institut für Medien- und Kulturwissenschaft der Heinrich-Heine-Universität Düsseldorf. Sie publiziert aktuell intensiv zum Thema Popkultur, Musikvideo, Medienkunst und Gender bei Verlagen wie DeGruyter, Hatje Cantz, Waxmann und Bloomsbury. Sie ist u.a. Herausgeberin von *Musikvideo reloaded* (De Gruyter 2021), *Jugend, Musik und Film* (De Gruyter 2022), *Music Video and Transculturality* (Waxmann 2022), *Queer Pop* (De Gruyter 2023), *Fringe of the Fringe* (Hatje Cantz 2023) und *More than illustrated music. Aesthetics of Hybrid Media between Pop, Art and Video* (Bloomsbury 2023).

Dr. Jörn Etzold ist Professor für Theaterwissenschaft an der Ruhr-Universität Bochum. Studium der Angewandten Theaterwissenschaft in Gießen, Promotion 2006 in Erfurt, Habilitation 2015 in Frankfurt am Main. Lehr- und Forschungstätigkeit zudem an den Universitäten von Weimar, Gießen, in Paris und an der Northwestern University, Evanston. Etzold ist Autor von *Die melancholische Revolution des Guy-Ernest Debord*, Zürich und Berlin 2009, *Flucht. Stimmungsatlas in Einzelbänden,* Hamburg 2018, *Gegend am Aetna. Hölderlins Theater der Zukunft*, Paderborn 2019 und zahlreicher Aufsätze. Zudem ist er tätig als als Theatermacher und Übersetzer.

Naomie Gramlich, M.A., ist wissenschaftliche*r Mitarbeiter*in im Studiengang Europäische Medienwissenschaft an der Universität Potsdam und arbeitet an einer Promotion zum Thema Extraktivismus und (De-)Kolonisation am Beispiel der Kupfermine in Tsumeb, Namibia. Ihre akademischen und außerakademischen Themenschwerpunkte sind Kolonialität von Rohstoffen und Infrastrukturen, Kolonialgeschichte von botanischen Gärten und intersektional-feministischen Methoden. Naomi Gramlich ist verantwortlich für die Mitherausgabe des Sammelbands *Feministisches Spekulieren. Genealogien, Narrationen, Zeitlichkeiten, Berlin* (Kadmos 2020).

Dr. Inge Hinterwaldner ist Professorin für Kunstgeschichte am Karlsruher Institut für Technologie. Sie studierte Kunstgeschichte an der Universität Innsbruck und promovierte 2009 an der Universität Basel mit der Schrift „Das systemische Bild" (Fink 2010/MIT Press 2017). Als Gastwissenschaftlerin verbrachte sie Forschungsaufenthalte am MECS/Leuphana in Lüneburg, an der Duke University Durham und am MIT in Cambridge. 2016–2018 war sie Professorin für Kunst- und Bildgeschichte der Moderne und Gegenwart an der Humboldt-Universität zu Berlin. Derzeit forscht sie in zwei eigenen Projekten, die sich mit Internetkunst auseinandersetzen: Browser Art. Navigieren mit Stil (2019–2022) und Coded Secrets. Artistic Interventions Hidden in the Digital Fabric (2022–2027). Ihre Forschungsschwerpunkte umfassen computerbasierte Kunst und Architektur, Ausdrucksformen mit fluiden Medien, Verflechtungen von Künsten und Wissenschaften seit dem 19. Jahrhundert, Bild- und Modelltheorie.

Dr. Sabine Holst befasst sich seit mehr als 20 Jahren mit der Erforschung von Quallen. Während ihrer Promotion im Fachbereich Biologie an der Universität Hamburg untersuchte sie die Einflüsse von Umweltfaktoren auf die Populationsentwicklung von Scheibenquallen (Scyphozoa) der Deutschen Bucht. Seit 2009 arbeitet sie als Wissenschaftlerin am Forschungsinstitut Senckenberg am Meer in der Abteilung DZMB (Deutsches Zentrum für marine Biodiversitätsforschung) in Hamburg. In ihren Forschungsarbeiten zur Taxonomie und Ökologie von Nesseltieren (Cnidaria), zu denen die Quallen gehören, kommen unterschiedliche morphologische Techniken, molekulare Methoden sowie Lebendkulturen zum Einsatz.

Dr. Jamileh Javidpour ist eine iranisch-deutsche Wissenschaftlerin, die kürzlich als Associate Professorin an die Universität von Syddanmark gewechselt ist. Sie promovierte Biologische Meereskunde an der Christian-Albrechts-Universität zu Kiel und leitete später die Kleingruppe Quallenökologie am Helmholtz-Zentrum für Meeresforschung Kiel und wurde durch die Leitung des Projekts GoJelly zu einem internationalen Gesicht. Ihre Forschungsfragen drehten sich um die ökologische Rolle von „Gelata" für marine Ökosysteme, einschließlich Invasionsökologie, Entwicklungsbiologie und Tiefseeökologie. Außerdem hat sich das Interesse in jüngerer Zeit auf das Verständnis des Potenzials zur Verwendung von Quallenbiomasse in der angewandten Wissenschaft verlagert.

Dr. Verena Meis studierte Germanistik, Medien- und Kommunikationswissenschaft an der HHU Düsseldorf und arbeitete dort bis 2018 als wissenschaftliche Mitarbeiterin am Institut für Germanistik. Sie promovierte zum Thema: „Fäden im Kopf. Theatrales Erzählen in Thomas Bernhards Prosa". Zudem studierte sie Theaterwissenschaft an der Ruhr-Universität Bochum und arbeitete als Dramaturgin am Forum Freies Theater (FFT), Düsseldorf. Ab der Spielzeit 2022/23 wird Verena Meis als Schauspieldramaturgin am Theater Krefeld und Mönchengladbach tätig sein, u.a. mit einer eigenen Bühnenfassung von Herman Melvilles Moby Dick. Derzeit vertritt sie eine Professur für „Kultur, Ästhetik, Medien – Text & Ästhetische Praxis" am Fachbereich Sozial- und Kulturwissenschaften an der Hochschule Düsseldorf (HSD). Gemeinsam mit Kathrin Dreckmann vom Institut für Medien- und Kulturwissenschaft der HHU Düsseldorf gründete sie das Qualleninstitut, ein Projekt, das in Kooperation mit Künstler*innen, Natur- und Kulturwissenschaftler*innen eine Form des tentakulären Denkens erprobt.

Dr. Dennis Niewerth, von Haus aus Medienwissenschaftler und Historiker, leitet das LVR-Industriemuseum Tuchfabrik Müller in Euskirchen. Zuvor war er der Teamleiter der Wissenschaftsgeleiteten Digitalisierung am Deutschen Schifffahrtsmuseum/Leibniz-Institut für Maritime Geschichte in Bremerhaven. Seine von der Friedrich-Naumann-Stiftung für die Freiheit geförderte Dissertationsschrift *Dinge – Nutzer – Netze: Von der Virtualisierung des Musealen zur Musealisierung des Virtuellen* ist 2018 im transcript-Verlag zu Bielefeld erschienen. Über seine museumswissenschaftliche Arbeit hinaus forscht er zur Wissenschaftsgeschichte sowie zur Theorie, Technik und Ästhetik digitaler Medien.

Dr. Stefan Rieger ist seit 2007 Professor für Mediengeschichte und Kommunikationstheorie an der Ruhr- Universität Bochum. Seine Promotion über barocke Datenverarbeitung und Mnemotechnik mit der Habilitationsschrift *Die Individualität der Medien. Eine Geschichte der Wissenschaften vom Menschen* erfolgte 2001. Er erhielt das Heisenbergstipendiat der DFG. Seine aktuellen Arbeits- und Publikationsschwerpunkte umfassen Wissenschaftsgeschichte, Medientheorie, Kulturtechniken, Virtualisierung und Wissensformationen. Zu seinen jüngsten Buchveröffentlichung zählen *Handbuch Virtualität* (2020), hg. mit Dawid Kasprowicz, *Multispecies Communities, Navigationen* (Zeitschrift für Medien- und Kulturwissenschaft), Jg. 21, Heft 2., 2021, hg. mit Ina Bolinski) und *Reduktion und Teilhabe: Kollaborationen in Mixed Societies* (2022).

Dr. Julia Schade ist Postdoc im Graduiertenkolleg „Das Dokumentarische. Exzess und Entzug" an der Ruhr-Universität Bochum. Sie promovierte in Theaterwissenschaft an der Goethe-Universität Frankfurt und war 2017-2018 Visiting Research PhD an der Brown University, Providence. Ihre Forschung konzentriert sich auf die Wechselbeziehungen von Philosophie und zeitgenössischer Performance mit besonderem Schwerpunkt auf dekolonialen, queer-feministischen, (nicht-)menschlichen Konzepten von Zeitlichkeit und der Frage nach ihrer Darstellbarkeit. Derzeit arbeitet sie an einem Projekt mit dem Titel *„Das Ozeanische als Critical Fabulation: Darstellungspraktiken zwischen Diaspora, Dekolonisierung und Relationalität".*

Bastian Schramm, M.A., ist wissenschaftlicher Mitarbeiter am Institut für Medien- und Kulturwissenschaft der Heinrich-Heine-Universität Düsseldorf. Zurzeit arbeitet er an einer Promotion zu den Themen Vernetzung, Materialität und kulturelle Globalisierung im Kontext der Medien- und Internetkunst seit 1989. Aktuell und in der Vergangenheit freie Mitarbeit bei verschiedenen Institutionen des kulturellen Lebens u.a. als Blogger für das tanzhaus NRW, Produktionsassistenz bei Musik 21 Niedersachsen und für den Kunstverein Hannover.

Christian Schulz, M.A., ist wissenschaftlicher Mitarbeiter im DFG-Sonderforschungsbereich/Transregio 318 »Constructing Explainability« an der Universität Paderborn. Zuvor war er u. a. Stipendiat im DFG-Graduiertenkolleg »Das fotografische Dispositiv« an der Hochschule für bildende Künste Braunschweig. Seine Forschungsschwerpunkte sind soziale Medien und ihre Medientheorien, Datenpraktiken, digitale Fotografie und Subjekttheorien.

Jan Wagner hat an der Kunstakademie Düsseldorf bei Gerhard Merz studiert und danach als Postgraduierter an der Kunsthochschule für Medien in Köln. Er leitet die Filmwerkstatt Düsseldorf und ist Teil des Musikkollektivs Toresch, gemeinsam mit Vicky Wehrmeister und Detlef Weinrich. Bis zum 8. Oktober 2017 war seine 3D-Animation „Reine Steine" in der Ausstellung „Asymmetrische Architexturen" im Kunstverein Düsseldorf zu sehen.

Index

4 WATERS. DEEP IMPLICANCY 157

Aboleda, Martin 88
AD VITAM 149
Afrofuturismus 216
Ahmed , Sara 218
aisthetischer Materialismus 95
aisthetischer Sensualismus 94
Aisthetisierung 3, 9, 10
Akomfrah, John 4, 155– 158
Al-Andalus 83
Algorithmus 270, 272, 278–280, 283, 287–290
Allende, Salvador 80, 82, 91
Alpinismus 240, 254
Ambient Computing 29
ambient information 34, 37
Anden 79, 86, 88
Android 220
Animation 73
anthropologisch 101
anthropomorph 125
Anthropomorphismus 30
Anthropozän 76, 155–159, 197, 218
APESHIT 216, 231
AquaScape 37
Arboleda, Martin 83, 88
Archipel 4, 79, 89
Arendt, Hannah 87
ASMR 245, 246
Atacama 79, 81, 84, 85, 88, 91, 92, 99
Atlantik 103, 164
Atwood, Margaret 147, 148
Auftrieb 120, 130, 132, 134
Augmented Reality 31, 38, 43, 46–50, 288
Auratisierung 238, 245
Automedialität 240, 242, 254
Azoulay, Ariella Aïsha 162, 166

Banyuls-sur-Mer 17
Barad, Karen 219
Baradit, Jorge 86
Beat-Generation 104
Benjamin, Walter 81, 83, 97, 165

Bickenbach, Matthias 272
Biosphäre 73
Björk 147, 149, 150, 153, 230
Black Feminism 164
Blase 131, 137, 138, 142
Borríos, Violeta 85
Boutan 3, 9, 17–21, 25–27
Bowie, David 216
Braidotti, Rosi 218, 219
Brandungsreiten 116
browsing 40, 41
Bruchbildung 134
Brusatin, Manlio 25
Bubbles 37, 38, 48, 49, 272
Bucher, Taina 279, 280, 283
budding 134, 136, 142
Butler, Judith 219, 220
Bytedance 285, 286

Calderón, Cristina 89
Calderón, Martín G. 89, 90
calm technology 40
CELLOPHANE 226, 230
Cellulose 122, 199
Chemikalie 127, 140
chemischer Garten 119, 122
Chicago Boys 81, 82, 95
Chysaora hysoscella 178
Clausewitz, Carl von 111, 118
Clip 215, 222
codigo de aguas 93
Conrad, Joseph 102
Content 215, 270, 271, 276, 281, 283, 286, 289, 293
Crenshaw, Kimberlé 218
Cruising 106
Ctenes 173
Ctenophoren 173, 174
Cyanea capillaris 178, 179, 184
Cyborg 216

D'Aguiar, Fred 158, 165
Damisch, Hubert 95

Darwin, Charles 90, 95, 171, 204
da Silva, Ferreira 157, 167
Das Jahr der Flut 148, 153
Das Leben der Pflanze 227, 229
Data Physicalization 35
Data Visualization 29, 34
Datenverarbeitung 31, 42, 47, 49
de Castro, Sergio 88
de la Barca, Pedro Calderon 81
de Lacaz-Duthiers, Henri 17
de Quatrefages, Armand 13
Debord, Guy 80
Deep Dive 271
Dekolonialität 155
Dekolonisierung 155, 161, 162
Dekonstruktion 112, 163
Deleuze, Gilles 93, 219
DeLoughrey, Elizabeth M. 164
Demokrit 103
Demos, TJ 159, 166
Dichtedifferenzen 142
Die Flucht ins Mittelmäßige 149, 153
Die Geburt der Biopolitik 86, 87, 98
Die Verdammten dieser Erde 158, 161, 162, 166
Digg 270, 277, 279, 291
digital 73, 85, 233, 215, 269, 271
Dirty Computer 216
Discorsi dell'arte poetica 114
Douglas, Mary 216

EdgeRank 270, 279, 280, 283, 286–293
Edison, Thomas Alva 214
Eggeling, Viking 214
Ein Sturz in den Malstrom 109, 118
EL BOTÓN DE NÁCAR 4, 79, 88–95, 99
embodied cognition 30
Endosymbiose 191, 202
Ephemeralität 29
Ephyra 177, 182, 184
Epistemologie 157, 224
epistemologisch 103, 238, 239, 252
Equiano, Olaudah 159, 166
Errázuriz, Paz 90
Etzold, Jörn 82
Extraktivismus 79, 82, 93, 165
Facebook 269, 270, 275–285, 288, 290–294
Fanon, Frantz 158, 161
Farbpigment 119, 129

Farbstoff 123, 191, 196, 197
Feed 269–273, 275, 278–287, 289–294
Feeding the Ghosts 158, 166
Feste 42, 81, 93, 101–104, 115, 117, 130
Filter 272, 285, 286, 290–293
Fingerbildung 134
fingering 134
Fischinger, Oskar 214
FitzRoy, Robert 90, 95
FKA Twigs 226
Flexibilität 31, 271
fließen 5, 29–31, 93, 136, 191, 192, 195
Fließregime 119, 131–145
Flimmerhärchen 173
Flow 271
flow regimes 133
fluid 135, 211, 217, 225, 226
Fluid Interface Group 38
Fluid surface 40, 41, 43
Fluide 93, 96, 101, 103, 117, 147, 150
Fluidität 4, 6, 29, 30, 47, 155, 211, 212, 217, 219, 220, 225, 226, 269, 271, 272, 278, 284, 290, 291
fluidity 136, 225
Fluss 3, 9, 18, 130, 141–145, 192, 239, 249, 252
flüssig 4, 9, 10, 101, 116, 119, 122, 136, 165
Flüssigkeit 31, 32, 43, 96, 116, 121, 136, 141, 145, 227, 234, 246, 248
Form 5, 86, 89, 104, 111, 114, 116, 120, 125, 127– 138, 140, 142, 191, 192, 205, 216, 221, 224, 225, 228, 233, 237, 240–245, 248–250, 272–277, 282, 284, 289, 290
Formation 120, 127, 131–135, 138, 142, 145
Foucault, Michel 33, 86, 87, 219
fracturing 134
Francé, Raoul Heinrich 227
Friedman, Milton 81
Friedrich, Caspar David 159
Future Jesus and The Electric Lucifer 151, 153
Futurismus 110

Gaia 73
Galaz, Gaspar 84
gallertartig 119, 148, 173
gasförmig 4, 119, 122, 191
Geschwindigkeit 110, 128, 135
Glissant, Édouard 163
Goethe, Wolfgang von 101, 112–116

Google 214, 273, 275, 278, 293
Graf, Oskar Maria 149
Guattari, Félix 219
Gumbs, Alexis Pauline 164
Guzmán, Juan 92
Guzmán, Patricio 79–82, 84, 85, 88–95, 97, 157, 167

Halberstam, Jack 219
Haraway, Donna 156, 166, 216, 218
Hartman, Saidiya 161–167
Hass, Hans 15
Hayles, Katherine 219
Hazlehurst, Thomas H. 121, 122
Heart of Darkness 102
Hegel, Georg Wilhelm Friedrich 84, 95
Heraklit 103, 118
Hölderlin, Friedrich 92, 95, 96
Homer 103, 118, 226, 227
homo oeconomicus 86, 87
Homophilie 281
Horaz 103
Hybridität 30, 211–217, 221, 225, 226, 228
Hydromeduse 177, 182
Hydrozoa 182, 187–189

Ibrahim, Habiba 166
Identität 3, 73, 220, 221, 223, 227, 243, 245, 249
Immersion 29, 31, 48, 246
Immersive Analytics 47
immersiv 290, 291
Informationsflut 101, 112
Informationsstrom 110
Instagram 278, 283
interaktiv 215
Interface 5, 29, 31–34, 37–40, 46–50, 131, 142, 145, 269, 272, 273, 277, 279, 285–293
interfacial tension 131
Ishii, Hiroshi 48
Isoptera 199

Jackson, Michael 216
Jafa, Arthur 157, 167
Jazzin for Blue Jean 216
Jennings, David H. 206

jetting 134, 142
Jue, Melody 155

Kammplatte 173
Kammqualle 173
Kapitalismus 83, 97, 98, 156, 271
Karrabing 157, 167
Kartographierung 90, 160, 235
Kaspisches Meer 171–174
Kataklysmus 80
Kattegat 174
Kautschuk 17
Kieler Förde 174
Kircher, Athanasius 214
Knospe 133, 134, 145, 187
Kobayashi, Hill Hiroki 48
Kolonialismus 156, 157, 161, 165
Korrosion 122
Korsgaard, Mathias Bonde 212, 214
Kosmos 79, 81–84, 88, 93–97
Kristall 88, 122, 182
Kristallisation 124
Kulturindustrie 213
Kybernetik 73, 75

La Batalla de Chile (die Schlacht von chile) 79
La Cordillera de los Sueños 4, 79, 85–88, 99
La Gerusalemme Liberata 114
La Moneda 80
Leibniz-Institut für Meereswissenschaften 174
Likes 279, 282, 283, 289
Lil Nas X 211, 216, 217, 225, 228–230
Liminalität 219
liquid 163, 164, 271, 212
Liquidität 4, 155, 160
Liquidity 136
London, Jack 118
Luftblase 20, 131, 142, 247, 248
Lukrez 102, 112
Malerei 13, 119, 123, 124, 127–133, 136–142
Malereitradition 159
Marx, Karl 82, 88, 96
Materialität 12, 235, 237
Maye, Harun 117, 118, 272
Mbembe, Achille 162, 167
McLuhan, Marshall 118
Medienökologie 211

medium diaphanum 9, 10
Meer 3, 9, 10, 14, 15, 18–21, 25, 27, 79–81, 90–92, 101–108, 111–118, 155– 166, 172–174
Meeresforschung 9, 10
Meereswissenschaften 171
Meerwalnuss 147, 152, 172–175
Melville, Herman 118, 158, 166
Membran 120, 121, 131–138, 145, 191, 212
Mercado, Claudio 94
Metabolismus 191
Mimesis 117
Mittelmeer 25, 158, 159
Mnemiopsis leidyi 147
Mobilität 271
Moby Dick 102, 103, 117, 118, 158, 159, 166
Moderne 30, 31, 48, 110, 156–166
Molina, Juan 92
Mollusca 196
Monaé, Janelle 216, 219, 225
Montero (Call Me by Your Name) 216–217, 225, 229–230
Motion 32, 44, 45, 46, 47
motion design 76
MTV 213, 215, 229, 230
Musikvideo 211–217, 220, 221, 225, 228–230
Mykorrhiza 199–201

Nahrungskette 191
Nahrungsnetz 191
neoliberal 79, 81
Neuman, Arjuna 157, 167
Niederer, Sabine 243, 247, 253, 254
Nietzsche, Friedrich 118
Nordsee 175, 177, 234, 237
Nostalgia de la Luz 4, 79, 82–85, 88, 91, 99

Oceania 149, 150, 153
Ökologie 75, 76
Ökonomie 75
Ökosystemleistung 197
Ordoliberalismus 86
Orientations Matter 218, 229
Osmose 120, 135, 136, 142, 212
Ostsee 152, 171, 174, 175
Ovid 226, 230
Ozean 4, 79, 92, 95, 97, 103, 107, 149, 155–157, 160–165, 195

Parasitismus 191, 202
Pariser Manuskripte 82
Park, Bonn 147, 150, 151
Paterito, Gabriela 89, 90
Pazifik 103, 149, 158
Performance 128, 133, 142, 164, 166, 222, 233, 237, 242, 244, 252, 289
Performativität 127–128, 136, 233, 244
Philip, M. NourbeSe 164, 165
Phosphor 123
pH-Wert 142, 174
Pigment 123, 124, 145, 197
Pigmentsynthese 119–125
Pinochet, Augusto 80, 85, 88, 91, 92
Pinsel der Natur 119
plastic deformation 135
Platon 103, 216, 217, 225, 229, 230
Plutarch 227, 230
Poe, Edgar Allan 118
Poetics of Relation 163–166
Poiesis 113
Polly, Jean Armour 271
Polyp 177, 178, 181–183, 187–189
popping 134, 136
Position 30, 33, 49, 73, 127, 128, 218, 221, 284
Posthumanismus 217–221, 229, 230
Postmoderne 219
Preston, George 82, 93
Privatisierung 86, 97
Prozess 125, 127, 133, 135, 162, 182, 192, 193, 202, 212, 224, 241–244, 251, 287
Prozessualität 241, 244
Purity and Danger 216, 229

Qualle 148, 149, 171–174, 177, 178, 182, 187, 189, 195

Race 218, 162
Rassifizierung 163
Reaktions-Diffusions-Prozess 120
Rebolledo, Javier 92
Reibung 45
Rippenqualle 152, 172, 173, 174, 175
Rodgers, Holly 214
Röhrchen 121, 131, 137, 142
Röhre 131, 135, 138–142, 187
RSS 270, 273–275, 291–294

Rost, Katharina 217–221
Rückkehr zu den Sternen 150–153
Runge, Friedlieb Ferdinand 125, 126, 129
Ruttmann, Walter 214

Saavedra, Pedro 85
Saavedra, Victoria 85
Sacculina carcini 202, 203
Salas, Paolo 86, 88
Samen 121, 136, 140
Santiago 80, 86
Schiffbruch 115, 116, 160, 167
Schnittstellenspannung 131
Schwenk, Theodor 88, 89, 93
Scream 216, 231
Screen 42, 43
Screentime 281
Scyphomeduse 182
Scyphozoa 178, 182
Seefahrt 101, 102, 112, 113, 117, 118, 160, 167
Seewalnuss 173
Semantik 3, 29, 30, 31, 35, 42
semipermeabel 132, 204, 212
Sevdaliza 211, 217, 219, 221, 225–231
SHAHMARAN 222–224
Sharpe, Christina 164
Skagerrak 174
Slashdot 270, 275–278, 291, 293
Snapchat 284
Social Media 252, 269, 284, 294
Sophokles 92
Spivak, Ghayatri C. 162
Sprengen 133, 134, 145
Spritzen 133, 134, 145
Stalaktit 122
Statolith 182, 185
Statozyste 182, 185
Stoffwechsel 191, 192, 193
Stream 33, 271
Strobilation 177, 182, 183
Strudel 89, 91, 108, 109, 110, 111, 290
Sturm 4, 86, 101, 105, 108, 109, 112–115
Subjektivierungsprozess 5, 233, 243
Subjektivität 5, 233, 236, 237, 242–245, 249, 252
Superflex 153
Surfen 104, 107–109, 112, 114, 116, 117, 269–272, 291, 292

Surfing. The Royal Sport 109, 118
Sutherland, Ivan E. 50
Sweeny, Robert 243
Syman, Stefanie 273

Tacit Knowledge 29
Tangible User Interfaces 38
Tasso, Torquato 113, 115, 118
Tauchen 9, 17
Tauchgang 11, 13, 235, 239, 247–250, 254, 271
The Carters 211, 216, 225, 228, 231
The Cruise of the Snark 104, 107
THE PEARL BUTTON 157, 167
The Sea Is History 158, 167
The Sea-Wolf 104
Thompson, William 17, 26
Thriller 216, 231
Tierstudie 9
TikTok 269, 271, 284–291
Tinder 283
Toxine 191, 195, 196
Toxoplasma 202, 204
Tracking 44–47, 277, 279, 287, 291
Turritopsis dohrnii 147, 149

Überfischung 147, 172, 173, 205
Übergang 212
Ugarte, Marta 91
Ullrich, Wolfgang 16
Unterwasseroptik 9, 12
Unterwasserfotografie 9
User 5, 29, 33, 34, 43, 215, 269–283, 286–292

Verflüssigung 211, 214, 215, 228, 233, 252, 270, 279, 281, 284, 290, 292
Vernallis, Carol 212, 213, 215
Vertical Migration 153
Video 212–219, 221–240, 242–250, 252–254, 281
Videoanimation 73, 76
Videoinstallation 4, 155–157, 167
Videokunst 73, 222
Virtual Reality 45–47
Virtualität 37, 40, 43, 48, 50
Viskosität 142, 211
Vom Kriege 111, 118

Vortex 110
Vortizismus 110

Wachstum 131, 134–137
Ward, Francis 3, 9, 21, 22
Wärme 142
Wasser 9, 10, 12–21, 23, 26, 29, 32–35, 37, 40, 42, 43, 46, 73, 79, 80, 82, 88–97, 99, 101, 103, 105, 107, 108, 121, 123, 130, 147, 150, 174, 177, 178, 182, 191, 193, 194, 197, 200, 224, 234, 236, 237, 241, 246–250
Wattenmeer 175
Webarchiv 243
Welle 13, 18, 80, 89, 103, 108, 112, 246
Whale Nation 158, 167
Wiegleb, Johann Friedrich 129, 130

Wild Blue Media 155, 157, 166
Wilderson III, Frank B. 161, 162
Williams, Heathcote 167
Wissen 91, 99–103, 109, 112, 117, 236, 241, 249
Wissensästhetik 9
Wittgenstein, Ludwig 215
Woge 108, 115, 116
WUTHARR. SALTWATER DREAMS 157

YouTube 213, 215, 230–233, 235, 237, 241–254

Zelle 191, 193, 195, 198, 200, 202, 205
Zurita, Raúl 92, 94
Zyste 177, 178

www.ingramcontent.com/pod-product-compliance
Lightning Source LLC
Chambersburg PA
CBHW060454300426
44113CB00016B/2589